Bernd-Jürgen Seitz

Das Gesicht
Deutschlands

Bernd-Jürgen Seitz

Das Gesicht Deutschlands

Unsere Landschaften und ihre Geschichte

THEISS

Betrachte aufmerksam die Dinge der Natur,
und du erfährst etwas von der Natur der Dinge.

Meinem Vater Hermann Seitz (1926 – 2016) gewidmet,
der mir die Dinge der Natur so unaufdringlich nahebrachte.

Die Deutsche Nationalbibliothek verzeichnet diese Publikation in der Deutschen Nationalbibliografie; detaillierte bibliografische Daten sind im Internet über http://dnb.d-nb.de abrufbar.

Das Werk ist in allen seinen Teilen urheberrechtlich geschützt. Jede Verwertung ist ohne Zustimmung des Verlags unzulässig. Das gilt insbesondere für Vervielfältigungen, Übersetzungen, Mikroverfilmungen und die Einspeicherung in und Verarbeitung durch elektronische Systeme.

Der Konrad Theiss Verlag ist ein Imprint der WBG.

© 2017 by WBG (Wissenschaftliche Buchgesellschaft), Darmstadt
Die Herausgabe des Werkes wurde durch die Vereinsmitglieder der WBG ermöglicht.
Lektorat: Christiane Martin, Köln
Layout, Satz, Illustrationen und Prepress: schreiberVIS, Seeheim
Umschlagabbildung: Herbst in der Baumschule;
© picture alliance / Patrick Pleul / dpa-Zentralbild dpa
Umschlaggestaltung: Jutta Schneider, Frankfurt am Main
Gedruckt auf säurefreiem und alterungsbeständigem Papier
Printed in Germany

Besuchen Sie uns im Internet: www.wbg-wissenverbindet.de

ISBN 978-3-8062-3582-1

Elektronisch sind folgende Ausgaben erhältlich:
eBook (PDF): 978-3-8062-3591-3
eBook (epub): 978-3-8062-3592-0

Inhaltsverzeichnis

Geleitworte 6

I. Das Gesicht Deutschlands – und wodurch es geprägt wird 9

Wie groß ist Deutschland – über den Umgang mit Flächen und Besiedlungsdichten . . 11
Fluss, Land, Stadt – was liegt wo in Deutschland 15
Feld, Wald, Siedlung – was wie genutzt wird 21
Geologie, Klima, Vegetation – Grundlagen der Vielfalt 25
    Die Geologie Deutschlands 25
    Vom Gestein zum Boden 27
    Das Klima ist entscheidend 29
    Die Vegetation – was wächst wo und warum 30
    Pflanzen – Tiere – Lebensräume 32
Was ist eine Landschaft? 35

II. Gesicht mit Geschichte 39

4,6 Mrd. Jahre an einem Tag – Deutschland in der U(h)rzeit 41
Erdfrühzeit (Präkambrium) und Erdaltertum (Paläozoikum) 45
Erdmittelalter (Mesozoikum) 53
Erdneuzeit (Känozoikum) 61
Ice Age – Gletscher bis ins Ruhrgebiet 69
Der Mensch betritt die Bühne 77
Die Germanen – von den Römern erfunden 87
Von der Völkerwanderung zur Sesshaftigkeit 97
Ora et labora – das Hochmittelalter 103
Stadtluft macht frei – das Spätmittelalter 109
Aufbruch und Verwüstung – die frühe Neuzeit 117
Vom Absolutismus zur Aufklärung 125
Industrialisierung oder die zweite Eroberung der Natur 133
Weltkriege und Wirtschaftswunder – und wo bleibt die Natur? 141
Wende, Wandel, World Wide Web 147

III. Natur oder Kultur – unser Erbe und wie wir damit umgehen 153

Was sehen wir heute? 155
War früher alles besser? 163
Was bringt die Zukunft? 169

IV. Gesicht zu erkunden – wo gibt es was zu sehen? 179

Bayern 180
Niedersachsen 184
Baden-Württemberg 189
Nordrhein-Westfalen 194
Brandenburg 196
Mecklenburg-Vorpommern 200
Hessen 204
Sachsen-Anhalt 208
Rheinland-Pfalz 210
Sachsen 214
Thüringen 217
Schleswig-Holstein 220
Saarland 223
Berlin 225
Hamburg 227
Bremen 228

Dank 230
Zitierte und weiterführende Literatur 231
Bildnachweis 233
Register 234

Geleitworte

Wie komme ich als „altgedienter" Naturschützer dazu, ein Buch über Deutschland zu schreiben?

Wie fast alles im Leben hat es einmal klein angefangen. Als Kind war ich gerne in der Natur. Mein Vater, Biologie- und Musiklehrer, brachte mir die Namen der Tiere und Pflanzen und die Stimmen der Vögel bei. Als ich dann später Biologie studierte, lernte ich viel über Biotope, die Lebensräume dieser Tiere und Pflanzen. Bei meiner Diplom- und Doktorarbeit über Beziehungen zwischen Vogelwelt und Vegetation, ging es dann schon um größere Ausschnitte unserer Kulturlandschaft wie Weinberge oder Obstwiesen. Als wir dann später bei der Ausweisung von Naturschutzgebieten die land- und forstwirtschaftliche Nutzung „in bisheriger Art und im bisherigen Umfang" festgeschrieben haben, wurde mir die historische Dimension der Gestalt unserer Landschaft bewusst. In den letzten Jahren war ich dann überwiegend mit der Vorbereitung eines Biosphärenreservats im Südschwarzwald befasst, einem „Modellgebiet für Nachhaltigkeit", in dem der Mensch und sein Verhältnis zur Biosphäre im Mittelpunkt stehen. Auf diese Weise bin ich immer weiter vom Kleinen zum großen Ganzen vorgedrungen, habe immer mehr versucht, das Heute aus dem Gestern abzuleiten. Habe mich mit Nutzungsgeschichte, Landschaftsgeschichte und Erdgeschichte befasst. Bin schließlich beim Urknall angekommen und musste irgendwie wieder zurück finden. Das, habe ich mir gedacht, würde mir am besten gelingen, wenn ich ein Buch über mein Heimatland schreibe. Über das „Gesicht Deutschlands" und darüber, wodurch sein heutiges Aussehen geprägt wurde.

Dabei liegt mir, wie Sie wohl schon ahnen, die Natur Deutschlands besonders am Herzen. Natur? Die gibt es doch bei uns kaum mehr, werden Sie sagen. Damit haben Sie im Grunde recht. Deutschland besteht zum überwiegenden Teil nicht aus Natur, sondern aus Kultur. Es gibt kaum eine Ecke, die nicht genutzt wird, die nicht vom Menschen beeinflusst ist. Dennoch: Unsere Kultur braucht die Natur als Grundlage, ist ohne sie nicht denkbar. Außerdem ist die Natur in Deutschland auch heute noch aufzuspüren, mancherorts sogar wieder vermehrt. Längst ausgerottete „Raubtiere" wie Wolf, Luchs und Bär kehren so langsam wieder zurück – nicht zu jedermanns Freude. Es werden Nationalparks, Biosphärenreservate und Naturparks geschaffen und als „Nationale Naturlandschaften" zusammengefasst. Sollen damit nur Touristen angelockt werden oder ist tatsächlich Natur drin, wenn Natur draufsteht?

Diese Frage zu beantworten, ist ein Anliegen dieses Buches. Ausgehend vom heutigen Gesicht Deutschlands beame ich Sie zunächst zum Urknall zurück, schicke Sie dann auf eine atemberaubende Zeitreise durch die Jahrmillionen unserer Erdgeschichte und schlage dann nach der letzten Eiszeit ein etwas gemächlicheres Tempo an. Schließlich kommen Sie wieder im Hier und Jetzt an und sehen vielleicht alles mit anderen Augen.

Wetten, dass Sie Ihren nächsten Urlaub in Deutschland verbringen?

Dr. Bernd-J. Seitz, Kenzingen

Gesichter zeigen Charakter und Verletzlichkeit

Das „Gesicht Deutschland" ist eine wunderbare Anleitung, Landschaften zu lesen und ihre Entwicklung zu begreifen. Eine unterhaltsame Zeitreise, die dazu einlädt, Deutschland mit offenem Gesicht und fragenden Augen zu begegnen.

„Man erblickt nur, was man schon weiß und versteht." dieser Ausspruch des Universalgelehrten Goethe trifft einmal mehr auf dieses Buch zu. Wir lernen, dass nichts so konstant ist wie die Veränderung, gerade dann wenn wir unseren Blick auf Ökosysteme richten. Wir erfahren einiges über den positiven Einfluss des Menschen, zum Beispiel auf die Artenvielfalt der Kulturlandschaft in der Mitte des 19. Jahrhunderts. Es erstaunt uns wenig, dass sich dieser positive Effekt sehr schnell ins Negative gewendet hat. Leben wir tatsächlich in der Periode des sechsten Massenaussterbens? Wie können wir es aufhalten? Sind wir gleichzeitig Asteroid und Dinosaurier?

Unseren Blick vor Umweltproblemen und einschneidenden Landschaftsveränderungen zu verschließen hilft nicht weiter. Wir müssen Gesicht und Haltung zeigen, um Natur und Landschaft zu schützen und so unsere wichtigsten Lebensgrundlagen zu sichern.

Das Buch ermutigt zum Nachdenken und Handeln und ist Wegweiser für das Erleben einmaliger Landschaften in Deutschland – den Nationalen Naturlandschaften und Geoparks. Eine erd- und naturgeschichtliche Entdeckungsreise, die jedem zu empfehlen ist, der sowohl Entspannung als auch eindrucksvolle Naturerlebnisse sucht.

Einzigartige Kulturlandschaften, wie sie in Biosphärenreservaten und Naturparks zu finden sind, und eine neu entstehende Wildnis, wo in Nationalparks und in den Wildnisgebieten wie der Königsbrücker Heide „Natur wieder Natur sein darf", geben den Nationalen Naturlandschaften einen besonderen Reiz und ihren Besuchern facettenreiche Eindrücke. Genießen Sie den Zauber dieser Augenblicke und spüren Sie etwas von einer gemeinsamen Verantwortung.

Guido Puhlmann, Vorsitzender von
EUROPARC Deutschland, im Juli 2017

EUROPARC Deutschland e.V. ist der Dachverband der Nationalen Naturlandschaften. Seine Mitglieder sind Nationalparks und Wildnisgebiete, die UNESCO-Biosphärenreservate und Naturparks sowie Stiftungen, Vereine und Umweltverbände in Deutschland. Der gemeinnützige Verein arbeitet daran, die schönsten und wertvollsten Natur- und Kulturlandschaften zu erhalten, zu entwickeln, nachhaltig zu fördern und erlebbar zu machen.

www.nationale-naturlandschaften.de

Das Gesicht Deutschlands – und wodurch es geprägt wird

„Ja, man kann wohl sagen, daß in Mitteleuropa fast alle Landschaft Kulturlandschaft ist, vom Menschen geformt nach seinen Bedürfnissen und seinen jeweiligen Möglichkeiten."
(Werner Konold)

Abb. 1 Herbstliche Landschaft im Biosphärengebiet Schwarzwald.

Wie groß ist Deutschland – über den Umgang mit Flächen und Besiedlungsdichten

Wenn man die Menschen auf der Straße nach diesen Zahlen und Fakten zu Deutschland fragen würde, würden viele wohl schon an der Anzahl der Bundesländer scheitern. Früher waren es mal zehn, aber wie viele sind 1990 dazu gekommen? Wurde damals nicht von den fünf neuen Ländern gesprochen? Ja, aber mit Berlin sind es sechs. Insgesamt sind es 13 Flächenstaaten und drei Stadtstaaten, 13 plus 3 – das lässt sich merken!

Und was soll man sich unter 357 000 km² vorstellen? Um sich eine Fläche merken zu können, macht man sich am besten ein Bild von ihr. Wenn ich etwa die Fläche meiner Küche oder meines Wohnzimmers einmal vermessen habe, vergesse ich sie nicht mehr so schnell, da ich sie mit konkreten Vorstellungen im Kopf verbinde. Ich kann sogar die Fläche eines Raumes, in dem ich vorher nie war, ungefähr abschätzen, wenn ich sie mit der Fläche eines mir bekannten Raumes vergleiche. Wenn ich einem Bekannten erzähle, dass mein Wohnzimmer 20 m² hat, wird er sich darunter etwas vorstellen können – vielleicht hat sein Wohnzimmer ja 30 m², und er hält meines für ziemlich klein.

Anders sieht es bei sehr großen Flächen aus, mit denen wir keine unmittelbare Erfahrung haben. 1 Ar (10 × 10 m, also 100 m²) kann ich mir eventuell noch ganz gut vorstellen, wenn mein Grundstück vielleicht 5 Ar groß ist. Ein Landwirt kann auch mit einem Hektar (100 × 100 m, also 100 Ar oder 10 000 m²) noch etwas verbinden, wenn er zum Beispiel 3 ha bewirtschaftet. Auch ein Fußballfan tut sich mit dem Hektar leichter, denn die internationale Größe eines Fußballfelds beträgt ungefähr 100 × 70 m, also 0,7 ha. Dieser Vergleich wird häufig herangezogen – auch wenn es um den Verbrauch von Flächen durch Bebauung geht. So heißt es in einer Pressemitteilung des Statistischen Bundesamts vom Dezember 2014: „Die Siedlungs- und Verkehrsfläche in Deutschland hat in den Jahren 2010 bis 2013 insgesamt um 2,2 % oder 1060 km² zugenommen. Das entspricht rechnerisch einem täglichen Anstieg von 73 ha oder etwa 104 Fußballfeldern. Nach Angaben des Statistischen Bundesamtes (Destatis) verlangsamte sich damit die Zunahme der Siedlungs- und Verkehrsfläche gegenüber dem letzten Berechnungszeitraum 2009 bis 2012 geringfügig. Damals hatte der Anstieg noch 74 ha pro Tag betragen. Ziel der Nachhaltigkeitsstrategie der Bundesregierung ist es, die tägliche Inanspruchnahme neuer Siedlungs- und Verkehrsflächen bis zum Jahr 2020 auf durchschnittlich 30 ha pro Tag zu reduzieren" (Statistisches Bundesamt, Pressemitteilung vom 18.12.2014).

Mit dem Quadratkilometer (100 ha / 10 000 Ar / 1 Mio. m²) tun sich die meisten wahrscheinlich leichter als mit dem Hektar, da es sich – wie der Name schon sagt – um einen Kilometer im Quadrat handelt und der Kilometer wiederum ein Maß ist, das wir mit unseren persönlichen Erfahrungen bei der Fortbewegung verbinden können.

Dies machen wir uns nun beim Umgang mit „unvorstellbar" großen Flächen zunutze. Um die **Fläche Deutschlands** von rund 360 000 km² „fassen" zu können, fragen wir uns zunächst: Wie lang und breit ist Deutschland? Dabei machen wir es uns noch einfacher und gehen von einem Quadrat aus, bei dem Länge und Breite gleich sind. Um die Seitenlänge eines Quadrats bekannten Flächeninhalts zu ermitteln, muss man einfach nur die Wurzel ziehen, und das ist bei 360 000 nicht sehr schwer: Die Wurzel aus 36 ist 6, die aus 360 000 ist 600. Ein Quadrat mit 600 km Seitenlänge kann man sich besser vorstellen als eine Fläche von 360 000 km².

> Deutschland ist ein föderal verfasster Staat aus 16 Ländern. Seine Fläche beträgt 357 375 km², die Einwohnerzahl rund 82 Mio. Das ergibt eine Bevölkerungsdichte von 230 Einwohnern/km².

Genauso wollen wir in Abb. 2 mit den Bundesländern verfahren, dazu kommt noch ein enorm wichtiges Werkzeug, das beim Einprägen von Zahlen hilft: die Visualisierung. Hätte ich die Zahlen in eine Tabelle geschrieben, wie es gerade bei statistischen Daten häufig üblich ist, würden die meisten die Zahlen entweder gar nicht lesen oder gleich wieder vergessen.

Viele wissen, dass Bayern das größte Bundesland ist. Mit über 70 000 km² ist es beinahe doppelt so groß wie sein ebenfalls zu den großen Bundesländern zählendes Nachbarland Baden-Württemberg – die Fläche Bayerns deckt fast ein Fünftel der Fläche Deutschlands ab. Zwischen Bayern und Baden-Württemberg liegt Niedersachsen mit annähernd 50 000 km². Die Fläche Baden-Württembergs kann man sich gut merken, wenn man die Fläche Deutschlands kennt: Sie beträgt genau 10 % davon, also knapp 36 000 km². Nehmen wir jetzt noch das viertgrößte Bundesland Nordrhein-Westfalen mit rund 34 000 km² dazu, haben wir schon über die Hälfte der Fläche Deutschlands abgedeckt.

Nach den „großen vier" folgt als erstes „neues" Bundesland Brandenburg, das sich mit knapp 30 000 km² noch deutlich von der darauf folgenden Gruppe von Bundesländern abhebt. Deren Größe unterscheidet sich nicht sehr stark: Die sieben Länder Mecklenburg-Vorpommern, Hessen, Sachsen-Anhalt, Rheinland-Pfalz, Sachsen, Thüringen und Schleswig-Holstein sind (in dieser Reihenfolge) zwischen 23 000 und knapp 16 000 km² groß. Deutlich kleiner ist mit rund 2500 km² das Saarland, das von der Fläche her näher an den Stadtstaaten als an den übrigen Bundesländern liegt. Bei den Stadtstaaten führt Berlin mit 900 km², danach folgt Hamburg (750 km²) und zuletzt Bremen (325 km²).

> Die vier größten Bundesländer Bayern, Niedersachsen, Baden-Württemberg und Nordrhein-Westfalen haben zusammengenommen eine größere Fläche als die übrigen zwölf Bundesländer.

Spielen wir unser Spiel mit den Quadraten weiter, so liegen die größten fünf Bundesländer zwischen 270 und 170 km Seitenlänge, die mittlere Gruppe zwischen 150 und 125 km. Das Saarland liegt bei 50 km, die Stadtstaaten zwischen 30 (Berlin) und 18 km (Bremen).

An den breitesten Stellen hat Deutschland eine Ausdehnung von Osten nach Westen von etwa 600 km und von Norden nach Süden von etwa 800 km Luftlinie. Die Diagonale von Südwest nach Nordost, von der Grenze bei Basel nach Rügen, ist knapp 900 km lang.

Wenden wir uns nun der **Einwohnerzahl** zu: In Deutschland leben derzeit etwa 82 Mio. Menschen. Wie verteilen sich diese auf die Bundesländer? Haben die größten Bundesländer auch die meisten Einwohner? Zumindest die ersten vier sind auch bei den Einwohnern vorn, allerdings in anderer Reihenfolge. Die höchste Einwohnerzahl hat mit 17,9 Mio. das viertgrößte Bundesland Nordrhein-Westfalen – es weist mit dem Ruhrgebiet auch den größten Ballungsraum in Deutschland auf; dort leben auf einer Fläche von rund 4400 km² über 5 Mio. Menschen. Danach folgt das größte Bundesland Bayern mit 12,8 Mio. Einwohnern, darauf Baden-Württemberg mit 10,9 Mio. Das zweitgrößte Bundesland Niedersachsen kommt danach mit großem Abstand: Dort leben nur 7,9 Mio. Menschen. Bei der Verteilung der Einwohner auf die 16 Bundesländer ist das Ungleichgewicht noch extremer als bei der Fläche:

Die Einwohnerzahlen der übrigen Flächenstaaten sind in Abb. 3 dargestellt. Hier sollen nur ein paar Besonderheiten erwähnt werden: Von den Stadtstaaten steht Berlin mit 3,5 Mio. Einwohnern bereits an achter Stelle aller Bundesländer, Hamburg mit 1,8 Mio. an 13. Stelle, Bremen kommt mit rund 670 000 Einwohnern nach dem Saarland (knapp 1 Mio.) ganz am Ende. Interessant ist auch noch die Position der „neuen" Bundesländer: Bis auf Sachsen mit über 4 Mio. Einwohnern stehen alle in der zweiten Tabellenhälfte hinter Berlin. Am wenigsten Einwohner hat Mecklenburg-Vorpommern, in der Flächenstatistik immerhin an sechster Stelle, mit etwa 1,6 Mio. Einwohnern – das bedeutet den drittletzten Platz, nur im Saarland und in Bremen leben weniger Menschen.

Noch deutlicher wird dies, wenn wir nicht die Einwohnerzahl, sondern die **Einwohnerdichte** betrachten, also die Anzahl der Einwohner/km². Hier steht Mecklenburg-Vorpommern mit 69 Einwohnern/km² ganz am Ende der Tabelle. Erwartungsgemäß sind bezüglich der Einwohnerdichte die Stadtstaaten Berlin, Hamburg und Bremen ganz vorn, und zwar in dieser Reihenfolge. In Berlin leben annähernd 4000 Menschen/km² (also über

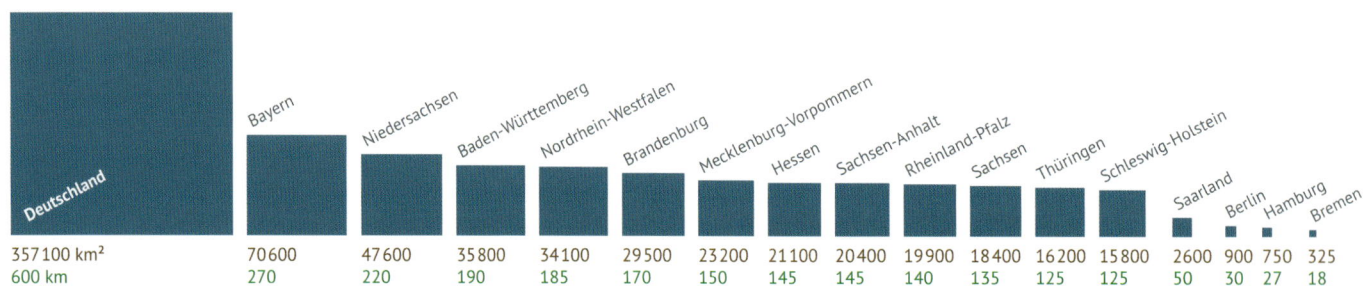

Abb. 2 Deutschland und die Bundesländer in der Reihenfolge ihrer Flächengröße mit Angabe der Fläche in km² (braun) und der Seitenlänge des entsprechenden Quadrats in km (grün).

Abb. 3 Deutschland und die Bundesländer in der Reihenfolge der Größe der auf einen Einwohner kommenden Fläche mit der Angabe Einwohner/km², Fläche pro Einwohner in m² und Seitenlänge des entsprechenden Quadrats in m.

fünfzig Mal so viel wie in Mecklenburg-Vorpommern), in Hamburg sind es knapp 2400, in Bremen 1600. Danach folgt als erster Flächenstaat wie erwartet der „Einwohnerriese" Nordrhein-Westfalen mit über 500 Einwohnern/km². Etwas überraschend dann der nächste Platz: Das kleine Saarland mit fast 400 Einwohnern/km². Als erstes neues Bundesland kommt Sachsen auf Platz 8 mit 221 Einwohnern/km², die übrigen vier neuen Länder stehen vereinigt auf den unteren Rängen, wobei Thüringen mit über 130 eine fast doppelt so hohe Einwohnerdichte aufweist wie das Schlusslicht Mecklenburg-Vorpommern mit weniger als 70 Einwohnern/km². In ganz Deutschland kommen 230 Einwohner auf einen km².

Normalerweise werden Einwohnerzahl und Einwohnerdichte in „klassischen" Balkendiagramme dargestellt, bei denen das einwohnerreichste bzw. am dichtesten besiedelte Bundesland mit dem längsten Balken meist oben steht. Hier soll es einmal anders dargestellt werden, nämlich nach dem Platz, der einem Einwohner in seinem Bundesland theoretisch zur Verfügung steht (Abb. 3). Das lässt sich wieder sehr gut mit Quadraten darstellen – schließlich handelt es sich ja um eine Fläche. Das größte Quadrat hat das Bundesland, das seinen Einwohnern am meisten Platz bietet: Mecklenburg-Vorpommern.

> Die Hälfte der Einwohner Deutschlands leben in den drei einwohnerstärksten Bundesländern Nordrhein-Westfalen, Bayern und Baden-Württemberg.

Zuletzt wollen wir etwas über den „deutschen Tellerrand" hinausschauen und einen Blick auf unsere **Nachbarländer** werfen. Wie viele Länder grenzen direkt an Deutschland? Sind es sechs oder sieben? Nein, es sind sogar neun! Hier sollen sie lediglich bezüglich ihrer Fläche und ihrer Einwohnerzahl eingeordnet und mit Deutschland verglichen werden.

Unser bei Weitem größtes Nachbarland ist das im Südwesten an Deutschland grenzende Frankreich, das mit 544 000 km² (ohne Überseegebiete) etwa eineinhalbfach so groß ist wie unser Land. Mit 64,2 Mio. Einwohnern hat Frankreich jedoch deutlich weniger Einwohner als Deutschland, was dem einzelnen Bewohner fast den doppelten Platz (Frankreich: 8500 m², Deutschland: 4400 m²) beschert.

Frankreich ist nicht nur unser größtes Nachbarland, sondern auch das einzige, das größer ist als Deutschland. Polen dagegen ist „nur" knapp 313 000 km² groß und damit 12 % kleiner als Deutschland. Die Einwohnerzahl ist mit 38,5 Mio. weniger als halb so groß.

Danach folgt flächenmäßig mit großem Abstand unser südöstlicher Nachbar Österreich, das mit knapp 84 000 km² nicht einmal ein Viertel der Fläche Deutschlands und mit 8,7 Mio. nur etwas mehr als ein Zehntel seiner Einwohnerzahl umfasst: Tschechien ist mit fast 79 000 km² etwas kleiner als Österreich, hat aber mit über 10,5 Mio. mehr Einwohner.

Wieder mit einigem Abstand folgen mit Dänemark, den Niederlanden und der Schweiz drei fast gleich große Länder, die alle zwischen 41 000 und 43 000 km² groß – und damit kleiner als Bayern und Niedersachsen – sind. Von diesen Ländern haben die Niederlande mit fast 17 Mio. die bei Weitem höchste Einwohnerzahl und damit eine deutlich höhere Einwohnerdichte als Deutschland. Danach folgt das ebenfalls sehr dicht besiedelte Belgien mit etwas über 30 000 km² und 11,3 Mio. Einwohnern, zuletzt das kleine Luxemburg, das mit knapp 2600 km² fast genau so groß ist wie das Saarland, aber mit etwa 580 000 deutlich weniger Einwohner hat.

Von unseren Nachbarländern haben also nur die Niederlande und Belgien eine höhere Einwohnerdichte als Deutschland, die gesamte EU hat im Durchschnitt etwas mehr als die halbe Einwohnerdichte Deutschlands (rund 117 Einwohner/km², also ähnlich wie in Frankreich ca. 8550 m²/Einwohner).

Abb. 4 Deutschland mit Berlin als „Auge".

Fluss, Land, Stadt – was liegt wo in Deutschland

Wenn man jemanden bittet, den Umriss Deutschlands und die Lage Berlins aus dem Gedächtnis zu zeichnen, erhält man höchst unterschiedliche Ergebnisse. Je nachdem in welcher Region derjenige lebt, wird er aber unter Umständen ganz bestimmte typische Fehler machen, da man die nähere Umgebung naturgemäß besser kennt als weiter entfernt liegende Regionen.

Für Süddeutsche beginnt Norddeutschland meist ungefähr bei Frankfurt am Main, und die „neuen" Bundesländer vermuten sie viel weiter im Nordosten, als es tatsächlich der Fall ist. In Wirklichkeit liegt der östlichste Zipfel Bayerns weniger als 100 km westlicher als der östlichste Zipfel Sachsens und somit Deutschlands.

Zunächst wollen wir aber den Umriss Deutschlands betrachten, der mit etwas Fantasie an einen nach links gedrehten Kopf mit offenem Mund erinnert. Wenn man Berlin als „Auge" sieht, kann man tatsächlich vom „Gesicht Deutschlands" sprechen. Die Südgrenze verläuft als Basis ziemlich genau von West nach Ost, im Südosten ist ein Kinn angedeutet. Darüber kommt der Mund mit dem Unterkiefer in Bayern und dem Oberkiefer in Sachsen, das zusammen mit Brandenburg auch die Nase bildet. Oberhalb des „Berliner Auges" beginnt die Stirn, die von Brandenburg nach Mecklenburg-Vorpommern führt. Von der Ostseeküste zieht sich die ziemlich strubbelige Frisur über die Nordseeküste und einen Großteil der Westgrenze Deutschlands, bis schließlich am Übergang von Rheinland-Pfalz zu Baden-Württemberg der Hals beginnt.

Begeben wir uns auf die Reise, um das Gesicht Deutschlands näher zu erkunden. Als erste „Leitlinien" zeichnen wir nun die wichtigsten Flüsse ein (Abb. 5). Der insgesamt rund 1300 km lange **Rhein** entspringt als Vorder- und Hinterrhein in den Schweizer Alpen und fließt in Österreich in den Bodensee. Erst in Konstanz tritt er wieder als **Seerhein** in Erscheinung, der den Obersee mit dem Untersee verbindet. Er verlässt den Bodensee beim schweizerischen Stein am Rhein und fließt als **Hochrhein** in westliche Richtung bis zum Rheinknie in Basel. Auf dieser Strecke fließt er teilweise innerhalb der Schweiz, wie zum Beispiel in Schaffhausen mit dem spektakulären Rheinfall, oder er bildet die Grenze zwischen der Schweiz und Deutschland. Danach fließt er als **Oberrhein** in nördliche Richtung und markiert bis kurz vor Karlsruhe die Grenze zu Frankreich, dann die zwischen Baden-Württemberg bzw. Hessen und Rheinland-Pfalz. Bei Mainz, der Landeshauptstadt von Rheinland-Pfalz, deren rechtsrheinische Stadtteile kurioserweise zu Hessen gehören, biegt der Oberrhein nach Westen und geht bei Bingen in den **Mittelrhein** über. Der Mittelrhein zwischen Bingen und Koblenz mit seinen Burgen und der Loreley hat den Rhein in Verbindung mit der im 18. Jahrhundert aufgekommen „Rheinromantik" zum „deutschesten aller Flüsse" gemacht. Bei Bonn fließt der Rhein aus der Mittelgebirgsregion in das Norddeutsche Tiefland und wird zum **Niederrhein**, der vollständig in Nordrhein-Westfalen liegt. An der niederländisch-deutschen Staatsgrenze teilt sich der Rhein und bildet das Rhein-Maas-Delta, oft nur kurz als **Rheindelta** bezeichnet. Der Rhein hat zahlreiche Nebenflüsse, von denen die beiden längsten die **Mosel** und der **Main** über 500 km lang sind – der Main legt diese Strecke vollständig innerhalb Deutschlands zurück, die Mosel entspringt in den Vogesen und bildet später die Grenze zu Frankreich und Luxemburg.

Der längste Fluss, der in Deutschland seinen Ursprung hat, ist die **Donau**. Wie der Rhein hat die Donau keine „eindeutige" Quelle, sondern zwei im Schwarzwald entspringende Quellflüsse, die sich gut mit dem Merksatz „Brigach und Breg bringen die Donau zu Weg" einprägen lassen. Die Donau ist mit annähernd 2900 km über doppelt so lang wie der Rhein, bezüglich der Wassermenge (als Abflussmenge bezeichnet) wird sie jedoch von ihm übertroffen. Von der Bregquelle bis zur österreichischen Grenze legt die Donau 618 km zurück; sie bildet damit die viertlängste Flussstrecke in Deutschland. Etwa 75 km unterhalb des Ursprungs verliert sie den größten Teil ihres Wassers in der Donauversinkung, während der überwiegenden Zeit des Jahres sogar vollständig. Die größten Städte des deutschen Abschnitts sind nacheinander Tuttlingen, Ulm, Neu-Ulm, Neuburg an der Donau, Ingolstadt, Regensburg, Straubing und Passau. Nachdem die Donau Deutschland bei Passau verlassen hat, fließt sie durch Österreich, die Slowakei, Ungarn,

Abb. 5 Die wichtigsten Flüsse Deutschlands.

menge ist der Inn nach der Donau der drittgrößte deutsche Fluss.

Der drittlängste deutsche Fluss ist mit knapp 1100 km die **Elbe,** die auf 727 km durch Deutschland fließt. Sie entspringt im tschechischen Riesengebirge. Zunächst durchquert sie das nördliche Tschechien (Böhmen) in einem weiten Bogen. Der Oberlauf der Elbe erreicht Deutschland am südwestlichen Rand der Sächsischen Schweiz und fließt in nordwestliche Richtung nach Dresden, auch als „Elbflorenz" bekannt. Kurz hinter Dresden geht der Oberlauf in die **Mittelelbe** über, die bei Magdeburg einen stärkeren Knick macht und nach Norden, teilweise nach Nordosten weiter fließt. Nach der Mündung der Havel, ihrem längsten rechten Nebenfluss, wendet sich die Elbe wieder in nordwestliche Richtung und erreicht kurz vor Hamburg das Ende ihres Mittellaufs. Die **Unterelbe** wird von den Gezeiten der Nordsee beeinflusst, am Übergang von Mittel- und Unterelbe hat sich ein Binnendelta gebildet, in dem heute der weitverzweigte Hamburger Hafen liegt. In einem sich bis auf etwa 15 km aufweitenden Trichter mündet die Elbe bei Cuxhaven in die Nordsee. Der größte Nebenfluss der Elbe ist die Moldau (Tschechien), in Deutschland die **Saale**, die in Bayern im Fichtelgebirge entspringt, Thüringen durchquert und in Sachsen-Anhalt (bei Barby) in die Elbe mündet.

Noch länger als die Saale ist die **Havel** zusammen mit ihrem größten Nebenfluss, der **Spree**, die durch Berlin fließt und in Spandau in die Havel mündet. Die Havel entspringt im Bereich der Müritz in Mecklenburg-Vorpommern und mündet ganz im Norden von Sachsen-Anhalt bei Havelberg in die Elbe. Da die Spree länger und wasserreicher ist als der Oberlauf der Havel, bilden hydrologisch gesehen die Spree und die untere Havel einen Flusslauf, und die obere Havel ist dessen Nebenfluss. Die Spree entspringt im Lausitzer Bergland (Sachsen), fließt durch Bautzen und Cottbus (Brandenburg) und fächert sich dann im Spreewald (S. 197) in zahlreiche Wasserläufe auf.

Serbien und in Rumänien im 5000 km² großen Donaudelta ins Schwarze Meer, vorher ist sie noch Grenzfluss zu Kroatien, Bulgarien, Moldawien und der Ukraine. Die Donau hat mit annähernd 800 000 km² ein Einzugsgebiet, das über doppelt so groß ist wie Deutschland. Der größte deutsche Nebenfluss der Donau ist der **Inn**, der in seinem Unterlauf die Grenze zu Österreich bildet und bei Passau in die Donau mündet. Bezüglich der Abfluss-

Die **Oder** ist knapp 900 km lang, entspringt wie die Elbe in Tschechien (im mährischen Odergebirge), erreicht Polen hinter Ostrau und fließt in Schlesien durch dessen Hauptstadt Breslau. Nördlich von Guben (Brandenburg) fließt die (Lausitzer) **Neiße** in die Oder, die ebenfalls in Tschechien entspringt und bei Zittau (Sachsen) auf 1 km Länge die deutsch-tschechische und dann die deutsch-polnische Grenze bilde – die Stadt Görlitz wird durch sie in einen deutschen und polnischen Teil (Zgorzelec) getrennt. Ab der Neißemündung bildet die Oder die Grenze zwischen Deutschland und Polen, nördlich von Frankfurt (Oder) verzweigt sie sich im Oderbruch zu einem Binnendelta. Nördlich von Schwedt teilt sie sich in einen westlichen und östlichen Arm und mündet im Stettiner Haff (Polen) in die Ostsee.

Auch über die beiden Quellflüsse der westlich der Elbe verlaufenden **Weser** gibt es (wie bei der Donau) einen schönen Merkspruch: „Wo Werra sich und Fulda küssen, sie ihren Namen büßen müssen." Das steht auf dem alten Weserstein in Hann. Münden (Niedersachsen) nordöstlich von Kassel (Abb. 6). Die **Werra** kommt aus dem Thüringer Wald, die **Fulda** aus der Rhön. Die Weser selbst fließt überwiegend durch Niedersachsen, berührt aber auch Hessen und Nordrhein-Westfalen, durchquert den Stadtstaat Bremen und mündet bei dessen Exklave Bremerhaven in die Nordsee.

Um die „Top 12" der deutschen Flüsse voll zu machen, fehlt nur noch ein Fluss: Es ist die 370 km lange **Ems**, die in Westfalen entspringt, weiter durch Niedersachsen fließt und in einem Mündungstrichter (Ästuar) bei Emden in die Nordsee mündet. Ihr Mündungsbereich bildet die Grenze zu den Niederlanden.

Nach den Flüssen fügen wir unserer Deutschlandkarte nun die großen und zumindest vom Namen her allgemein bekannten Landschaften hinzu (Abb. 7). Fast jeder weiß, dass Deutschland von Norden nach Süden ansteigt, auch wenn die Süddeutschen wegen der Ausrichtung der Landkarten meist von „oben in Norddeutschland" sprechen.

Um eine Vorstellung vom deutschen Süd-Nord-Gefälle zu vermitteln, ist bei den einzelnen im Folgenden beschriebenen Landschaften jeweils die höchste Höhe in Metern über dem Meeresspiegel angegeben.

Deutschland wird in drei **naturräumliche Großregionen** eingeteilt: das Norddeutsche Tiefland (auch Norddeutsche Tiefebene), die Mittelgebirge (mitteleuropäische Mittelgebirgsschwelle) und die Alpen mit dem Alpenvorland (teilweise als vierte Großregion geführt).

Beginnen wir in dem Norddeutschen Tiefland, das von den Küsten von Nord- und Ostsee bis zur Mittelgebirgsregion reicht. Die Nordsee wird von **Ost- und Nordfriesland** eingerahmt, an (und in) der Ostsee liegen Schleswig-Holstein mit der Insel Fehmarn und – ganz im Nordosten – **Vorpommern** mit Rügen. Die eiszeitlichen Gletscher (S. 69 ff.) haben im Nordosten eine Seenlandschaft hinterlassen, am bekanntesten sind die **Mecklenburgische Seenplatte** mit der **Müritz**, dem größten deutschen Binnensee, und die östlich angrenzende **Uckermark**. Zwischen Hamburg und Hannover erstreckt sich in Niedersachsen die **Lüneburger Heide** mit dem Wilseder Berg (169 m) als höchste Erhebung.

Ebenfalls zum Norddeutschen Tiefland gehören das **Emsland**, das **Münsterland** (Westfälische Bucht) und das Niederrheinische Tiefland, in dem der westliche Teil des **Ruhrgebiets** liegt, im Nordwesten. Im Osten gehören der **Fläming** östlich von Magdeburg und die (bis nach Polen reichende) **Lausitz** im südlichen Brandenburg und östlichen Sachsen (an der „Nase") zu dieser Großlandschaft. Die Oberlausitz leitet mit Bergen von bis zu 793 m bereits zu den Mittelgebirgen über.

Als **Deutsche Mittelgebirgsschwelle** bezeichnet man die von Mittelgebirgen geprägte Landschaft südlich der Norddeutschen Tiefebene. Der **Harz** ist das unmittelbar

Abb. 6 Wo Werra sich und Fulda küssen... (alter Weserstein von 1899, Hann. Münden).

Abb. 7 Die wichtigsten Landschaften, Flüsse und Bundesländer mit Hauptstädten.

an das norddeutsche Tiefland angrenzende höchsten Gebirge Norddeutschlands. Hier wird deutlich, dass es mit dem „Süd-Nord-Gefälle" nicht durchgehend stimmt – solch „einen Brocken", den höchsten Berg des Harzes mit einer Höhe von 1142 m würde man so weit im Norden nicht erwarten. Man muss auch recht weit fahren, um in das nächste über 1000 m hohe Mittelgebirge zu gelangen: Das **Erzgebirge** (1243 m), das zusammen mit dem **Vogtland** und dem in Deutschland auch als Sächsische Schweiz bekannten **Elbsandsteingebirge** (722 m) die sächsische „Oberlippe" unseres Gesichts bildet. Der nach Tschechien geöffnete „Mund" wird von weiteren Mittelgebirgen begrenzt: dem **Fichtelgebirge** (1053 m) im Mundwinkel, dem **Oberpfälzer Wald** (938 m) und dem **Bayerischen Wald** (1456 m) auf der „Unterlippe". Nordwestlich des Fichtelgebirges erstreckt sich der **Thüringer Wald** (983 m).

Richtung Westen folgt zunächst das Niedersächsisch-Hessische Bergland mit dem **Weserbergland** (528 m) und weiter südlich, ziemlich genau im Zentrum Deutschlands, die **Rhön** (950 m). Westlich an die Rhön schließt sich mit dem **Vogelsberg** (773 m) ein Mittelgebirge vulkanischen Ursprungs an. Im Nordwesten dringt der **Teutoburger Wald** wie ein Stachel in das Norddeutsche Tiefland vor.

Westlich des Hessischen Berglands liegt das **Rheinische Schiefergebirge**, ein großräumiges Gebirgsmassiv mit zahlreichen Teillandschaften. Es gliedert sich in einen linksrheinischen und einen rechtsrheinischen Teil. Zum linksrheinischen Schiefergebirge gehören der **Hunsrück** (816 m) und die **Eifel** (746 m) südlich und nördlich der Mosel, aber auch das Hohe Venn und die Ardennen in Belgien. Zum rechtsrheinischen Schiefergebirge zählen **Taunus** – der Große Feldberg ist mit 879 m die höchste Erhebung im Schiefergebirge –, **Westerwald** (656 m), **Sauerland** mit **Rothaargebirge** (843 m) und auch das westlich des Sauerlands gelegene **Bergische Land** (519 m).

Südlich des Hunsrücks befinden sich linksrheinisch das **Saar-Nahe-Bergland** (687 m) und der **Pfälzerwald** (673 m). Rechtsrheinisch liegt der große Komplex des **Süddeutschen Schichtstufenlands** (S. 26), das im Westen bis zur Rheinebene und im Süden bis zur Donau reicht. Ganz im Norden liegen südwestlich der Rhön die Waldgebirge **Spessart** (586 m) und **Odenwald** (626 m). Im Südwesten Deutschlands erhebt sich der **Schwarzwald**, das mit dem 1493 m hohen Feldberg höchste deutsche Mittelgebirge. Östlich davon ziehen sich die Jura-Höhenzüge **Schwäbische Alb** (1015 m) und **Fränkische Alb** (689 m) diagonal durch Süddeutschland, getrennt durch den Meteoritenkrater **Nördlinger Ries**.

Südlich der Donau beginnt das **Alpenvorland**, das in Deutschland einen größeren Raum einnimmt als die **Alpen**, die nur einen schmalen Saum im Südosten bilden – mit der **Zugspitze** (2962 m) als höchstem Berg Deutschlands. Fast die gesamten deutschen Alpen gehören zu Bayern, lediglich ein kleiner Zipfel der Allgäuer Alpen, die Adelegg (1129 m), ragt nach Baden-Württemberg hinein.

Als Letztes tragen wir in unsere Deutschlandkarte noch die Grenzen und die Hauptstädte der Bundesländer ein. Die Karte ist nun ziemlich voll und unübersichtlich, obwohl sie deutlich weniger Informationen enthält als die meisten Landkarten, die wir zur Verfügung haben. Die Bundesländer kommen deshalb als Letztes an die Reihe, weil sie künstliche Gebilde sind, die der Landschaft erst in jüngerer Zeit „übergestülpt" wurden. Trotzdem orientieren sich die Ländergrenzen häufig an der Natur: Sie verlaufen oft entlang von Gebirgskämmen oder Flüssen. Wie wir gesehen haben, wird Deutschland im Südwesten vom Rhein und im Nordosten von der Oder begrenzt. Im Süden bilden die Alpen, im Norden das Meer und im Osten die Hochlagen von Bayerischem Wald und Erzgebirge die Staatsgrenze. Auch die Grenzen der Bundesländer verhalten sich ähnlich, fast alle großen Flüsse bilden streckenweise Ländergrenzen, und auch die Mittelgebirge sind aufgrund ihrer allmählichen Besiedlung von den Tälern her häufig Grenzland. Die Rhön liegt etwa im Dreiländereck Bayern-Hessen-Thüringen, der Harz befindet sich teilweise in Niedersachsen, teilweise in Sachsen-Anhalt, und in der Eifel verläuft die Grenze zwischen Rheinland-Pfalz und Nordrhein-Westfalen.

Abb. 8 Auf diesem Bild aus dem Darßer Wald im Nationalpark Vorpommersche Boddenlandschaft sieht man, wie die Buche die Kiefer regelrecht wegdrückt; die Kiefer weist noch die von der Nutzung des Harzes zu DDR-Zeiten herrührenden Muster auf.

Feld, Wald, Siedlung – was wie genutzt wird

Ohne Einfluss des Menschen wäre fast ganz Deutschland von Wald bedeckt. Auch Tacitus beschrieb etwa 100 Jahre nach der Zeitenwende Germanien noch als schauerliche Wildnis mit dunklen, unzugänglichen Wäldern. Heute ist Deutschland nur noch zu etwa einem Drittel mit Wald bedeckt, in Schleswig-Holstein sind es sogar nur 11 %.

Bevor wir nochmals näher auf den Waldanteil eingehen, betrachten wir die Flächennutzung in Deutschland insgesamt (Abb. 9). Die Landwirtschaftsflächen (einschließlich Heiden und Mooren) haben laut Statistischem Bundesamt (2016) einen Anteil von etwas mehr als 50 %, danach folgt der Wald mit 30 %, und dann kommen schon die Siedlungs- und Verkehrsflächen mit fast 14 %. Die Wasserflächen mit 2,4 % und „Sonstiges" mit 1,7 % sind demgegenüber (zumindest statistisch gesehen) zu vernachlässigen.

Aus der Flächenentwicklung zwischen 2004 und 2015 lässt sich ein klarer Trend ablesen: Erwartungsgemäß nahm die Siedlungs- und Verkehrsfläche zu und zwar um etwa 3400 ha von 12,8 auf 13,7 %. Aber auch die Waldfläche hatte Zuwachs und zwar um fast genau 3000 ha von 29,8 auf 30,6 %. Dagegen nahm die Landwirtschaftsfläche um 5000 ha von 53 auf 51,6 % ab.

Die Landwirtschaft ist in Deutschland mit knapp über 50 % die klar dominierende Nutzung, sie nimmt aber zugunsten der Siedlungs- und Verkehrsfläche und des Waldes immer mehr ab. Innerhalb der landwirtschaftlichen Nutzung steht heute das **Ackerland** mit rund 70 % deutlich im Vordergrund. Der überwiegende Anteil der Äcker (56 %) war im Jahr 2016 (Statistisches Bundesamt) mit Getreide bepflanzt, danach folgt mit mehr als 20 % der Mais und mit etwa 10 % der Raps. Die **Rebflächen** (S. 90 ff.) werden nicht zu den Äckern gerechnet. Sie umfassen in Deutschland ziemlich genau 100 000 ha (1000 km²), das sind nur 0,6 % der landwirtschaftlichen Nutzfläche. Die nicht als Äcker genutzten Flächen sind mit 28 % der Landwirtschaftsfläche im Wesentlichen als **Grünland** genutzt, das heißt entweder als (gemähte) Wiesen oder als Weiden (S. 119 ff.).

Als besonders naturnah gelten im Allgemeinen die **Wälder**. Betrachten wir zunächst einmal den Waldanteil der einzelnen Bundesländer (Abb. 10). Hier fällt auf, dass die Bundesländer in der Südhälfte Deutschlands einen höheren Waldanteil haben als die in der Nordhälfte – mit Ausnahme von Brandenburg. Betrachten wir zuerst die Ausnahme von der Regel – wer Brandenburg kennt, kann sich denken, woran es liegen könnte: Auf den dort vorherrschenden nährstoffarmen Sandbö-

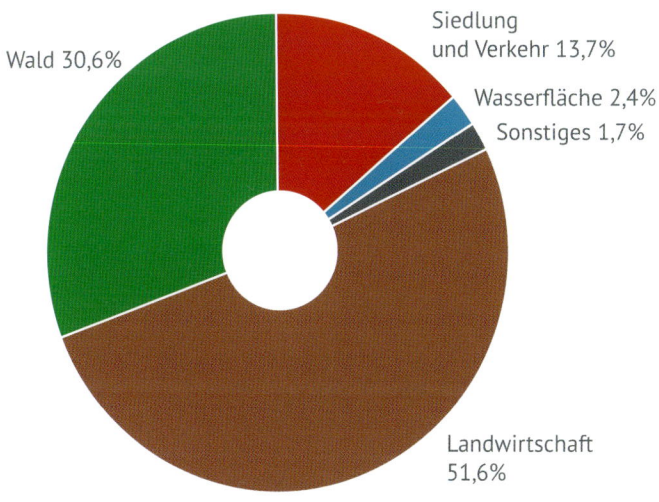

Abb. 9 Flächennutzung in Deutschland (*Statistisches Bundesamt 2016*).

den (die Mark Brandenburg als „des Heiligen Römischen Reiches Streusandbüchse") kann heute keine „lohnende" Landwirtschaft mehr betrieben werden, sodass viele Flächen dem Wald überlassen oder mit Kiefern bepflanzt wurden – die Kiefer ist eine für Sandböden geeignete „Pionierbaumart". In den südlichen Bundesländern sind es weniger die nährstoffarmen Böden, sondern der hohe Anteil an Mittelgebirgen, die für eine landwirtschaftliche Nutzung weniger günstig sind.

Bei den Stadtstaaten ist es natürlich der große Anteil des besiedelten Bereichs, der die Waldfläche zurückdrängt. Umso überraschender ist es, dass Berlin immerhin 18 % Wald aufweist – deutlich mehr als Schleswig-Holstein, der Flächenstaat mit dem geringsten Waldanteil (11 %). Nicht überraschend ist nach den vorherigen Ausführungen, dass die eher flachen norddeutschen Bundesländer weniger Wald tragen als die bergigen süddeutschen – sie liegen alle unter dem gesamtdeut-

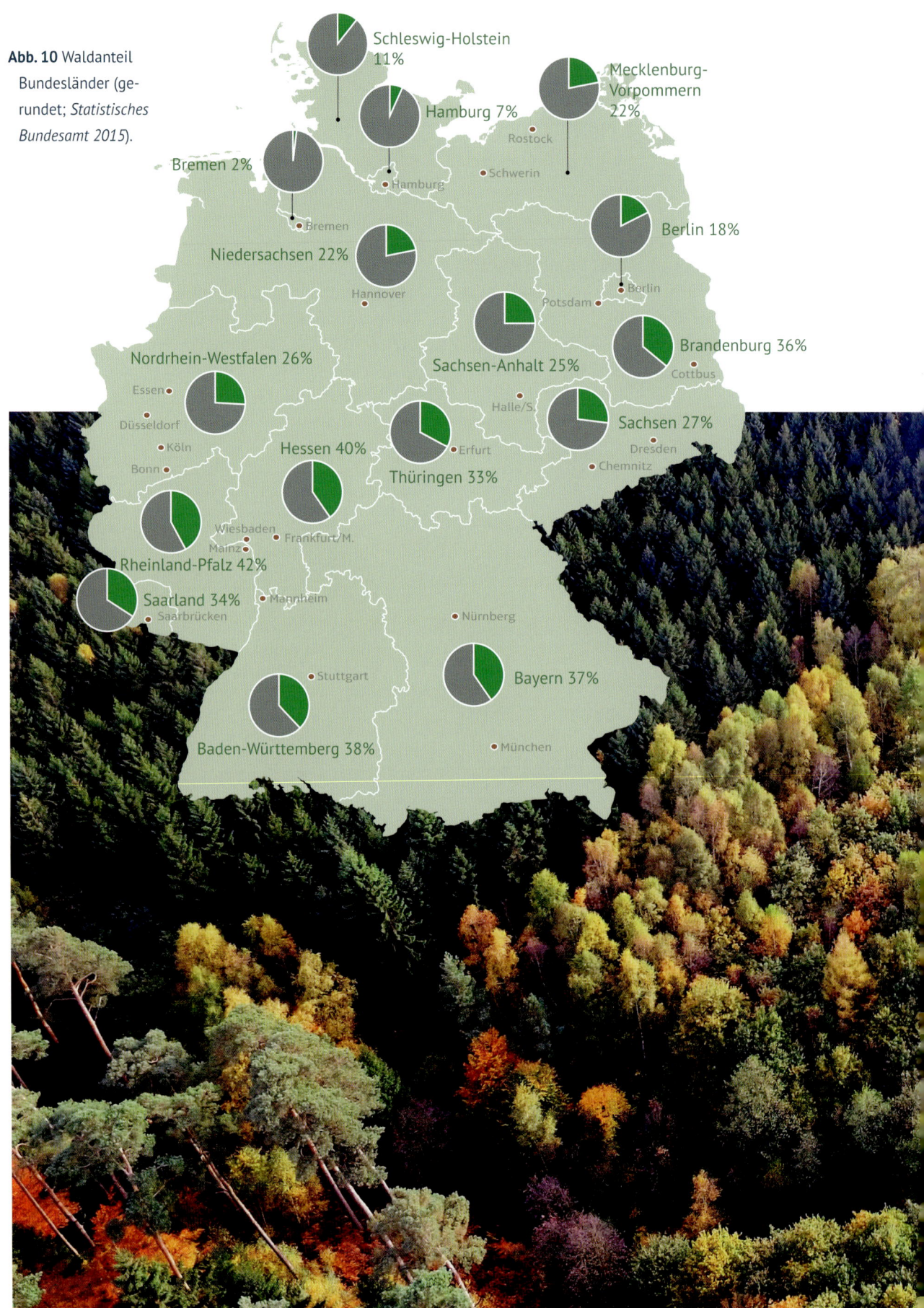

Abb. 10 Waldanteil Bundesländer (gerundet; *Statistisches Bundesamt 2015*).

schen Durchschnitt von 32 %, mit Ausnahme von Brandenburg (36 %). Die waldreichsten Bundesländer sind Rheinland-Pfalz und Hessen mit einem Waldanteil von über 40 %. Zwischen 35 und 40 % liegen neben Brandenburg Baden-Württemberg (38 %) und Bayern (37 %), auch Thüringen liegt mit 33 % noch über dem deutschen Durchschnitt (Statistisches Bundesamt 2016).

Einen ersten Hinweis darauf, wie naturnah unsere Wälder wirklich sind, gibt der Anteil der verschiedenen Baumarten: Obwohl in Deutschland von Natur aus in fast allen Regionen die Buche vorherrschen würde, bedeckte sie in Deutschland bei der letzten Bundeswaldinventur 2011/2012 (BMEL 2016) nur wenig mehr als 15 % des Waldbodens. Den höchsten Anteil hatte mit rund 25 % die Fichte, ein schnell wachsender Nadelbaum, der von Natur aus nur an wenigen, besonders kalten Orten wachsen würde. Danach kommt mit 22 % die Kiefer, die wie oben bereits erwähnt auch auf nährstoffarmen Sandböden gut gedeiht. Insgesamt haben Nadelbäume mit 54 % einen höheren Anteil an der Waldfläche als Laubbäume (43 %). Unter Letzteren nimmt nach der Buche die „deutsche" Eiche mit etwas mehr als 10 % den zweiten Platz ein.

Abb. 11 Alexander von Humboldt, Naturgemälde der Anden (aus: *Ideen zu einer Geographie der Pflanzen*, Tübingen 1807).

Geologie, Klima, Vegetation – Grundlagen der Vielfalt

Den engen Zusammenhang zwischen Geologie, Klima und Vegetation erkannte bereits **Alexander von Humboldt** (1769–1850), der sein Hauptaugenmerk auf das „Zusammenwirken der Kräfte, den Einfluss der unbelebten Schöpfung auf die belebte Tier- und Pflanzenwelt" (Brief Humboldts vom 05.06.1799, zitiert bei Wikipedia[1]) richtete. Da es ihm mehr um das Erkennen von Zusammenhängen ging als um das bloße Beschreiben, nannte er die Erdkunde, zu der er auch die Verbreitung von Tiere und Pflanzen auf der Erde zählte, nicht Geografie (griech. *graphein* = beschreiben), sondern Geognosie (griech. *gnosein* = erkennen). Mit seinem auf Landschaften bezogenen vegetationskundlichen Ansatz war Alexander von Humboldt ein Vordenker der Ökologie als Wissenschaft.

Die Geologie Deutschlands

Die Geologie beschäftigt sich mit Gesteinen und diese unterscheidet man im Wesentlichen nach ihrer Zusammensetzung und ihrer Entstehungsgeschichte. Mit den unterschiedlichen Mineralien, aus denen Gesteine bestehen, befasst sich die Mineralogie. Hier soll die grobe Einteilung in **Silikatgesteine** und **Karbonatgesteine** genügen, die entscheidend ist, da Silikate in Verbindung mit Wasser sauer, Karbonate aber basisch (alkalisch) reagieren. Dies wiederum ist von grundlegender Bedeutung für die Bodenbildung und die Pflanzendecke, die das „Gesicht Deutschlands" prägt.

Fast 90 % der Erdkruste bestehen aus Silikaten, sodass diese zumindest mengenmäßig bedeutender sind als die Karbonate. Unter Letzteren überwiegt das Kalziumkarbonat, der Grundbestandteil des Kalksteins. Die Zusammensetzung eines der wichtigsten Silikatgesteine, des Granits, aus den drei der wichtigsten silikatischen Minerale können wir uns mit einer bei Geologen altbekannten Eselsbrücke einprägen: „Feldspat, Quarz und Glimmer, die vergess' ich nimmer."

Bezüglich der Entstehungsgeschichte lassen sich drei Gesteinsklassen unterscheiden: magmatische Gesteine (Magmatite), metamorphe Gesteine (Metamorphite) und Sedimentgesteine (Sedimentite).

Magmatische Gesteine entstehen durch Erkalten von Magma, geschmolzenem Material aus dem Erdinneren. Findet das Erkalten in großer Tiefe (über 5 km) statt, spricht man von Tiefengestein oder **Plutoniten**. Da sich in dieser Tiefe das Magma nur langsam abkühlt, entstehen große Mineralkristalle, die meist mit bloßem Auge erkennbar sind. Bekanntestes Beispiel ist der oben erwähnte Granit. Erkaltet das Magma an der Erdoberfläche, handelt es sich um **Ergussgesteine** oder **Vulkanite**. Durch die rasche Abkühlung bilden sich nur kleine Kristalle wie beispielsweise beim Basalt. Oft unterbleibt die Kristallbildung völlig, es entsteht vulkanisches Glas wie Obsidian.

Metamorphe Gesteine entstehen durch die Umwandlung älterer Gesteine unterschiedlichen Typs – verursacht meist durch hohen Druck und hohe Temperatur. Mit der Umwandlung ändert sich die Zusammensetzung des Gesteins, da neue Minerale gebildet werden. Aus Granit kann dadurch zum Beispiel **Gneis** entstehen, aus Kalkgesteinen **Marmor**. Auch **Schiefer** (S. 48) entsteht durch Metamorphose aus tonigen Ablagerungen.

Die dritte Gruppe schließlich, die **Sedimentgesteine** (Ablagerungsgesteine), entstehen durch Verwitterung und Erosion von Gesteinen durch Wind (z. B. Löss), Wasser (z. B. Ton und Sand) oder Eis. Die Bestandteile der Gesteine werden von einem der drei genannten Medien abgetragen, transportiert und an anderer Stelle wieder abgelagert. Dort verdichten sie sich und werden schließlich zu hartem und sprödem Gestein. Beispiele für Sedimentgesteine sind Sandstein oder Kalkstein.

Wichtig für das Verständnis der Erdgeschichte ist noch die Unterscheidung von Land- und Meeressedimenten. In Meeressenken konnten sich in der Vergangenheit zum Beispiel riesige Mengen von Kalk durch das Absinken von Kalkskeletten kleiner Meerestiere ansammeln, aus denen heute ganze Gebirgszüge wie die Schwäbische Alb bestehen.

Wenn man eine geologische Karte betrachtet, werden die an der Erdoberfläche sichtbaren, „anstehenden" Gesteine zum einen nach ihrer Entstehungsgeschichte benannt, also etwa Granit, Gneis oder Schiefer, zum anderen richtet sich die Einteilung aber hauptsächlich nach dem Erdzeitalter, in denen sie entstanden sind.

Die imposantesten Zeugnisse der Landschaftsentwicklung sind sicherlich die Gebirge, die zu unterschied-

Abb. 12 Die Zugspitze mit hellem Wettersteinkalk von Österreich aus gesehen.

lichen Zeiten durch Vorgänge der **Plattentektonik** (S. 41) aufgefaltet wurden. Den Unterschied zwischen Mittel- und Hochgebirgen machen wir heute vornehmlich an ihrer Höhe fest, in Wahrheit sind die meisten Mittelgebirge aber lediglich älter und wurden seither zu großen Teilen durch Wasser und Wind abgetragen – man nennt dies **Erosion**. So entstanden viele deutsche Mittelgebirge wie der Schwarzwald, der Harz oder das Rheinische Schiefergebirge vor 300 bis 400 Mio. Jahren und werden seither abgetragen, während die Alpen erst vor 50 bis 100 Mio. Jahren aufgefaltet wurden und immer noch wachsen. Diese Vorgänge führten etwa dazu, dass Kalkstein, der vor Jahrmillionen am Meeresgrund abgelagert wurde, heute beinahe 3000 m oberhalb des Meeresspiegels den „Wettersteinkalk" an der Zugspitze bildet (Abb. 12).

Das Gegenstück zur Erosion ist die **Sedimentation** – was an einer Stelle abgetragen wird, wird an anderer Stelle wieder abgelagert (sedimentiert). Durch Wasser abgetragenes Material lagert sich in Tälern und Senken ab oder wird schließlich ins Meer verfrachtet, durch Wind erodierte Feinstäube wurden beispielsweise als **Löss** an Gebirgsränder angeweht. Erosion ist auch der Grund dafür, dass zum Beispiel die unter der Erdoberfläche entstandenen Plutonite oder auch zwischenzeitlich durch zahlreiche Sedimente überdeckte alte Gesteine heute wieder an der Oberfläche sichtbar sind.

Durch die Plattentektonik wurden jedoch nicht nur Gebirge aufgefaltet, mitten in Europa brach ein Graben auf, der in ferner Zukunft vielleicht einmal den Kontinent spalten wird. Sein markantester Teil in Deutschland ist der **Oberrheingraben** zwischen Frankfurt am Main und Basel (Schweiz). Die Gebirgsschollen links und rechts des Grabens, insbesondere die französischen Vogesen und der Schwarzwald, wurden am Grabenrand in die Höhe gehoben, die Gebirge Süddeutschlands gerieten dadurch in Schieflage. Es entstand das **Süddeutsche Schichtstufenland**, bei dem von Westen nach Osten die Gesteinsschichten der verschiedenen Erdzeitalter aufeinander folgen. Die härteren Gesteine wie der Weißjura bilden dabei nach Westen hin schroffe Kliffs.

Die dritte landschaftsformende Kraft neben Plattentektonik und Erosion ist der **Vulkanismus**, der jedoch eng mit den durch die Plattentektonik verursachten Vorgängen wie Gebirgsfaltung oder Grabenbrüchen zusammenhängt. Die dadurch entstehenden Risse in der Erdkruste lassen zähflüssige, glutheiße Materie aus tieferen Erdschichten nach oben dringen. In Deutschland werden die Eifelvulkane, deren letzte Ausbrüche nur etwas mehr als 10 000 Jahre zurückliegen, von den Forschern als aktiv bezeichnet. Auch nicht mehr aktive Vulkane wie der Vogelsberg, die Hegauvulkane (Abb. 13) oder der Kaiserstuhl formen heute noch markante Landschaften oder machen sich in heißen Quellen bemerkbar, an denen Thermalbäder wie Baden-Baden oder Badenweiler entstanden (Hofbauer 2016).

Die wesentlichen Landschaftsgestalter in weiten Teilen Norddeutschlands und ganz im Süden am Alpenrand sind die Gletscher der „Eiszeit", genauer gesagt der letzten **Kaltzeiten** (S. 69 ff.).

In Deutschland herrscht bereits aus geologischer Sicht, also ohne die Vegetation oder die Tierwelt zu betrachten, eine außerordentlich große Vielfalt. Hinzu kommt, dass sich fast keine Landschaftsform, die wir heute sehen, auf eine Ursache zurückführen lässt. Das macht die Sache zwar nicht gerade einfacher, aber umso spannender. Das Ergebnis dieser Vorgänge kann man auf einer **geologischen Karte** betrachten, die die an der Oberfläche anstehenden Gesteine und die Zeit bezeichnet, aus der sie stammen (Abb. 14).

Vom Gestein zum Boden

Boden entsteht durch Verwitterung, die natürliche Zersetzung von Gestein. Dies kann durch physikalische Prozesse geschehen, wie etwa bei der Sprengung des Gesteins durch Frost. Auch chemische Veränderungen wie die Lösung in Wasser oder der Einfluss von Säure spielen eine Rolle. An der belebten Gesteinsoberfläche wirkt zusätzlich noch der Einfluss lebender Organismen, zum Beispiel die Sprengung durch Wurzeln, die nicht nur mechanisch wirken, sondern durch Säuren zusätzlich zur Verwitterung beitragen. Auf diese Weise bereiten sich die Pflanzen ihren Boden teilweise selbst. Der Boden ist sozusagen die „Schnittstelle" zwischen Gestein und Vegetation.

Die Entwicklung der Böden in Deutschland ist ein Abbild der unterschiedlichen Landschaften. Außer dem Gestein als Ausgangsmaterial entscheiden Vegetation, Klima, Geländeform und Grundwassertiefe darüber, welcher Boden entsteht. Als weiterer Faktor kommt der Einfluss des Menschen hinzu. Auch die Zeit spielt bei der Bodenentwicklung eine Rolle: Unter bestimmten Klimaverhältnissen machen Böden auf verschiedenen Ausgangsmaterialien immer eine vergleichbare Entwicklung durch, an deren Ende die sogenannten „Klimaxböden" stehen.

Unterschiedliche Erscheinungsformen von Böden werden als **Bodentypen** bezeichnet, ein spezieller Bodentyp ist durch eine bestimmte Abfolge und Ausprägung von gegeneinander abgrenzbaren **Bodenhorizonten** gekennzeichnet. Sind alle Horizonte vorhanden, lassen sie sich in O-Horizont (organische Auflage wie Streu oder Torf), A-Horizont (Oberboden, meist ist dort Humus angereichert), B-Horizont (Unterboden) und C-Horizont (mineralischer Gesteinsuntergrund) gliedern. Oft fehlt der B-Horizont, zum Beispiel bei flachgründigen Böden auf kalkreichem Gestein. Diesen Bodentyp nennt man **Rendzina**. Wird der geologische Untergrund nicht von Kalkstein, sondern von Löss gebildet, spricht man bei Böden ohne B-Horizont von einer **Pararendzina**. Bildet sich durch die weitere Verwitterung ein B-Horizont, ist eine **Braunerde** entstanden. Unter bestimmten Bedingungen kann aus einer Pararendzina auch eine **Schwarzerde** werden, deren mächtiger Oberboden von Humus schwarz gefärbt ist und die zu den weltweit fruchtbarsten Böden gehört. Schwarzerden finden sich

Abb. 13 Hegauvulkane: Hohenkrähen (Mitte) und Mägdeberg vor den Alpen, im Vordergrund Engen.

vor allem in kontinentalen Steppengebieten, in Deutschland kommen sie zum Beispiel in der Magdeburger Börde, der Hildesheimer Börde und im Thüringer Becken vor. Bei der Entstehung spielt möglicherweise auch der frühere Einfluss des Menschen (Brandwirtschaft) eine Rolle.

Die bisher erwähnten Bodentypen gehören zu den terrestrischen Böden, deren Entwicklung überwiegend durch Regenwasser beeinflusst wird. Daneben gibt es die semiterrestrischen Böden, die durch Grundwasser geprägt sind. Hierzu gehören die **Auenböden** an Bach-

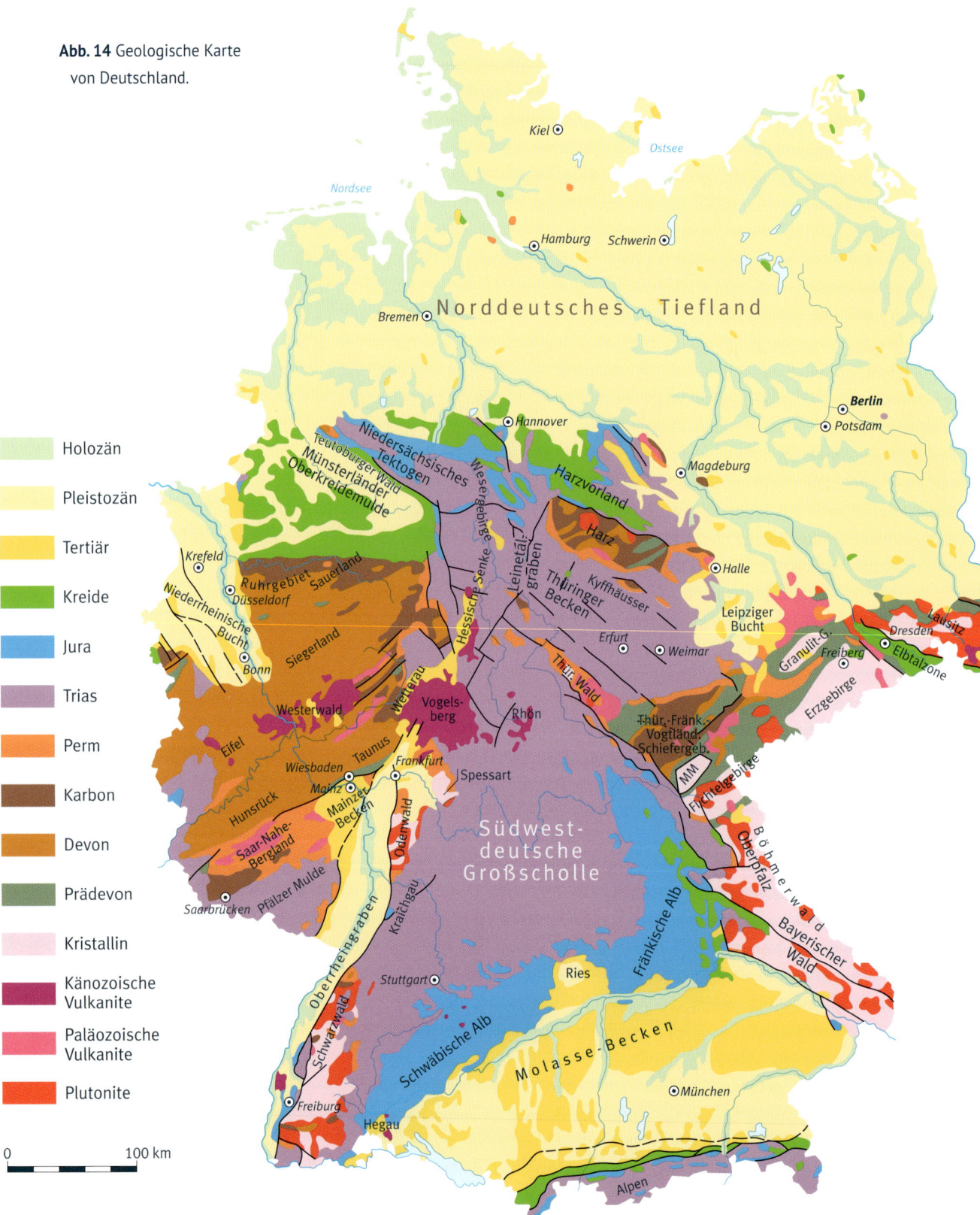

Abb. 14 Geologische Karte von Deutschland.

28   I. Das Gesicht Deutschlands – und wodurch es geprägt wird

läufen und in Flusstälern. Bei hohem Grundwasserstand herrscht in den unteren Bodenschichten Sauerstoffarmut, was durch wasserlösliche Eisen- und Manganverbindungen zu Grau- und Blaufärbung führt. Derartige Böden nennt man **Gleye**. Zeitweise oder ständig überflutete Böden werden als subhydrisch oder semisubhydrisch bezeichnet, hierzu gehört das **Watt** (S. 112 ff.). Die vierte große Gruppe der Böden bilden die **Moore** (S. 128 ff.), für die ein ständiger Wasserüberschuss charakteristisch ist. Dies hat zur Folge, dass sich wenig zersetzte Pflanzenreste als Torf ansammeln.

Wer sich näher für Böden interessiert, dem sei der von der Bundesanstalt für Geowissenschaften und Rohstoffe (BGR) herausgegebene „Bodenatlas Deutschland" (2016) empfohlen.

Das Klima ist entscheidend

Eines der dominierenden Themen der letzten Jahre ist der Klimawandel, genauer gesagt die Klimaerwärmung. Darauf und auf eine Reihe weiterer gravierender Klimaänderungen in der Erdgeschichte wird im zweiten Teil dieses Buches eingegangen. Hier geht es zunächst einmal darum, welchen Einfluss das Klima an einem bestimmten Ort darauf hat, welche Pflanzen dort wachsen und welche Tiere dort leben können. Kurz gesagt: Der Einfluss des Klimas ist ganz entscheidend.

Natürlich wissen wir, dass in den unterschiedlichen Klimazonen – also zum Beispiel in der subtropischen Zone, zu der das Mittelmeergebiet gehört, und der gemäßigten Zone, zu der Deutschland gehört – verschiedene Tier- und Pflanzenarten heimisch sind. Aber auch innerhalb der gemäßigten Zone gibt es Unterschiede, selbst innerhalb kurzer Distanzen. Ein Beispiel: Der Kaiserstuhl nordwestlich von Freiburg im Breisgau gilt als Wärmeinsel. Die Temperatur liegt dort im Jahresdurchschnitt bei rund 10 °C, die jährlichen Niederschläge betragen 600 bis 700 mm (= L/m²). Ganz anders sieht es am Feldberg im Schwarzwald aus, der Luftlinie nur etwa 30 km vom Kaiserstuhl entfernt liegt. Auf dem mit knapp 1500 m höchsten Berg der deutschen Mittelgebirge beträgt die Jahresdurchschnittstemperatur knapp 4 °C, die durchschnittliche Jahresniederschlagsmenge liegt bei über 1600 mm. Die Unterschiede hängen in erster Linie mit der Höhendifferenz von rund 1000 m zusammen, aber auch andere Faktoren wie die Hauptwindrichtung spielen eine Rolle.

Bei niederschlagsreichen Gebieten in Meeresnähe spricht man von **Seeklima** (auch maritimes, ozeanisches oder in Europa atlantisches Klima genannt). Durch die

Abb. 15 Blick vom Feldberg im Schwarzwald, der höchsten Erhebung Baden-Württembergs, über den Kaiserstuhl zu den Vogesen (Frankreich) – der kälteste Punkt (Feldberg) und die wärmste Region (Kaiserstuhl) des deutschen Südwestens auf einem Bild.

meist hohe Luftfeuchtigkeit und den Temperaturausgleich durch das Meer sind hier die Temperaturunterschiede zwischen Tag und Nacht und zwischen Sommer und Winter deutlich geringer als bei einem ausgeprägten Kontinentalklima, das sich durch heiße Sommer und kalte Winter sowie geringeren Niederschlag auszeichnet – je weiter man ins Innere eines Kontinents kommt, desto geringer ist der ausgleichende Einfluss der Meere.

In Deutschland ist an der Nordseeküste das Seeklima am deutlichsten ausgeprägt, das **Kontinentalklima** in den küstenfernen Bereichen von Ostdeutschland. Das niederschlagsärmste Bundesland ist Sachsen-Anhalt – nicht nur durch seine Lage fernab vom Meer, sondern auch aufgrund der Tatsache, dass weite Bereiche im Regenschatten des Harzes liegen. So liegt die Welterbestadt Quedlinburg mit Niederschlägen von 438 mm pro Jahr nur knapp über Palma de Mallorca, bezüglich der Sonnenscheindauer jedoch weit darunter (Mitteldeutsche Zeitung 01.04.2014).

Für die Vegetation entscheidend ist aber nicht nur das Großklima einer Region, sondern auch das Kleinklima eines speziellen Standorts, und das wiederum hängt zum Beispiel davon ab, ob es sich um einen Süd- oder Nordhang handelt, wie stark der Hang geneigt ist, welches Gestein zugrunde liegt (wie stark heizt es sich auf und wie schnell gibt es die Wärme wieder ab?), wie die umgebende Vegetation zusammengesetzt ist oder ob sich ein größeres (temperaturausgleichendes) Gewässer in der Nähe befindet.

Die Vegetation – was wächst wo und warum

Wichtigste großräumige Faktoren für das Vorkommen oder Fehlen bestimmter Pflanzenarten sind das Klima und der geologische Untergrund, hinzu kommen kleinräumig wirksame Faktoren.

Von Bedeutung ist etwa die Exposition, das heißt die Ausrichtung eines Hanges in eine bestimmte Himmelsrichtung. Ist der Hang nach Süden geneigt, dominieren wärme- und trockenheitsliebende (bzw. -ertragende) Pflanzen, während bei Nordexposition solche vorherrschen, die Schatten und höhere Luftfeuchtigkeit bevorzugen. Auch die Neigung bzw. Steilheit eines Hanges spielt eine Rolle: Einen Extremfall stellt zum Beispiel ein Fels oder eine senkrechte Lösswand dar, auf der nur wenige Pflanzen wachsen können.

Ein entscheidender Faktor in der Kulturlandschaft ist natürlich der Einfluss des Menschen. Auf einer Wiese wachsen andere Pflanzen als auf einem Acker oder in einer Rebfläche. Der Grund hierfür liegt auf der Hand:

Nicht jede Pflanzenart erträgt eine ein- bis mehrmalige jährliche Mahd, und noch weniger werden mit einer Bodenbearbeitung in Form von Hacken, Pflügen, Fräsen oder Ähnlichem fertig.

Es gibt aber auch Unterschiede im Pflanzenbewuchs, die sich nicht so einfach erklären lassen: Warum stehen an einem Wegrand an einer Stelle hauptsächlich Brennnesseln, während einige Meter weiter vorwiegend Gräser wachsen und noch ein Stück weiter Gebüsch? Auch hier hat der Mensch seine Finger im Spiel: An einer Stelle wurden vielleicht des Öfteren organische Abfälle abgelagert, was das Nährstoffangebot stark erhöhte; eine andere Stelle wird regelmäßig gemäht, eine dritte ist nur in geringem Ausmaß Nährstoffen oder Störungen ausgesetzt. Bereichert der Mensch durch seine Eingriffe also die Kulturlandschaft? Dies gilt nur, solange ein ausgewogenes Verhältnis zwischen vergleichsweise intensiv und extensiv bzw. nicht genutzten Bereichen besteht. Sind die Störungen zu groß bzw. ist die Nutzung zu intensiv, geht die Anzahl der Tier- und Pflanzenarten drastisch zurück.

Bei genauerer Betrachtung der Pflanzenbestände fällt auf, dass man an vergleichbaren Standorten ähnliche Artenkombinationen antrifft. Dies hängt damit zusammen, dass diese Arten mit den entsprechenden Standortsbedingungen besser zurechtkommen als andere und daher einen Konkurrenzvorteil haben. Solche wiederkehrenden Typen von Pflanzenbeständen nennt man Pflanzengesellschaften. Die Fachrichtung innerhalb der Botanik, die sich mit der Vergesellschaftung von Pflanzen befasst, ist die Pflanzensoziologie (Wilmanns 2002).

Auf einzelne Pflanzengesellschaften kann hier nicht näher eingegangen werden, es soll lediglich eine kurze Übersicht über die in Deutschland vorkommenden Vegetationstypen (auch als Pflanzen- oder Vegetationsformationen bezeichnet) gegeben werden. Im Gegensatz zu der sonst üblichen Reihung, die mit den am "einfachsten" aufgebauten Formationen wie der Wasservegetation beginnt, wird hier mit den komplexesten, den Wäldern, begonnen:

Ohne den Einfluss des Menschen wäre der größte Teil Deutschlands von **Laubwäldern** bedeckt. Zu ihnen zählen auch die Gebüsche, deren Arten im Unterwuchs von Wäldern oder als Waldmantel an deren Rand vorkommen (Abb. 16), in der Kulturlandschaft aber oft unabhängig vom Wald auftreten. Reine **Nadelwälder** sind zwar heute in Deutschland weit verbreitet, wurden aber überwiegend vom Menschen angepflanzt. Natürlicher-

Abb. 16 Wald mit vorgelagertem Waldmantel (Biosphärengebiet Schwäbische Alb).

Abb. 17 Hochstaudenflur im Südschwarzwald mit Blauem Eisenhut.

Abb. 18 Glatthaferwiese.

weise kommen sie hierzulande nur an Extremstandorten vor, die entweder besonders hoch gelegen, besonders kalt oder besonders trocken sind. Unter den Laubwäldern spielen in Deutschland die **Buchenwälder** eine besondere Rolle, in verschiedenen Ausprägungen würden sie ohne den Einfluss des Menschen den größten Teil unseres Landes bedecken. Neben der Buche kommen in diesen Wäldern je nach Standort weitere Baumarten wie Eiche, Tanne oder Ahorn vor. In periodisch überschwemmten Flussniederungen wachsen **Auwälder** (S. 56 ff.), in langfristig überfluteten Sümpfen **Bruchwälder**. Auf nährstoffarmen Sandböden, vor allem im nordwestdeutschen Küstenbereich, wachsen von Natur aus **Birken-Eichenwälder**.

Den Wäldern vorgelagert sind neben Gebüschen oft auch Säume aus mehrjährigen Stauden, solche **Stauden- oder Hochstaudenfluren** (Abb. 17) können aber auch unabhängig vom Wald auftreten. Hochstauden wachsen meist auf nährstoffreichen Böden. An trockenen Standorten kommen andere Stauden vor als an Feuchtstandorten, in Hochlagen wiederum andere als in tiefen Lagen. Weitgehend durch menschliche Nutzung entstanden sind **Wiesen** (Abb. 18) und **Weiden**. Gemeinsam ist ihnen, dass **Gräser** eine große Rolle spielen und meist den größten Anteil haben, daher wird dieser Vegetationstyp auch überwiegend mit dem Begriff **Grünland** oder Grasland zusammengefasst, dem in Teil II ein eigenes Kapitel gewidmet ist (S. 119 ff.). Hochspezialisierte

Abb. 19 Kleinblütige Akelei in einer Steinschuttflur im Wimbachtal (Nationalpark Berchtesgaden).

Pflanzen wachsen auf **Felsen** (S. 56 ff.), in **Steinschuttfluren** (Abb. 19) und an **Mauern**. Die **Alpen** wiederum zeichnen sich durch eine ganz eigene und besonders artenreiche Vegetation aus.

Abb. 20 Offenes Hochmoor mit Bulten und Schlenken (Hinterzartener Moor, Baden-Württemberg).

Eine eigene Formation stellt die **Vegetation häufig gestörter Stellen** wie Äcker (S. 82 ff.), Wege und deren Ränder sowie häufig überschwemmte Uferbereiche dar. Mit den regel- oder unregelmäßigen Störungen kommen nur bestimmte Pflanzenarten zurecht, vor allem sogenannte „Einjährige", die ihre Entwicklung von der Keimung bis zur Samenreife in einer Vegetationsperiode oder einer noch kürzeren Zeit durchlaufen (Abb. 21). Während Äcker und Wegränder meist sehr nährstoffreich sind, ist in **Mooren** (S. 128 ff.) das Gegenteil der Fall. Vor allem in einem Hochmoor herrscht extreme Nährstoffarmut, zudem schaffen die vegetationsbildenden Torfmoose ein extrem saures Milieu, sodass neben ihnen nur wenige andere Pflanzen existieren können (Abb. 20).

Höher entwickelte Pflanzen (Gefäßpflanzen) haben sich von einem Leben im Wasser emanzipiert, die **Wasserpflanzen** sind aber sekundär wieder in diesen Lebensraum zurückgekehrt. Man unterscheidet freischwimmende Wasserpflanzen wie die Wasserlinsen und am Boden haftende wie die Seerosen (Abb. 23) und viele andere Arten. Im oder am Meer müssen die Pflanzen salztolerant sein (Abb. 22), sodass die **Salzwasser- oder Meerstrandvegetation** wiederum ganz spezielle Pflanzenarten aufweist (S. 112 ff.).

Pflanzen – Tiere – Lebensräume

Während die Zahl der Farn- und Blütenpflanzen in Deutschland mit rund 4000 noch überschaubar ist (Wisskirchen & Haeupler 1998) – mit den blütenlosen Pflan-

Abb. 21 Ackerbegleitflora mit Klatschmohn und Kornblume.

Abb. 22 Salzwiese mit Strandflieder (Hamburger Hallig, Schleswig-Holstein).

zen wie Moosen und Algen sind es etwa 10 000 –, kann man das von den rund 48 000 Tierarten Deutschlands nicht behaupten (Bundesamt für Naturschutz 2015). Obwohl die Tiere natürlich auch das „Gesicht Deutschlands" mitgestalten, kann die Fauna (Tierwelt) in diesem Buch nur beispielhaft berücksichtigt werden. Bei den in Teil II behandelten Lebensräumen werden jeweils einige charakteristische Tierarten oder Tiergruppen erwähnt.

Jeder der oben aufgeführten Vegetationstypen oder Pflanzengesellschaften kann auch als Lebensraum (Biotop) betrachtet werden, in dem Pflanzen und Tiere eine Lebensgemeinschaft (Biozönose) bilden (Kratochwil & Schwabe 2001). Wie bei den Pflanzen gibt es auch Tiere, die an ganz bestimmte Lebensräume gebunden sind, manchmal benötigen sie sogar eine ganz bestimmte Pflanzenart.

Neben vielen Tier- und Pflanzenarten, die in Deutschland selten geworden oder gar als „vom Aussterben bedroht" oder „ausgestorben" auf den „Roten Listen" stehen gibt es auch solche, die in jüngerer Zeit (wieder) eingewandert sind oder neu eingebracht wurden. Auch davon wird später noch die Rede sein.

Abb. 23 Weiße Seerose und Gelbe Teichrose im Torgelower See (Mecklenburg-Vorpommern).

Abb. 24 Albrecht Altdorfer malte um 1515 als erster eine Landschaft ohne Menschen und machte sie damit zum eigenständigen Motiv; diese „Donaulandschaft mit Schloss Wörth" entstand um 1522.

Was ist eine Landschaft?

Die Begriffe „Natur" und „Landschaft" sind im deutschen Sprachgebrauch allgegenwärtig. Die bekannteste deutsche Naturschutzzeitschrift trägt den Namen „Natur und Landschaft". Jeder meint zu wissen, was Natur, was eine Landschaft ist. Wenn man aber aufgefordert wird, die Begriffe genauer zu definieren, kommen selbst Experten ins Grübeln. Beginnen wir mit der Umgangssprache, die „Natur" und „Landschaft" manchmal fast synonym benutzt: „Ich gehe gerne in die Natur" oder „Ich liebe es, in der freien Landschaft spazieren zu gehen" drücken etwas Ähnliches aus. Im zweiten Satz ist das Wort „frei" enthalten, und das ist hier vielleicht entscheidend: Die Natur, vielfach auch die Landschaft, werden von vielen Menschen als „frei" von (menschlichen) Zwängen, als „nutzungsfreier Raum" betrachtet, in dem man sich vom Alltag erholen kann.

Dass es dabei eine grundlegende Diskrepanz zwischen städtischer und ländlicher Bevölkerung gibt, hat der Philosoph Joachim Ritter (1903 bis 1974) erkannt, wenn er schreibt: „Natur ist für den ländlich Wohnenden immer die heimatliche, je in das werkende Dasein einbezogene Natur: der Wald ist das Holz, die Erde der Acker, die Wasser der Fischgrund. Was jenseits des so umgrenzten Bereiches liegt, bleibt das Fremde; es gibt keinen Grund hinauszugehen, um die ‚freie' Natur als sie selbst aufzusuchen und sich ihr betrachtend hinzugeben. Landschaft wird daher Natur erst für den, der in sie ‚hinausgeht'." Später schreibt Ritter „Landschaft ist Natur, die im Anblick für einen fühlenden und empfindenden Betrachter ästhetisch gegenwärtig ist" und erinnert an Alexander von Humboldt, der „die ästhetische Entdeckung und Vergegenwärtigung der Natur als Landschaft" begriffen habe. Natur als Landschaft könne es nur unter der Bedingung der Freiheit auf dem Boden der modernen Gesellschaft geben (Ritter 1963/1974).

Dieser soziologische, ja, fast politische Zugang zu Natur und Landschaft erscheint uns heute ungewohnt. Wir halten uns heute bei der Natur an die Biologen, bei der Landschaft an die Geographen. Doch auch von ihnen bekommen wir keine eindeutigen Antworten. Wie Joachim Ritter berufen sich die Geographen auf Alexander von Humboldt, dem die erste Definition von Landschaft zugeschrieben wird. Im 20. Jahrhundert wurde „Landschaft" zum Leitbegriff insbesondere der deutschen Geographie (Schindler et al. 2008), über den jedoch heftig gestritten wurde. Als nach 1970 die naturwissenschaftlich orientierte Landschaftsökologie aufkam, verband sich geographisches mit biologischem Denken, Natur und Landschaft rückten näher zusammen. Aus der eher theoretischen **Landschaftsökologie** entwickelte sich die **Kulturlandschaftsforschung**, die eng mit dem Denkmalschutz, dem Naturschutz und dem daraus abgeleiteten Kulturlandschaftsschutz zusammenhängt.

Genau wie Natur und Landschaft werden auch **Naturschutz** und **Landschaftspflege** meist zusammen gedacht. So lautet auch der volle Titel des Bundesnaturschutzgesetzes „Gesetz über Naturschutz und Landschaftspflege", die ersten Worte in § 1 sind „Natur und Landschaft". Neben den aktiven Maßnahmen, die gestaltend oder pflegend wirken, umfasst die Landschaftspflege nach der Zielsetzung des Bundesnaturschutzgesetzes auch „passive" Naturschutzmaßnahmen wie die natürliche Entwicklung (Sukzession) zum Beispiel im Rahmen der „Wildnisentwicklung". Im Wesentlichen kümmert sich die Landschaftspflege jedoch um die Erhaltung und Entwicklung vom Menschen geschaffener Kulturlandschaften. In den Naturschutzgesetzen ist auch das Instrument der **Landschaftsplanung** verankert, das die Aufgabe hat, die Ziele und Grundsätze von Naturschutz und Landschaftspflege auf der Fläche zu konkretisieren.

Das vom Menschen wahrnehmbare Erscheinungsbild einer Landschaft wird als **Landschaftsbild** bezeichnet. Das Landschaftsbild wird von jedem individuell wahrgenommen und lässt sich nur schwer objektivieren. Daher genießt es als Schutzgut oft nur geringe Aufmerksamkeit, obwohl die Bewahrung des Landschaftsbilds Ausgangspunkt für die deutsche Naturschutzbewegung war (S. 143 ff.).

Eine große Rolle bei der Wiederbelebung des Landschaftsbegriffs spielten die 1972 ins Leben gerufene

> Das Wort „Landschaft" hat seine Wurzel im Althochdeutschen. Zunächst (seit dem 12. Jahrhundert) war Landschaft der Begriff für die Gesamtheit der Bewohner eines Landes, später wurde er auf die ständische Versammlung eines Landes ausgedehnt – bis heute gibt es den **Landschaftsverband** als Form eines kommunalen Zusammenschlusses in den Ländern Nordrhein-Westfalen und Niedersachsen. Erst seit dem späten Mittelalter wurde der Begriff weitgehend auf die bis heute übliche, rein geographische Bedeutung eingeengt. In der Malerei der Renaissance bürgerte sich der Begriff Landschaft als Bezeichnung für die Darstellung eines Ausschnitts aus einem Naturraum ein.

UNESCO-Welterbeliste und die damit verbundenen Begriffe „Kulturerbe" und „Naturerbe" sowie die Vermittlung im Rahmen der **Natur- und Kulturinterpretation**. Das als *Heritage Interpretation* in den Nationalparks der USA entstandene Bildungskonzept wurde inzwischen auch im deutschen Sprachraum als **Landschaftsinterpretation** übernommen und weiterentwickelt.

Es ist also nicht gerade einfach, den Landschaftsbegriff klar und zeitlos zu definieren. Heute geht man damit offen um und sieht sowohl die soziale als auch die kulturelle und ökologische Komponente. Dies spiegelt sich auch in der von Deutschland bisher nicht unterzeichneten Europäischen Landschaftskonvention wider, in der Landschaft als Ergebnis der Aktion und Interaktion natürlicher und/oder menschlicher Faktoren definiert wird. Dabei ist zu berücksichtigen, dass die Landschaft nicht nur durch die momentan herrschende Nutzung geprägt wird, sondern auch durch das, was sich früher in ihr abgespielt hat – eine Landschaft hat sozusagen ein „Gedächtnis" (Küster 1998).

Welches Gewicht die natürlichen und/oder menschlichen Faktoren in den verschiedenen Zeiten hatten und haben, ist ein Hauptthema des folgenden Teils II. Als Einstimmung darauf hier noch der Beginn des Vorwortes von Werner Konold zu dem von ihm herausgegebenen Buch „Naturlandschaft – Kulturlandschaft" (Konold 1996): „Tagtäglich sehen wir, wie sich die Landschaften um uns herum mit einer immer größer werdenden Geschwindigkeit verändern. Landschaft, verstanden als das Zusammenspiel von belebter und unbelebter Natur, von Mensch, Tier und Pflanze, als umfassender Lebens- und Sozialraum, war immer in Veränderung, einmal schneller, dann wieder langsamer, aber wohl nie so raumgreifend und gründlich wie heute. Die gestaltenden Eingriffe des Menschen sind so alt, daß wir heute kaum noch irgendwo einen Rest von wilder, natürlicher Natur finden können. Ja, man kann wohl sagen, daß in Mitteleuropa fast alle Landschaft Kulturlandschaft ist, vom Menschen geformt nach seinen Bedürfnissen und seinen jeweiligen Möglichkeiten."

Abb. 25 Mosel bei Trittenheim (Rheinland-Pfalz).

Abb. 26 Stromatolithen in der Shark Bay, Westaustralien.

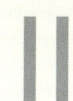

Gesicht mit Geschichte

„[...] denn das ist die Forderung, die alte Landschaften an uns stellen: Sie wollen im Damals gelesen und im Jetzt erspürt werden."
(Robert Macfarlane 2016)

Abb. 27 Die Alpen entstanden durch Kollision der Afrikanischen und Eurasiatischen Platte und werden noch heute angehoben.

4,6 Mrd. Jahre an einem Tag – Deutschland in der U(h)rzeit

In seinem 1915 veröffentlichten Buch „Die Entstehung der Kontinente und Ozeane" folgerte **Alfred Wegener** (1880 bis 1930) aus der genauen Passung der Küstenlinien von Südamerika und Afrika, dass diese Bruchstücke eines ehemals größeren Kontinents gewesen sein könnten, der in der erdgeschichtlichen Vergangenheit auseinander gebrochen ist. Daraus entwickelte er seine Theorie der Kontinentalverschiebung (Kontinentaldrift), die zunächst sehr umstritten war, heute aber als **Plattentektonik** allgemein anerkannt ist. Die der Plattentektonik zugrunde liegenden Mechanismen sind kompliziert und noch nicht in allen Einzelheiten geklärt, daher soll hier auch nicht näher darauf eingegangen werden. Wer sich dafür interessiert, dem sei das reich illustrierte Standardwerk „Plattentektonik – Kontinentverschiebung und Gebirgsbildung" (Frisch & Meschede 2013) empfohlen.

Ein paar Grundlagen sind aber für unsere weitere Betrachtung wichtig: Die Erdoberfläche (Lithosphäre) ist aus sieben Kontinentalplatten aufgebaut, die sich durch vulkanische Aktivitäten am Meeresboden voneinander wegbewegen. Dieser Prozess wird als **Ozeanbodenspreizung** bezeichnet. Da auf der Erdoberfläche nicht unendlich viel Platz ist, stoßen Kontinentalplatten zusammen und werden deformiert. Man kann dies gut mit einem Zusammenstoß zweier Autos vergleichen, deren Blech sich dadurch „auffaltet". Beim Zusammenstoß von Kontinentalplatten werden Gebirge wie die Alpen aufgefaltet. Auch die vulkanisch aktiven Zonen werden von der Plattentektonik bestimmt. Die grundlegende Erkenntnis daraus ist, dass die heutigen Kontinente im Verlauf der Erdgeschichte keinen festen Platz hatten, sondern sich verschoben. Auch die Verteilung von Land und Meer änderte sich fortwährend, sodass mitten in einem Kontinent gelegene Gebiete in der Vergangenheit vielleicht sogar mehrfach unter einem Meer lagen.

Diese Prozesse haben natürlich nicht aufgehört; auch wenn sich die Platten kaum messbar um wenige Millimeter pro Jahr verschieben, sind das auf das Erdalter hoch-

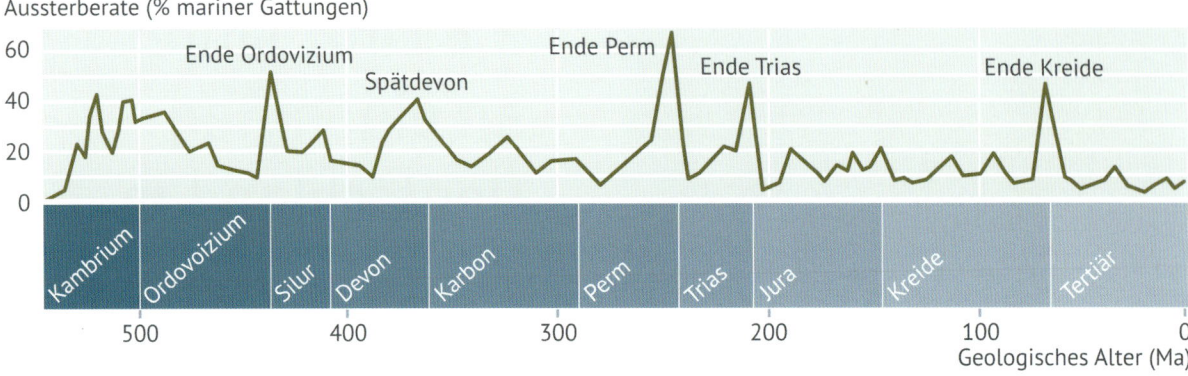

Abb. 28 Die "Big Five" der Massenaussterben (aus: Kull 2011).

Abb. 29 Projiziert man das Alter der Erde auf einen Tag mit 24 Stunden, nimmt die Erdfrühzeit mehr als 21 Stunden ein. Erste Mikroorganismen gibt es bereits kurz nach 4 Uhr morgens.

gerechnet ganz ordentliche Strecken. Aus den heutigen Vorgängen kann man in etwa rekonstruieren, wo sich die Kontinente in den verschiedenen Erdzeitaltern befanden. Bereits Alfred Wegener nahm an, dass die Kontinentalplatten ursprünglich als „Superkontinent" zusammenhingen, den er Pangaea („ganze Erde") nannte. Heute nimmt man an, dass dies nur ein Durchgangsstadium war und die Kontinentalplatten bereits vorher wechselweise näher beisammen und weiter auseinander lagen.

Die Plattentektonik sollten wir „im Hinterkopf" haben, wenn wir nun den Verlauf der Erdgeschichte auf Deutschland bezogen betrachten. Nur damit lässt sich etwa verstehen, dass das „deutsche Klima" in der Vergangenheit schon allein deshalb einem starken Wandel unterworfen war, weil die geographische Lage sich verschoben hat. Dies erklärt auch, warum wir heute in Deutschland Fossilien finden, die auf eine tropische Tier- und Pflanzenwelt schließen lassen.

Die Wissenschaft von den Lebewesen vergangener Erdzeitalter ist die **Paläontologie**. Als erster wissenschaftlich arbeitender Paläontologe gilt der französische Naturforscher **Georges Cuvier** (1769 bis 1832), der vor allem durch seine Katastrophentheorie (Kataklysmentheorie) bekannt geworden ist: Aufgrund des abrupten Wechsels der Fossilien in übereinanderliegenden Gesteinsschichten nahm er an, dass die früher vorkommenden Lebewesen einer Region (nicht weltweit, wie oft falsch dargestellt wird) durch eine Katastrophe ausgelöscht wurden und durch andere (aus anderen Gebieten eingewanderte) Lebewesen ersetzt wurden. Durch seine Fossilienfunde wies Cuvier als Erster nach, dass Arten aussterben können, lehnte aber die um 1800 von **Jean-Baptiste de Lamarck** entwickelte Theorie von der Veränderlichkeit der Organismen (Evolution) ab. **Charles Darwin** veröffentlichte sein Werk über die „Entstehung der Arten durch natürliche Auslese" erst nach Cuviers Tod im Jahr 1859. Dazu wurde er vom britischen Geologen **Charles Lyell** ermutigt, der die Katastrophentheorie Cuviers ablehnte und davon ausging, dass die geologischen Vorgänge der Gegenwart sich nicht von denen der erdgeschichtlichen Vergangenheit unterscheiden.

Heute wissen wir, dass es im Lauf der Erdgeschichte immer wieder globale Katastrophen gegeben hat, die zu einer Auslöschung vieler Organismen – zu **Massenaussterben** – geführt haben (Abb. 28).

Um die gigantischen Zeiträume, um die es nun geht, einigermaßen vorstellbar zu machen, verwenden wir ein Hilfsmittel: Die Erdzeit-Uhr (Abb. 29). Nehmen wir an, seit der Entstehung der Erde vor ca. 4,6 Mrd. Jahren wäre ein Tag vergangen, dann kann für die einzelnen Erdzeitalter die Uhrzeit angegeben werden.

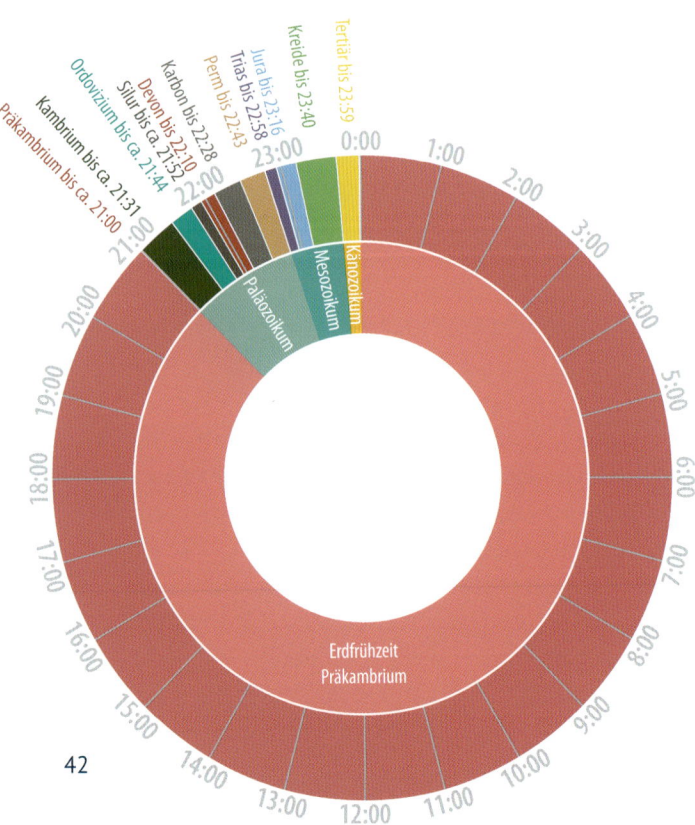

Abb. 30 Dinosaurierfährten von Barkhausen (Bad Essen, Niedersachsen).

Abb. 31 Trilobiten sind die Leitfossilien des Erdaltertums.

Erdfrühzeit (Präkambrium) und Erdaltertum (Paläozoikum)

Die Erdfrühzeit, auch Präkambrium genannt, vor 4,6 Mrd. bis 541 Mio. Jahren nimmt mit rund 4 Mrd. Jahren den weitaus größten Teil der Erdgeschichte ein – auf der Erdzeit-Uhr (Abb. 29) über 21 Stunden unseres Erdentags. Früher wurde die Erdfrühzeit auch als Abiotikum bezeichnet, da man annahm, dass während dieser Zeit keine Lebewesen auf der Erde existierten. Heute weiß man, dass es bereits seit mindestens 3,8 Mrd. Jahren (also bereits um 04:15 Uhr) Mikroorganismen gibt, was man durch sogenannte Stromatolithen, Sedimenten biologischen Ursprungs, nachweisen konnte. Die früher als Blaualgen bezeichneten Cyanobakterien betrieben Pho-

Abb. 32 Präkambrium.

tosynthese, wobei Kohlendioxid aufgenommen und Sauerstoff freigesetzt wird. Sauerstoff ist eine unabdingbare Voraussetzung für die Entstehung höheren Lebens, der Entzug von Kohlendioxid setzte jedoch einen Klimawandel in Gang, der mehrfach zu extremer Abkühlung führte. Eine der größten Vereisungsperioden der Erdfrühzeit führte vor etwa 650 bis 635 Mio. Jahren (ca. 20:40 Uhr) zur „Schneeball-Erde", bei der nicht nur das Festland von Eis bedeckt war, sondern vermutlich auch alle Ozeane zufroren. Das Leben konnte sich wahrscheinlich nur an heißen submarinen Quellen behaupten (Rothe et al. 2014). Durch Zerfall eines frühen Superkontinents (Rodinia) und dem damit verbundenen Vulkanismus schmolz das Eis, die Erde kippte ins andere Extrem eines Treibhausklimas.

Die ersten höher organisierten Lebewesen traten in den Meeren auf, die sogenannte Ediacara-Fauna.

Das heutige Deutschland war im Präkambrium keine zusammenhängende Landmasse, sondern war teils auf verschiedenen Kleinkontinenten am Rand Rodinias verteilt, teils war es vom Meer bedeckt. Gute Aufschlüsse präkambrischer Gesteine sind in Deutschland selten, größere Fossilien sind nicht zu erwarten. Sedimentgesteine des Präkambriums finden sich im Thüringisch-Vogtländischen Schiefergebirge, in der Lausitz (Lausitzer Granit) und in der Elbezone bei Dresden.

Das Erdaltertum, auch Paläozoikum genannt, vor 541 bis 252 Mio. Jahren (21:14 bis 22:43 Uhr), dessen erste Epoche als **Kambrium** (vor 541 bis 485 Mio. Jahren,

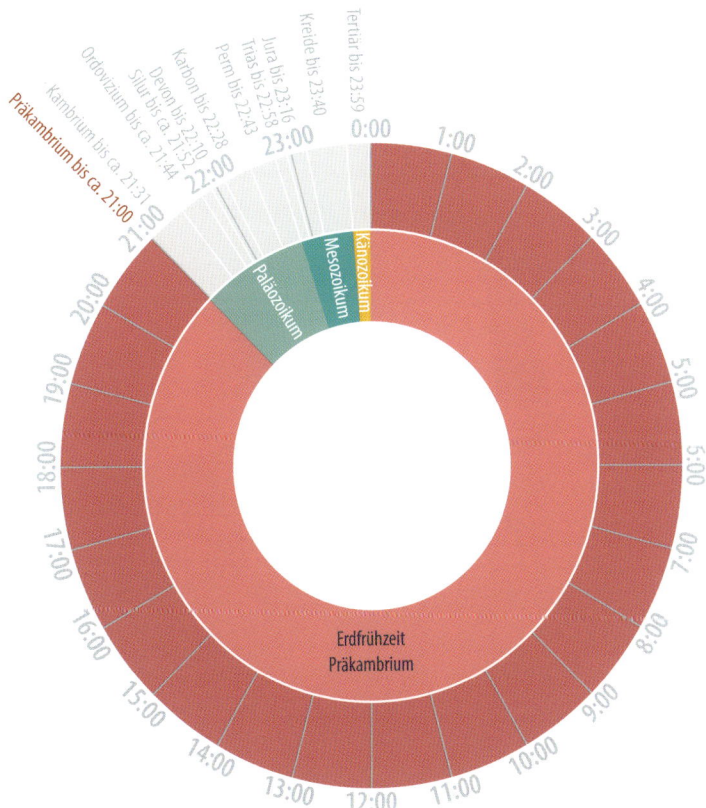

Abb. 33 Im Präkambrium war Europa auf verschiedene Kleinkontinente verteilt.

Abb. 34 Im Kambrium entstand der Großkontinent Gondwana, Europa war immer noch ein Puzzle aus mehreren Teilen.

Im Kambrium war der größte Teil Deutschlands von Meer bedeckt; dies gilt auch noch für den Beginn des **Ordoviziums** vor 485 bis 443 Mio. Jahren) 21:31 bis 21:44 Uhr). Der Formenreichtum der Tier- und Pflanzen-

Abb. 36–38 Im Ordovizium und Silur vereinigten sich mehrere Kleinkontinente zu einer größeren Landmasse, die im Devon als „Euramerika" (oder Laurussia) Teile der späteren Kontinente Nordamerika und Europa enthielt.

21:14 bis 21:31 Uhr) bezeichnet wird, begann mit einem Paukenschlag, der sogenannten „Kambrischen Explosion", bei der sich innerhalb relativ kurzer Zeit komplexe Lebensformen entfalteten. Innerhalb von nur 10 bis 15 Mio. Jahren erschienen alle heute bekannten tierischen Großgruppen. Dominierend waren die Gliederfüßer (Arthropoden) und darunter besonders die Trilobiten (Abb. 31), die als Leitfossilien des Erdaltertums gelten. Die in Deutschland eher seltenen Kambrischen Gesteine findet man zum Beispiel im Frankenwald oder bei Görlitz.

welt nahm weiter zu, durch den hohen Stand des Meeresspiegels handelte es sich fast ausschließlich um marine Organismen wie Trilobiten oder Armfüßer (Brachiopoden), die äußerlich den Muscheln ähneln. Gegen Ende des Ordoviziums ereignete sich in den Meeren ei-

Abb. 35 Die Quastenflosser, die bereits vor über 400 Mio. Jahren vorkamen, hielt man für längst ausgestorben, als man 1938 vor der Küste Südafrikas einen Vertreter dieser uralten Fischgruppe entdeckte. Seither gelten Quastenflosser als bestes Beispiel für „lebende Fossilien".

nes der größten Massensterben in der Erdgeschichte (Abb. 28), die Ursache war vermutlich ein Klimawandel.

Im **Silur** vor 443 bis 419 Mio. Jahren (21:44 bis 21:52 Uhr) erreichte die Kaledonische Gebirgsbildung, durch die unter anderem die skandinavischen Gebirge entstanden, ihren Höhepunkt; der Ozean wurde durch Plattentektonik allmählich eingeengt. Im Silur erschienen die ersten Landpflanzen (Moose gingen möglicherweise bereits im Ordovizium an Land), die bald auch die ersten tierischen Landbewohner wie Tausendfüßer oder Skor-

tige Sachsen erstreckte. Eine bekannte Fundstätte devonischer Fossilien ist Bundenbach im Hunsrück, wo zum Beispiel zahlreiche 20 bis 30 cm große, abgeflachte Panzerfische gefunden wurden, die an Rochen erinnern (Gemuendina). Von besonderer Bedeutung sind die Quastenflosser (Abb. 35), die als „lebende Fossilien" bis heute überdauert haben. Sie hatten außer den Kiemen Luftsäcke entwickelt, die man als Vorstufe der Lunge betrachten kann.

Im Devon gab es auch Riffe aus Schwämmen und Korallen, die Riffkalke erreichten oft mehrere Hundert Meter Mächtigkeit und werden teilweise noch heute als „Lahnmarmor" in Kalkwerken abgebaut. Die Landpflanzen erreichten gegen Ende des Devons bereits Baumgröße. Am Ende des Devons gab es – ähnlich wie am Ende

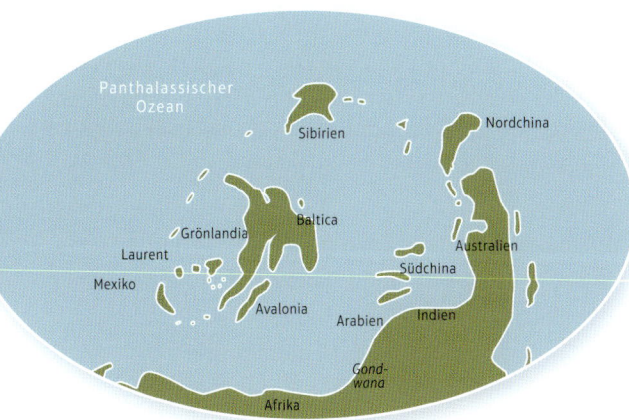

Abb. 37 Silur.

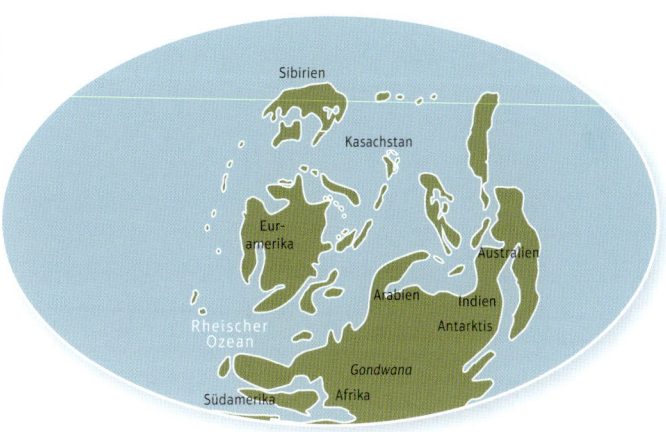

Abb. 38 Devon.

pione nach sich zogen. Im Meer entwickelten sich die Wirbeltiere weiter, die Panzerfische hatten als erste Wirbeltiere Kiefer, später erschienen die ersten Fische mit knöchernem Skelett (Knochenfische). Auch Ordovizium und Silur sind in Deutschland nur schwach vertreten, Fundstellen liegen in Thüringen (Schwarzatal, Saalfeld) und im Vogtland.

Im **Devon** vor 419 bis 359 Mio. Jahren (21:52 bis 22:10 Uhr) ging ein Festlandsbereich im Norden, der bis ins heutige Norddeutschland reichte, in ein südliches Meer über. Das Klima war tropisch-warm, der Äquator verlief durch Europa und Nordamerika, die einen zusammenhängenden Kontinent bildeten. Dieser Nordkontinent näherte sich dem Südkontinent Gondwana (Afrika, Südamerika, Antarktis, Australien und Indien), was zur Variszischen Gebirgsbildung führte, die im Karbon ihren Höhepunkt hatte und sich bis ins Erdmittelalter hinzog. Auf diese Phase der Gebirgsbildung (Orogenese) gehen in Deutschland unter anderem Schwarzwald, Harz und Rheinisches Schiefergebirge zurück. Südlich von Mainz ragte eine große Festlandschwelle ins Meer, die Mitteldeutsche Schwelle, die sich nach Nordosten bis ins heu-

des Ordoviziums – deutliche Veränderungen in der Zusammensetzung der Meeresfauna, bedeutende Tiergruppen wie die Panzerfische und die riffbildenden Schwämme (Stromatoporen) starben aus. Auch hier könnte eine Klimaänderung die Ursache gewesen sein. Devonische Gesteine sind in Deutschland weit verbreitet, der Schwerpunkt liegt im Rheinischen Schiefergebirge.

Im **Karbon** vor 359 bis 299 Mio. Jahren (22:10 bis 22:28 Uhr) erreichte die Variszische Gebirgsbildung ihren Höhepunkt, gewaltige Gebirge entstanden.

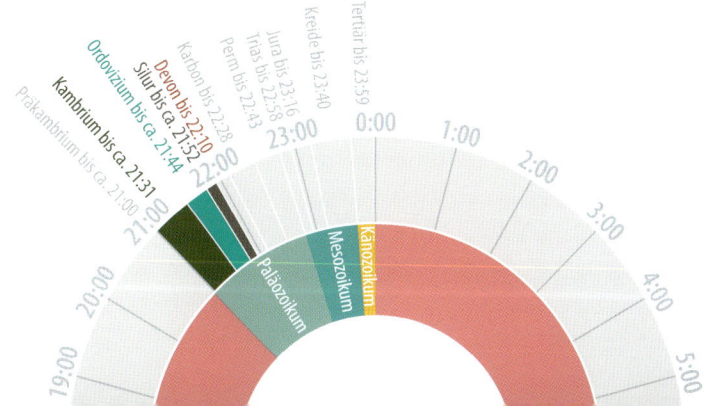

Wie der Schiefer auf die Dächer kam – die Verwendung regionaler Werkstoffe

Abb. 39 Schiefer lässt sich nicht nur gut spalten, sondern spaltet sich oft von selbst entlang engständiger paralleler Flächen auf.

Schiefer ist ein Sammelbegriff für Sedimentgesteine (S. 25), die sich gut entlang engständiger paralleler Flächen spalten lassen (Abb. 39). Im Idealfall entstehen dabei dünne, stabile Platten, die sich zum Decken von Dächern eignen. Das mittelhochdeutsche Wort „*schiver*" bedeutet neben „Schiefer" auch „Schindel". Der Geologe unterscheidet je nach Zeit und Art der Entstehung verschiedene Arten von Schiefer. Wenn es um die Verwendung als Werkstein geht, ist meist von Tonschiefer die Rede, der auch als Dachschiefer bezeichnet wird.

Obwohl es Tonschiefer nicht nur im Rheinischen Schiefergebirge gibt und umgekehrt das Rheinische Schiefergebirge bei Weitem nicht nur aus Tonschiefer besteht, soll dessen Entstehung als Beispiel für die Bildung von Schiefer dienen. Die Gesteine des heutigen Gebirges wurden im Devon, also vor rund 400 Mio. Jahren, in einem Ozean abgelagert, dessen südlicher Rand südlich der heutigen Flüsse Mosel und Sieg lag. In diesem Ozean wurden nach und nach Sedimente abgelagert, die schließlich eine Mächtigkeit von teilweise mehr als 10 km erreichten. Im folgenden Karbon wurde das Gebiet von der Variszischen Gebirgsbildung (S. 47) erfasst, die abgelagerten Gesteine wurden zusammengeschoben und hochgehoben. Bei den ursprünglichen Sedimentgesteinen handelte es sich meist um feinkörnige Tonsteine, aus denen durch gerichteten Druck und erhöhte Temperaturen bei der Gebirgsbildung Tonschiefer entstand.

Mit dunklem Tonschiefer werden traditionell Dächer gedeckt sowie Giebel und Fassaden verkleidet (Abb. 41). An der Mosel, im Hunsrück und in der Eifel war und ist mittlerweile auch wieder der Hausbau mit behauenen, kompakten Bruchsteinen aus Schiefer üblich. In Mayen (Eifel) befinden sich heute noch zwei aktuell betriebene Schieferbergwerke und das Deutsche Schieferbergwerk als Erlebnisbergwerk und Museum.

Vom Mittelalter bis zur Mitte des 20. Jahrhunderts wurden aus Tonschiefer außerdem Schiefertafeln und Griffel hergestellt – bis zur Einführung großindustrieller Papierherstellung und dem damit einhergehenden Preisverfall des Schreibpapiers ein weitverbreitetes Schreibmaterial. Vom ausgehenden 19. Jahrhundert bis zur Einstellung der industriellen Griffelschieferproduktion in den 1960er-Jahren hatte die thüringische Stadt Steinach das Weltmonopol auf die Herstellung von Tafel und Griffel.

Deutscher Schiefer wird ähnlich wie Wein mit einer Herkunftsbezeichnung und einer Qualitätsangabe versehen, die auf eine Vereinbarung aus den 1920er-Jahren zurückgeht. Die Festlegungen wurden 1953 und 1967 erneut bestätigt und werden von den Schieferbetrieben bis heute verwendet: Moselschiefer, Thüringer Schiefer, Hunsrücker Schiefer und Sauerländer Schiefer. Der Name *Moselschiefer* darf demnach nur für Schiefer aus Mayen, Polch, Müllenbach, Trier und Umgebung verwendet werden.

Schiefer ist nicht das einzige Baumaterial, das aus dem Erdaltertum bzw. dem Devon stammt. Wie bereits erwähnt (S. 47), gab es bereits damals Korallen-

Abb. 40 Der gotische Freiburger Münsterturm aus regionalem Buntsandstein wird oft als „schönster Turm der Christenheit" bezeichnet. Hier ist er ausnahmsweise einmal ohne Baugerüst zu sehen (1982).

riffe, deren Organismen Kalk ablagern. Gleichzeitig gab es im Devon starke vulkanische Aktivitäten, auch am Ozeanboden. Durch die Einwirkung von Eisenlösungen aus heißen Quellen auf Kalkriffe entstand der rot gebänderte „Lahnmarmor", der früher ein beliebter Baustein war und unter anderem in Limburg, am Würzburger Dom und sogar im Empire State Building, der St. Petersburger Eremitage und im Kreml verbaut wurde (Rothe et al. 2014). Auch aus ausgeworfenen Vulkanaschen gebildeter Porphyrtuff aus dem Perm wurde bzw. wird für Bauwerke verwendet (Abb. 42).

Ein weiterer bekannter Naturwerkstein ist der Solnhofener Plattenkalk, manchmal auch als Solnhofener Schiefer bezeichnet. Dieser Kalkstein aus dem Jura wurde bereits von den Römern für Bodenplatten verwendet, erste Steinbrüche gibt es seit dem 15. Jahrhundert. Der Absatz des besonders feinen Kalksteins stieg durch die Erfindung der Lithographie (1796 durch Alois Senefelder) erheblich, da er sich hervorragend für lithographische Druckplatten eignet, mit denen man zum Beispiel Noten und Landkarten druckte. Bis heute gilt der Solnhofener Plattenkalk als das weltweit beste Material für diesen Zweck.

Bevor es die heutigen weltweiten Transportmöglichkeiten gab, war es bei einem so schweren und massenhaft benötigten Material wie Steinen gar nicht anders möglich, als regionale Baumaterialien zu verwenden. So wurde beim Bau des berühmten Münsters in Freiburg (Abb. 40) der Buntstandstein (S. 53) zunächst aus einem Steinbruch unmittelbar am Stadtrand geholt, später aus ungefähr 15 km Entfernung. Selbst heute holt man das Material, das durch die starke Verwitterungsanfälligkeit des Sandsteins ständig für Restaurierungsarbeiten benötigt wird, aus einer Entfernung von weniger als 50 km.

Bei einem bedeutenden Bau wie dem Freiburger Münster ist es heute selbstverständlich, Steine zu verwenden, die den ursprünglich verwendeten möglichst ähnlich sind, gleichzeitig aber eine relativ hohe Witterungsbeständigkeit aufweisen. Bei privaten Vorhaben wird aber in der Regel auf den günstigsten Preis geachtet, sodass heute selbst Grabsteine von weither (z. B. aus China) importiert werden. Waren früher keine Steine vor Ort vorhanden wie zum Beispiel in weiten Teilen Norddeutschlands, wurden aus Ton Backsteine gebrannt – so entstand im Mittelalter der Baustil der Backsteingotik (Abb. 43). Heute gibt es wieder eine Renaissance regionaler Werkstoffe. Das bezieht sich nicht nur auf Steine, sondern in waldreichen Gebieten wie dem Schwarzwald auch auf Holz.

Abb. 41 Genovevaburg in Mayen.

Abb. 42 Kanzel im Dom St. Marien in Freiberg (Sachsen) aus Porphyrtuff (Perm) vom selben Vulkanausbruch, der auch für den versteinerten Wald (S. 50) verantwortlich ist.

Abb. 43 Backsteingotik: das alte Rathaus in Stralsund.

Abb. 44 Im Karbon bildete sich vor etwa 300 Millionen Jahren der Superkontinent Pangaea, der 150 Millionen Jahre bis ins Jura bestand.

So wurden die im devonischen Meer abgelagerten Tonsedimente zum Rheinischen Schiefergebirge aufgefaltet. Auch Schwarzwald und Harz türmten sich zu mächtigen Gebirgen auf. In den Senken zwischen den Gebirgen wuchsen die dichten, sumpfigen „Steinkohle-Wälder" mit bis zu 30 m hohen Bäumen, die aufgrund der Muster auf ihren Stämmen als Schuppen- bzw. Siegelbäume bezeichnet werden.

Bei den Tieren waren die riesigen Libellen am auffälligsten, sie erreichten Flügelspannweiten von bis zu 70 cm (Rothe et al. 2014), auch andere Insekten brachten Riesenformen hervor. Die bereits gegen Ende des Devons „aufgetauchten" Amphibien entwickelten sich weiter, und gegen Ende des Karbons entstanden aus ihnen die ersten Reptilien. Während die Amphibien zur Eiablage und Larvenentwicklung noch ans Wasser gebunden sind, haben sich die Reptilien durch die derbe, membranartige Umhüllung ihrer Eier davon unabhängig gemacht. An pflanzlichen Resten reiche Sedimente, die rasch unter Luftabschluss gelangten, konnten in Kohle umgewandelt werden. Zunächst entstand Torf, dann – bei hohem Druck und hoher Temperatur – Braunkohle und schließlich Steinkohle.

Zu Beginn des **Perm** vor 299 bis 252 Mio. Jahren (22:28 bis 22:43 Uhr) waren alle Kontinentalplatten im Superkontinent Pangaea vereinigt, der gegen Ende dieses Zeitalters wieder zu zerfallen begann. Das Gebiet des heutigen Deutschlands lag zu Beginn des Perm in der Nähe des Äquators, wanderte dann aber nordwärts. Der ältere Abschnitt des mitteleuropäischen Perm, das **Rotliegende**, verdankt den auffällig rot gefärbten Gesteinen seinen Namen. Ablagerungen aus dieser Zeit treten zum Beispiel in Rheinland-Pfalz auf der linken Rheinseite bei Nierstein und Nackenheim zutage, wo heute ein sehr guter Wein gedeiht. Im Rotliegenden war Deutschland vorwiegend Festland. Eine Senke in Norddeutschland, die von der Unterelbe bis zur Oder und darüber hinaus reichte, wurde gegen Ende des Rotliegenden vom Meer überflutet. Südlich davon befanden sich die im Karbon entstandenen Gebirge, dazwischen lagen gro-

Abb. 45 Perm.

ße Seen, die später zum Teil verlandeten, da das Klima zunehmend trockener wurde. An zahlreichen Orten gab es als Folge der Variszischen Gebirgsbildung gewaltige Vulkanausbrüche, Überreste dieser alten Vulkane sind etwa im Umkreis von Baumholder in Rheinland-Pfalz zu finden. Am Donnersberg (Rheinland-Pfalz) blieben die Magmamassen unterhalb der Erdoberfläche stecken und wurden durch Erosion freigelegt. Bei Chemnitz konservierten Vulkanausbrüche ein ganzes Ökosystem – einen „versteinerten Wald" mit zahlreichen Tieren, darunter mehrere Ur-Saurier.

Eines der reichsten Fundgebiete von Fossilien aus dieser Zeit ist das Saar-Nahe-Becken. Ein tiefer See in der Gegend von Lebach im Saarland ist im Rotliegenden immer wieder zum Grab für die darin lebenden Fische und Amphibien (Lurche) geworden, darunter befanden sich zum Beispiel auch Süßwasserhaie. Im Rotliegend des Thüringer Waldes finden sich – europaweit einmalig – etwa 30 Arten von Amphibien und Reptilien, darunter der „Rotliegend-Schlammteufel" (Abb. 46), der einem Riesensalamander ähnelte. Eine andere Welt herrschte dagegen bei Nierstein in Rheinhessen, wo die Landschaft an eine Halbwüste erinnerte. Es gab nur wenige Gewässer, die aber in einem solchen Trockengebiet An-

Abb. 46 So ähnlich wie dieser heute noch lebende Riesensalamander muss der „Rotliegend-Schlammteufel" ausgesehen haben.

ziehungspunkt für viele Landtiere waren. Sie hinterließen im weichen Schlamm ihre Spuren, die teilweise bis zum heutigen Tag erhalten blieben. Unter den damals lebenden Reptilien, die meist nicht größer als 1 m waren, befanden sich die Ahnen der Dinosaurier und der Säugetiere.

Im **Zechstein**, dem jüngeren Abschnitt des Perm, entstand durch Absenkung des Untergrunds das Germanische Becken, das den größten Teil Deutschlands einnahm und in das von Norden her das Meer eindrang. In diesem Meer wurden in mehreren Zyklen Sedimente abgelagert, von denen der Kupferschiefer wegen seines Gehalts an Kupfer und Silber und die bis 1000 m mächtigen Ablagerungen von Steinsalz zwischen dem Mittelalter und dem 20. Jahrhundert große wirtschaftliche Bedeutung erlangten. Eine Besonderheit der Tierwelt in dieser Zeit waren fliegende Eidechsen, die durch Flughäute zum Gleitflug in der Lage waren – ähnlich wie die heute noch in Südostasien lebenden „Flugdrachen".

Am Ende des Perm gingen über 90 % aller Organismen im Meer (darunter sämtliche Trilobiten) und bis zu 70 % auf dem Festland zugrunde – das größte Massenaussterben der Erdgeschichte. Die Ursachen hierfür sind noch nicht geklärt, diskutiert werden unter anderem ein grundlegender Klimawandel (ausgelöst durch den Superkontinent Pangaea) und gewaltige vulkanische Aktivitäten.

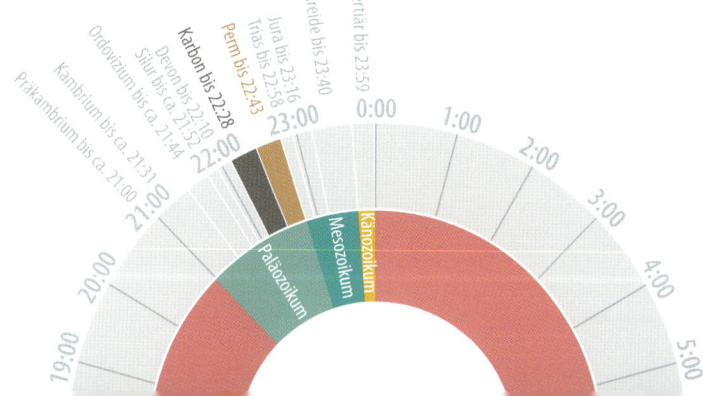

Abb. 47 Der Teufelstisch bei Hinterweidenthal im südlichen Pfälzerwald, ein landschaftliches Wahrzeichen der Pfalz.

Erdmittelalter (Mesozoikum)

Nun kommen wir zu einem Zeitabschnitt, der heute eine wesentlich größere Faszination ausübt als die vorhergehenden Perioden: das Erdmittelalter oder Mesozoikum, das Zeitalter der Saurier. Das Erdmittelalter umfasst die Perioden Trias, Jura und Kreide und somit die Zeit vor 252 bis 66 Mio. Jahren (22:43 bis 23:40 Uhr).

Die **Trias** (vor 252 bis 201 Mio. Jahren, 22:43 bis 22:58 Uhr) hat ihren Namen von der Dreiteilung dieser Periode: in Mitteleuropa in Buntsandstein, Muschelkalk und Keuper, international in Unter-, Mittel- und Obertrias.

Der **Buntsandstein** in Deutschland ist meist rot, was auf Eisenoxid schließen lässt, das nur unter Sauerstoffeinfluss entstehen kann. Es handelt sich also nicht um Meeresablagerungen aus großen, sauerstoffarmen oder -freien Tiefen, sondern um Fluss- oder Windablagerungen. Norddeutschland war in der Buntsandsteinzeit zeitweise von einem flachen Binnenmeer bedeckt, während in Mittel- und Süddeutschland eine ausgedehnte Ebene mit Seen und vernetzten Flusssystemen bestand, in dessen Randgebieten sich immer wieder vom Wind angewehte Dünen bildeten. Merkwürdige Zeugen dieser Zeit sind die sogenannten Tischfelsen im Pfälzerwald, am bekanntesten ist der sogenannte Teufelstisch (Abb. 47). Sie entstehen, wenn unterhalb einer festen Felsbank aus Flusssedimenten weniger feste Schichten mit windangewehtem Sand liegen, die stärker abgetragen werden als die „Tischplatte". Die ersten „Handtierfährten", die aus dieser Zeit stammen und sich später als Saurierspuren herausstellen sollten, wurden 1833 nahe Hessberg bei Hildburghausen in Thüringen entdeckt. Später wurden noch zahlreiche weitere Reste unterschiedlicher Saurierarten gefunden, darunter auch solche mit „Rückensegel", die insgesamt ungefähr 3 m lang waren. Bereits gegen Ende der Buntsandsteinzeit endete die weitgehend vom Festland geprägte Periode in Deutschland, das Meer gewann wieder die Oberhand.

Der Name **Muschelkalk** rührt von den dicht gedrängten Muschelschalen her, die sich häufig in den Ablagerungen befinden. Überreste von Wirbeltieren finden sich im Muschelkalk vor allem in sogenannten Knochenlagern, in denen etwa Reste von Haien und verschiedenen Saurierarten gefunden wurden wie vom Giraffenhalssaurier, von dessen 6 m Körperlänge der Hals mehr als die Hälfte einnahm.

Durch die allmähliche Hebung von Mitteleuropa verlandete das Binnenmeer des Muschelkalks zunehmend, sodass für den nachfolgenden **Keuper** ein Wechsel von

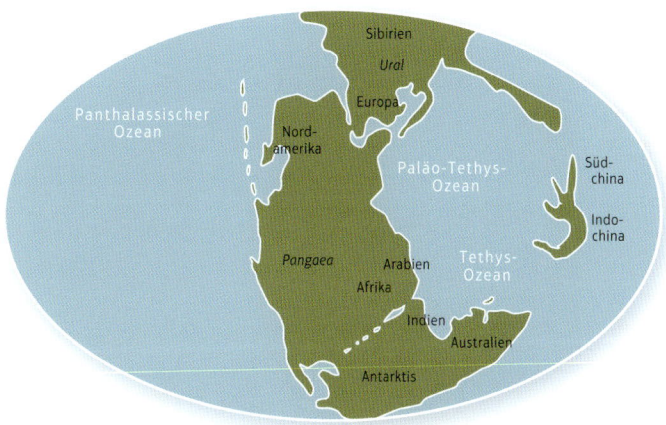

Festland und flachem Meer charakteristisch war. Das Wort Keuper stammt vermutlich aus einer Dialektbezeichnung für Ton (eine sehr feinkörnige Bodenart). Bekannte Fundorte von Fossilien aus der Keuperzeit finden sich vor allem in Württemberg, wo beim Bau von Autobahnen Fossilien von Riesenlurchen, den weltweit ältesten Schildkröten, Ur-Krokodilen und den ersten deutschen Dinosaurier gefunden wurden, teilweise mehr als 10 m lang. Auch die Lurche konnten gewaltige Ausmaße erreichen, die bis mehr als 5 m langen Mastodonsaurier (Abb. 49) gehören zu den größten Amphibien, die es jemals gab.

Für uns Menschen ist das Auftreten der Säugetiere gegen Ende der Trias das wichtigste Ereignis, denn wir gehören auch zu ihnen. Von wechselwarmen Reptilien unterscheiden sich die Säuger durch ihre Warmblütigkeit und vor allem durch Brutpflege und Säugen ihres Nachwuchses – daher auch ihr Name. Die Säugetiere der Triaszeit waren kleiner als heutige Ratten und fraßen wahrscheinlich Insekten und andere Kleintiere. Die Säu-

Abb. 48 Auch im Trias existierte der Superkontinent Pangaea noch, zwischen den späteren Kontinenten Europa und Nordamerika bildeten sich Grabensysteme.

Abb. 49 In den Schachtelhalmsümpfen des Unteren Keuper lebte vor über 230 Mio. Jahren der mehr als 5 m lange Mastodonsaurier, der zu den größten jemals lebenden Amphibien (Lurchen) gehört. (*Staatliches Museum für Naturkunde Stuttgart*).

getiere waren in der Trias jedoch nur eine Randerscheinung, und auch im darauf folgenden **Jura** (benannt nach dem Schweizer Jura, keltisch für Waldberge, vor 201 bis 145 Mio. Jahren, 22:58 bis 23:16 Uhr) dauerte die Blütezeit der Reptilien an. Auf dem Festland entwickelten sich riesenhafte Formen, die eine Länge von bis zu 30 m und ein Gewicht von 100 t erreichten; sie gelten als die größten Landwirbeltiere der Erdgeschichte. In den Meeren tummelten sich Fischsaurier, Schlangenhalssaurier und Krokodile, den Luftraum beherrschten Flugsaurier. Die ersten Vögel – wie die Flugsaurier aus Reptilien hervorgegangen – erschienen im späten Jura. In Deutschland war der Jura wieder ein Zeitalter des Meeres, aus dem unterschiedlich große Inseln herausragten. Die bis zu 800 m mächtigen Ablagerungen der Jurazeit werden in Deutschland nach der vorherrschenden Gesteinsfarbe als Schwarzer Jura (Lias), Brauner Jura (Dogger) und Weißer Jura (Malm) bezeichnet, international spricht man von Unterem, Mittlerem und Oberem Jura.

Der Jura gilt bei Fossiliensammlern als besonders ergiebig, die Amateure unter ihnen finden aber in der Regel keine Dinosaurierknochen, sondern insbesondere Ammoniten und Belemniten, die beide zu den Tintenfischen (Cephalopoden) gehören. Die Ammoniten mit ihrem meist spiralförmig gewundenen Gehäuse gab es schon früher in der Erdgeschichte, sie erreichten aber im Jura ihren größten Formenreichtum. Belemniten werden auch als Donnerkeile bezeichnet, ihre Überreste erinnern an Geschosshülsen. Eine der bekanntesten Fundstätten von Großfossilien aus dem Schwarzen Jura (Lias) ist Holzmaden am Rand der Schwäbischen Alb, wo zahl-

Abb. 50 Im Jura entfernten sich der Nordkontinent Laurasia und der Südkontinent Gondwana voneinander.

reiche Dinosaurierreste und sogar ein vollständig mit „Hautschatten" erhaltenes Fischsaurierskelett mit drei Embryonen im Leib ausgegraben wurden (Abb. 51). Im Braunen Jura (Dogger) sind teilweise Eisenerze enthalten, die früher auch abgebaut wurden. Beim Abbau dieser Erze kamen Skelettreste von Sauriern und Meereskrokodilen zum Vorschein. Im Weißen Jura (Malm) überwiegen, wie der Name schon sagt, helle Kalke, die hauptsächlich aus Gehäusen von verschiedenen Meerestieren entstanden. Gesteinsschichten des Weißen Jura sind über weite Gebiete Deutschlands verbreitet, besonders deutlich treten sie in Süddeutschland hervor, wo sie sich im Jura-Gebirgszug in einem weiten Bogen vom Hochrhein bei Schaffhausen über die Schwäbische Alb bis zum Oberlauf des Mains bei Staffelstein in der Fränkischen Alb aufspannen. Alb kommt vom lateinischen Wort *albus* (= weiß), und auch der Name der fränkischen Stadt Lichtenfels ist auf die helle Farbe des Felsens zurückzuführen. Das Klima im Oberjura war in Mitteleuropa sehr warm, ähnlich wie heute am Persischen Golf (Rothe et al. 2014). Das heutige Deutschland befand sich damals am nördlichen Rand des Tethys-Ozeans, an dem sich ein ausgedehnter Riffgürtel entwickelte. Diese Riffe bauten nicht Korallen, sondern Schwämme auf, daher auch der Name Schwammriffe.

Die auf den Jura folgende **Kreide** (vor 145 bis 66 Mio. Jahren, 23:16 bis 23:40 Uhr) hat ihren Namen von der Schreibkreide, die in dieser Periode der Erdgeschichte abgelagert wurde. In der Kreidezeit ereigneten sich die ausgedehntesten Überflutungen der Kontinente in der „jüngeren" Erdgeschichte, selbst alte Festlandsgebiete wurden überschwemmt. Nordamerika und Eurasien hingen noch zusammen und bildeten die Norderde (Laurasia), die Süderde (Gondwana) zerfiel endgültig.

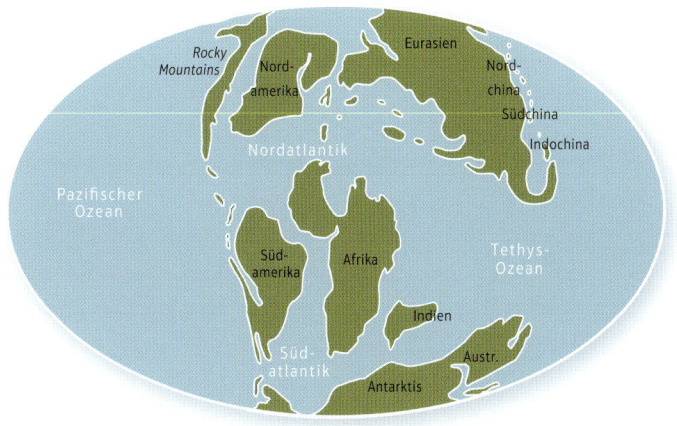

Abb. 52 In der Kreide schälten sich allmählich die heutigen Kontinente heraus.

Das Gebiet des heutigen Deutschland war während der Kreidezeit zweigeteilt: Der Norden war überwiegend vom Meer bedeckt, das in mehrere Becken unterteilt war, im Süden hatte sich das Meer bis in den Raum der jetzigen Alpen zurückgezogen. Die damaligen Meeresablagerungen bildeten bereits den Grundstock der Alpen, sie wurden durch die Norddrift der Afrikanischen Platten zusammengeschoben und später herausgehoben. Zwischen den beiden Meeren lag das heutige Mitteldeutsche Festland, das im Verlauf der Kreidezeit immer mehr schrumpfte. Die Tierwelt der Kreidezeit wurde nach wie vor von Dinosauriern beherrscht wie der Donnerechse, von der in Münchehagen (Rehburg-Loccum, Niedersachsen) eine fast 30 m lange Fährte gefunden wurde. Ein gewaltiger „Donner" hat das Ende der Kreidezeit, der Dinosaurier und vieler anderer Lebewesen besiegelt: Der Einschlag eines großen Meteoriten bzw. Asteroiden. Näheres ist beim Thema „Geschosse aus dem All" (S. 64) nachzulesen.

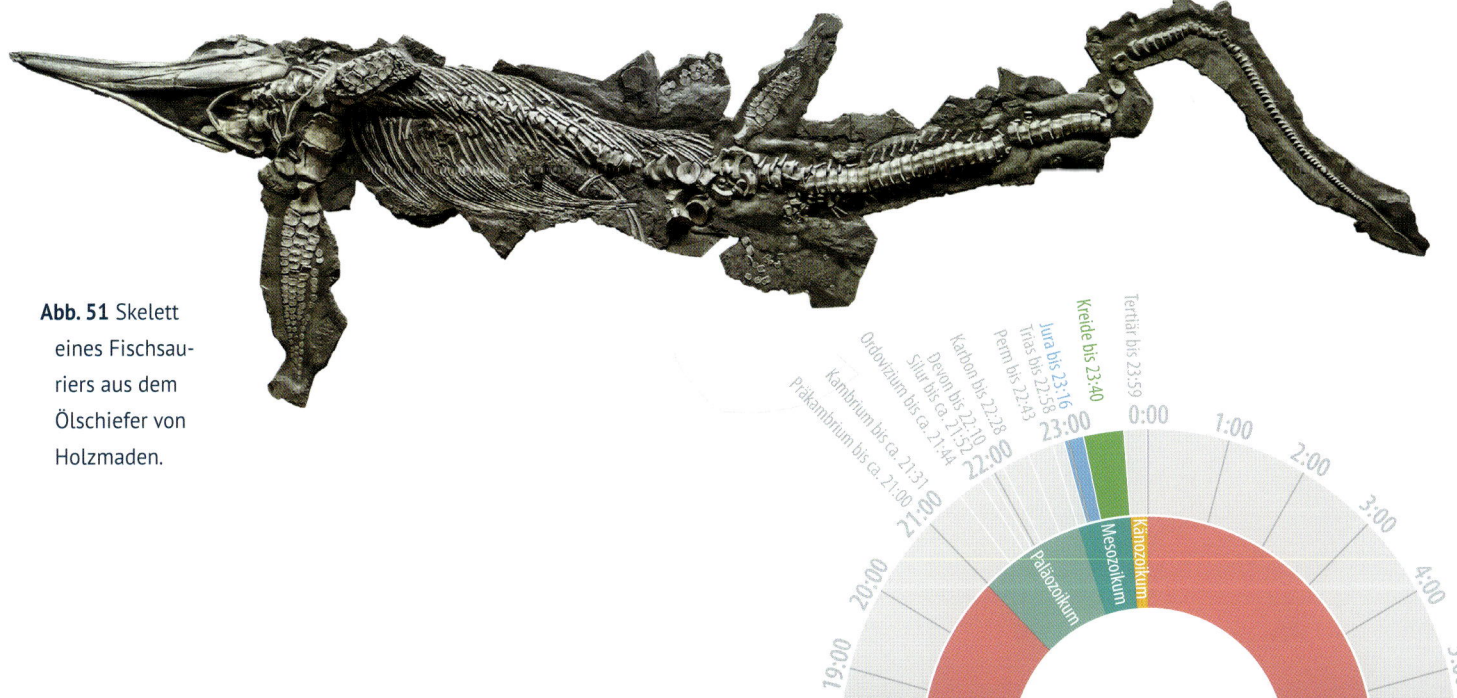

Abb. 51 Skelett eines Fischsauriers aus dem Ölschiefer von Holzmaden.

Felsen und Steinbrüche – Schaufenster und Extremstandorte

Abb. 53 Östlich von Solnhofen säumen die Felstürme der „Zwölf Apostel" den Hang des Altmühltals. Sie sind aus Schwamm-Algen-Kalken aufgebaut und stellen die Reste eines Riffgürtels im tropischen Jurameer dar.

Wenn der Geologe wissen möchte, welches Gestein in einer Region den geologischen Untergrund bildet, sucht er nach „Aufschlüssen" von anstehendem, offen zugänglichem Gestein. Ganz einfach hat er es dabei, wenn das Gestein so hart ist, dass es Felsen bildet. Schon allein die von Weitem sichtbare Farbe des Felsens ermöglicht oft eine Zuordnung. So sieht der Experte den weiß leuchtenden Felsen im Oberen Donautal oder im Altmühltal (Abb. 53) unmittelbar an, dass es sich um ehemalige Schwammriffe (S. 55) des Oberen bzw. des Weißen Jura handelt. Die roten, oft von Burgruinen gekrönten Felsen des Pfälzerwaldes gehören ebenso wie die Insel Helgoland (Abb. 54) dem Buntsandstein (S. 53) an.

Ebenso aus Sandstein bestehen die unterschiedlich gefärbten Felsen der Sächsischen Schweiz, dabei handelt es sich jedoch nicht um Buntsandstein, sondern um Sedimentgestein aus der Kreidezeit. Die be-

Abb. 54 Die Hauptinsel von Helgoland besteht aus Buntsandstein; links die „Lange Anna", das Wahrzeichen der Insel.

kanntesten Felsen aus der Kreidezeit sind aber sicherlich die Kreidefelsen von Rügen, die weitgehend aus der besonders feinen Schreibkreide bestehen (Abb. 55). Schreibkreide ist ein weicher, wenig verfestigter Kalk, der im Wesentlichen aus winzigen Kalkschuppen von Einzellern (Flagellaten) besteht. Meist in parallelen Schichten in die Kreidefelsen eingelagert sind die harten Feuersteine, die ebenfalls organischen Ursprungs sind.

Die Farbe der Felsen sagt auch etwas über die Bedingungen zur Zeit der Ablagerung des Gesteins aus. Weiße bzw. helle Felsen bestehen meist aus Kalkstein (Karbonatgestein), und dieser wurde meist von kleinen Lebewesen im Meer gebildet und abgelagert, es handelt sich um ein biogenes Sediment. Rote und braune Sandsteine dagegen entstanden durch Verkittung von lockerem Sand, der meist vom Festland stammt und durch Flüsse und Meeresströmungen an seinen endgültigen Ablagerungsort – meist küstenna-

Abb. 55 Kreidefelsen auf Rügen mit eingelagertem Feuersteinband.

he, flache Meeresbereiche – transportiert wurde. Verschiedene Farben, von Rot bis Schwarz, können vulkanisch entstandene Felsen haben. Da die Vulkanite keine Fossilien enthalten, lässt sich ihr Alter oft nur mittelbar aus dem Umgebungszusammenhang bestimmen.

Felsen und Steinbrüche sind nicht nur Schaufenster der Erdgeschichte, sondern auch Lebensräume für hoch spezialisierte Pflanzen und Tiere. Sie zeichnen sich durch große Temperaturschwankungen und extreme Lebensfeindlichkeit aus. In senkrechten und an steilen Felsbereichen kann sich keine Erde halten, diese Flächen sind Überlebenskünstlern wie Algen, Flechten und Moosen vorbehalten. Höhere Pflanzen finden sich nur auf Felsköpfen oder in Felsspalten, wo sich flachgründiger Boden bilden kann. Auch hier sind die Bedingungen noch so extrem, dass sich hier nur eine hochspezialisierte Vegetation halten kann. Der Vorteil: Es gibt dort wenig Konkurrenz, die einem den Platz und das Licht streitig machen kann. Daher halten sich Felspflanzen auch dann, wenn sich ringsum die Vegetation verändert, wie nach der letzten Kaltzeit (Abb. 58). Pflanzen und Tiere, die sich seit der Eiszeit an bestimmten Standorten gehalten haben, ansonsten aber verschwunden sind, nennt man Eiszeit- oder Glazialrelikte.

Auch etliche Tierarten fühlen sich in Felsen wohl oder halten sich dort ihre „Feinde" vom Leib. So brütet der in letzter Zeit wieder häufiger gewordene Wanderfalke (Abb. 57) fast ausschließlich in Felsen und Steinbrüchen. Vor einem seiner Fressfeinde schützt ihn das allerdings nicht: vor dem Uhu, der ebenfalls wieder zugenommen hat und wie der Wanderfalke in Felsen und Steinbrüchen brütet. Obwohl sich die beiden Konkurrenz machen, können sie zumindest in felsreichen Gebieten sehr gut koexistieren.

Wo Felsen sind, gibt es meist auch Höhlen. Am ausgeprägtesten ist die Höhlenbildung im Kalkgestein, in dessen Spalten und Klüfte kohlensäurehaltiges Wasser eindringt und den Kalk löst (Yarham

Abb. 56 Vom Urvogel Archaeopteryx wurden in den Steinbrüchen bei Eichstätt und Solnhofen bisher zwölf mehr oder weniger gut erhaltene Skelette und eine Feder gefunden. Das „Berliner Exemplar", das zwischen 1874 und 1876 bei Eichstätt geborgen wurde, gilt mit seinen deutlichen Federabdrücken und einem erhaltenen Schädel als das schönste und vollständigste Stück.

Abb. 57 Wanderfalke auf einem Felsblock.

2012). Auf diese Weise entstehen Karsthöhlen, die sehr lang und weit verzweigt sein können. Höhlenbären gibt es heute dort keine mehr, aber andere Säugetiere nutzen Höhlen – insbesondere im Winter wegen der ausgeglichenen Temperatur und hohen Luftfeuchtigkeit – als Quartier: Fledermäuse, von denen es in Deutschland 25 Arten gibt. Neben Höhlen werden auch Stollen und Tunnels von Fledermäusen genutzt.

Abb. 58 Das Immergrüne Felsenblümchen kommt überwiegend in den Alpen vor, in manchen tiefer gelegenen Felsgebieten wie hier in der Fränkischen Schweiz hat es sich jedoch seit der letzten Kaltzeit gehalten.

Abb. 59 Die Grube Messel bei Darmstadt, in der bis 1971 Ölschiefer gewonnen wurde, sollte nach ihrer Schließung zur Mülldeponie werden. 1995 wurde die Fossillagerstätte von Weltrang zum UNESCO-Weltnaturerbe erklärt.

Erdneuzeit (Känozoikum)

Nach der Kreidezeit waren fast alle Dinosaurier verschwunden. Nur eine Gruppe überlebte und erfuhr anschließend eine explosionsartige Entwicklung: die Vögel, die heute von den Zoologen als „legitime" Nachfahren der Dinosaurier betrachtet werden. Dennoch war der Einschnitt durch das Aussterbeereignis am Ende der Kreide so tief, dass danach nicht nur eine neue Periode, sondern eine neue Ära begann: die Erdneuzeit von 66 Mio. Jahren bis heute (23:40 bis 24:00 Uhr). In letzter Zeit wurde die klassische Einteilung der Erdneuzeit in **Tertiär** und **Quartär** teilweise revidiert, hier soll sie aber noch verwendet werden.

Im **Tertiär** (vor 66 bis 2,6 Mio. Jahren, 23:40 bis 23:59 Uhr) entstanden durch die weltweiten alpidischen Gebirgsfaltungen die Alpen, der Himalaja und die Rocky Mountains, das Tethys-Meer im Süden Europas verschwand weitgehend – der kümmerliche Rest ist das heutige Mittelmeer. Der Atlantik wurde durch das Auseinanderdriften von Amerika und Europa immer breiter, langsam bildete sich die heutige Verteilung von Land und Meer heraus. Aus den Resten abgestorbener Pflanzen entstanden mächtige Braunkohlenlager, weshalb das Tertiär auch als Braunkohlenzeit bezeichnet wird. Zu Beginn des Tertiärs herrschte in Deutschland ein tropisches Klima wie im Erdmittelalter, was sich auch in einer Tierwelt mit Krokodilen, Affen usw. ausdrückte. Das Tertiär ist das Zeitalter der Säugetiere, die vom Aussterben der großen Reptilien profitierten und deren nun „unbesetzte Plätze" einnahmen. Das Tertiär wird in fünf Zeitabschnitte (Perioden) unterteilt: Paläozän, Eozän, Oligozän, Miozän und Pliozän.

Zu Beginn des **Paläozäns** (vor 66 bis 56 Mio. Jahren, 23:40 bis 23:43 Uhr) war das gesamte Gebiet Deutschlands Festland, später wurde der Teil des westlichen Norddeutschlands vom Meer überflutet. Von den Ablagerungen des Paläozäns blieb in Deutschland wenig erhalten, die einzige bedeutende Fundstätte von Fossilien aus diesem Zeitabschnitt liegt bei Walbeck östlich vom niedersächsischen Helmstedt, wo unter anderem Reste von ursprünglichen Huftieren und Affen gefunden wurden. Der Fundkomplex von Walbeck ist ein wichtiges Zeugnis aus der ersten Entfaltung der Säugetiere kurz nach dem Aussterben der Dinosaurier.

Wesentlich reichhaltiger ist Deutschland mit Fossilien aus dem folgenden **Eozän** (vor 56 bis 34 Mio. Jahren, 23:43 bis 23:50 Uhr) versorgt, und das gleich aus zwei weltbekannten Fundstätten: aus der Grube Messel bei Darmstadt (Abb. 59) und aus dem Geiseltal bei Halle (Saale). Die Ölschiefer der Grube Messel (Mangel 2011) entstanden aus Faulschlammablagerungen im Bereich eines langgezogenen Grabenbruchs, der im Eozän begann und heute den Oberrheingraben zwischen Frankfurt am Main und Basel bildet. Diese Grabenabsenkung war von starkem Vulkanismus begleitet, noch heute gehört der südliche Oberrheingraben zu den erdbebengefährdeten Gebieten. Fast aus derselben Zeit wie der Öl-

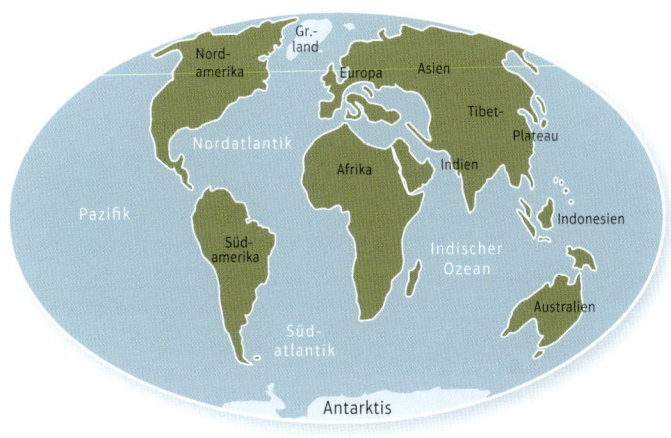

Abb. 60 Im Tertiär wurde der Atlantik durch das Auseinandertriften von Europa und Amerika breiter, während Afrika an Europa heranrückte.

schiefer von Messel stammt die Braunkohle im Geiseltal bei Halle (Saale), die ihre Entstehung ebenfalls großräumigen Absenkungen des Untergrundes verdankt.

Aus der immensen Vielfalt der in Messel und im Geiseltal gefundenen, oft bestens erhaltenen Fossilien sollen hier nur einige herausgegriffen werden: Urpferde mit einer Schulterhöhe von etwa 50 cm, die unter anderem Weintrauben fraßen, Ahnen unseres Igels, Vorfahren der heute aus Südamerika bekannten Ameisenbären, Riesenschlangen, Krokodile und ein etwa 2 m großer Laufvogel (Abb. 61), der seinen wissenschaftlichen Namen *Gastornis geiselensis* nach dem Geiseltal erhielt. Bis heute wird kontrovers diskutiert, ob der Riesenvogel sich vorwiegend von kleineren Säugetieren ernährte oder ob er Pflanzenfresser war.

Im **Oligozän** (vor 34 bis 23 Mio. Jahren, 23:50 bis 23:53 Uhr) wurden das heutige Ost- und Norddeutschland wieder vom Meer erobert, das über den Oberrheingraben sogar eine Verbindung mit dem Meer im heutigen Alpenraum hatte. Die Tier- und Pflanzenwelt wandelte sich infolge eines weltweit kühleren Klimas von tropischen zu subtropischen Formen. Bemerkenswert ist der Fund von Beuteltieren in Deutschland, einer Tiergruppe, die es heute fast nur noch in Australien gibt. Die „Halbaffen" erreichten bei Ulm eine erstaunliche Artenvielfalt. Ausgerechnet im Treuchtlinger Ortsteil Möhren (Bayern) wurde der älteste europäische Hase gefunden, und im „Mainzer Becken" schwammen Riesenhaie.

Der bedeutendste Fundort für Fossilien aus dem unteren Oligozän ist Sieblos, ein Ortsteil von Poppenhausen in der Rhön. Dort befand sich vor 34 Mio. Jahren ein waldumstandener Süßwassersee, in dessen Schlamm zahlreiche Tierkadaver und Pflanzenreste bis heute konserviert wurden, darunter Fische, Frösche, Krokodile, Schildkröten, Vögel und Säugetiere. In einer Tongrube bei Rauenberg im Kraichgau wurde der mit 32 Mio. Jahren weltweit älteste Kolibri gefunden.

Im bereits zum Jungtertiär (Neogen) gehörenden **Miozän** (vor 23 bis 5 Mio. Jahren, 23:53 bis 23:58 Uhr) türmten starke Bewegungen der Erdkruste die höchsten Gebirge der Erde auf, durch den Zusammenprall der Afrikanischen mit der Eurasiatischen Platte wurden der Atlas, die Alpen und die Karpaten emporgehoben, auch der Himalaja und die Anden entstanden im Wesentlichen in dieser Zeit. Die Antarktis war bereits mit Eis bedeckt, das im Lauf des Miozäns weiter vorrückte und zum Absinken des Meeresspiegels führte. Dadurch fiel die Beringstraße zwischen Nordamerika und Sibirien trocken, sodass Tiere trockenen Fußes von Nordamerika nach Asien wandern konnten. Zeitweise war dies auch zwischen Europa und Afrika möglich, da das Mittelmeer weitgehend austrocknete.

Zu Beginn des Miozäns lag die Küstenlinie der Nordsee östlich des heutigen Schleswig-Holsteins, die Ostsee war Festland. In Deutschland brachen zahlreiche Vulkane aus, was mit der Gebirgsbildung der Alpen zusammenhängt. In Mitteleuropa entstand ein etwa 700 km langer Bogen mit Vulkangebieten, in dessen Zentrum der Vogelsberg (Hessen) lag, dessen vulkanische Ablagerungen mindestens 700 m mächtig sind (Abb. 62). Auch der Kaiserstuhl nordwestlich von Freiburg im Breisgau und die Hegauvulkane in Baden Württemberg entstanden durch Vulkanismus im Miozän.

Im Niederrheingebiet entwickelten sich ausgedehnte Sumpfwälder, es muss dort ähnlich ausgesehen haben wie heute im Mississippi-Delta. Aus dem Torf der damaligen Moore entstanden später die riesigen Braunkohlenflöze der Ville bei Köln, die eine Mächtigkeit von bis zu 100 m erreichen.

Durch weitere Klimaverschlechterung verschwand allmählich auch die subtropische Vegetation, wärmeliebende Tiere wie die Krokodile starben allmählich aus. Dafür gab es weltweit schätzungsweise 10 000 Vogelarten, die schon stark unseren heutigen Vögeln glichen. Auch die Raubtiere (Carnivoren) wurden den heute bekannten Formen allmählich ähnlicher, es gab zum Beispiel eine Gruppe mit dem Namen Bärenhunde.

Zu Beginn des 19. Jahrhunderts wurde das kleine Dorf Eppelsheim in Rheinhessen als eine der ersten Fundstellen fossiler Säugetiere in Gelehrtenkreisen weltbekannt (Rothe et al. 2014), die Funde wurden un-

Abb. 61 Im Vordergrund das rekonstruierte Skelett des Laufvogels *Gastornis geiselensis*, der seinen wissenschaftlichen Artnamen nach seinem Fundort erhielt, dem Geiseltal bei Halle (Saale). Dahinter ist das Skelett einer für die damalige Zeit großen Pferdeart zu sehen.

Abb. 62 Vogelsberg, Basaltfelsen am Bilstein (666 m).

ter anderem von Georges Cuvier (S. 42) untersucht. 1835 wurde dort der weltweit erste Schädel eines Rheinelefanten (D(e)inotherium) geborgen, nach dem die Ablagerungen aus dem oberen Miozän als Dinotheriensande bezeichnet werden (Abb. 63). Obwohl sich der bereits 1820 dort gefundene Oberschenkelknochen eines Affen nach einigem Hin und Her doch nicht als Teil eines Menschenaffenskeletts erwies, weiß man inzwischen aus anderen Funden, dass im Miozän im Gebiet des heutigen Mitteleuropas zwei bis drei Arten von Menschenaffen lebten.

Gegen Ende des Miozäns wurde es trockener und kühler, die vorherrschenden immergrünen Wälder, die bezüglich ihrer Artenvielfalt an tropische Regenwälder erinnerten, wurden durch sommergrüne Wälder verdrängt, Tier- und Pflanzenwelt machten einen tiefgreifenden Wandel durch.

Das **Pliozän** (vor 5,3 bis 2,6 Mio. Jahren, 23:58 bis 23:59 Uhr) ist mit einer Zeitspanne von kaum 3 Mio. Jahren die kürzeste der bisher erwähnten erdgeschichtlichen Epochen. Die Küstenkonturen Europas ähnelten bereits weitgehend der heutigen Situation – mit der Ausnahme, dass Britannien noch keine Insel war. Das Klima im Pliozän war gemäßigt, die mittlere Jahrestemperatur in Mitteleuropa betrug nur noch 14 °C. Das Quellgebiet des Rheins lag am Kaiserstuhl, dafür entsprang die Donau in den Alpen (nicht wie heute im Schwarzwald) und erreichte damals ihre größte Gesamtlänge. Berühmteste pliozäne Fundstelle in Deutschland ist eine Tongrube bei Willershausen unweit von Göttingen, in der zahlreiche Reste von Pflanzen und Tieren gefunden wurden, die der heutigen Flora und Fauna bereits recht ähnlich waren. Die Ablagerungen von Willershausen stammen aus derselben Zeit, in der sich in Afrika die ersten „Vormenschen" (Australopithecinen) entwickelten (S. 77).

Abb. 63 Rheinelefant/ D(e)inotherium, Skelettrekonstruktion.

Geschosse aus dem All – gab es auch in Deutschland Meteoriteneinschläge?

Abb. 64 Nördlinger Ries, Steinbruch „Lindle".

Der Weiße (Obere) Jura liegt über dem Braunen (Mittleren) Jura, dieser wiederum über dem Schwarzen (Unteren) Jura. Logisch, oder? Wenn man es aber nun andersherum findet, wenn eine wilde Mischung aus Schwarzem und Braunem Jura über dem Weißen Jura liegt, der zudem völlig zerklüftet und verbogen ist? Da muss etwas passiert sein!

Dies war den Geologen, die die Gesteine rund um Nördlingen untersuchten, schon seit Langem klar. Viele dachten an Vulkanismus, einige sogar an lokale Gletscher, die für das Durcheinander verantwortlich sein sollten. Die US-amerikanischen Geologen Eugene Shoemaker und Edward C. T. Chao konnten 1960 schließlich nachweisen, dass der Krater durch einen Meteoriteneinschlag entstanden sein muss. Der Meteorit oder Asteroid, der das etwa 20 mal 24 km große Nördlinger Ries erzeugte, dürfte einen Durchmesser von etwa 1 km gehabt haben und mit einer Geschwindigkeit von über 100 000 km/h eingeschlagen sein. Beim Einschlag wurde geschmolzenes Gestein bis zu 400 km weit verteilt – bis in das heutige Österreich, nach Polen und nach Tschechien. Das zu grünem Glas erstarrte Gestein wird nach seinem wichtigsten Fundgebiet am Oberlauf der Moldau (Tschechien) als Moldavit bezeichnet. Suevit oder „Schwabenstein" wird die Mischung aus zermahlenem und geschmolzenem Gestein genannt, das durch den Aufschlag (Impakt) des Meteoriten zunächst explosionsartig ausgeworfen wurde und dann wieder auf die Erde zurückfiel. Ein Großteil des Gesteins und der Meteorit selbst verdampften vollständig, daher sind heute keine Spuren mehr von ihm zu finden. Anhand der Fossilien konnte man feststellen, wann der Meteorit etwa eingeschlagen war: vor knapp 15 Mio. Jahren im Miozän (S. 62), als sich immergrüne Wälder mit Sümpfen abwechselten, in denen sich Krokodile, Flusspferde und Nashörner tummelten. Durch den Impakt erlosch fast alles Leben im Umkreis von mindestens 100 km.

Damit nicht genug: Auch das Steinheimer Becken, 40 km südwestlich des Nördlinger Rieses gelegen, wurde als Impaktkrater mit einem Alter von rund 15 Mio. Jahren identifiziert. Mit einem Durchmesser von etwa 3,5 km ist er jedoch wesentlich kleiner als das Ries. Die Wahrscheinlichkeit, dass beide Krater unabhängig voneinander entstanden, ist extrem gering. Daher nimmt man an, dass es sich um einen Asteroiden mit seinem begleitenden „Mond" handelte, die fast gleichzeitig einschlugen.

Das Nördlinger Ries und das Steinheimer Becken zählen – jeweils in ihrer Größenklasse – zu den am besten erhaltenen Impaktkratern weltweit. Der Meteorit im kleinen Steinheimer Becken hinterließ einen etwa 200 m tiefen Krater und drang nicht bis ins Grundgebirge vor. Das nach dem Einschlag zurückfedernde Gestein bildete einen etwa 100 m hohen Zentralberg. Nach dem Einschlag bildete sich ein Kratersee, der später verlandete. Die dabei entstandenen Sedimente sind reich an Fossilien aus dem Miozän, sodass das Steinheimer Becken zu den bedeutendsten Fundstellen für dieses Erdzeitalter zählt. Bekannt sind sie vor allem wegen der massenhaft gefundenen fossilen Schneckengehäuse, die sich von älteren zu jüngeren Schichten langsam veränderten. Dies fand der Paläontologe Franz Hilgendorf bereits 1862 heraus und lieferte damit die erste Bestätigung der 1859 von Charles Darwin veröffentlichten Evolutionstheorie (S. 42).

Der große Asteroid, der das Nördlinger Ries bildete, durchschlug das etwa 600 m mächtige Deckgebirge aus Kalk und Ton und drang bis in das kristalline Grundgebirge vor, beides wurde herausgeschleudert, vermischte sich und mutierte zum „Schwabenstein" (Suevit). Bei der Rückfederung des Gesteins entstand kein Zentralberg, sondern ein Ring mit Grundgebirgsmaterial, der sogenannte „innere Ring". Der äußere Kraterrand ist die Grenze zwischen den Gesteinen, die bei der Entstehung des Kraters verlagert wurden, und solchen, die in ihrer ursprünglichen Position verblieben sind.

Die Stadt Nördlingen liegt genau auf dem inneren Ring, in den angrenzenden Höhenzügen macht sich das kristalline Grundgebirge in einer säurezeigenden Vegetation bemerkbar. Der Steinbruch „Lindle" (Abb. 64, Bildvordergrund) gehört zur „Megablock-Zone" zwischen innerem Ring und Kraterrand, deren große Gesteinspakete zertrümmert, verkippt oder in Rich-

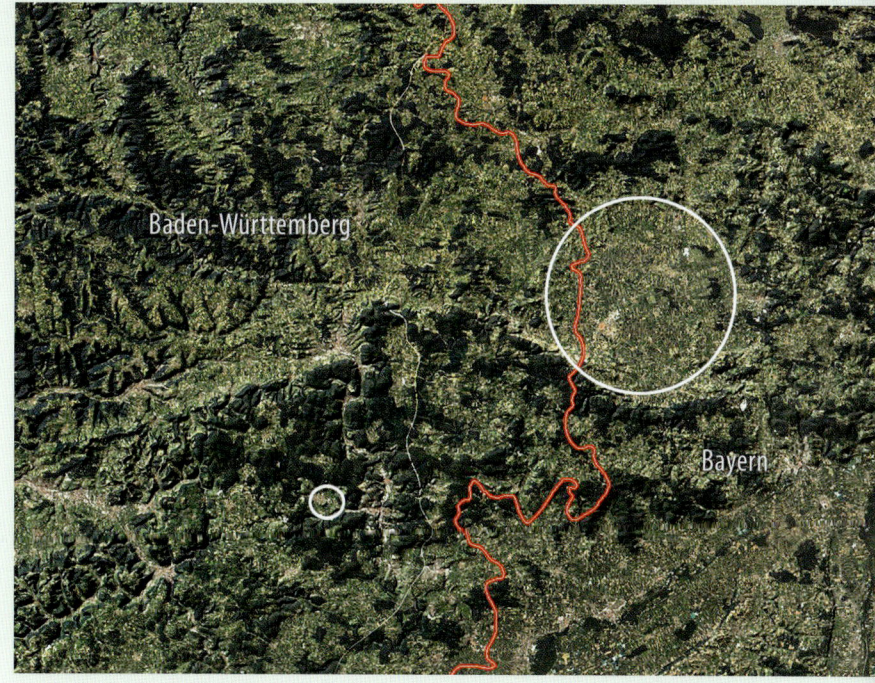

Abb. 65 Satellitenbild Nördlinger Ries/Steinheimer Becken.

Abb. 66 Der Goldberg am württembergischen Riesrand (im Hintergrund Nördlingen) ist ein Kalkriff, das im abflusslosen „Riessee" entstand, der nach dem Einschlag etwa 2 Mio. Jahre lang existierte. Auf den Kalkstandorten haben sich artenreiche Magerrasen entwickelt.

tung des Zentrums abgerutscht sind. Hier herrscht in der „Bunten Brekzie" das Kalkgestein des Deckgebirges vor, stellenweise liegt darüber noch der Suevit.

Die durch den Impakt erzeugte geologische Vielfalt macht sich heute in einer ebenfalls vielfältigen Tier- und Pflanzenwelt bemerkbar. Im südlichen und westlichen Ries wie auch im Steinheimer Becken befinden sich zahlreiche Magerrasen (Abb. 66) und Wacholderheiden, die zum Teil als Naturschutzgebiete ausgewiesen sind.

Über das „schlagartige" Aussterben der Dinosaurier wurde lange gerätselt, und auch hier wurde schließlich als (hauptsächlicher) Übeltäter ein Meteorit bzw. Asteroid dingfest gemacht. Am Ende der Kreidezeit wurden nicht nur die Dinosaurier, sondern rund 50 % aller Tierarten hinweggerafft, darunter sämtliche Ammoniten (S. 54). Dieses Massenaussterben war damit zwar nicht ganz so gewaltig wie das am Ende des Erdaltertums, ist aber durch das Ende der „Dinos" das „populärste".

Ende der 1970er-Jahre fanden der amerikanische Physiker und Nobelpreisträger Luis Walter Alvarez und sein Sohn Walter in Ablagerungen an der Grenze zwischen der Kreide und dem nachfolgenden Tertiär hohe Anreicherungen der Elemente Iridium und Osmium, die in Meteoriten eine wesentlich höhere Konzentration aufweisen als auf der Erde. Daraus schlossen sie auf einen gigantischen Meteoriteneinschlag. Dieser Impakt führte neben der direkten Zerstörungen zu einer weltweiten Klimakatastrophe, da der aufgewirbelte Staub die Atmosphäre verdunkelte und einen „nuklearen Winter" verursachte, wie er aus dem Einschlag von Atombomben bekannt ist. Diese Hypothese war auch vereinbar mit der alten These der Klimaverschlechterung, mit dem Unterschied, dass man den Verursacher dingfest gemacht hatte und die Klimaverschlechterung wesentlich drastischer und vor allem „schlagartiger" ausfiel, als man es sich durch irdische Vorgänge hat vorstellen können.

Die Kritiker dieser Hypothese nahmen deutlich ab, als 1990 im Golf von Mexiko ein Krater mit einem Durchmesser von etwa 180 km gefunden wurde, dessen Alter auf rund 65 Mio. Jahre datiert wurde – dem Ende der Kreidezeit! Aus der Größe des Kraters lässt sich berechnen, dass der Meteorit einen Durchmesser von etwa 10 km gehabt haben muss.

Auch wenn der Meteoriteneinschlag vielleicht nicht die alleinige Ursache für das Massensterben war (MacLeod 2016), gilt die „Einschlagtheorie" als die gängigste und plausibelste für das relativ rasche Aussterben der Dinosaurier. Für die weiteren Massensterben der Erdgeschichte (S. 42) werden die Ursachen noch diskutiert, aber auch hier können Meteoriten (bzw. Asteroiden) im Spiel gewesen sein.

Auf dem Gebiet von Deutschland in seinen heutigen Grenzen wurden bisher etwa 50 offiziell anerkannte Funde von Meteoriten verzeichnet, bei 30 davon wurde auch der Fall des Meteoriten beobachtet. Dabei handelt es sich jedoch meist um kleinere Objekte mit einer Masse von wenigen Kilogramm, in einem Fall immerhin von 1,5 t.

Bereits in prähistorischer Zeit waren Meteoriten Gegenstand von religiösen Kulten, am Himmel zu sehende Kometen galten oft als Unheilsboten und wurden häufig mit Extremwetterereignissen in Verbindung gebracht (Poschlod 2015). Inzwischen nimmt man an, dass sie den Menschen tatsächlich bereits Unheil gebracht haben, auch denen, die weit entfernt vom Einschlag lebten, und zwar durch die oben erwähnte weltweite Klimaverschlechterung beim Einschlag größerer Meteoriten. So wird für die Klimaverschlechterung in den Jahren 535/36, die Mitverursacher der Völkerwanderung war, der Einschlag eines Kometen oder Meteoriten diskutiert, durch den große Staub- und Aschemengen in die Atmosphäre gelangten. Auch ein gewaltiger Vulkanausbruch käme infrage wie der des Tambora in Indonesien, der vor 200 Jahren in ganz Europa zu einem „Jahr ohne Sommer" (1816) und zu Ernteausfällen, Hungersnöten und Wirtschaftskrisen geführt hat (S. 133).

Abb. 67 Meteoriteneinschlag von Ensisheim, zeitgenössischer Holzschnitt, nachkoloriert.

Abb. 68 Der 1492 unter lautem Donnern mit Leuchtschweif über den Himmel ziehende Meteorit von Ensisheim (Elsass) ist einer der ältesten bezeugten Meteoritenfälle Europas, von dem heute noch Material vorhanden ist. Das Hauptstück ist in einem Museum in Ensisheim zu besichtigen.

Abb. 69 Wollhaarmammut.

Ice Age – Gletscher bis ins Ruhrgebiet

Nachdem die Antarktis bereits seit Längerem von Gletschern bedeckt war, kam es vor rund 2,6 Mio. Jahren auch zu Vergletscherungen auf der Nordhalbkugel. Diese Vereisungsperiode, die mit einem Wechsel von Kaltzeiten und Warmzeiten bis heute andauert, wird von den Geologen als **Quartär** (23:59 bis 24:00 Uhr) bezeichnet. Es beginnt mit dem **Pleistozän** (vor 2,6 Mio. bis 11 700 Jahren), dem eigentlichen Eiszeitalter. In Nordeuropa lastete das Eis vor allem auf Skandinavien, von dort aus stießen die Hauptgletscher zum Ostseeraum und zeitweise weiter nach Süden vor. Die Gletscher der Alpen dehnten sich in den Kaltzeiten weit nach Norden und Süden aus. Die mittlere Jahrestemperatur fiel in den Kälteperioden um etwa 10 bis 15 °C gegenüber den heutigen Temperaturen.

Die genaue Ursache des Wechsels von Warm- und Kaltzeiten ist bis heute nicht vollständig geklärt. Eine Rolle spielen periodische Schwankungen in der Sonneneinstrahlung durch das „Trudeln" und die Veränderung des Neigungswinkels der Erdachse sowie die Variabilität der Erdumlaufbahn (sogenannte Milanković-Zyklen). Die Kaltzeiten werden nach den jeweils weitesten Gletschervorstößen benannt und haben daher in Nord- und Süddeutschland unterschiedliche, nach Flüssen benannte Bezeichnungen: Elster-, Saale- und Weichsel-Kaltzeit im Norden und Günz-, Mindel-, Würm- und Risseiszeit im Süden.

In der Elster-Kaltzeit, die vor etwa 0,5 Mio. Jahren begann, drangen die skandinavischen Gletscher bis in die Gegend von Dresden, Erfurt, Soest und Recklinghausen vor. Im Süden war es die gleichzeitige Mindel-Kaltzeit, in der die aus den Alpen vorrückenden Gletscher ihre größte Ausdehnung erreichten. Eine Karte mit der maximalen Ausdehnung der Gletscher in Deutschland zeigt Abb. 71.

Dem Wechsel von Kalt- und Warmzeiten folgend änderte sich auch die Tier- und Pflanzenwelt. In den Kaltzeiten waren die Böden in Mitteleuropa meist ganzjährig gefroren (Permafrost), sodass kaum Bäume wachsen konnten und sich eine Steppe bildete, die auch als Mammutsteppe bezeichnet wird. Hier weideten zunächst Steppenmammuts, die Vorfahren des späteren Wollhaarmammuts, das in der Saale-Kaltzeit (vor 300 000 bis 126 000 Jahren) unter anderem im Geiseltal (Sachsen-Anhalt) vorkam. Seine maximale Verbreitung erreichte das Mammut aber in der letzten Kaltzeit (vor 115 000 bis etwa 12 000 Jahren), die als Weichsel- (Norden) bzw. als Würm-Kaltzeit (Süden) bezeichnet wird.

Abb. 70 Heutige Verteilung von Land und Meer.

Abb. 71 Maximale Ausdehnung der Gletscher in Deutschland.

Die vereiste Fläche war in dieser Zeitspanne erheblich kleiner als in den vorhergehenden Kaltzeiten. Weitere kältegewohnte nordostsibirische Tierarten, die in den Kaltzeiten nach Mitteleuropa einwanderten, waren Moschusochsen, Wollnashörner und Rentiere.

Da wir derzeit in einer Warmzeit leben, können wir uns deren Vegetation gut vorstellen. Mitteleuropa war in den Warmzeiten fast flächendeckend von Wäldern bedeckt. In den früheren Warmzeiten gab es jedoch wesentlich mehr Großtiere als heute. So gehörte in fast allen Warmzeiten der Waldelefant zur Fauna Mitteleuropas. Als weitere große Pflanzenfresser gab es Nashörner, eine Pferdeart, den Auerochsen, einen Bison, den Riesenhirsch sowie Dam- und Rothirsch. In den Warmzeiten schwammen Flusspferde im Rhein, und sogar Wasserbüffel drangen aus Asien nach Deutschland vor. Zu den bekanntesten Fundorten der warmzeitlichen Fauna zählen die „Mosbacher Sande" bei Wiesbaden. Es handelt sich um Ablagerungen der sogenannten Cromer-Warmzeit vor etwa 600 000 Jahren. Dort wurden unter anderem acht Hirsch- und zwei Bärenarten gefunden. Die größte Raubkatze im eiszeitlichen Rhein-Main-Gebiet war der Mosbacher Löwe, der eine Körperlänge von ungefähr 2,4 m erreichte. Ein fast kompletter Löwenschädel wurde bei Heidelberg in denselben Sandschichten gefunden wie der sogenannte Heidelberg-Mensch (S. 77). Aus dem Mosbacher Löwen entwickelte sich später der etwas kleinere Höhlenlöwe, der erstmals vor etwa 300 000 Jahren auftrat. Er kam in Deutschland gemeinsam mit dem Rentier vor, wie erhaltene Trittsiegel bei Bottrop beweisen.

Die „Zeit nach der Eiszeit" wird als **Holozän** (vor 11 700 Jahren bis heute) bezeichnet. Nach Ansicht mancher Forscher ist das Holozän eine Warmzeit mit vereisten Polen, auf die in etlichen Tausend Jahren eine weitere Eiszeit folgen könnte – auch wenn es zurzeit nicht danach aussieht.

Nach der letzten Kaltzeit traten an die Stelle der eiszeitlichen Tundren nach und nach lichte, mit Kiefern durchsetzte Birkenwälder, später breiteten sich von den Alpen her Haselnusssträucher aus. In der sogenannten Mittleren Wärmezeit (Atlantikum) vor etwa 8000 bis 4000 Jahren dominierte der Eichenmischwald; zur Eiche gesellten sich Ulme, Linde und Esche. Danach wurde das Klima allmählich kälter und es tauchten erstmalig Buchen, Tannen und Fichten in größerer Zahl in den Wäldern auf.

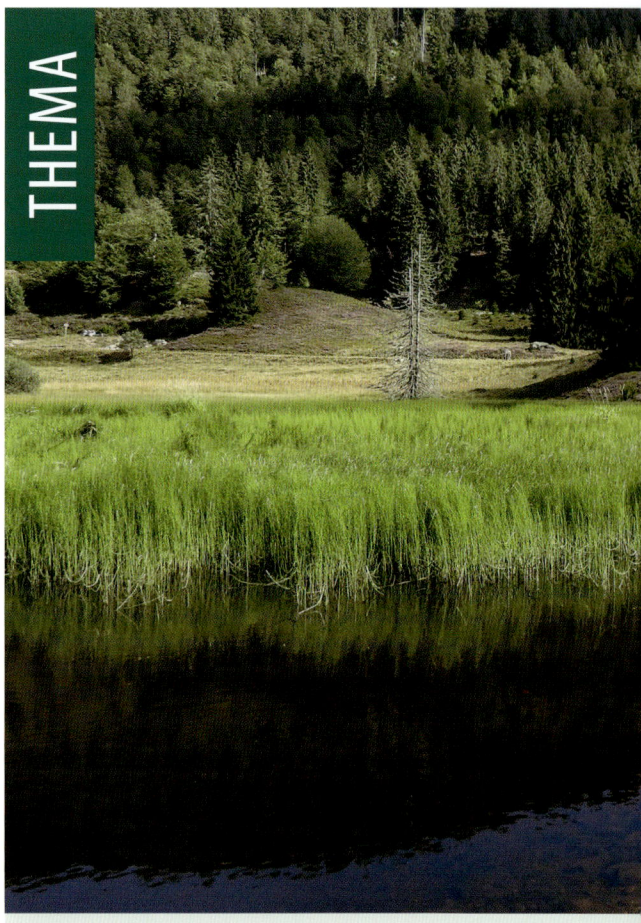

THEMA

Unübersehbare Spuren

Sowohl im Alpenvorland als auch in weiten Teilen Norddeutschlands haben die Vorstöße und Rückzüge der Gletscher während der Kalt- und Warmzeiten des Pleistozäns unübersehbare Spuren hinterlassen. Den mitgeführten Gesteinsschutt lagerten sie in Form von **Moränen** ab (Abb. 72), an deren Vorkommen man heute noch erkennt, wie weit die Gletscher einst vorgedrungen sind. In Gebirgen wurden die Täler durch Gletscher u-förmig verbreitert (Trogtäler). Am auffälligsten sind aber wohl die **Gletscherrandseen**, die durch Gletscher ausgeschürft wurden und sich nach deren Rückzug mit Wasser gefüllt haben. Die meisten Gletscherrandseen entstanden nach dem Ende der Kaltzeiten, sie treten aber auch nach dem Abschmelzen heutiger Gletscher auf.

Eine spezielle, stark eingetiefte Form des Gletscherrandsees ist der **Zungenbeckensee** (Yarham 2012). Die meisten Seen am Alpenrand wie der Ammersee, Starnberger See oder Bodensee (Abb. 73) gehören diesem Typ an. Ein typisches Merkmal

Abb. 72 Wallartige Endmoräne in Menzenschwand südlich des Feldbergs (Schwarzwald).

der (ehemaligen) Vergletscherung von Gebirgen sind Kare, kesselförmige Vertiefungen unterhalb von Gipfel- oder Kammlagen am Entstehungsort von Gletschern (Yarham 2012). Füllen sich diese Vertiefungen mit Wasser, spricht man von einem Karsee (Abb. 74).

Vor allem im Nordostdeutschen Tiefland trifft man – oft innerhalb von Ackerlandschaften – auf kreisrunde oder ovale Kleingewässer. Auch diese Gewässer sind infolge der Vergletscherung entstanden und zwar durch sogenanntes Toteis, das den Kontakt zum Gletscher nach dessen Rückzug verloren hatte und meist mit Sedimenten überdeckt wurde. Nach dem Abschmelzen des Toteises blieb eine Mulde zurück, die sich mit Wasser füllte. In Nordostdeutschland werden derartige Toteisseen als Sölle (Abb. 75) bezeichnet (Einzahl Söll oder Soll). Als naturnahe Inseln innerhalb der genutzten Landschaft spielen sie eine große Rolle für den Biotop- und Artenschutz.

In Norddeutschland floss das Wasser der abschmelzenden Gletscher in parallel zur Gletscherfront verlaufenden, bis zu 20 km breiten Urstromtälern ab.

Abb. 73 Bodensee mit Weltkulturerbe Reichenau, Georgskirche aus dem 9. Jahrhundert.

Abb. 74 Der Feldsee am Feldberg (Schwarzwald) ist ein Karsee mit steiler, felsiger Karwand.

Abb. 75 Zwei Sölle in der Uckermark.

Sie verlaufen in ihrer Hauptrichtung von Ost nach West. Heute werden sie nur abschnittsweise von Flüssen benutzt, da die meisten heute auf kürzerem Wege das Meer erreichen wie etwa die Oder. Die Senken zwischen den Flüssen wurden wegen ihres geringen Gefälles für den Kanalbau genutzt, so zum Beispiel für den Elbe-Havel-Kanal oder den Oder-Havel-Kanal.

Die typische Reihenfolge der durch die Vergletscherung entstandenen Landschaftsformen bezeichnet man als **Glaziale Serie**. Bestandteile der idealen, vollständigen glazialen Serie sind:
- eine Grundmoräne mit einem Zungenbecken
- eine Endmoränenkette, die sich bogenförmig um das Zungenbecken legt
- ein Schotterfeld oder eine Sanderebene vor der Endmoränenkette
- ein Urstromtal, in dem die Schmelzwässer der Gletscher abflossen

Die letzte Kaltzeit hat die deutlichsten Spuren hinterlassen, ganze Landschaften wie zum Beispiel die Mecklenburgische Seenplatte sind durch sie entstanden. Solche von der Weichsel- bzw. Würm-Kaltzeit geprägten Landschaften bezeichnet man als **Jungmoränenlandschaften** (Abb. 76), während die **Altmoränenlandschaften** von den älteren, weiter vordringenden Vergletscherungen gestaltet wurden. Sie waren in der letzten Kaltzeit nicht vergletschert, daher kam es dort zur Abtragung durch Wind und Wasser und damit zur

Abb. 76 Auch die innerhalb der Mecklenburgischen Seenplatte gelegene Müritz (im Hintergrund), der größte vollständig in Deutschland liegende See, ist Teil einer Jungmoränenlandschaft. Ursprünglich war die gesamte Mecklenburgische Seenplatte ein großer See, der sich infolge der Seespiegelabsenkung in mehrere kleinere miteinander verbundene Seen gliederte.

Nivellierung der Höhenunterschiede. Eine typische, flachwellige Altmoränenlandschaft ist der Fläming östlich von Magdeburg. Das Jungmoränenland hingegen besitzt frische, noch gut als solche zu erkennende Glazialformen und meist zahlreiche Seen oder durch Verlandung aus ihnen hervorgegangene Moore (S. 128 ff). Jungmoränenlandschaften finden sich in den Regionen, die in der letzten Eiszeit (Weichsel-Kaltzeit) vergletschert waren, also Gebiete in Brandenburg, Mecklenburg-Vorpommern und im östlichen Schleswig-Holstein. Besonders gut ausgeprägt und auf nur wenigen Kilometern zu erleben ist die Glaziale Serie mit Grundmoräne, Endmoräne, Sander und Urstromtal im „Nationalen Geopark Eiszeitland" am Oderrand im Nordosten Brandenburgs.

Abb. 77 In diesem von Glazialgeologen als „Gletscherkessel" benannten Gebiet bei Todtnau-Präg im Südschwarzwald flossen – weltweit einmalig – sechs Gletscher an einem Punkt zusammen. Man findet hier zahlreiche durch die Gletscher verursachten Erscheinungen wie Rundhöcker und kleine Seen. Im Mittelgrund links eine im Umfeld der Gletscher durch Frostsprengung von Felsen entstandene Blockhalde, die größte im Schwarzwald.

Sander- bzw. Schotterflächen sind sowohl im nord- als auch im südmitteleuropäischen Vereisungsgebiet sehr weit verbreitet. Sie treten sowohl in der Alt- als auch in der Jungmoränenlandschaft auf. Unterschiede zwischen dem Norden und dem Süden Deutschlands bestehen vor allem in der Zusammensetzung und der Korngröße. Im nördlichen Mitteleuropa bestehen die Sander meistens aus Sand und Kies, der zum allergrößten Teil aus Quarz aufgebaut wird. Daher rührt die Unfruchtbarkeit der Böden in den Sandergebieten, sodass sie oft mit Kiefern bepflanzt wurden. Bekanntestes Beispiel in Deutschland ist die Lüneburger Heide. Im Alpenvorland bestehen die Schotterflächen meist aus sehr grobem Material (Kies und Schotter), welches außerdem sehr viele Kalksteingerölle aus den Nördlichen Kalkalpen enthält. Die Böden auf den Schotterflächen sind daher fruchtbarer als in den Sandergebieten. Am bekanntesten ist die Münchner Schotterebene. Gletscher können auch sehr große Steine über weite Strecken transportieren, die dann als **Findlinge** weit von ihrem Ursprungsort entfernt zurückgelassen werden (Abb. 79).

Auch wo die Gletscher nicht hinkamen, haben die Kaltzeiten Spuren hinterlassen. Während in tieferen Bodenschichten häufig Dauerfrost (Permafrost) herrschte, gab es in den oberen Bodenschichten einen Wechsel von Gefrieren und Auftauen. Dies kann in Hanglagen vegetationsarme Böden zum Fließen bringen (Solifluktion, Gelifluktion). Bei Gestein kommt es zur Frostverwitterung oder Frostsprengung, wodurch zum Beispiel am Fuß von Felsen ausgedehnte **Block-** oder **Schutthalden** entstehen (Abb. 77).

Bei fehlender Vegetationsdecke wird Feinmaterial vom Wind ausgeblasen. Handelt es sich überwiegend um Sand, entstehen **Dünen**, die bei ständiger Verlagerung als Wanderdünen bezeichnet werden. Ist das Material noch feiner, wird es über wesentlich weitere Strecken (einige Zehner bis mehrere Hundert Kilometer) verfrachtet und als **Löss** (auch Löß ist richtig) abgelagert. Löss ist das Ausgangssubstrat für die ackerbaulich günstigsten Böden weltweit. Lösse und darin eingeschaltete fossile Böden (Paläoböden; Abb. 78) werden auch als Archive für die Rekonstruktion früherer Umweltveränderungen genutzt.

Eiszeitlich geprägte Landschaften sind sehr vielgestaltig und beherbergen eine reiche Tier- und Pflanzenwelt. Dies gilt insbesondere für die Gewässer und Moore. Die zu den Lachsfischen zählende Fischgattung *Coregonus* ist typisch für die glazial entstandenen Kaltwasserseen. Da die Vorkommen nach der Eiszeit voneinander getrennt waren, haben sich in den unterschiedlichen Seen verschiedene Arten herausgebildet, wie zum Beispiel das Blaufelchen im Bodensee oder die Kleine Maräne in Norddeutschland, beides beliebte Speisefische. Viele *Coregonus*-Arten wurden überfischt und sind inzwischen selten geworden, wie der nur im Ammersee vorkommende Ammersee-Kilch oder die Große Maräne, nach ihrer Herkunft auch Schaalsee-Maräne genannt. Der Schaalsee ist mit 71 m der tiefste See Norddeutschlands und bietet in seinem kalten und sauerstoffreichen Wasser der Großen Maräne gute Lebensbedingungen. Trotzdem war sie dort ausgestorben und wird seit einigen Jahren vom Biosphärenreservat unter wissenschaftlicher Begleitung wieder eingesetzt.

Abb. 78 An dieser Wand bei Riegel am Kaiserstuhl sind drei Paläoböden (rotbraun) aus den Warmzeiten zu sehen, dazwischen jeweils Lössablagerungen (hellgelb) aus den Kaltzeiten.

Abb. 79 Findling im Nationalpark Jasmund (Rügen).

Abb. 80 Buchenwälder würden ohne menschliches Eingreifen vermutlich etwa zwei Drittel der Fläche Deutschlands bedecken, tatsächlich sind es aber nur 4,5 %. Hier ein nicht genutzter Buchenwald im Nationalpark Jasmund (Rügen).

Der Mensch betritt die Bühne

Heidelberg-Mensch, Urmensch von Steinheim, Neandertaler – alle drei nach deutschen Fundorten benannt, sodass man meinen könnte, der Mensch habe sich im Wesentlichen hierzulande entwickelt. Das ist natürlich nicht der Fall. Es ist zum Allgemeinwissen geworden, dass der Mensch aus Afrika stammt; weniger bekannt ist vielleicht, dass die Gattung *Homo* gleich zweimal von dort nach Europa einwanderte. Man geht davon aus, dass sich die ersten „Menschenartigen" vor etwa 7 bis 8 Mio. Jahren in Afrika von den Menschenaffen getrennt haben. Dass es im Laufe der Entstehungsgeschichte des Menschen zunächst zur Herausbildung des aufrechten Gangs und dann erst zur Evolution von Schädel und Gehirn kam, belegen die vor allem in Süd- und Ostafrika gefundenen „Halb- oder Vormenschen" der Gattung *Australopithecus* und ihr Nachfolger *Homo habilis* („fähiger Mensch"), der vor etwa 2 Mio. Jahren auftauchte. Letzterer hatte gegenüber seinen Vorfahren ein weit größeres Gehirnvolumen und ein fortschrittlicheres Gesichts- und Fußskelett. Auf *Homo habilis* folgten in Afrika die Frühmenschen *Homo ergaster* und *Homo erectus*, von denen wahrscheinlich alle weiteren Menschenarten abstammen – hier ist die Diskussion noch nicht abgeschlossen und wird durch neue Funde immer wieder neu entfacht.

Zu Lebzeiten von *Australopithecus* und *Homo habilis* existierten in Mitteleuropa keine Vormenschen, nicht einmal Menschenaffen – sie waren aus klimatischen Gründen bereits vor etwa 10 Mio. Jahren (im Miozän) verschwunden. Vermutlich entstand in Afrika oder im Nahen Osten eine höher entwickelte Art, die nach ihrem ersten Fundort (Mauer bei Heidelberg) als *Homo heidelbergensis* bezeichnet wird. Die meisten Funde stammen aus einer Zeit von 600 000 bis 200 000 Jahren v. h., also aus dem Pleistozän. Diese frühen Menschen wurden bis zu 1,70 m groß, ihr Körperbau war muskulös. Der „Heidelberg-Mensch" lebte wohl überwiegend in Höhlen oder baute sich einfache Hütten. Er jagte Großwild, ernährte sich aber auch von Tieren des Süßwassers. Er benutzte vielgestaltige Werkzeuge und Waffen aus Stein, Holz und Tierknochen. Besonders bekannt wurden die etwa 400 000 Jahre alten, gut 2 m langen Wurfspeere aus Fichtenholz, die in Schöningen bei Helmstedt (Niedersachsen) gefunden wurden (Rothe et al. 2014).

Zu den frühesten Spuren der Gattung *Homo* in Mitteleuropa gehören die etwa 400 000 Jahre alten Schädelteile von Bilzingsleben im nördlichen Thüringen. Dort wurden auch insgesamt 2,5 t Nahrungsreste geborgen, die interessante Einblicke in die Essgewohnheiten unserer Vorfahren ermöglichten: Elefant, Nashorn, Bison, Wildpferd, Hirsch, Biber und Bär standen damals unter anderem auf dem Speisezettel.

Es besteht weitgehend Einigkeit darüber, dass sich der Neandertaler aus *Homo heidelbergensis* entwickelt hat. Eine klare Grenze zwischen beiden besteht nicht, Übergangsformen wie der „Urmensch von Steinheim" werden als Prä-Neandertaler bezeichnet oder sogar als eigene Art *(Homo steinheimensis)* geführt (Abb. 81).

Der „klassische" Neandertaler tauchte vor etwa 100 000 Jahren auf und starb vor rund 30 000 Jahren wieder aus. Seinen Namen hat er vom bekanntesten Fund im Neandertal bei Düsseldorf-Mettmann, der bereits 1856 in einer Grotte gelang und dessen Bedeutung lange umstritten war. Hielt man den Neandertaler ur-

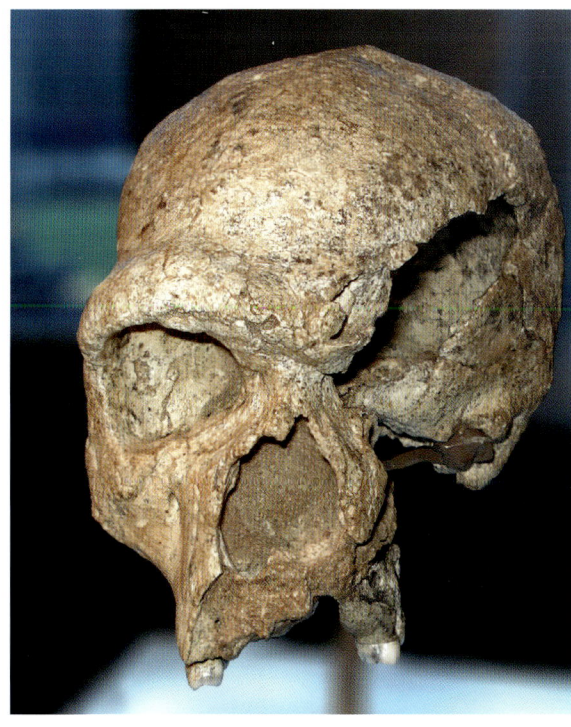

Abb. 81 Schädel eines Steinheimer Menschen.

sprünglich für „primitiv" und dem modernen Menschen weit unterlegen, ergaben neuere Forschungen, dass der Neandertaler wahrscheinlich sprechen konnte, Behausungen baute und Schmuck herstellte.

In Afrika gab es die ersten Menschen der Art *Homo sapiens*, der auch wir angehören, schon vor über rund 300 000 Jahren. Seit knapp 50 000 Jahren ist sie auch in Europa nachweisbar. Der moderne Mensch lebte also in Europa 10 000 bis 20 000 Jahre mit dem Neandertaler zusammen. Zu einer genetischen Vermischung war es bereits früher gekommen, 1 bis 4 % unserer Gene stammen vom Neandertaler.

In Deutschland lebten die ersten „modernen" Menschen mitten in der Weichsel- bzw. Würm-Kaltzeit (S. 69 ff.), die ältesten Belege sind etwa 40 000 Jahre alt. Die Menschen der letzten Kaltzeit werden nach dem ersten Fundort in der Dordogne auch als „Cro-Magnon-Menschen" bezeichnet. Während der kältesten Periode der letzten Kaltzeit vor etwa 20 000 Jahren dürfte Deutschland weitgehend menschenleer gewesen sein, nach den Funden zu urteilen war Mitteleuropa erst wieder vor etwa 13 000 Jahren dichter besiedelt.

Der eiszeitliche Mensch jagte unter anderem Mammute, Wildpferde und Rentiere. Einige Funde weisen darauf hin, dass es bereits in der Späteiszeit aus Wölfen gezüchtete Haus- und Jagdhunde gab.

Die ältesten bekannten Kunstwerke unserer Vorfahren stammen aus der Zeitspanne von etwa 39 000 bis 32 000 Jahren v. h., es handelt sich um Tierfiguren aus Elfenbein (Abb. 82). Eine ganze Kollektion eiszeitlicher Elfenbeinfiguren wurde vor etwa 30 000 Jahren in einer Höhle im Lonetal (Baden-Württemberg) abgelegt, die seit Juli 2017 zum UNESCO-Welterbe zählt.

Grandiose Höhlenmalereien wie in Lascaux (Südwestfrankreich) oder Altamira (Nordspanien) konnten bisher in Deutschland nirgendwo entdeckt werden, vermutlich ist dies auf die schlechten Erhaltungsbedingungen in den deutschen Höhlen zurückzuführen. Interessante Einblicke in das Leben der Menschen gegen Ende der letzten Kaltzeit erlauben aber zahlreiche Überreste einer etwa 12 000 Jahre alten Siedlung bei Neuwied am Mittelrhein, wo man Behausungen, Tierknochen, Steinwerkzeuge und Schmuck fand.

Die kulturelle Geschichte des Menschen beginnt mit der **Altsteinzeit**, dem **Paläolithikum**, in dem der Mensch lernte, den Stein als Werkzeug zu gebrauchen. In Afrika war dies bereits vor etwa 2 Mio. Jahren der Fall, in Asien etwas später und in Europa vor etwa 1 Mio. Jahren. Die Altsteinzeit endete vor etwa 10 000 Jahren mit dem Ende der letzten Kaltzeit und damit des Pleistozäns. Die Nacheiszeit, das Holozän, begann mit der **Mittelsteinzeit (Mesolithikum).**

Beginn und Ende der **Jungsteinzeit (Neolithikum)** werden in den verschiedenen Regionen unterschiedlich datiert. Töpferei, Viehzucht und Ackerbau, die den Beginn

Abb. 82 Der Löwenmensch aus einer Höhle im Lonetal (Baden-Württemberg) ist eine altsteinzeitliche Skulptur aus Mammut-Elfenbein, die einen menschlichen Körper mit dem Kopf und den Gliedmaßen eines Höhlenlöwen darstellt. Hierbei handelt es sich um die mit einem Alter zwischen 35 000 und 40 000 Jahren älteste weltweit bekannte Darstellung eines Mischwesens.

Waldland

Für den steinzeitlichen Menschen verschlechterten sich durch zunehmende Bewaldung nach und nach die Jagdbedingungen. Zunächst konnte dies dadurch kompensiert werden, dass sich die Menschen bevorzugt an Gewässern ansiedelten, wo Fische und andere Wassertiere noch genügend Nahrung boten. Vor etwa 7000 Jahren war Mitteleuropa und damit auch Deutschland ein weitgehend geschlossenes Waldland. Wie dicht dieser Wald war, darüber gehen die Meinungen auseinander. Es gab zu dieser Zeit nämlich eine ganze Anzahl großer Pflanzenfresser wie Wisent, Auerochse und Wildpferd, die in der Lage waren, den Wald zurückzudrängen. Große Pflanzenfresser heißen in der Fachsprache Megaherbivoren, und daher wird die Theorie, dass viele Wälder durch diese Pflanzenfresser stark aufgelichtet waren, als Megaherbivorenhypothese bezeichnet. Diese Frage ist auch deshalb so interessant, da vor 7000 bis 8000 Jahren die „Neolithiker" aus Südosteuropa nach Mitteleuropa einwanderten. Wenn damals die Wälder (noch) nicht völlig geschlossen waren und zum Beispiel offene Inseln bestanden, sind die ersten Siedlungen wohl an diesen offenen Stellen angelegt worden (Poschlod 2015). Ähnliche Ansichten formulierte Robert Gradmann bereits 1898 als „Steppenheidetheorie" (Gradmann 1933).

Auch ohne die Megaherbivoren waren die Wälder zur Zeit der Einwanderung der Menschen nach Mitteleuropa deutlich lichter als heute, und zwar deshalb, weil ihnen ein „Schattbaum" fehlte, der heute in unseren Laubwäldern allgegenwärtig ist: die Rotbuche, meist nur Buche genannt. Sie trat erstmals vor etwa 7000 Jahren in Südostdeutschland auf, nachdem die „Neolithiker" bereits eingewandert waren, man kann die Buche somit als Kulturfolger bezeichnen. Da sie auf den meisten Standorten konkurrenzkräftiger ist als die anderen Baumarten, dominierte die Buche unsere Wälder mehr und mehr.

der Jungsteinzeit kennzeichnen, sind im Rheinland vor etwa 7500 Jahren belegt. Die frühen jungsteinzeitlichen Bauern verzierten ihre Tongefäße hier mit bandartigen Ornamenten, daher der Name (Linien-)Bandkeramiker. Die Menschen des nördlichen Mitteleuropas und Skandinaviens hielten über 1000 Jahre länger an einer Jägerkultur fest als die südlich von Ihnen lebenden Bandkeramiker. Eine sesshafte, von der Landwirtschaft geprägte Lebensweise trat hier erstmals mit der **Trichterbecherkultur** auf. Typisch für diese Kultur sind Großsteingrä-

Abb. 83 Großsteingrab Lancken 1 – Lancken-Granitz, Insel Rügen (mit Hans Dieter Knapp, siehe auch S. 147).

Abb. 84 Originalgetreue Rekonstruktion des Kupferbeils von Ötzi.

Abb. 85 Himmelsscheibe von Nebra.

Abb. 86 In Unteruhldingen (Baden-Württemberg) gibt es das älteste europäische Pfahlbaumuseum. Am und im Bodensee wurden Ufersiedlungen aus verschiedenen Epochen rekonstruiert.

ber (Megalithgräber), von denen in Deutschland von einst 5000 nur noch etwa 900 (etwa die Hälfte davon in Mecklenburg-Vorpommern) erhalten sind (Abb. 83).

Die letzte Periode der Jungsteinzeit zwischen etwa 5500 und 2200 v. Chr. wird auch als Kupfersteinzeit oder **Kupferzeit** bezeichnet, da in dieser Periode die Metallverarbeitung begann. Einer der bekanntesten Menschen der Kupferzeit ist der gefriergetrocknet als Mumie erhaltene **Ötzi**, der ca. 3300 v. Chr. lebte – in einer Zeit, in der es merklich kühler wurde und die Gletscher in den Alpen wieder vorrückten. Ötzi hatte typische Gerätschaften der Jungsteinzeit bei sich und trug bereits ein Kupferbeil (Abb. 84). Auf die Kupferzeit folgte die **Bronzezeit**, in der Metallgegenstände vorwiegend aus Bronze hergestellt wurden. Einer der erstaunlichsten Funde aus der frühen Bronzezeit ist die in Sachsen-Anhalt entdeckte **Himmelsscheibe von Nebra** (Abb. 85), eine Metallplatte mit Goldapplikationen. Es handelt sich um die weltweit älteste konkrete Himmelsdarstellung, die darauf hindeutet, dass schon um 2000 v. Chr. in dieser Region Astronomie betrieben wurde (Meller 2004).

Die Mittlere Bronzezeit etwa von 1600 v. Chr. bis 1300 v. Chr. wird wegen der charakteristischen Hügelgräber auch als „Hügelgräberkultur" bezeichnet, währen man die Späte Bronzezeit (1300 bis 800 v. Chr.) wegen der Bestattungssitte der Urnengräber auch Urnenfelderzeit nennt.

Typisch für die Bronzezeit sind offene Niederlassungen unterschiedlicher Größe, welche vom Einzelgehöft bis zu regelrechten Dörfern mit bis zu 30 Häusern reichen. Erstmals treten auch befestigte Siedlungen („Burgen") auf. Eine weitere Sonderentwicklung stellen die Pfahlbauten dar, die an den Seen des Alpenvorlands an-

Abb. 87 Der Ipf bei Bopfingen (Baden-Württemberg) am Rand des Nördlinger Rieses wurde bereits in der Spätbronzezeit im 12. Jahrhundert v. Chr. befestigt. Die meisten Funde stammen aus der Hallstatt- und Latènezeit.

gelegt wurden (Abb. 86); Pfahlbauten sind jedoch keine „Erfindung" der Bronzezeit, sie lassen sich bis in die Jungsteinzeit zurückverfolgen (Archäologisches Landesmuseum Baden-Württemberg 2016).

Die dritte große nach dem Material der Werkzeug- und Waffenherstellung benannte Periode ist die **Eisenzeit**, die in Mitteleuropa etwa 800 v. Chr. begann. Aus der Urnenfelderkultur der späten Bronzezeit entwickelte sich die Hallstattkultur (benannt nach einem Fundort in Österreich). Auf die Hallstattzeit (800 bis 450 v. Chr.) folgte die Latènezeit (450 v. Chr. bis Ende 1. Jahrhunderts v. Chr.). Die Hallstatt- und die Latène-Kultur werden mit den **Kelten** (S. 87 ff.) in Verbindung gebracht, wichtige archäologische Fundstätten sind die frühkeltischen „Fürstensitze" Hohenasperg und Heuneburg in Baden-Württemberg, der Glauberg und der Dünsberg in Hessen, die Schnippenburg im Osnabrücker Land sowie der Magdalenenberg bei Villingen-Schwenningen (Baden-Württemberg).

Ab der zweiten Hälfte des 3. Jahrhunderts v. Chr. wurden im Bereich des Alpenvorlandes bis hinauf zum nördlichen Rand der deutschen Mittelgebirge große befestigte Siedlungen, sogenannte **Oppida** (Singular: Oppidum) gegründet. Die Bezeichnung geht dabei auf römische Schilderungen beispielsweise bei Julius Caesar zurück. Als Beispiele für diese Siedlungen können der Staffelberg (Menosgada) in Oberfranken und das Oppidum von Manching in Oberbayern gelten.

THEMA

Abb. 88 Klatschmohn (rot), Kornblume (blau) und andere „Ackerunkräuter".

Im Schweiße deines Angesichts ...

Als der Mensch vor etwa 12 000 Jahren den Ackerbau im Bereich des Fruchtbaren Halbmonds (überwiegend in der heutigen Osttürkei, im Irak und in Syrien) „erfand", gehörte der Klatschmohn zu den ersten Ackerwildkräutern. Er begleitete dann die nach Mitteleuropa einwandernden „Neolithiker", die nicht nur das Getreide und den Mohn mitbrachten, sondern auch domestizierte Schafe, Ziegen, Rinder und Schweine. Getreidefelder mit Klatschmohn, Kornblume und anderen „Unkräutern" (Abb. 20 und 88) waren bis vor wenigen Jahrzehnten ein gewohntes Bild. Heute gibt es auf 96 % der Ackerflächen keine Kornblume, auf 89 % keinen Mohn mehr.

„Revolution Jungsteinzeit" ist der Titel einer Archäologischen Landesausstellung in Nordrhein-Westfalen (Otten et al. 2015). Das ist treffend, denn revolutionär war in erster Linie die Domestikation von Tier- und Pflanzenarten zu dieser Zeit. Die Haltung von Haustieren und der Anbau von Kulturpflanzen zogen dann weitere Veränderungen nach sich wie die sesshafte Lebensweise, die Errichtung von Häusern und die Vorratshaltung. Weiterhin entstanden sozial differenzierte, hierarchische Gesellschaften mit ersten Ansätzen von Arbeitsteilung. Auch die Produktion von Keramik charakterisierte die neue Lebensweise.

Die Einführung von Ackerbau und Viehzucht hatte allerdings Vor- und Nachteile für die Bevölkerung. Domestizierte Pflanzen und Tiere sicherten den Kalorienbedarf wachsender Populationen, doch war das Verdauungssystem vieler Menschen nicht in der Lage, die neuen Nahrungsmittel schadlos zu verwerten. So verbreitete sich die Laktosetoleranz, die eine Verwertung von Milchprodukten ermöglicht, durch genetische Veränderungen erst nach und nach. Auch Getreideprodukte vertrug nicht jeder.

In Mitteleuropa breitete sich die Kultur der Jungsteinzeit vor rund 7500 Jahren von Südosteuropa (Donauraum) her aus. Möglicherweise spielte sogar die „Sintflut" dabei eine Rolle (Poschlod 2015). Das Abschmelzen des Eises führte im Schwarzen Meer zu einem abrupten Anstieg des Meeresspiegels und dem „Überlaufen" des Bosporus. Diese Flutkatastrophe kann mit der in der Bibel und im Koran beschriebenen Sintflut in Verbindung gebracht werden und führte zur Annahme, dass aufgrund der überfluteten Siedlungen am Rande des Schwarzen Meeres eine Wanderungswelle nach Mitteleuropa einsetzte.

Anzunehmen ist, dass die „Neolithiker" insbesondere entlang von Flussläufen einwanderten und zunächst Landschaften besiedelten, die relativ leicht zu roden und zu kultivieren waren wie die Lössgebiete. Das Vieh wurde in die lichten Wälder getrieben, Wiesen und Weiden im heutigen Sinn kannte man noch nicht. Die jungsteinzeitlichen Bauern bauten Weizen, Emmer (eine Ur-Getreideart), Gerste und Hülsenfrüchte an. Sicher ist, dass der frühe Ackerbau nicht zur Ausrottung von Tier- und Pflanzenarten führte, sondern im Gegenteil neue Lebensräume schuf und die Etablierung vorher nicht in Mitteleuropa heimischer Tier- und Pflanzenarten ermöglichte. Auf den relativ nährstoffreichen Lössböden wurde eine „Einfelderwirtschaft" ohne Fruchtwechsel und ohne Brache betrieben, nach der Ernte im Herbst konnten die Flächen noch beweidet werden und erfuhren so eine Nährstoffzufuhr.

Die „neolithische Revolution" wurde durch das erste Klimaoptimum der Nacheiszeit von etwa 6000 bis 3250 v. Chr. begünstigt, das zusammen mit der neuen Lebensweise zu einem Bevölkerungswachstum führte und zu einer Kultivierung von immer mehr Flächen führte.

In der Bronzezeit (ab 1800 v. Chr.) wurden erstmals Äcker in Kalkgebirgen wie der Schwäbischen und Fränkischen Alb angelegt. Wie in der Jungsteinzeit wurden überall die Getreidesorten Emmer und Einkorn angebaut, vor allem in Norddeutschland auch Gerste, in Süddeutschland Dinkel. Neu kamen in der

Bronzezeit Hirse und Saubohne hinzu. Mit der Einführung der Bronzesichel stieg die Produktivität gegenüber der Verwendung von Sicheln aus Feuerstein deutlich. Als Nutztier kam zu Beginn der Bronzezeit das Pferd hinzu. Das Klima in der Bronzezeit war deutlich kälter als im Neolithikum, der berühmteste Indikator für diese Abkühlung ist Ötzi (S. 80), der uns durch den Vorstoß der Gletscher erhalten geblieben ist.

In der Eisenzeit (ab ca. 800 v. Chr.) brachte die Verwendung von eisernen Pflugscharen und anderen Gegenständen aus Eisen weitere große Fortschritte, außerdem entstanden wirtschaftliche Abhängigkeiten und Handelsbeziehungen durch Rohstoffe wie Eisen und Salz. Ab etwa 350 v. Chr. wurde es wieder wärmer, das mediterrane Klima verschob sich deutlich nach Norden.

Mit der Ausdehnung des Römischen Reichs wurde die Kulturlandschaft Mitteleuropas vielfältiger, Ackerbau wurde erstmals in Form der Zweifelderwirtschaft betrieben, bei der die Ackerfläche in ein bestelltes und ein brach liegendes Feld unterteilt wurde. Da für diese Wirtschaftsweise mehr Fläche benötigt wurde, wurde der Wald immer mehr zurückgedrängt. Von den Römern wurden außerdem zahlreiche neue Kulturpflanzen eingeführt (S. 89), neben Reben und Obstsorten gehörten dazu auch zahlreiche Gemüse-, Gewürz- und Heilpflanzen wie Salat, Zwiebel, Lauch, Knoblauch, Mangold und viele weitere.

Deutlich kühler war es dann wieder ab 350 n. Chr., was zumindest einer der Auslöser der Völkerwanderung (S. 97) war. Wärmer wurde es erst von etwa 850 bis 1250 n. Chr., man spricht von der mittelalterlichen Wärmezeit.

Aus der von den Römern eingeführten Zweifelderwirtschaft ging im Mittelalter die Dreifelderwirtschaft hervor: der Wechsel von Wintergetreide, Sommergetreide und Brache. Die Brache diente zur Bodenerholung, in der Regel wurde sie beweidet. Dies führte zur Einteilung der Ackerflächen in einheitlich genutzte Bereiche, sogenannte „Gewanne", die häufig durch Lesesteinwälle oder Hecken begrenzt wurden, um die Getreidefelder vor dem Vieh zu schützen.

Vor allem in den Mittelgebirgen gab es noch andere Formen der Bewirtschaftung wie die Feld-Gras-Wechselwirtschaft, bei der Ackerbau und Grünland (S. 119 ff.) abwechseln, oder die Feld-Wald-Wechselwirtschaft, die in ihrer ursprünglichen Form den Wechsel

Die Neolithische Revolution

Die offensichtlichen Nachteile der „Neolithischen Revolution" brachten den israelischen Historiker Yuval Noah Harari zu der (vielleicht nicht ganz ernst gemeinten) These, dass nicht der Mensch das Getreide, sondern das Getreide den Menschen domestiziert habe. Der Weizen habe es geschafft, sich über die ganze Welt zu verbreiten, „indem er den armen *Homo sapiens* aufs Kreuz legte. Diese Affenart hatte bis vor 10 000 Jahren ein angenehmes Leben als Jäger und Sammler geführt, doch dann investierte sie immer mehr Energie in die Vermehrung des Weizens. Irgendwann ging das so weit, dass die Sapiens in aller Welt kaum noch etwas anderes taten, als sich von früh bis spät um diese Pflanze zu kümmern". Dabei habe der Weizen dem Menschen weder eine bessere Ernährung noch eine größere wirtschaftliche Sicherheit oder Schutz vor menschlicher Gewalt gebracht, sondern lediglich die Möglichkeit, sich exponentiell zu vermehren. „Was man auch immer von der landwirtschaftlichen Revolution halten mag – nachdem sie einmal begonnen hatte, ließ sie sich nicht wieder rückgängig machen" (Harari 2013).

Abb. 89 Inkohltes Getreide aus einer neolithischen Siedlung, davor drei Ähren aus dem experimentellen Feldbau.

Abb. 90 Rüttibrennen in Yach im Schwarzwald.

zwischen Ackerbau, Beweidung und Nutzung des Waldes beinhaltet. Im Schwarzwald und anderen Mittelgebirgen gibt es die Feld-Gras-Wechselwirtschaft („Wechselwiese") stellenweise noch bis heute, die Feld-Wald-Wechselwirtschaft wurde in manchen Gebieten bis in die 1950er-Jahre betrieben – sie ist mit der Anwendung von Feuer verbunden und wird daher auch als Brand-Wald-Feldbau bezeichnet. Vor Beginn der Ackerbauphase wurde dabei der Oberboden in der Regel mit einer Hacke „geschält", die abgehobenen Soden wurden gewendet, blieben bis zur Trocknung liegen, wurden dann angehäufelt und verbrannt. Bei der sogenannten Reutbergwirtschaft („Rüttibrennen") im Mittleren Schwarzwald zog man die hangparallel angehäuften Soden nach dem Anzünden mit langen Feuerhaken allmählich den Hang hinab (Abb. 90), um die Asche gleichmäßig über die Fläche zu verteilen – sie diente als Dünger für das anschließend eingesäte Getreide (meist Roggen). Um eine ähnliche Form der Wechselwirtschaft handelt es sich bei der Haubergswirtschaft im Siegerland (Haumann 2014) und in benachbarten Gebieten, bei der die Holzgewinnung in erster Linie der regional bedeutsamen Eisenerzverarbeitung diente. Nach der Holzernte wurde Roggen oder Buchweizen angebaut, später wurden die Flächen gemeinschaftlich beweidet.

Die mittelalterliche Dreifelderwirtschaft war noch bis zum Ende des 18. Jahrhunderts die gängige Form des Ackerbaus, dann erfasste die Aufklärung und der technische Fortschritt auch die Landwirtschaft. Das größte Problem bei der traditionellen Dreifelderwirtschaft war die Gewinnung von Winterfutter für das Vieh. Dem begegnete man in einer „verbesserten" Dreifelderwirtschaft, indem man auf der Brache Futterpflanzen wie Rotklee, Luzerne und Futter-Esparsette (heute eine Charakterart der Halbtrockenrasen, S. 121 f.) anbaute. Der Anbau dieser Futterpflanzen erreichte in der zweiten Hälfte des 19. sowie Anfang des 20. Jahrhunderts seine größte Ausdehnung und machte etwa 5 % der damaligen Landesfläche aus (Poschlod 2015). Der Anbau der Futterpflanzen führte dazu, dass das Vieh auch im Sommer im Stall gehalten werden konnte, der Viehtrieb und die Hutehaltung (S. 97) wurden aufgegeben. Dies hatte gewaltige Veränderungen in der Kulturlandschaft zur Folge. Der endgültige Umbruch erfolgte aber erst mit der Ablösung der Dreifelderwirtschaft durch die Fruchtwechselwirtschaft, bei der Halmfrüchte (Getreide) und Blattfrüchte (Futterpflanzen) bzw. Hackfrüchte (Kartoffeln, Zuckerrüben) im Wechsel angebaut wurden.

Ende des 19. Jahrhunderts begann die zunehmende Technisierung der Landnutzung. Die Erfindung der Dampfmaschine ermöglichte erstmals eine intensive Bodenbearbeitung. Ab 1869 waren Dampfpflüge (Abb. 50) im Einsatz, die bis über 2 m tief pflügen konnten und zur Umwandlung von Mooren in landwirtschaftliche Nutzflächen eingesetzt wurden (S. 129). Bereits nach dem Ersten Weltkrieg, vermehrt aber nach dem Zweiten Weltkrieg wurden Traktoren verwendet und ersetzten nach und nach die Zugtiere. Zudem wurde auf Ackerflächen zunehmend Mineraldünger eingesetzt, seit den 1950er-Jahren auch synthetische Herbizide. Mehr und mehr wurden traditionelle Landnutzungsformen aufgegeben, die daran gebundenen Tiere und Pflanzen wurden immer seltener. Einen starken Einfluss auf die Landschaftsentwicklung und die Artenvielfalt hatte auch die Flurbereinigung, bei der die Schläge (Bewirtschaftungseinheiten) vergrößert und viele Landschaftselemente wie Hecken und Raine beseitigt wurden.

So steht der Feldhamster (Abb. 91), der bis weit ins 20. Jahrhundert hinein als Plage galt, heute in Deutschland am Rand des Aussterbens und ist inzwischen europaweit geschützt. Das Rebhuhn war in der ersten Hälfte des 20. Jahrhunderts noch eine der häufigsten Vogelarten der Ackerlandschaft, heute ist es in Deutschland stark gefährdet, alleine seit 1990 ist es um über 90 % zurückgegangen. Selbst vor wenigen Jahren noch regelmäßig anzutreffende Vögel wie die Feldlerche sind stark rückläufig. Sie profitierte wie viele andere Tierarten zwischenzeitlich vom Flächenstilllegungsprogramm der 1990er-Jahre, das von der EU für 10 % der bewirtschafteten Fläche verordnet wurde, um Überschüsse abzubauen. Heute redet niemand mehr von Flächenstilllegung, man spricht im Gegenteil von einem „Flächenhunger". Die niedrigen Zinsen und die energetische Nutzung von Feldfrüchten haben zu einer weiteren Monotonisierung der Agrarlandschaft geführt (S. 160 f.).

Da auf Äckern unsere Nahrungsmittel erzeugt werden, hatte und hat der Naturschutz auf ihre Nutzung und Gestaltung nur wenig Einfluss. Dennoch gibt es Bemühungen, dem zunehmenden Artenschwund etwas entgegenzusetzen. So waren Ackerwildkrautgemeinschaften die ersten Pflanzengesellschaften, die in Feldflorareservaten geschützt wurden. Ab 1980 kamen sogenannte Ackerrandstreifenprogramme hinzu, bei denen in den Randstreifen keine Düngemittel und Pestizide eingesetzt werden dürfen. In den letzten Jahren wird im Rahmen des Projekts „Errichtung eines bundesweiten Schutzgebietsnetzes für Ackerwildkräuter" mit sogenannte Schutzäckern das Ziel verfolgt, ein nachhaltiges Schutzgebietsnetzwerk zur Erhaltung der bedrohten Ackerbegleitflora in Deutschland zu konzipieren und umzusetzen. Eine Anzahl von mindestens 100 geeigneten Ackerstandorten („100 Äcker für die Vielfalt"; www.schutzaecker.de) soll für eine dauerhafte Sicherung selten gewordener Ackerwildkräuter unter Schutz gestellt werden und ihre spezielle, auf den Erhalt und Förderung der entsprechenden Arten ausgerichtete Bewirtschaftung langfristig sichergestellt werden. Im Rahmen der Agrarumweltmaßnahmen werden außerdem Blühstreifen am Rand von Äckern gefördert, die insbesondere als Lebensraum und Nahrungsgrundlage für Insekten und andere Tiere dienen.

In einem von NABU und Deutschem Bauernverband gemeinsam durchgeführten Projekt „1000 Äcker für die Feldlerche" wurden zwischen 2009 und 2011 bundesweit auf über 1000 Äckern mehr als 5000 sogenannte Feldlerchenfenster angelegt. Dabei handelt es sich um kleine, nicht mit einer Feldfrucht eingesäte Flächen von etwa 20 m^2 Größe. Eine wissenschaftliche Begleituntersuchung belegte, dass Feldlerchenfenster im Wintergetreide eine positive Wirkung auf

Abb. 91 Feldhamster.

die Nutzbarkeit der Flächen für die Feldlerche besitzen. Offene Fragen bestehen weiterhin hinsichtlich der Wirkung von Feldlerchenfenstern auf die mittelfristige Entwicklung der Feldlerchenbestände sowie deren Wirkung auf weitere Tierarten. Hoffnung macht weiterhin das Artenhilfsprogramm Wiesenweihe des Bayerischen Landesamtes für Umwelt, bei dem in Kooperation von Landwirten und Vogelschützern durch Erfassen und Schutz der Neststandorte der Bestand der bereits kurz vor dem Aussterben stehenden Greifvögel wieder deutlich angehoben werden konnte und inzwischen bereits auf das benachbarte Baden-Württemberg ausstrahlt.

Abb. 92 Das Kastell Saalburg gilt als das am besten erforschte und am vollständigsten rekonstruierte Kastell des Obergermanisch-Raetischen Limes, der seit 2005 den Status des UNESCO-Weltkulturerbes besitzt.

Die Germanen – von den Römern erfunden

Während sich im Mittelmeergebiet die Hochkulturen (Ägypten, Griechenland, Rom) ablösten, bildeten sich in Mitteleuropa in der Bronze- und Eisenzeit allmählich verschiedene indoeuropäisch sprechende Volksgruppen und Stämme heraus, die später nach archäologischen und sprachlichen Unterschieden in die Gruppen der Germanen, die zunächst überwiegend Norddeutschland (und Nordeuropa) besiedelten, die Kelten im Süden und Westen und die Slawen (Wenden) im Osten unterteilt wurden. Die Germanen wanderten im Laufe der Jahrhunderte südwärts, sodass um Christi Geburt die Donau die ungefähre Siedlungsgrenze zwischen Kelten und Germanen war.

Wann tauchten die „Urdeutschen", die **Germanen** erstmals auf? Die ersten schriftlichen Zeugnisse über die Germanen stammen nicht von ihnen selbst, sondern von den Römern. Es war kein geringerer als Gaius Julius Caesar, der die Germanen populär machte: Er erklärte den Rhein zur Grenze zwischen den linksrheinischen keltischen Galliern und den rechtsrheinischen germanischen Stämmen. Nachdem Gallien, das große Teile des heutigen Frankreich, die Benelux-Länder, Deutschland links des Rheins und südlich der Donau sowie die Schweiz umfasste, von Caesar erobert worden war, standen sich Römer und Germanen unmittelbar gegenüber (Krause 2005).

Wer aber waren diese germanischen Stämme, woher kamen sie? Der römische Historiker Publius Cornelius **Tacitus** veröffentlichte im Jahr 98 n. Chr. eine Schrift, die unter dem Namen *Germania* berühmt wurde. Gleich am Anfang schreibt er: „Von den Germanen selbst möchte ich glauben, dass sie Ureinwohner und kaum durch das Eindringen und die bereitwillige Aufnahme fremder Völker mit anderen vermischt sind. Denn nicht auf dem Landwege, sondern zu Schiff kamen in alter Zeit die Menschen, die ihre Wohnsitze zu verändern suchten, in andere Länder, und der sich in unermessliche Weiten verlierende und sozusagen auf einer Welt uns gegenüberliegende Ozean wird ja auch nur selten von Schiffen unseres Erdteils befahren. Wer hätte ferner, ganz abgesehen von den Gefahren des schaurig bewegten und unbekannten Meeres, Asien oder Afrika oder Italien den Rücken kehren und nach Germanien ziehen wollen, das ohne Reiz im Aufbau der Landschaft und rau im Klima, dessen Bearbeitungsmöglichkeit kümmerlich und dessen Gesamteindruck niederdrückend ist – es sei denn, es wäre seine Heimat?" (Mauersberger 2006).

Für einen Römer war Germanien offenbar eine schauerliche Wildnis (Krause 2005), in der Wilde in dürftigen Hütten hausten. Es ist nicht einmal bekannt, ob Tacitus jemals in Germanien war, aber er hatte sicher Informanten, die mit den Germanen Kontakt hatten; zahlreiche seiner Angaben wurden durch archäologische Funde bestätigt, sicherlich sind aber auch Klischees über die „Barbaren" eingeflossen, die man in der antiken Welt für bare Münze nahm. Wenn er die Germanen als „Ureinwohner" ansah, hatte er wohl nicht unrecht, da man vor allem im Gebiet zwischen Weser und Oder Dörfer und Bauerhöfe ausgrub, die offenbar über viele Jahrhunderte bewohnt wurden.

„Die Germanen" als einheitlichen Volksstamm gab es zu dieser Zeit nicht, es handelte sich um eine Vielzahl von Stämmen in Mittel- und Nordeuropa, die zwar gewisse Ähnlichkeiten in ihrer Lebensweise und vor allem verwandte Sprachen hatten, sich aber nicht zusammengehörig fühlten und sich mit Sicherheit nicht selbst „Germanen" nannten. In diesem Sinne waren die Germanen also tatsächlich eine Erfindung der Römer.

Die **Kelten** verloren durch die Wanderungen germanischer Stämme, die Eroberung Galliens durch Caesar und den unter Kaiser Augustus geführten Feldzug gegen die Alpenstämme ihre politische Eigenständigkeit, die keltische Bevölkerung wurde in das römische Staatswesen integriert (Archäologisches Landesmuseum Baden-Württemberg 2012).

Nach der Eroberung Galliens ließ Caesar das rechtsrheinische Gebiet bis auf einige Rheinüberquerungen unbehelligt, da er sich nicht in die Berge und unzugänglichen Wälder wagte. In der Folgezeit gab es immer wieder Expeditionen der Römer nach Germanien, das dadurch eher „schleichend romanisiert" wurde. Das Vorhaben des Publius Quinctilius Varus, Germanien endgültig zu einem Teil des Römischen Reichs zu machen, scheiterte im Jahr 9 n. Chr. in der „Varusschlacht". Sämtliche römische Lager und Marktplätze rechts des Rheins wurden vernichtet.

Die folgenden knapp 400 Jahre waren trotz immer wieder aufflammender Konfrontationen letztlich von der

Koexistenz von Römern und Germanen geprägt. Nach mehreren Unruhen begannen die Römer mit der Errichtung eines Bauwerks, das bis heute als das größte seiner Art in Mitteleuropa zählt und über fast 2000 Jahre seine Spuren in der Landschaft hinterlassen hat: Der **Obergermanisch-Raetische Limes** (Abb. 93), der in seinem Endausbau (159 bis 260 n.Chr.) etwa 548 km lang war und sich vom nördlichen Rheinland-Pfalz mehrfach abknickend bis ins östliche Bayern (bei Regensburg) zog. Zu Beginn war der Limes nicht mehr als ein frei geschlagener Grenzweg mit Holztürmen im Abstand von höchstens 1 km. Über 150 Jahre wurde an der Grenzbefestigung gebaut, der Weg wurde durch einen Palisadenzaun gesichert, die Holztürme durch stabilere Steintürme ersetzt. Schließlich hob man parallel zum Zaun einen durchgehenden Graben aus und schüttete einen Wall auf. Es ging weniger um einen massiven Grenzschutz, der einem größeren Angriff standhalten könnte, als vielmehr um ein Frühwarnsystem durch die Späher auf den Wachttürmen und die Besatzungen der Limeskastelle wie etwa auf der rekonstruierten Saalburg bei Bad Homburg in Hessen (Abb. 92). Das „größte archäologische Bodendenkmal Deutschlands" (Werner & Wallner 2006) wurde 2005 zum UNESCO-Weltkulturerbe erklärt.

Ausgrabungen, zum Beispiel von Gräbern und Opferfunden, belegen die Intensität des römischen Einflusses auf das „Großgermanien" der ersten vier Jahrhunderte, die auch als **Römische Kaiserzeit** bezeichnet werden. Zumindest die „prominenteren" Toten wurden nicht verbrannt, wie früher bei den Germanen üblich, sondern mit reichen Beigaben in Baumsärgen bestattet. Überall wurde den Göttern geopfert, wozu auch Menschenopfer zählten. Die zahlreichen aus dieser Zeit stammenden Moorleichen sind teilweise auf solche Opfer zurückzuführen, zum Teil handelt es sich aber offenbar auch um Hinrichtungen wegen Verstößen gegen die Stammesgesetze – auch Tacitus berichtet in seiner „Germania" darüber.

Erste eigene schriftliche Überlieferungen der Germanen setzen um 200 n.Chr. mit den ältesten Runeninschriften ein. Die Runen wurden hauptsächlich als magische Zeichen benutzt, häufig wurden sie in Waffen (Lanzenspitzen, Schwerter) oder Fibeln geritzt; längere Schriften sind selten.

Die Germanen waren hauptsächlich sesshafte Bauern und gingen, im Gegensatz zu einer weit verbreiteten Vorstellung, nur selten zur Jagd. Sie waren vor allem Selbstversorger, neben der Landwirtschaft gab es auch Handwerker wie Schmiede, Töpfer und Tischler. Das Rad war bereits seit langer Zeit bekannt, es gab in den germanischen Dialekten sogar zwei Wörter dafür. Geld kannten die Germanen nicht, ihr Handel beschränkte sich auf reine Naturalienwirtschaft. Hauptwertgegenstand war wie bei den Römern das Vieh. Gezüchtet wurden hauptsächlich Rinder, ebenso Schafe, Schweine, Ziegen und Geflügel sowie Pferde, Hund und Katze. Ebenfalls wussten die Germanen, wie Käse zubereitet wird. Unter den Feldfrüchten kam der Gerste eine besondere Rolle zu, andere Getreidearten kamen – regional unterschiedlich – hinzu. Der einfache Pflug war lange bekannt, ebenso Egge, Spaten, Hacke, Harke, Sichel und Sense.

Die Römer überzogen das unterworfene Land mit einem eigenen System von Agrarbetrieben, den Villen (Abb. 94), die in ihrer Lage und Funktion einem Aussiedlerhof in heutiger Zeit vergleichbar sind (Küster 1995). Auf einer Tafel im Museum Römervilla Ahrweiler über die römische Landwirtschaft heißt es: „Die römische Landwirtschaft erwirtschaftete wesentlich mehr Überschüsse als die germanische. Dies war eine Grundlage für das Auf-

Abb. 93 Rekonstruierter Limesturm bei Taunusstein (Hessen).

Abb. 94 Modell des römischen Gutshofes (Villa rustica) in Bad Neuenahr-Ahrweiler (*Museum Römervilla*).

blühen der römischen Kultur, da mehr Menschen außerhalb der Landwirtschaft als Handwerker oder Künstler arbeiten konnten. [...] Neben dem Weinbau machten die Römer Pfirsich, Pflaume, Kirsche, Birne, Walnuss und Esskastanie nördlich der Alpen heimisch. Auch die in Zentralasien kultivierten und gezüchteten Rosen gelangten über die Römer nach Deutschland. Die Hauskatze, das Maultier, die Haustaube, den Fasan und den Pfau führten die Römer in Mitteleuropa ein. Besonders die Hauskatze als Mäusejäger und das Maultier als anspruchsloser Lastenträger stellten ihren Wert schnell unter Beweis. Von besonderer Bedeutung war auch, dass es den Römern gelang, wesentlich größere und kräftigere Rinder zu züchten als den benachbarten Germanen. Der größere Fleischertrag pro Tier war dabei nur ein Nebeneffekt. Wichtiger war, dass die Tiere den Pflug wesentlich besser zogen und so eine wesentlich größere Ackerfläche von einem Gespann bewirtschaftet werden konnte."

Begünstigt wurde die Landwirtschaft auch dadurch, dass den tiefen Temperaturen der Bronzezeit von etwa 300 v.Chr. bis 350 n.Chr. eine Wärmezeit mit 1 bis 1,5 °C höheren Jahrestemperaturen im Vergleich zu heute folgte. Die leistungsfähigere Landwirtschaft führte zur Gründung von Städten wie Köln, Trier und Regensburg und zur Ausdehnung des römischen Imperiums.

In der Römerzeit entstand ein gut organisiertes Handelssystem für Nahrungsmittel und andere Gegenstände des täglichen Bedarfs. Die Römerstraßen wurden jedoch zunächst unter militärischen Gesichtspunkten geplant und gehen meist auf die Germanenkriege unter Augustus zurück (Thiel 2008).

Ab dem 3. Jahrhundert n.Chr. zerfiel das römische Kulturlandschaftssystem nach und nach, die Villen wurden verlassen. „Tacitus hätte die Landschaft Germaniens auch nach dem Abzug der Römer als schaurig und widerwärtig empfunden" (Küster 1995). Aus heutiger Sicht heißt dies: Weite Bereiche von Natur und Landschaft wurden durch den Menschen kaum „beeinträchtigt", insbesondere die höheren Mittelgebirge wie der Schwarzwald waren praktisch unbesiedelt.

THEMA

Weinlandschaften

Abb. 95 Weinlandschaft bei Mayschoss (Ahr).

Wegen des ausgeglichenen Klimas in Wassernähe liegen viele der klassischen Weinbaugebiete in Flusstälern oder deren Umgebung (Mosel, Ahr, Mittelrhein, Rheingau, Nahe, Main in Franken, Saale-Unstrut und Elbe in Sachsen). Besonders dann, wenn sich die Weinberge an felsigen Steilhängen festkrallen, wie an der Mosel (Abb. 25, S. 36/37), der Nahe, dem Mittelrhein oder der Ahr (Abb. 95), entstehen beeindruckende Landschaftsbilder.

Während des durch Caesar geführten gallischen Kriegs gelangte der Weinbau mit den römischen Legionen über das Rhône-Tal an die Mosel und an den

Abb. 96 Nachbildung des Weinschiffs von Neumagen vor einer Weinkelterei in Trier.

Rhein. War man sich bei eindeutig mit Wein zusammenhängenden Funden wie dem Weinschiff von Neumagen (Abb. 96) noch unsicher, ob der Wein auch wirklich vor Ort angebaut wurde, fand man später (ab 1977) an der Mittelmosel römische Kelteranlagen, die auf einen Anbau ab dem 1. Jahrhundert n. Chr. hinwiesen.

Obwohl der Weinbau heute nur 0,6 % der landwirtschaftlichen Nutzfläche Deutschlands umfasst, prägt er in manchen Regionen Süddeutschlands die Landschaft. Im Mittelalter, als es das nächste Klimaoptimum nach der Römerzeit gab, gingen die Grenzen des Weinbaus wesentlich weiter nach Norden als heute, abgesehen von den Küstenregionen an Nord- und Ostsee wurde praktisch in ganz Deutschland Wein angebaut. Angesichts der aktuellen Klimaerwärmung ist es vielleicht bald wieder so weit, bereits heute ist der Weinbau wieder an Berlin herangekommen – die nördlichste Einzellage für Qualitätsweinanbau in Europa ist der Werderaner Wachtelberg in Brandenburg nahe Potsdam.

Das Schwergewicht der Weinbauregionen liegt jedoch nach wie vor im Südwesten Deutschlands. In Rheinland-Pfalz mit über 600 km² Rebfläche (etwa 3 % der Landesfläche) ist der Weinbau sogar im Namen des zuständigen Ministeriums enthalten.

In manchen großflächigen Weinbaugebieten in der Ebene oder in einer nur leicht gewellten Landschaft können sich aber auch großflächige Monokulturen ausbreiten. Auch nach einer Flurbereinigung ist schon so manche einstmals vielgestaltige Weinbaufläche deutlich strukturärmer geworden (siehe unten).

Ansonsten hängt die Gestalt von Weinbaulandschaften stark von der Geologie und den Böden ab, auf denen die Reben wachsen. Auf steinigen oder leh-

Abb. 97 Die mit Steinmauern aus Muschelkalk terrassierten Weinberge von Roßwag bei Vaihingen/Enz (Baden-Württemberg); die einzigartige „Fischgrättreppe" mit ihren 401 „Stäffele" wird seit einigen Jahren in einen Teamlauf einbezogen.

Abb. 98 Der Klingenberger Schlossberg am fränkischen Untermain mit seinen Buntsandsteinmauern ist eine der besten Burgunderlagen Deutschlands.

Abb. 99 Wilde Tulpe, auch Weinberg-Tulpe genannt, am Tüllinger Berg bei Lörrach (Baden-Württemberg).

Abb. 100 Moselapollo.

migen Böden, die durch starke Niederschläge nicht so leicht abgetragen werden, können die Reben senkrecht zum Hang angebaut werden. Stark zur Erosion neigende Böden wie Lössböden müssen terrassiert werden. Die Terrassen werden in vielen Gebieten mit Mauern abgestützt, auf den einzelnen Rebterrassen haben oft nur wenige Rebzeilen Platz (Abb. 97, 98).

In Weinbaugebieten kommen wärmeliebende Tier- und Pflanzenarten vor, die in Deutschland selten geworden sind. In den Rebflächen selbst sind bisweilen Zwiebelpflanzen zu finden wie die Weinberg-Tulpe (Abb. 99), der Weinberg-Lauch, die Weinbergs-Traubenhyazinthe sowie verschiedene Milchstern- und Gelbstern-Arten. In Weinberglagen eingestreut oder

Abb. 101 Nahaufnahme einer Mauereidechse.

in ihrer Nachbarschaft finden sich häufig Trockenrasen (S. 122) mit ihrer charakteristischen Vegetation, unter anderem mit verschiedenen Orchideenarten.

Auch an Felsen (S. 56 ff.) sind spezielle Tiere und Pflanzen zu finden. An der Untermosel bei Winningen gibt es im Bereich der steilen Schieferhänge sogar eine eigene Unterart des stark gefährdeten Apollofalters, den „Moselapollo" (Abb. 100).

An Mosel, Ahr, Nahe und Mittelrhein konnte sich in den felsdurchsetzten Steillagenweinbergen die Zippammer halten, obwohl auch hier viele Kleinterrassen, Trockenmauern und andere Strukturen durch die Flurbereinigung beseitigt wurden. Noch stärker gefährdet ist der an offenes, felsiges Gelände gebundene Singvogel durch die Nutzungsaufgabe und anschließende Verbuschung der Flächen.

In Weinbergmauern leben vielerorts Mauereidechsen (Abb. 101) – und Schlingnattern, die sich von ihnen ernähren. In Südwestdeutschland kommt im Bereich von Weinbergen auch die Smaragdeidechse vor.

Welche Vögel in unterschiedlich strukturierten Weinbergen vorkommen, war eine Fragestellung der Doktorarbeit des Autors (Seitz 1989). Einige Vogelarten wie der Bluthänfling (Abb. 102) bauen sogar ihre Nester in die Reben. Ansonsten entscheidet über das Vorkommen der verschiedenen Arten vor allem, in welcher Region man sich befindet und was außer den Reben noch auf einer Fläche vorkommt. Der Schwerpunkt der Untersuchungen lag im Kaiserstuhl, einem kleinen, vulkanisch entstandenen Gebirge nordwestlich von Freiburg im Breisgau. Da das Gebirge heute in weiten Bereichen von Löss (S. 74) bedeckt ist, setzte es den großflächigen Rebflurbereinigungen der 1970er- und 1980er-Jahre nur wenig Widerstand entgegen. Die Landschaft wurde grundlegend umgestaltet: Aus vielfältig strukturierten Weinbergen, deren Terrassen oft nur wenige Rebzeilen trugen und in denen neben den Reben zahlreiche Landschaftselemente wie Bäume, Hecken, Hohlwege und Lösswände vorkamen (Abb. 103), wurden mit Planierraupen und Baggern Großterrassen gestaltet, deren Böschungen bis zu 40 m Höhe erreichen (Abb. 104).

Nun war es natürlich spannend, wie die Vogelwelt auf diese Umwälzungen reagieren würde. Ein Vergleich der flurbereinigten mit den nicht flurbereinigten Gebieten zeigte erwartungsgemäß, dass die Anzahl der Vogelarten in den umgestalteten Flächen geringer war. Interessant war aber, dass einige Vogelarten wie das Schwarzkehlchen und das Rebhuhn die

Abb. 102 Bluthänfling auf einem Rebpfahl (Ahr).

Großböschungen bevorzugten, da sie relativ große und wenig gestörte „Ödlandflächen" darstellten. Eine Überraschung war, dass der Baumpieper in den flurbereinigten Rebgebieten eine hohe Dichte erreichte, war doch zumindest zu Beginn kein Baum zu finden, den er hätte als Singwarte und Startplatz für seinen Singflug nutzen können. Er wusste sich aber zu helfen: Die Rebpfähle am oberen Ende der Großböschungen leisteten dieselben Dienste wie ein Baum, und in den riesigen Böschungsflächen fand er genügend Nahrung und konnte sich einen ungestörten Platz für sein Nest aussuchen. Manchmal machte sich darin jedoch ein Kuckuck breit und warf die Baumpieper-Küken aus dem Nest.

Seit 1979 wird in einer Langzeitstudie der Verlauf der Wiederbesiedlung durch Tierarten auf den Großböschungen des Kaiserstuhls dokumentiert. Vor al-

Abb. 103 Historischer Weinberg im Kaiserstuhl mit kleinen Böschungen.

Abb. 104 Flurbereinigter Weinberg im Kaiserstuhl mit Großböschungen.

lem am Beispiel der Spinnen (Abb. 105) war es möglich, die Geschwindigkeit des faunistischen Wandels aufzuzeigen (Regierungspräsidium Freiburg 2011).

In den 1980er-Jahren gab es im Kaiserstuhl nur einige wenige Brutpaare des Wiedehopfs. Man befürchtete, er würde dort bald völlig verschwinden. Doch weit gefehlt: Heute gibt es im Kaiserstuhl wieder über 100 Brutpaare des auffälligen Vogels, und das hat zwei Ursachen. Erstens war das Klima der letzten Jahre sehr günstig für den wärmeliebenden Wiedehopf, und zweitens hat man den Mangel an Bruthöhlen durch das Anbringen von Kästen in den Rebhütten behoben, die er dankbar annimmt. Seine Nahrung besteht im Kaiserstuhl vor allem aus Maulwurfsgrillen, an denen es im Lössboden nicht mangelt.

Den farbenfrohen Bienenfresser (Abb. 106), der seine Bruthöhlen in den Löss gräbt, gab es bis in die 1980er-Jahre im Kaiserstuhl überhaupt nicht mehr, sein Auftauchen 1990 war eine kleine Sensation. Inzwischen ist auch sein Bestand erheblich angewachsen, nicht nur im Kaiserstuhl, sondern auch in der Vorbergzone zum Schwarzwald.

Neben dem Bienenfresser nutzen vor allem verschiedene Wildbienen und Wespen die Losswände als Nistplatz, die Losswand stellt ein eigenes Ökosystem dar (Miotk 1979).

Die Zeit der massiv landschaftsverändernden Flurbereinigungen ist inzwischen vorbei. Die Flurbereinigungsgesetze enthalten strenge Vorgaben zur Erhaltung von Tier- und Pflanzenarten und deren Lebensräumen. Eine vor Kurzem im Kaiserstuhl durchgeführte Rebflurbereinigung hat die Bedingungen für Tiere und Pflanzen sogar verbessert, unter anderem durch Schaffung neuer Losswände. Man hat auch erkannt, dass die Flurbereinigungen zwar die Arbeitsbedingungen erheblich erleichtern können, der beste Wein aber immer noch auf klein parzellierten Steillagen wächst. Daher gibt es inzwischen Förderprogramme für den Steillagenweinbau, die auch die Erhaltung der biologischen Vielfalt berücksichtigen.

Abb. 105 Die wärmeliebende Rote Röhrenspinne kam im heißen Sommer 2003 nach 25 Jahren Entwicklung erstmals häufiger in den Großböschungen vor.

Abb. 106 Bienenfresser.

Abb. 107 Weidbuche im Südschwarzwald.

Von der Völkerwanderung zur Sesshaftigkeit

Nach dem weitgehenden Niedergang römischer Organisation brach in Mitteleuropa ab ungefähr 375 n.Chr. aus der Sicht der Geschichtsschreiber das Chaos der Völkerwanderung aus, es herrschte das Dunkel der *Dark Ages*, wie diese Periode im englischen Sprachraum genannt wird (Küster 1995).

Bis vor Kurzem lagen die Gründe für die Völkerwanderung weitgehend im Dunkeln, heute macht man verschiedene Ursachen dafür verantwortlich. Neben dem Einfall der Hunnen im östlichen Mitteleuropa war wieder einmal eine Klimaverschlechterung der Hauptauslöser. Hinzu kamen Staubschleier in der oberen Erdatmosphäre, die das Sonnenlicht reflektierten und kurzfristig zur stärksten Abkühlung in den letzten 2000 Jahren führten (Poschlod 2015). Als Ursache für den Staubschleier werden Vulkanausbrüche, die Explosion eines Kometen oder ein Meteoriteneinschlag vermutet (S. 64 ff.).

Mitteleuropa blieb nach dem Abzug der Römer besiedelt und „verwaldete" nicht vollständig, wie immer wieder behauptet wird; lediglich die Bevölkerungsdichte und der „Zivilisationsgrad" nahmen ab. Das von den Römern installierte Handelsnetz ging verloren, Städte konnten nicht mehr bewohnt werden, da kein Nachschub an Getreide, Wein und Holz mehr kam. Brauchte man Bauholz für neue Häuser und Hütten, musste man die Siedlung dorthin verlagern, wo es noch hohe Bäume gab (Küster 1998).

Anhand archäologischer Befunde konnte gezeigt werden, dass ländliche Besiedlung in der Völkerwanderungszeit unmittelbar auf die städtisch-römische folgte. Am Übergang zum Mittelalter wurden die ländlichen Siedlungen allmählich ortsfest, was einen grundlegenden Wandel in der Geschichte der Kulturlandschaft darstellt.

Im **Frühmittelalter** (ab ca. 500 n.Chr.) bildete sich aus römischen und germanischen „Vorläufermodellen" das Lehenswesen heraus, bei dem der Lehnsherr als rechtlicher Eigentümer von Grund und Boden diesen auf Lebenszeit verlieh und hierfür Anspruch auf persönliche Dienste des Lehnsempfängers hatte. Oberster Lehnsherr war der jeweilige oberste Landesherr (König oder Herzog), der Lehen an seine Fürsten vergab. Da die Dienste des Lehnsempfängers insbesondere Kriegsdienste umfassten, wurde das Lehnswesen in der fränkischen Monarchie jahrhundertelang die Grundlage der sozialen Organisation des Heiligen Römischen Reichs.

Auch die Herausbildung ortsfester Siedlungen stand natürlich im Interesse der „Landesverteidigung", aber auch wirtschaftliche und kirchliche Kräfte zielten darauf ab. Der Wandel zu ortsfesten Siedlungen vollzog sich in den verschiedenen Landschaften jedoch nicht gleichzeitig, sondern schritt im Allgemeinen von West nach Ost voran. Viele Burgen wurden insbesondere an der Ostgrenze des Reichs als Grenzwall gegen die Slawen errichtet, die nicht in ortsfesten Siedlungen lebten. Im 7./8. Jahrhundert waren slawische Siedlergruppen aus der heutigen Ukraine und Weißrussland bis ins östliche Holstein gewandert, wo noch slawische Ortsnamen und Burgwälle erhalten sind.

Die ortsfeste Siedlungsweise hatte auch Auswirkungen auf die Bewirtschaftung: Wurden die landwirtschaftlich genutzten Flächen vorher immer wieder verlagert bzw. wurde immer wieder „neuer" Wald gerodet, begannen nun auch die unterschiedlichen Nutzungen ortsfest zu werden. Dies zog einen grundsätzlichen Wandel in der Kulturlandschaft nach sich. So wurde etwa das Brennholz wiederholt in den selben Waldparzellen geschlagen, was eine Veränderung der Baumartenzusammensetzung zur Folge hatte, da die im „Naturwald" dominierende Buche eine solche Wirtschaftsweise schlechter verträgt als andere Baumarten wie Eiche und Hainbuche. Das Vieh wurde in die Wälder getrieben, zwischen beweideten Waldflächen, den Hutewäldern (auch Hudewälder genannt) (Abb. 131, S. 118), und den zur Holzgewinnung genutzten Niederwäldern gab es keine festen Grenzen. Da die Weidetiere manche Pflanzen oder Pflanzenteile lieber fraßen als andere, konnten sich Pflanzen in den Wäldern ausbreiten, die von Rindern und Schafen nur ungern gefressen wurden, weil sie zum Beispiel Dornen oder Stacheln hatten oder weil sie bitter schmeckten. Zu diesen Pflanzen gehören unter anderem Wacholder, Silberdistel, Stechpalme, Kiefer, Heidekraut und Ginster. Wurde ein Hutewald über einen langen Zeitraum beweidet, entwickelte sich eine weitgehend offe-

Abb. 108 Wikinger-Museum in der Nähe des historischen Siedlungsplatzes von Haithabu, davor ein nachgebildetes Wikingerboot.

ne Heide (Küster 1998), in der nur noch die vom Vieh verschmähten Sträucher wie Wacholder und die „über das Viehmaul hinausgewachsenen" Bäume standen (Abb. 107).

Die wohl erste Landwirtschaftsverordnung des Mittelalters war das „Capitulare de villis", mit dem die Bewirtschaftung der kaiserlichen Landgüter Karls des Großen geregelt wurde. Darin wurden Empfehlungen für den Ackerbau in Form der Dreifelderwirtschaft, den Obst- und Weinbau, die Viehzucht, die Bienenhaltung und die Anlage von Teichen (S. 99 ff.) gegeben (Poschlod 2015). Die Empfehlungen orientierten sich an den Techniken der römischen Landwirtschaft und der Klostergärten.

Als frühmittelalterliche Stadt im Norden des heutigen Deutschlands gilt **Haithabu** nahe Schleswig am Ende der Schlei (Abb. 108). Haithabu wurde unter anderem von dänischen Wikingern besiedelt und war ein wichtiger Handelsort und Hauptumschlagsplatz für den Handel zwischen Skandinavien, Westeuropa, dem Nordseeraum und dem Baltikum. Ab der Wende 8./9. Jahrhundert wurde Haithabu zum zentralen Ort des Wikingerhandels (Küster 2002). Durch seine Lage war es eine wichtige Drehscheibe des Handels zwischen dem staatlich und wirtschaftlich bereits stärker gefestigten Westen Europas (z. B. dem Nordseeraum) und dem Gebiet des Baltischen Meeres, von dem wichtige Rohstoffe in den Westen und Süden Europas gelangten. Haithabu entstand am westlichsten Punkt der Schlei, eines „Tunneltals" aus der Eiszeit, das beim Anstieg des Meeresspiegels in der Ostsee „ertrunken" und so zu einer schmalen Bucht der Ostsee geworden war, die sich ungefähr 40 km weit in das Innere der jütischen Halbinsel bis in die Umgebung der heutigen Stadt Schleswig hinein erstreckte. Die kurze Transportstrecke über Land war eine Achillesferse für den Handel, sodass sie aufwendig gesichert werden musste, und zwar durch das **Danewerk**. Es bestand aus mehreren nebeneinander verlaufenden Wällen, die sich vom westlichen Ende der Schlei bis zur Rheider Au, einem Zufluss der Treene, erstreckten.

Der Wald diente bereits im frühen Mittelalter zahlreichen Zwecken (Schubert 2012). So wurde die Gerbrinde von Eiche zum Gerben von Leder verwendet, abgeschälte Baumrinden waren die Basis für die Seilerei. Das Material zum Flechten von Zäunen, Körben, aber auch für das Flechtwerk der Häuserwände stammte von Kopfweiden, Weidenruten hielten auch die Ackergeräte zusammen. Aus dem Harz von Bäumen wurde Pech gewonnen, der „Universalkleber" des Mittelalters.

Auch die Imkerei war ohne Wald nicht denkbar, dafür wurden Baumhöhlen bis auf einen Schlitz mit einem Brett verschlossen. Bei der Imkerei ging es nicht nur um die Gewinnung von Honig und den daraus hergestellten Met, sondern auch um das Wachs, das unter anderem für Schreibtafeln verwendet wurde.

Der Mönch, der einen ganzen Teich schlucken kann

Wie oben erwähnt, knüpfte das unter Karl dem Großen entstandene *„Capitulare de villis"* an römische Traditionen oder die Bewirtschaftung von Klostergärten an, wirklich neu war jedoch die Teichwirtschaft (Poschlod 2015). Diese wurde durch den Karpfen (Abb. 110) möglich gemacht, dessen in der Donau vorkommende Wildform bereits von den Römern als erster europäischer Fisch gezüchtet wurde. Er ist für die Haltung in relativ flachen und kleinen Gewässern geeignet.

Viele der großen Teich- bzw. Weihergebiete (in Süddeutschland ist meist „Weiher" gebräuchlich) wurden durch Klöster gegründet, weshalb bis heute das Ablassbauwerk der Teiche als „Mönch" bezeichnet wird.

Eines der größten bis heute bewirtschafteten Weihergebiete ist der Aischgrund (Bayern) im Dreieck der Städte Nürnberg, Bamberg und Neustadt an der Aisch (Abb. 109). Dort gibt es derzeit über 7000 Teiche mit einer Gesamtfläche von etwa 3000 ha, die von 1200 Teichwirten bewirtschaftet werden. 400 der Teichwirte sind in der Teichgenossenschaft Aischgrund organisiert, deren Aufgabe die Förderung der Teichwirtschaft ist sowie die Unterstützung der Mitglieder bei Erhaltung, Bau und Ausbau von Teichen und die Ergreifung von Fördermaßnahmen und Nutzung von Förderprogrammen. Seit 2012 ist der Aischgründer Karpfen durch EU-Recht mit einer „geschützten geographischen Angabe" (g. g. A.) versehen, die neben der Herkunft bestimmte Erzeugungsbedingungen festlegt.

In Bayern gibt es mehrere große, bis heute bewirtschaftete Weihergebiete. Das Charlottenhofer Weihergebiet liegt ca. 50 km nördlich von Regensburg im Oberpfälzer Hügelland, es ist mit über 800 ha das größte Naturschutzgebiet im Regierungsbezirk Oberpfalz. Die Fischzucht in der Oberpfalz begann mit der Gründung des Zisterzienserklosters Waldsassen im 12. Jahrhundert, die großflächigen Teichgebiete entstanden jedoch erst im 14. und 15. Jahrhundert, ihren Höhepunkt erreichte die Teichwirtschaft in ganz Europa im 15. Jahrhundert. Da in der Oberpfalz weder der Ackerbau noch die Viehzucht besonders gewinnbringend waren und die Nachfrage der Bevölkerung nach Fisch sehr groß war, entwickelte sich die Teichwirtschaft zum rentabelsten Zweig der Landwirtschaft. Ab der zweiten Hälfte des 16. Jahrhunderts setzte ein schleichender Verfall des Wirtschaftszweigs ein. Infolge der Reformation ging die Nachfra-

Abb. 109 Das kleine Dorf inmitten der Aischgründer Weiherlandschaft trägt den Namen Gottesgab (Markt Uehlfeld, Bayern).

Abb. 110 Die Zuchtformen des Karpfens sind gedrungener als die Wildform, die Schuppen sind oft reduziert. Der Lederkarpfen weist nur noch wenige Schuppen auf (Biosphärenreservat Oberlausitzer Heide- und Teichlandschaft, Haus der 1000 Teiche).

Abb. 111 Die Fischteiche im Biosphärenreservat Oberlausitzer Heide- und Teichlandschaft unterscheiden sich bezüglich ihrer Vegetation und Tierwelt kaum von naturnahen Seen.

ge nach Fisch als Fastenspeise zurück, was zu einem Preisverfall führte. Mit der Säkularisation der Klöster brach die Teichwirtschaft Anfang des 19. Jahrhunderts völlig zusammen, zahlreiche Teichanlagen verfielen. Gegen Ende des 19. Jahrhunderts wurde aufgrund steigender Nachfrage nach Karpfen die Teichwirtschaft wieder attraktiv, gefördert wurde der Aufschwung durch neue, rationellere Bewirtschaftungsformen. Berühmtheit erlangte der nördlich des Charlottenhofer Weihergebiets gezüchtete Schwarzenfelder Spiegelkarpfen, der weltweit vermarktet wurde und auch auf der Titanic serviert worden sein soll. Der Markt Schwarzenfeld trägt den Karpfen sogar im Wappen.

Bis Ende des 19. Jahrhunderts entleerte man die Teiche etwa alle vier bis sechs Jahre und ließ sie ein Jahr trocken liegen. Während dieser Zeit wurden die Flächen als Acker oder Wiese genutzt. Die Trockenlegung der Teiche wurde aber auch praktiziert, um eine Verlandung zu verhindern und sie von parasitischen Fischkrankheiten zu säubern. Nach dem Ablassen etablierte sich eine spezielle Teichbodenvegetation mit heute seltenen Pflanzenarten.

Ein weiteres bedeutendes Teichgebiet liegt im Biosphärenreservat Oberlausitzer Heide- und Teichlandschaft im Bereich der Spreeniederung zwischen Görlitz und Bautzen (Abb. 111). Die slawischen Siedler, die nach 600 n. Chr. in diese Region kamen, nannten das von Sümpfen und Wäldern bedeckte Gebiet „Łužica" (Sumpfland), daraus wurde später die Bezeichnung Lausitz. Im 11. und 12. Jahrhundert wurden im Rahmen der Ostbesiedlung deutsche Bauern ins Land geholt, die rechtlich besser gestellt waren als die alteingesessene slawische Bevölkerung. In der Folge wuchs die Bevölkerung, Städte wie Bautzen, Görlitz und Zittau wurden gegründet. Die Versorgung mit Fisch konnte aus den Flüssen nicht mehr gewährleistet werden, die ersten Fischteiche entstanden.

Der erste urkundliche Nachweis der Anlage von Fischteichen stammt aus dem Jahr 1248, als einem Zisterzienserinnenkloster umfangreiche Besitztümer übertragen wurden. Auch die großen Städte der Region legten im 13. Jahrhundert Teiche an, die zur Wasserversorgung, zum Betrieb von Mühlen, zur Brandbekämpfung und zur Fischzucht dienten. Im 15. und 16. Jahrhundert war die Teichfischerei bereits ein wichtiger Erwerbszweig, in der Zeit zwischen 1450 und 1550 wurden in der Oberlausitz in mehr als 150 Orten weit über 1000 Teiche errichtet. Um 1600 gab es dann an 300 Orten etwa 2000 Teiche mit einer Gesamtfläche von über 6000 ha. Selbst während des Dreißigjährigen Kriegs hatte eine städtische Oberschicht noch genügend Geld, um sich Fisch aus der Oberlausitz leisten zu können.

Im 17. Jahrhundert kam es wegen abnehmender Niederschläge zu erbitterten Streitigkeiten um die Nutzung der Wasserrechte. Die Entnahme von Wasser aus den Flüssen wurde streng reglementiert. Im 18. Jahrhundert führte das enorme Bevölkerungswachstum zu Nahrungsengpässen und Umweltschäden. Durch die Produktion von Holzkohle und Beweidung mit großen Schafherden ging der Wald zurück, große Heidegebiete entstanden.

Nach einem Niedergang der Teichwirtschaft durch Kriege und mangelnde Produktivität erholte sie sich im 19. Jahrhundert wieder durch einen größeren wirtschaftlichen Spielraum und einen Zuwachs an Erkenntnissen zur Karpfenzucht. In der DDR wurde die Produktivität dann nochmal deutlich gesteigert, dies hatte aber negative Auswirkungen auf die Artenvielfalt der Teiche.

Heute ist man insbesondere im Biosphärenreservat wieder zu einer schonenderen Bewirtschaftung der Teiche zurückgekehrt, wovon zahlreiche Tiere und Pflanzen und auch die Menschen profitieren. Der Oberlausitzer Biokarpfen erhielt ebenfalls das Qualitätssiegel „geschützte geographische Angabe".

Heute gibt es in der Oberlausitz noch ungefähr 1000 Teiche, was dem Informationszentrum des Biosphärenreservats den Namen „Haus der Tausend Teiche" beschert hat. Im Biosphärenreservat selbst gibt es etwa 350 Teiche mit einer Fläche von über 2000 ha – eingebettet in Wälder, Wiesen, Äcker, Flussauen und Heidegebiete. Das Gebiet ist Lebensraum für zahlreiche seltene und gefährdete Tiere und Pflanzen und beherbergt die höchsten Bestände des Fischotters (Abb. 112) in Deutschland.

Teiche dienten nicht nur der Fischzucht, sondern hatten unterschiedliche Funktionen. Häufig wurde darin Trink- oder Brauchwasser gespeichert, in Mühlenteichen wurde das Wasser gestaut, um Wassermühlen zu betreiben. Die Fischzucht wurde in solchen Teichen oft als Nebennutzung betrieben. In Siedlungen oder an Höfen legte man Löschwasserteiche an.

Besonders attraktiv sind Teiche natürlich für fischfressende Vogelarten wie Reiher und Kormoran. Vor allem Letzterer ist ein effektiver Fischjäger und kann den Betreibern der Anlagen hohe Verluste zufügen. Heute darf er aufgrund der EU-Vogelschutzrichtlinie zwar „vergrämt" (vertrieben), aber in der Regel nicht mehr bejagt werden. Erfreulicherweise haben durch den strengen Vogelschutz auch die Bestände der beiden fischfressenden Adler, der mächtige Seeadler und der Fischadler, wieder zugenommen und konnten in vorher unbesiedelte Gebiete vordringen. So durfte der Autor im Charlottenhofer Weihergebiet erleben, wie der deutlich kleinere Fischadler versuchte, einen Seeadler (Abb. 113) zu attackieren und zu vertreiben.

Abb. 112 Fischotter (Briefmarke DDR 1987).

Weitere Vogelarten der Teichgebiete sind zum Beispiel Schilfbewohner wie Rohrsänger, aber auch zahlreiche Wasservögel wie Enten, Gänse, Seeschwalben und Möwen. Die Geräuschkulisse wird oft von lautem Froschquaken beherrscht, manchmal sieht man eine Ringelnatter geräuschlos ins Wasser gleiten. Unter den Insekten fallen vor allem die bunten Libellen ins Auge. Mannigfaltig und bei Weitem nicht nur von Fischen bevölkert ist auch die Unterwasserwelt.

Abb. 113 Seeadler beim Fischen.

Abb. 114 Weitab vom Meer findet man im Urstromtal der Elbe bei Klein Schmölen (Dömitz, Mecklenburg-Vorpommern) die größte Binnenwanderdüne Mitteleuropas.

Ora et labora – das Hochmittelalter

Eine große Rolle spielten seit dem frühen Mittelalter die Klöster und das Mönchtum, das bis ins 12. Jahrhundert ausschließlich benediktinisch, also an den Regeln des Benedikt von Nursia (ca. 480 bis 547) ausgerichtet war. Im Jahr 910 wurde im burgundischen Cluny ein zentrales Benediktinerkloster gegründet, das lange Zeit tonangebend sein sollte und von dem aus im 11. Jahrhundert 2000 Klöster mit mehr als 10 000 Mönchen verwaltet wurden. Es kam dort aber schließlich zu einer Prunkentfaltung, die auf zunehmende Ablehnung stieß. Neue mönchische Bewegungen kamen auf, die eine größere Einfachheit und Glaubensstrenge einforderten. Vorkämpfer der neuen Richtung waren die **Zisterzienser**, deren Ordensstifter Bernhard von Clairvaux (1090 bis 1153) heftige verbale Angriffe gegen Cluny richtete. Die Zisterzienser errichteten schmucklose und strenge Bauten und ließen sich meist inmitten von Wäldern und Einöden nieder. Glockentürme waren verboten, die Reformer duldeten nur kleine Dachreiter mit winzigen Glocken.

Diese Klöster spielten eine große Rolle bei der Erschließung der letzten größeren Wildnisse. Die Zisterzienser setzten sich zum Ziel, die Natur in „göttlichem Auftrag" zu erobern, was sie in wenig zugängliche Täler der Mittelgebirge führte. Wichtiges Zentrum der Reform war das mitten im Schwarzwald gelegene Kloster **Hirsau**.

Das für seinen Weinbau berühmte **Kloster Eberbach** (Abb. 115) im Rheingau ist eines der ältesten und bedeutendsten Zisterzienserklöster in Deutschland. Als besterhaltene mittelalterliche Klosteranlage nördlich der Alpen gilt das **Kloster Maulbronn** (Baden-Württemberg), eine 1147 gegründete Zisterzienserabtei, seit 1993 UNESCO-Weltkulturerbe.

Die Zisterzienserklöster wurden auch zu wichtigen Stützpunkten der Ostkolonisation in den bislang noch wenig landwirtschaftlich genutzten Gebieten östlich der Elbe und später auch an der Oder. Die Zisterzienser schufen landwirtschaftliche Musterbetriebe, förderten Obst-, Wein- und Gartenbau, Pferde- und Fischzucht, Bergbau und Wollhandel.

Das 12. Jahrhundert kann man als das goldene Zeitalter des Ordens bezeichnen, zu dieser Zeit waren die Zisterzienser wohl der einflussreichste Orden innerhalb

Abb. 115 Das für seinen Weinbau berühmte Kloster Eberbach in der Nähe von Eltville im Rheingau ist eines der ältesten und bedeutendsten Zisterzienserklöster Deutschlands. Auf dem Bild ist das frühgotische Mönchsdormitorium, das als Schlafsaal für bis zu 150 Mönche diente, zu sehen.

der katholischen Kirche (Gleba 2004). Ihre Verbindung von Gebet und Handarbeit (Ora et labora) und die „tatkräftige Hinwendung zur naturräumlichen Gestaltung" ließen sie Gewässer bändigen, Sümpfe trockenlegen und Moore entwässern (S. 128).

Durch die ortsfeste Siedlungsweise und das Lehenswesen bildete sich im Lauf des Mittelalters erstmalig **bäuerlicher Grundbesitz** heraus, der jedoch in vielen Fällen durch **Erbteilung** wieder zersplittert wurde – insbesondere, wenn der Besitz durch „Realteilung" auf alle Nachkommen aufgeteilt wurde. Charakteristisch für den Ackerbau im Mittelalter war die Dreifelderwirtschaft (S. 82 ff.). Insgesamt nahm die Vielfalt der Kulturpflanzen zu, von den Slawen wurde zum Beispiel der anspruchslose Buchweizen übernommen, außerdem wurden in standörtlich und klimatisch geeigneten Lagen Obstgärten, Weinberge und Hopfengärten angelegt.

Die Wälder, die im frühen Mittelalter zunächst niemandem gehörten, wurden nach und nach zum herrschaftlichen Grundbesitz, den herrschaftlichen Wald nannte man Forst. Dort konnte der Grundherr festlegen, ob gesiedelt oder geweidet werden durfte, das Jagdrecht ließ sich die Grundherrschaft aber meist nicht nehmen. Dies führte zu Konflikten mit den Bauern, deren Äcker durch einen Überbesatz an Wild häufig geschädigt wurden. Der Unmut der Bauern über die herrschaftliche Jagd wurde auch durch die strenge Ahndung der Wilderei bis hin zur Todesstrafe geschürt (Küster 1998).

Durch die im Hochmittelalter ständig wachsende Bevölkerung brauchte man mehr landwirtschaftliche Nutzfläche, sodass an der Nordsee erstmals Deiche zur Landgewinnung errichtet wurden und auch bisher fast unbewohnte Mittelgebirge wie Schwarzwald, Harz, Erzgebirge und Bayerischer Wald besiedelt wurden. In sandigen Gebieten kam es durch die Waldrodung zur Bildung von Wanderdünen (Abb. 114).

THEMA

Unter und über Tage – der Bergbau und seine Folgen

Östlich des Harzes bei Mansfeld nördlich der Lutherstadt Eisleben fallen unterschiedlich große und hohe braungraue Halden ins Auge (Abb. 116). Dabei handelt es sich um aufgeschüttetes Abraummaterial aus dem Kupferschieferbergbau verschiedener Epochen (Dullau et al. 2015). Der Kupferschiefer entstand vor 260 Mio. Jahren im Perm (Zechstein). Sein Metallgehalt stammt aus dem Erdinnern, das Kupfer und andere Metalle drangen durch Spalten in den später zu Schiefer (S. 48 ff.) verfestigtem Faulschlamm ein. Der Bergbau um Mansfeld begann um das Jahr 1200 herum und wurde erst 1990 eingestellt.

Schaut man sich die kleinen Halden näher an, fällt auf, dass nur wenige Pflanzen auf ihnen wachsen. Dies hängt damit zusammen, dass die Schwermetalle für die meisten Pflanzen giftig sind, außerdem sind die Halden sehr trocken und nährstoffarm. Im Lauf der Zeit hat sich eine artenarme Pflanzengesellschaft (S. 30) herausgebildet, die mit diesen Bedingungen zurechtkommt, die sogenannten

Abb. 116 Kupferschieferhalde bei Mansfeld im Harz.

etwa zur gleichen Zeit statt. Die Erzgewinnung endete erst in der zweiten Hälfte des 20. Jahrhunderts, als die meisten Bergwerke aus wirtschaftlichen Gründen geschlossen wurden (www.wertvolle-erde.de).

Der Schauinsland, der Hausberg von Freiburg im Breisgau, ist ein beliebtes Ziel von Tagesausflügen. Kaum einer weiß, dass der Schauinsland früher den Namen „Erzkasten" trug, da dort im Mittelalter ein sehr ergiebiger Silberbergbau betrieben wurde – so ertragreich, dass im 14. Jahrhundert einige Unternehmer Glasfenster für das Freiburger Münster stifteten. Die Gänge des Bergwerks erreichen eine Länge von insgesamt rund 100 km, verteilt auf 22 Sohlen. Anfang des 20. Jahrhunderts waren rund 250 Bergleute hier beschäftigt. Erst 1954 wurde der Bergbau wegen Unwirtschaftlichkeit eingestellt. Seit 1975 wird ein Teil des Bergwerks, der umgebaute Barbarastollen, vom Bundesamt für Bevölkerungsschutz und Katastrophenhilfe als Aufbewahrungsort für die auf Filmrollen kopierten Archivalien der Bundesrepublik genutzt. Der Stollen ist das größte Archiv zur Langzeitarchivierung in Europa. Am 3. Oktober 2016 wurde in einer Sondereinlagerung der Behälter 2165 eingelagert, er enthält das Grundgesetz als milliardste Aufnahme des Archivierungsprojekts. Seit 1997 ist ein Teil der alten Erzgrube als Museumsbergwerk für die Öffentlichkeit zugänglich. Dem Schauinsland sieht man seine Vergangenheit „von außen" gar nicht mehr an, lediglich der Name „Haldenhof" und einige

Schwermetallrasen. Die auf solche Standorte spezialisierten Pflanzen werden als Metallophyten oder Galmeipflanzen (Galmei ist ein alter Name für ein Zinkerz) bezeichnet. Auf ostwestfälischen Bergbauhalden entstand sogar eine neue Pflanzenart, das Galmeiveilchen (Abb. 117), das sich auf schwermetallbelastete Standorte spezialisiert hat.

In Deutschland wird seit fast 4500 Jahren Bergbau betrieben, damals wurde in Mitteldeutschland erstmals Kupfer abgebaut. Anfänglich wurden allerdings keine Erze gewonnen, sondern nur gediegene Metalle, die in der Natur in reiner Form vorkommen. Dazu gehören Kupfer, Silber und Gold. Zunächst machte man daraus Schmuckstücke, aber bereits in der Bronzezeit von etwa 2200 bis 800 v. Chr. entstanden die ersten Waffen aus einem Gemisch aus Kupfer und Zinn, der Bronze (S. 80 ff.).

Im Mittelalter begann der Bergbau in Deutschland aufzublühen, als zunächst in Kupferberg bei Kulmbach in Oberfranken Kupfer gewonnen wurde. Später folgte dann im Harz der übertägige Abbau von Silber, Blei, Kupfer und Zink. Auch im Schwarzwald wurden seit dem 14. Jahrhundert Silber, Blei, Zinn und Kupfer gefördert, der erste Silberbergbau im Erzgebirge fand

Abb. 117 Das schwermetalltolerante Galmeiveilchen formte sich auf ostwestfälischen Bergbauhalden zu einer eigenen Art.

kleinere heute noch sichtbare Gesteinshalden geben Zeugnis davon ab.

Eine große Bedeutung hatte und hat in Deutschland heute noch der Abbau von Salz. So wird im Salzbergwerk Berchtesgaden bereits seit fast 500 Jahren Steinsalz abgebaut. In großem Stil findet der Salzabbau heute noch in Bernburg (Saale) statt, der Kreisstadt des Salzlandkreises. In diesem Landkreis liegt auch Staßfurt, die Wiege des weltweiten Kalibergbaus – das einstige Königlich Preußische Salzbergwerk war das erste Kaliwerk der Erde. Kalisalze werden hauptsächlich zu Düngemitteln verarbeitet, sodass deren Gewinnung in engem Zusammenhang mit der „Industrialisierung" der Landwirtschaft steht (S. 142).

Das weltweit modernste und größte Kalisalzbergwerk ist das Verbundbergwerk Werra mit Standorten in Hessen und Thüringen. Optisch tritt es insbesondere durch die riesige Abraumhalde bei Heringen nahe der hessisch-thüringischen Grenze in Erscheinung, die im Volksmund „Monte Kali" oder „Kalimandscharo" genannt wird. Die Halde wird jährlich von mehr als 10 000 Besuchern erklettert, stellt aber auch ein ökologisches Problem dar, indem sie die Böden und das Grundwasser in der Umgebung belastet.

Fand der Bergbau unter der Erde (unter Tage) statt, sind vor allem die Abraumhalden in der Landschaft sichtbar. So bildet die Halde Hoheward zwischen den Städten Herten und Recklinghausen gemeinsam mit der Halde Hoppenbruch die größte Haldenlandschaft des Ruhrgebiets, die höchste Stelle der Halde ist mit einer Höhe von 152,5 m ü. NN erreicht.

Größere Eingriffe gibt es beim oberirdischen Tagebau – in Deutschland vor allem beim Abbau von Braunkohle, die vor allem der Stromerzeugung dient. Der Flächenverbrauch der deutschen Braunkohletagebaue beträgt bis heute etwa 2400 km^2, was der vierfachen Fläche des Bodensees bzw. nahezu der Fläche des Saarlandes entspricht.

Die Brennbarkeit der Braunkohle entdeckte man im ausgehenden 17. Jahrhundert, als der Holzmangel allmählich zum Problem wurde. Dies war die Geburtsstunde des Mitteldeutschen Braunkohlereviers, dessen letzte aktive Tagebaue im Südraum Leipzig (Markkleeberg, Borna) bestehen. In Ostdeutschland ist noch das Lausitzer Braunkohlerevier im Südosten Brandenburgs und Nordosten Sachsens von Bedeutung, in dem 33 % der deutschen Braunkohle gefördert werden. Im Rheinischen Braunkohlerevier in der Kölner Bucht begann der Abbau erst im 19. Jahrhundert, heute gibt es noch drei Großtagebaue (Garzweiler (Abb. 118), Hambach, Inden).

Um die Tagebaue bewirtschaften zu können, ist ein Abpumpen des Grundwassers bis in Tiefen von 500 m erforderlich, wodurch Bäche und Feuchtgebiete austrocknen. Zudem kommt es zu weiträumigen Bodensetzungen. Weitere Umweltprobleme sind Feinstaubbelastung, Quecksilberemissionen und Ausstoß von Treibhausgasen. Auch die erforderliche Umsiedlung ganzer Ortschaften soll hier nicht unerwähnt bleiben.

Bei den ostdeutschen Braunkohlerevieren stand nach der Wiedervereinigung eine umfangreiche Sanierung an, viele Flächen blieben zunächst unberührt liegen. So konnten sich eigene charakteristische Lebensräume entwickeln, die durch das Vorkommen zahlreicher, teils seltener Tier- und Pflanzenarten gekennzeichnet sind. Auch der Erholungsnutzung kommt dabei eine wichtige Rolle zu, diese führt aber auch zu Konflikten mit den Zielen des Naturschutzes. Der Naturpark Dübener Heide im Norden Sachsens und Südosten Sachsen-Anhalts entstand als einziger deutscher Naturpark nicht durch staatliche Initiative, sondern aufgrund von Bürgerinitiativen zur Bewahrung der Natur gegen das weitere Voranschreiten des Braunkohlebergbaus.

Beim Abbau der Braunkohle wurden viele wichtige erdgeschichtliche Erkenntnisse gewonnen. So fand man in den bis zu 120 m mächtigen Braunkohlflözen des Geiseltals bei Halle (Saale) zahlreiche Fossilien des Eozäns (S. 61 f.), zum Großteil von Wirbeltieren. Damit gehört das Geiseltal neben der gleich alten Grube Messel bei Darmstadt zu einem der wichtigsten Fossilfundorte aus der Zeit vor etwa 45 Mio. Jahren. Auch aus dem Eiszeitalter (Pleistozän) sind aus der Braunkohle zahlreiche Funde überliefert wie zum Beispiel vollständige Mammutskelette und Reste von Waldelefanten (Eissmann 2000). Auch die berühmten, über 300 000 Jahre alten Speere von Schöningen (S. 77) wurden bei Ausgrabungen in einem Braunkohletagebau entdeckt.

Abb. 118 Braunkohletagebau (Garzweiler, Nordrhein-Westfalen).

Abb. 119 Lübecks berühmtestes Bauwerk, das Holstentor, wurde Ende des 15. Jahrhunderts als Zeichen städtischen Selbstbewusstseins erbaut und ist heute das Emblem des Deutschen Städtetags.

Stadtluft macht frei – das Spätmittelalter

Nach dem Ende der Stauferherrschaft (1254) bzw. dem Tod Friedrichs II. (1250) erwiesen sich die Reichsstädte als neuer Machtfaktor. Sie entstanden aus Stadtgründungen der Staufer im 12. und 13. Jahrhundert oder aus Siedlungen, die schon zuvor im Besitz der Könige und Kaiser waren. Aus diesem Grund war die Zahl der Reichsstädte im deutschen Südwesten sowie in Thüringen und im Elsass, der ehemaligen Hochburg der Staufer, sehr groß – dort konnten auch kleine Landstädte wie Zell am Harmersbach (Baden-Württemberg) den Status einer Reichsstadt erwerben.

Der Ausspruch „Stadtluft macht frei nach Jahr und Tag" umschreibt einen Rechtsgrundsatz im Mittelalter. So wurde es Rechtsbrauch, dass ein in einer Stadt wohnender Unfreier nach Jahr und Tag nicht mehr von seinem Dienstherrn zurückgefordert werden konnte und somit ein freier Bürger war. Diese Regelung wurde allerdings häufig unterlaufen und später wieder aufgegeben.

Von großer Bedeutung war in diesem Zusammenhang auch die Entstehung der **Zünfte** (städtische Körperschaften von Handwerkern) und insbesondere der **Hanse**, die aus einem Zusammenschluss von Kaufleuten hervorging und sich im 13. Jahrhundert zu einem Städtebund entwickelte. Ihr Hauptort war **Lübeck**, im Spätmittelalter nach Köln die zweitgrößte Stadt Deutschlands. Eine wichtige Grundlage dieser Verbindungen war die Entwicklung des Handels und des Transportwesens, insbesondere zur See, weshalb die Kogge (Segelschiff) zum Symbol für die Hanse wurde. Durch Freihandel gelangten viele Hansestädte zu großem Reichtum, was sich bis heute an zahlreichen bedeutenden Bauwerken ablesen lässt (Abb. 119).

In der Blütezeit der Hanse gab es etwa 80 Hansestädte, zu denen nicht nur Küstenstädte zählten, sondern etwa auch Köln, Münster und Erfurt. Es handelte sich um die „erste europäische Wirtschaftsgemeinschaft", die bis ins 17. Jahrhundert Bestand hatte.

Die im Spätmittelalter zunehmend in den Mittelpunkt rückenden Städte waren in der Versorgung mit Naturalien von der ländlichen Umgebung abhängig, die wiederum ökonomisch zunehmend auf die Städte angewiesen war. Viele Stadtbewohner waren Bauern, sogenannte **Ackerbürger**. In der Stadt wurde auch Vieh gehalten, das vor den Mauern weidete.

Mittelalterliche Städte waren auf eine ausreichende Wasserversorgung, den Betrieb von Mühlen und die Anbindung an Handelswege angewiesen, weshalb sie in der Regel an Flüssen lagen. Viele Handelsstraßen folgten dem Verlauf römischer Straßen oder anderer zuvor benutzter Wege, waren aber nur in Ausnahmefällen befestigt. Im späten Mittelalter wurden auch erste Kanäle gebaut.

Holz war der gebräuchlichste Werkstoff und fast das einzige Heizmaterial im Mittelalter, sodass die Wälder in der Umgebung der Siedlungen praktisch alle als Niederwald mit kurzen Umtriebszeiten (Zeitabstand, in dem die Bäume geschlagen werden) genutzt wurden. Da man aber auch Bauholz brauchte, ließ man in manchen Bereichen einzelne Bäume, vor allem Eichen, länger stehen (Mittelwald). Hochwald gab es im Siedlungsbereich fast nur noch dort, wo der Adel auf die Jagd ging und die Holznutzung untersagte. Das Bauholz, insbesondere für den Schiffsbau, musste daher zum Teil über weite Entfernungen transportiert werden, meist auf den Flüssen als Trift- oder Floßholz (S. 125 f.). Besonders gut ließ sich Nadelholz flößen, das in den Gebirgen an den Oberläufen der Flüsse vorkam; so schwanden nach und nach auch die siedlungsfernen Wälder. Der Holzverbrauch war größer als die nachwachsende Holzmenge, die erste Energie- und Umweltkrise war geboren (Küster 1995).

Holz konnte man dadurch sparen, dass man Häuser oder Teile davon aus anderen Baumaterialien errichtete, etwa aus Stein oder aus Ziegeln, die aus Ton oder Lehm gebrannt wurden. Auch die Fachwerkbauweise sparte Holz, für die tragenden Teile eines Fachwerkhauses (Abb. 122) benötigte man nur relativ wenige Baumstämme. Kachelöfen waren ein weiteres Mittel, weniger Holz zu verbrauchen (Küster 1998).

Nicht nur Bayern, sondern auch Niedersachsen ist für sein Bier bekannt. Die Stadt Einbeck im mittleren Leinetal exportiert nachweislich bereits seit 1351 Bier und trat 1368 der Hanse bei, wodurch das Absatzgebiet erheblich ausgedehnt wurde. Im 14. und 15. Jahrhundert war Einbeck eine der größten Städte Norddeutschlands.

Abb. 120 Krämerbrücke Erfurt.

Der Begriff Hansestadt wird gewöhnlich mit dem Seehandel und der Lage an oder in der Nähe der Küste verbunden, das war aber zumindest in der Blütezeit der Hanse anders. So gehörte zum Beispiel das weit von der Küste entfernte Erfurt zur Hanse. Erfurt war mit etwa 18 000 bis 20 000 Einwohnern im 14. und 15. Jahrhundert eine mittelalterliche Großstadt.

Die Bedeutung hat Erfurt einer alten, heute kaum mehr bekannten Kulturpflanze zu verdanken: dem Färberwaid, auch „Deutscher Indigo" genannt. Der Färberwaid stammt aus Westasien, wurde aber bereits vor vielen Jahrhunderten in Europa als Färberpflanze kultiviert. Aus dem Färberwaid wurde „Indigoblau" gewonnen – durch Oxidation an der Luft wird der zunächst farblose Stoff allmählich blau. Die Blätter des Färberwaids wurden gewaschen, getrocknet und in einer „Waidmühle" zu „Waidmus" zerquetscht. Aus diesem Mus wurden faustgroße Bällchen geformt, die sogenannten Waidballen. Diese wurden getrocknet und auf Fuhrwerken zum Waidmarkt gebracht und an Händler verkauft. Die Waidhändler zerschlugen die Ballen auf „Waidböden" und feuchteten sie mit Wasser und Urin an, um die Gärung einzuleiten.

Wegen des Holzschutzeffektes (gehemmtes Pilzwachstum) eignete sich die aus Färberwaid gewonnene blaue Farbe auch zum Streichen von Türen, Deckenbalken und Kircheninnenräumen. Die dominierende Farbe des Mittelalters war wahrscheinlich die blauviolette Farbe des Färberwaids. Färberwaid war bis ins 16. Jahrhundert wichtig für die Herstellung von blauem Leinen. Er wurde dann durch den echten Indigo aus einer tropischen Pflanze verdrängt. Mit der kommerziellen Herstellung synthetischen Indigos seit 1897 verschwand auch der natürliche Indigo vom Markt.

Färberwaid hat heutzutage als „Ökofarbe" wieder eine gewisse Bedeutung, mancherorts wird heute Gewebe wieder mit „Erfurter Blau" gefärbt. Nach dem Mauerfall gab es vor allem in Thüringen eine starke Nachfrage nach der blauen Farbe aus Färberwaid zur originalgetreuen Restaurierung von Kirchen und anderen Gebäuden.

Nachdem es von 850 bis etwa 1250 zu einer deutlichen Erwärmung gekommen war (mittelalterliche Wärmezeit), war es zu Beginn des 14. Jahrhunderts mit dem Klimaoptimum vorbei. Im späten Mittelalter und in der frühen Neuzeit gingen die Temperaturen so stark zurück, dass man heute von der **„Kleinen Eiszeit"** spricht. Sie begann im 14. Jahrhundert und zog sich bis in das 19. Jahrhundert hinein (Behringer 2007). Besser bekannt als die Ursachen sind die Folgen der Abkühlung. So fror der Bodensee im 11. Jahrhundert zweimal, im 12. Jahrhundert nur einmal zu, im 13. Jahrhundert dagegen gab es drei Totalvereisungen („Seegfrörnen"), im 14. Jahrhundert sogar fünf. Im 15. und 16. Jahrhundert erreichten sie ihren Höchststand mit je sieben Totalvereisungen. Danach ging es wieder auf ein- bis zweimal pro Jahrhundert zurück, die letzte Seegfrörne war 1963 (Abb. 121).

In der ersten Hälfte des 14. Jahrhunderts gab es durch Extremwetterereignisse und die „Kleine Eiszeit" erhebliche Ernteausfälle, die zu einer mangelnden Versorgung der Bevölkerung führten. Die Hungersnot führte zu erhöhter Krankheitsanfälligkeit, Infektionskrankheiten wie Tuberkulose, Pest, Cholera, Typhus und Fleckfieber bewirkten einen drastischen Anstieg der Sterblichkeitsrate. Die ersten **Pandemien** in Mitteleuropa brachen im 14. Jahrhundert aus, die Pestpandemien von 1347 bis 1352, 1360/61 und 1380 bis 1383 waren am folgenreichsten. Die erste Pestwelle Mitte des 14. Jahrhunderts führte zu einem Bevölkerungsrückgang um 2 bis 3 Mio. (ca. 25 %), die nachfolgenden zu einem weiteren Rückgang von 2 bis 3 Mio. Menschen in Deutschland (Poschlod 2015).

Hinzu kamen **Flutkatastrophen** wie das „Magdalenenhochwasser" von 1342 (Winiwarter & Bork 2014), das zahlreiche Menschenleben kostete und viele Brücken zerstörte. Auch die Auswirkungen auf die Kulturlandschaft waren gewaltig. Aufgrund des geringen Waldanteils und der großen Ausdehnung der Ackerflächen wurde im 14. Jahrhundert mehr Boden abgeschwemmt als jemals zuvor, was sich natürlich stark auf die Bodenfruchtbarkeit und die zu erwartenden Ernten auswirkte.

Abb. 121 Lindauer Hafen 1963 mit gelandetem Flugzeug auf dem Eis des Hafenbeckens und Auto in der Hafeneinfahrt.

Die Pandemien führten in Verbindung mit dem Klimapessimum zur Aufgabe einer Vielzahl von Siedlungen und Kulturflächen. Diese Periode wurde deshalb auch als „spätmittelalterliche Wüstungsperiode" bekannt. Besonders hoch war die Zahl der verlassenen Siedlungen in klimatisch ungünstigen Mittelgebirgsregionen wie der Rhön und dem Hessischen Bergland.

Der massive Bevölkerungseinbruch führte zu einer Umstrukturierung der mittelalterlichen Gesellschaft. Zünfte ließen in den Jahren nach dem Schwarzen Tod auch Mitglieder zu, denen man zuvor wegen ihrer sozialen Herkunft die Aufnahme verweigert hatte. Die Verteuerung von Arbeitskräften führte zu einer zunehmenden Mechanisierung manueller Arbeit, sodass es im Spätmittelalter zu einer Reihe technischer Errungenschaften und letztlich zur Erfindung des **Buchdrucks** mit beweglichen Lettern durch Johannes Gutenberg (um 1450) kam.

Der österreichische Kulturhistoriker Egon Friedell (1878 bis 1938) vertrat in seinem Werk „Kulturgeschichte der Neuzeit" (Friedell 1927–1931) die Auffassung, dass die Pestpandemie eine Krise des mittelalterlichen Welt- und Menschenbildes verursachte und letztendlich zur Renaissance führte.

Abb. 122 Fachwerkhaus in Quedlinburg (Sachsen-Anhalt).

THEMA

Abb. 123 Jadebusen zwischen Wilhelmshaven und Butjadingen.

Kampfzone zwischen Land und Meer

Betrachtet man die Nordseeküste auf einer Karte, fallen insbesondere zwei deutlich ins Binnenland reichende Einbuchtungen auf: der Dollart bei Emden und der Jadebusen bei Wilhelmshaven (Abb. 123). Hätte man Mitte des 14. Jahrhunderts bereits diesen Blick gehabt, wären die beiden Einbuchtungen nicht zu sehen gewesen. Sie entstanden erst bei der „Zweiten Marcellusflut" im Jahr 1362, die wegen der zahlreichen Menschenopfer auch „Grote Mandränke" genannt wurde (Winiwarter & Bork 2014).

Insbesondere im Norden kam es im 14. Jahrhundert zu extrem kalten Wintern, die zugefrorene Ostsee konnte überquert werden – nicht nur von Menschen, sondern auch von Wölfen, die aus Norwegen einwanderten. In dieser Zeit gab es auch bitterkalte und extrem nasse Sommermonate. Diese Extremwetterereignisse führten zur Umformung der Nordseeküste. Viele der im 12. und 13. Jahrhundert zur Landgewinnung erbauten Deiche wurden im 14. Jahrhundert wieder zerstört, etliche Dörfer wurden aufgegeben und versanken schließlich im Meer (Fouquet & Zeilinger 2011).

Auch in den folgenden Jahrhunderten gab es immer wieder große Fluten wie zum Beispiel die „Weihnachtsflut" von 1717, die in Butjadingen (Niedersachsen) nur 20 % der Einwohner überlebten, oder die „Februarflut" von 1825, die 800 Menschenopfer und 45 000 Stück Vieh forderte (Blackbourn 2007).

Die Nordseeküste wird von drei große Landschaftsformen geprägt: Geest, Marsch und Moor. Die Geest wurde im Eiszeitalter gebildet, als die von Norden vordringenden Gletscher der vorletzten Kaltzeit große Mengen von Material in diesen Raum transportierten. Durch Bindung großer Wassermengen im Gletschereis war der Meeresspiegel stark abgesenkt, mit dem Abtauen der Eismassen stieg dieser wieder an. Das vom Wasser vor der Geest abgelagerte Material bildete die Marsch. Mit dem Anstieg des Meeresspiegels staute sich das Wasser bis ins Binnenland, die Niederungen vermoorten, die höher gelegenen Bereiche wurden zu „Geestinseln". Auch die Nordfriesischen Inseln Sylt, Amrum und Föhr gehörten einst zur Geest und wurden beim Meeresspiegelanstieg vom Festland abgetrennt. Anders die Ostfriesischen Inseln: Sie entwickelten sich seit etwa 1200 v. Chr. von zeitweilig überfluteten Sandbänken zu Dünen tragenden Inseln. Ihr Sandkörper wird auch heute noch von Wasserströmungen und vom Wind bewegt, die gesamte Inselkette wandert nach Südosten. Langeoog und Wangeroge haben in den vergangenen 1500 Jahren 2 km zurückgelegt. Heute werden die Inseln stark befestigt, um dem Uferrückgang zu begegnen.

Die Besiedlung der Nordseeküste begann nach heutigen Erkenntnissen im 1. Jahrhundert v. Chr., als sich das Meer aus klimatischen Gründen zurückzog. Siedlergruppen drangen in die Marsch vor und errichteten Wohnplätze auf dem aus Sanden und Kiesen vom Meer aufgeworfenen Strandwall. Bereits im 1. Jahrhundert n. Chr. stieg der Meeresspiegel wieder an und zwang die Siedler, ihre Wohnplätze zu erhöhen. Der Bau von Wurten (Warften) begann. Diese Erkenntnisse stammen überwiegend aus der Untersuchung der Siedlung Feddersen Wierde in der Marsch des Landes Wursten in Schleswig-Holstein östlich der Wesermündung (Landkreis Cuxhaven 2008).

Heute sind Wurten oder Warften hauptsächlich auf den Halligen (Abb. 223) zu finden, kleinen Inseln, die nicht oder nur unzureichend gegen Überschwemmungen geschützt sind. Die Halligen waren vor den großen Sturmfluten zwischen dem 14. und 17. Jahrhundert vom Menschen kultiviertes Marschland, das durch die Fluten mehr und mehr zerstückelt wurde. Heute sind von den etwa 100 Halligen, die es im Mittelalter gegeben haben soll, nur noch zehn übrig.

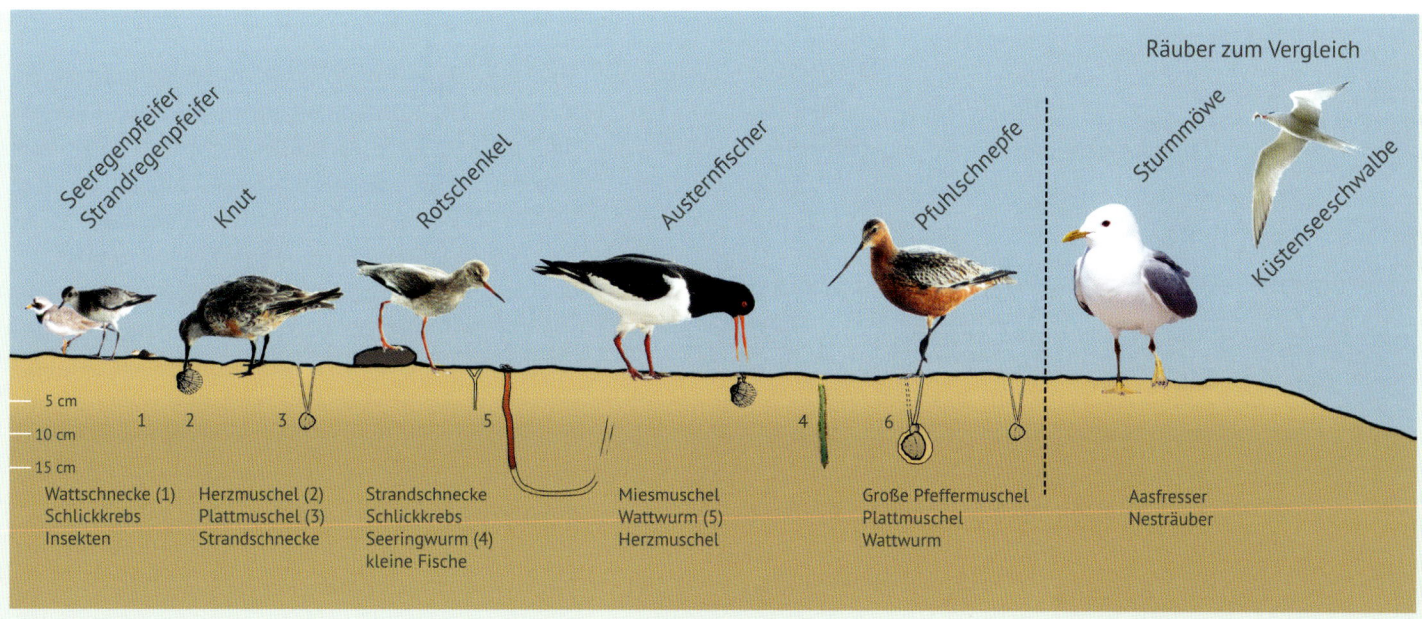

Abb. 124 Watvögel und ihre Schnabelformen im Vergleich mit ihrer Hauptnahrung.

Mittlerweile werden die bewohnten Halligen meist mit Steinkanten gegen das Meer geschützt. Bis zu 50 Mal im Jahr ist dennoch „Land unter", nur die Häuser auf den Warften ragen dann noch aus dem Meer.

Seit 2014 ist mit der Aufnahme des dänischen Teils das gesamte Wattenmeer der Nordsee als UNESCO-Weltnaturerbe gesichert, insgesamt ein Gebiet von rund 11 500 km² – davon etwa 7650 km² in Deutschland, 2570 km² in den Niederlanden und 1220 km² in Dänemark – entlang der Küste mit einer Länge von etwa 500 km. In Deutschland gehören dazu drei Schutzgebiete in drei Ländern: von West nach Ost die Nationalparks Niedersächsisches Wattenmeer (S. 185), Hamburgisches Wattenmeer (S. 220) und Schleswig-Holsteinisches Wattenmeer (S. 227).

Wattenmeer, Wattenmeer, Wattenmeer … was ist das eigentlich?

Für die Anerkennung als UNESCO-Welterbe muss ein Gebiet „außergewöhnliche universelle Kriterien" erfüllen, und hier sticht das Wattenmeer mit gleich drei Kriterien hervor: Es ist eine sehr junge Landschaft, deren Entwicklung in der letzten Eiszeit begann und heute noch weitergeht. In der „Kampfzone zwischen Land und Meer" wird die Landschaft mit Salzwiesen, Dünen und Wattflächen ständig neu geformt. Weiterhin zeigt das Wattenmeer auf einmalige Weise, wie sich Pflanzen und Tiere an eine ständig wechselnde Landschaft anpassen. Es haben sich ganz spezielle Lebensgemeinschaften herausgebildet, die überwiegend von Naturkräften wie Wind und Wasser bestimmt werden. Auch das Kriterium „Vielfalt des Lebens" wird mit und 10 000 Arten von Einzellern, Pilzen, Pflanzen und Tieren wie Würmern, Schnecken und Muscheln, Fischen, Vögeln und Säugetieren beeindruckend erfüllt. 10 bis 12 Mio. Vögel sind auf ihrer Durchreise von ihren nordischen Brutgebieten zu den südlichen Überwinterungsgebieten auf das Wattenmeer mit seiner enormen Produktion von Biomasse angewiesen.

Die markante Kette der Nordseeinseln ist in verschiedene Zonen gegliedert. Seewärts liegt der Sandstrand, dann folgen landeinwärts die Dünen, nach ihrem Alter gegliedert in Weiß-, Grau- und Braundünen, jeweils gekennzeichnet durch eine spezielle Vegetation. Auf der dem Festland zugewandten Seite, wo wenig Strömung herrscht, haben sich Salzwiesen gebil-

Abb. 125 Rotschenkel auf der Hamburger Hallig.

det. Hier gedeihen nur Pflanzen, denen die Überflutung mit Salzwasser nichts anhaben kann. Je nach Höhenlage und damit der Zahl jährlicher Überflutungen stellen sich unterschiedliche Pflanzengesellschaften ein. Brutvögel der Salzwiesen sind unter anderem Austernfischer, Rotschenkel (Abb. 125) und Säbelschnäbler (Abb. 230). Im Frühjahr bilden die Salzwiesen eine wichtige Nahrungsgrundlage für rastende Ringelgänse (Abb. 223). Die Salzwiesen bilden den Übergang zum eigentlichen Watt, den Sand- und Schlickflächen zwischen Inseln und Festland, die bei Ebbe regelmäßig trockenfallen.

Das Watt, das auf den ersten Blick eher unbelebt und „öde" wirkt, ist bezüglich seiner Biomasse einer der produktivsten Lebensräume der Erde. Die für diese Produktivität verantwortlichen Organismen leben jedoch unterirdisch und sind auch ziemlich unscheinbar. Die Basis des Ökosystems Wattenmeer bilden die Small Five (Wilhelmsen & Stock 2015): der Wattwurm, von dem auf 1 km² Watt bis zu 100 Tiere leben (Abb. 126), die Herzmuschel, die Nordseegarnele („Nordseekrabbe"), die Wattschnecke und die Strandkrabbe. Die einzige Muschelart, die dauerhaft auf der Wattoberfläche lebt, ist die Miesmuschel, die Plankton und Schwebstoffe aus dem Nordseewasser herausfiltert. Auf den Miesmuschelbänken werden die höchsten Stoffumsätze im Wattenmeer gemessen, außerdem bieten sie vielen weiteren Arten Halt im weichen Schlick.

Ein gewichtiges Argument für den Schutz des Wattenmeeres ist sein enormer Vogelreichtum. Insbesondere der Vogelzug verleiht ihm weltweite Bedeutung als wichtigster Zwischenstopp auf der Ostatlantikroute. Über 40 Vogelarten suchen das Wattenmeer in international bedeutenden Bestandsgrößen auf, mehr als 30 Arten brüten in Salzwiesen, Dünen und auf Stränden. Bei der Hälfte aller Brutvögel gingen die Bestände in den letzten Jahren kontinuierlich zurück – die Gründe dafür sind nicht immer klar, aber Störungen durch den Menschen spielen häufig eine Rolle.

Trotz mehrfacher Rückschläge durch Krankheiten leben heute über 15 000 Seehunde im Wattenmeer, und auch die Kegelrobbe (Abb. 180), die zwischenzeitlich gar nicht mehr im Wattenmeer vorkam, bildet heute wieder einige Kolonien mit insgesamt 2000 Tieren (Schwerpunkt Helgoland). Der dritte Säuger des Wattenmeeres ist der Schweinswal, der von der Größe her an einen Delfin erinnert. Er nutzt insbesondere das nördliche Wattenmeer um Sylt und Amrum als Kinderstube, weshalb dort 1999 ein Walschutzgebiet eingerichtet wurde. Immer wieder stranden auch die bis zu 50 t schweren Pottwale an der Nordseeküste, im Februar 2016 waren es 29 Tiere innerhalb weniger Wochen.

Im Ostseebecken bildete sich der „Baltische Eisstausee" als Vorläufer der heutigen Ostsee, die eine sehr wechselvolle Geschichte erlebte. Zunächst war sie ein Meeresbecken, durch die Entlastung vom Eis wurde der Untergrund aber angehoben und es entstand ein Binnensee. Wenig später floss wieder Salzwasser ein, der Salzgehalt näherte sich allmählich heutigen Werten. Das belegen die unterschiedlichen Schnecken- und Muschelarten, die man in den jeweiligen Ablagerungen fand und die verschiedene Ansprüche an den Salzgehalt des Wassers haben. Da die Ostsee nur über einen schmalen Durchlass mit der Nordsee verbunden ist, ist der Salzgehalt deutlich geringer, es handelt sich um ein Brackwassermeer – nicht irgendeines, sondern das größte der Erde. Außerdem unterliegt nur der westliche Teil einem geringen Gezeiteneinfluss, in der übrigen Ostsee gibt es weder Ebbe noch Flut. Dennoch gibt es auch hier ein

Abb. 126 Ausgestoßene Sandhaufen des Wattwurms.

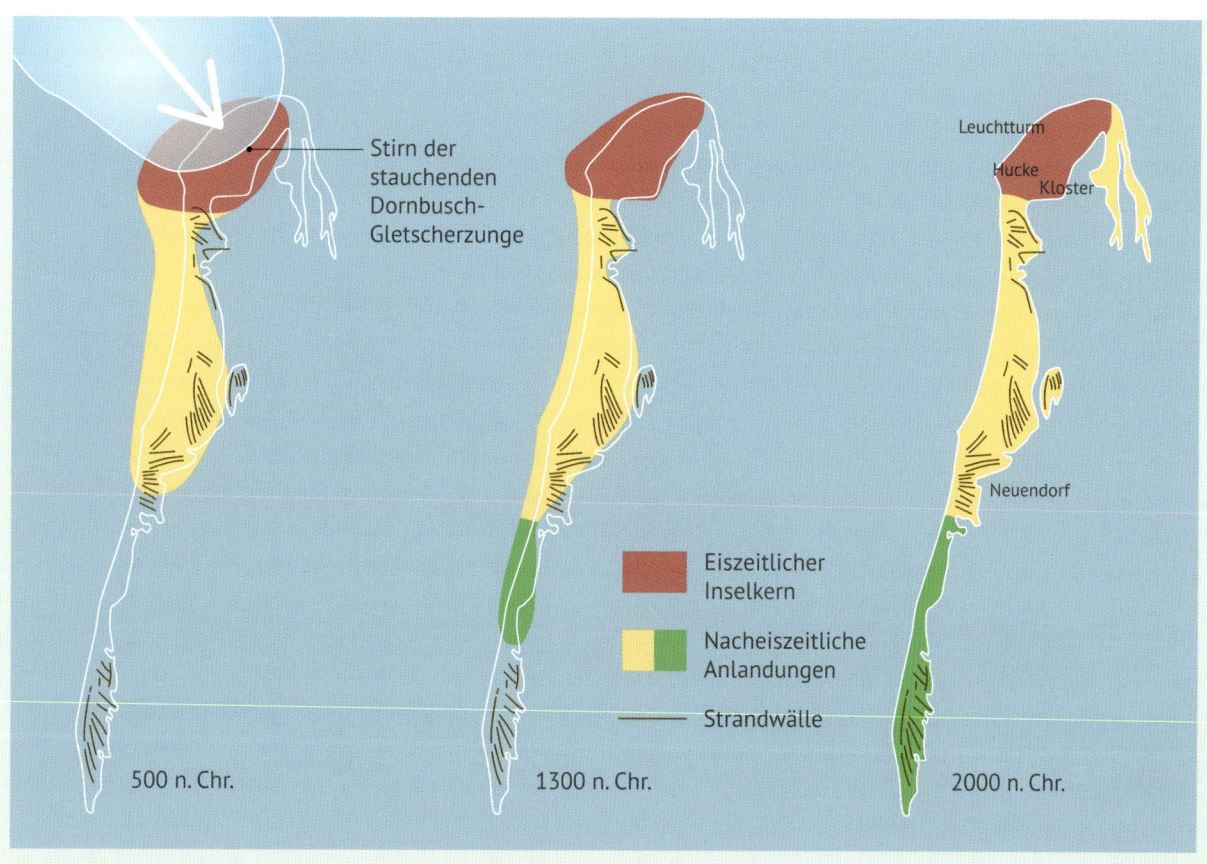

Abb. 127 Die Entwicklung der Insel Hiddensee in den letzten 1500 Jahren.

Watt, denn der Wasserstand der Ostsee ist im Wesentlichen von der Stärke und Richtung des Windes abhängig, und in flachen Bereichen kann sich so ein „Windwatt" bilden.

Obwohl auch an der Ostsee die Gletscher der letzten Kaltzeit die hauptsächlichen Landschaftsbildner waren, haben sich hier völlig andere Küstenformen entwickelt als an der Nordsee. An der westlichen Ostsee in Schleswig-Holstein haben sich schmale Meeresbuchten herausgebildet, sogenannte Förden. Trotz der Wortähnlichkeit sind die Förden anders entstanden als die skandinavischen Fjorde, die Täler wurden durch landeinwärts wandernde Gletscherzungen gegraben, nicht wie bei den Fjorden durch seewärts wandernde Gletscher. Ein ganz anderes Bild bietet sich weiter östlich in Mecklenburg-Vorpommern. Auf der Binnenseite der Inseln Usedom, Rügen und Hiddensee sowie der großen Halbinsel Fischland-Darß-Zingst findet sich eine Kette buchtenreicher Gewässer, die nur schmale Verbindungen mit der offenen See besitzen: die Bodden. Sie gehören weder zum Meer noch zu den Binnenseen, ihr Wasser ist nur schwach salzig. Wie entstanden sie? Als nach der letzten Eiszeit der Meeresspiegel anstieg, „ertrank" das ursprüngliche Festland regelrecht, nur einige „Inselkerne" ragten heraus. Das Meer nagte an diesen Inseln, das Material wurde zerkleinert und als „Sandhaken" im Strömungsschatten der Inseln angelagert. Die Haken wuchsen immer weiter, schließlich bildeten sich Nehrungen (Yarham 2012). Erst im Verlauf der letzten 1500 Jahre wurden die Bodden durch das Wachstum der Nehrungen zunehmend von der Ostsee abgeschnürt. Es entstand eine doppelte Küstenlinie: Außen die geschwungene Linie der durch Wind und Wasser geprägten „Ausgleichsküste", innen die den Kräften der offenen See entzogene buchtenreiche Binnenküste der Bodden. Auch heute noch werden die Inselkerne langsam kleiner, während die Sandhaken weiter wachsen. Sehr schön kann man diese Entwicklung an der Insel Hiddensee nachvollziehen (Abb. 127).

Zum Schutz dieser Landschaft und ihrer Natur besteht der 1990 im Zuge des Nationalparkprogramms der DDR (S. 147) ausgewiesene Nationalpark Vorpommersche Boddenlandschaft. Er reicht vom Darß im Westen bis an die Westküste Rügens und schließt die Insel Hiddensee ein. Mit 786 km^2 ist er der größte Nationalpark Mecklenburg-Vorpommerns. Die flachen Boddengewässer sind Kinderstuben für viele Fische, im Herbst werden sie von Tausenden von Kranichen (Abb. 189) als Schlafplatz genutzt.

Abb. 128 Wacholderheide am Kornbühl auf der Schwäbischen Alb; auf dem Gipfel der Wallfahrtsort Salmendinger Kapelle.

Aufbruch und Verwüstung – die frühe Neuzeit

Seit dem Ende des Mittelalters um 1500 wuchsen viele Städte nicht mehr, sie „waren in ihren Mauern erstarrt wie Insekten in ihren Chitinpanzern" (Küster 1995). Die Stadt galt nun als zu eng, das von Wäldern weitgehend entblößte Land war nicht nur für Künstler attraktiv. Wer es sich leisten konnte, baute ein Landhaus, mittelalterliche Burgen wurden zu Schlössern umgebaut, zu denen Gärten und Parks gehörten mit einer Vielfalt von heimischen und exotischen Pflanzenarten, die jedoch ihre „Blütezeit" erst im Absolutismus (S. 125) erleben sollten.

Adlige Grundherren versuchten zunehmend, ihre Güter dadurch zu vergrößern, dass sie Bauernhöfe übernahmen („Bauernlegen") – eher selten geschah dies gegen Bezahlung. Die schwierige Situation der Bauern in der Feudalgesellschaft des ausgehenden Mittelalters, verbunden mit Leibeigenschaft, hohen Abgaben, Missernten und Enteignungen, führten zu vor allem im süddeutschen Raum zu **Bauernaufständen** (1523 bis 1525). Der früher gebräuchliche Begriff Bauernkrieg wurde von Historikern inzwischen relativiert, da die soziale Erhebung nicht auf die Bauern beschränkt blieb. Die Bauern trugen allerdings die Hauptlast zur Aufrechterhaltung der Feudalgesellschaft, und da die Zahl der Nutznießer ständig anstieg, stiegen auch die Abgaben, die die Bauern zu leisten hatten. Dazu kam in weiten Teilen Süddeutschlands das Prinzip der Realteilung, die bei gleichbleibender Gesamtproduktionsfläche zu immer kleineren Höfen führte. Wirtschaftliche Probleme, häufige Missernten („Kleine Eiszeit") und der große Druck der Grundherren führten immer mehr Bauern in die Hörigkeit und weiter in die Leibeigenschaft, woraus wiederum zusätzliche Pachten und Dienstverpflichtungen resultierten. Seit Jahrhunderten bestehende Allmenden wurden enteignet und gemeinschaftliche Weide-, Holzschlag-, Fischerei- oder Jagdrechte beschnitten oder abgeschafft.

Die Bauernaufstände stehen auch in engem Zusammenhang mit den Missständen in der Kirche und der daraus resultierenden **Reformation**. Die Argumentation Luthers in seiner Schrift „Von der Freiheit eines Christenmenschen" (1520), dass „ein Christenmensch [...] ein Herr über alle Dinge und niemandem untertan sei", sowie seine Übersetzung des Neuen Testaments ins Deutsche 1522 waren weitere entscheidende Auslöser für das Aufbegehren der dörflichen Bevölkerung: Nun war es auch den einfachen Leuten möglich, die mit dem „Willen Gottes" gerechtfertigten Ansprüche von Adel und Klerus zu hinterfragen. Martin Luther distanzierte sich jedoch deutlich vom „Bauernkrieg".

Dreh- und Angelpunkt der Bauernaufstände waren die „Zwölf Artikel von Memmingen", in denen die Bauern

Abb. 129 Ausschnitt aus dem Bauernkriegspanorama von Werner Tübke (Bad Frankenhausen/Kyffhäuser, Thüringen).

Abb. 130 Wolf.

erstmals fest umrissene Forderungen formulierten wie Aufhebung der Leibeigenschaft, freie Jagd und Fischerei und Reduzierung der Frondienste. Die Aufstände wurden 1525 nach und nach niedergeschlagen – erst mit der Märzrevolution von 1848/49 konnten deutschlandweit die Ziele durchgesetzt werden, die die Bauern bereits in ihren „Zwölf Artikeln" formuliert hatten.

Die Landschaft zu dieser Zeit unterschied sich zunächst kaum von der im späten Mittelalter, auch an der Übernutzung der Wälder änderte sich nichts.

War der durch die Bauernaufstände verursachte Bevölkerungsrückgang noch relativ gering, führte der **Dreißigjährige Krieg** (1618 bis 1648) zu einer Dezimierung der Bevölkerung um rund ein Drittel (ca. 30 bis 35 %; Poschlod 2015). Zahlreiche Dörfer und Fluren wurden verwüstet, viele Flächen lagen brach. Sie wurden aber meist bald von adligen oder kirchlichen Grundbesitzern übernommen und wieder genutzt, teilweise auch in Wald umgewandelt. Da insbesondere in der Erntezeit die Arbeitskräfte fehlten, wurden ehemalige Ackergebiete häufig beweidet, wodurch das Grünland zunahm. Die Entvölkerung ganzer Landstriche und die Zunahme der Waldflächen förderte auch die Ausbreitung vieler Wildarten, unter anderem des Wolfs (Abb. 130).

Abb. 131 Hutewald im Reinhardswald bei Kassel (Hessen).

Grasgrün – die Geschichte von Wiesen und Weiden

Das Bild „Das große Rasenstück" von Albrecht Dürer zeigt ein kleines Stück Wiese mit verschiedenen Gräsern und Kräutern. Die Jahreszahl 1503 ist kaum lesbar im Erdreich am unteren rechten Bildrand versteckt. Entgegen dem ersten Eindruck entstand das Bild vermutlich nicht in der Natur, sondern im Atelier. Trotzdem erkennt der Fachmann nicht nur viele der dargestellten Pflanzen wie Rispengras, Knäuelgras, Breitwegerich, Ehrenpreis, Schafgarbe, Gänseblümchen und Löwenzahn, sondern kann den Bestand sogar einer Pflanzengesellschaft (S. 30) zuordnen: der Weidelgras-Breitwegerich-Gesellschaft, einer heute an Wegrändern weit verbreiteten sogenannten Trittpflanzengesellschaft. Zu Dürers Zeit war diese Pflanzenkombination wohl auch häufig auf Gänseweiden zu finden.

Landwirtschaftlich genutzte Flächen, die entweder beweidet oder gemäht werden und auf denen Gräser vorherrschen, werden als Grünland bezeichnet. In der Regel handelt es sich dabei um vom Menschen geschaffene Flächen, um Teile der Kulturlandschaft. Lässt man in Deutschland eine Grünlandfläche brachliegen, entwickelt sie sich früher oder später wieder zu Wald.

Die ursprüngliche Nutzung ist die Beweidung. Bis zum Mittelalter gab es meist keine deutliche Trennung von Wald und Weide, lediglich die Ackerflächen wurden zum Beispiel durch Steinmauern von den Weideflächen abgetrennt. Auf den Weideflächen wurde der Wald zurückgedrängt, durch den Viehverbiss wurden die Gräser gefördert, da diese schneller nachwachsen können als Kräuter. So entstand das erste Grünland.

Als „Vieh" wurden ursprünglich (in manchen Regionen wie dem Schwarzwald bis heute) nur Rinder bezeichnet, die zumindest in den feuchteren Regionen Mitteleuropas die hauptsächlichen Weidetiere waren, da sie dreifach genutzt werden können („Dreinutzungsrind"): zur Milch- und Fleischproduktion und als Arbeitstiere (Abb. 134). Schafe wurden meist nicht von ortsansässigen Bauern gehalten, sondern von einem Wanderschäfer „nomadisierend" durch offenes, frei zugängliches Land geführt. Ziegen wurden sowohl bei Rinder- als auch bei Schafherden mitgeführt, da sie am effektivsten für die Reduktion von Gehölzen sorgen und so die Landschaft „offen halten". Aus diesem Grund werden sie heute auch zunehmend in der Landschaftspflege eingesetzt.

Vor der Erfindung des Elektrozauns wurden auch Rinder gehütet, oft von minderjährigen „Hütebuben". In kälteren Regionen wie dem Schwarzwald kam das Vieh im Winter in den Stall, während dieser Zeit wurde Winterfutter benötigt. Da auf den Weiden nicht mehr viel zu holen war, wurde früher oft das Laub von Bäumen verfüttert (Laubheu). Manchmal sieht man heute noch seltsam gestutzte Bäume, die an das „Schneiteln" (Rückschnitt zur Gewinnung von Tierfutter) erinnern. Spezielle Flächen zur Gewinnung von Winterfutter sind dagegen die Wiesen, die zu diesem Zweck einmal oder mehrmals im Jahr gemäht werden. Nicht oder wenig gedüngte Wiesen vertragen maximal zwei Schnitte im Jahr, stark gedüngte Intensivwiesen können bis zu sechs Mal im Jahr geschnitten werden. Da der (tierische) Dünger früher haupt-

Abb. 132 Dürer, „Das große Rasenstück", 1503.

sächlich für die Äcker benötigt wurde, wurden die klassischen Futterwiesen (Fettwiesen) nur wenig gedüngt und zweimal im Jahr gemäht. Das Wort „Wiese" ist vergleichsweise jung und taucht erst seit dem 8. Jahrhundert auf. Ursprünglich wurde es vor allem für feuchte Wiesen oder Wässerwiesen (bewässerte Wiesen) gebraucht. Die Bewässerung von Wiesen wurde schon zur Römischen Kaiserzeit praktiziert, schriftliche Belege zur Wiesenwässerung in Mitteleuropa liegen aber erst ab Anfang des 12. Jahrhunderts aus dem Südschwarzwald vor (Endriss 1952). Ziel der Bewässerung war die Zufuhr düngender Substanzen, die Erwärmung des Standortes zu Beginn der Vegetationszeit und damit ein früherer Beginn des Wachstums, aber auch die Vernichtung von Schädlingen wie Maulwürfen, Mäusen, Engerlingen und dergleichen. Eine Blütezeit des Ausbaus von Bewässerungssystemen war das Hochmittelalter, wobei die Zisterzienser (S. 103) eine herausragende Rolle spielten (Leibundgut & Vonderstrass 2016)

Ein dem Ackerbau gleichgestellter „Wiesenbau" entstand erst im 18. Jahrhundert. Das Grünland bekam einen zunehmend höheren Stellenwert, da es das Futter für das Vieh produzierte, das wiederum den Dünger für den Acker lieferte. So können das Ende des 18. und das gesamte 19. Jahrhundert als Periode des „künstlichen Wiesenbaus" bezeichnet werden. Dabei ging es vor allem um die „Kunst, die Wiesen zu wässern", darum, den Ertrag zu steigern, sodass die Wiesenwässerung eine zweite Blütezeit erlebte (Abb. 133). Im 19. Jahrhundert entstanden zahlreiche Wiesenbauschulen und der Beruf des Wiesenbaumeisters. Am bekanntesten war die im Jahr 1953 gegründete Siegener Wiesenbauschule, aus der die Universität Siegen hervorging (Poschlod 2015).

Feuchtwiesen und Wässerwiesen gingen oft aus der Entwässerung von Mooren (S. 128 ff.) hervor. Zunächst führte die Umwandlung von Mooren in Wiesen sogar zu einer Zunahme von Vögeln wie Weißstorch, Brachvogel, Bekassine und Kiebitz.

Die heute vom Naturschutz „gehätschelten" Streuwiesen, deren Gras als Einstreu in den Ställen verwendet wird, entstanden großflächig erst im 19. Jahrhundert. Vorher überwog in den späteren Streuwiesenlandschaften (vor allem im bayerischen Alpenvorland) die Egartwirtschaft, eine Form der Feld-Gras-Wechselwirtschaft (S. 84), bei der die Flächen wechselweise als Acker und Wiese genutzt wurden. Die nicht ackerfähigen Teile der Gemarkung, unter anderem die verbliebenen Moore, wurden als Allmende gemeinschaftlich beweidet. Diese viele Jahrhunderte übliche Wirtschaftsform kam ab dem 19. Jahrhundert außer Gebrauch, insbesondere durch bessere Transportmöglichkeiten über Wasserstraßen und durch die Eisenbahn, wodurch die Regionen von außerhalb mit billigem Getreide versorgt werden konnten. Da der Staat zu dieser Zeit auch die gemeinschaftlichen Weiden auflöste und das Vieh zunehmend im Stall gehalten und gleichzeitig auch die Gewinnung von Streu aus den Wäldern untersagt wurde, kam es zu einem Mangel an Einstreu. Dies führte zu einem erheblichen Aufschwung der Streuwiesen, deren wirtschaftlicher Wert den ertragreicher Futterwiesen sogar übersteigen konnte. Nach dem Zweiten Weltkrieg wurden Streuwiesen aufgrund neuartiger Stallsysteme und weiter verbilligter Transportmöglichkeiten, die den Import von Stroh ermöglichten, rasch unrentabel.

Die Wanderschäferei (Transhumanz) gehört zu den ältesten Weideformen Mitteleuropas. Durch Schafbeweidung entstanden einzigartige, besonders artenreiche Lebensräume wie die Wacholderheiden

Abb. 133 Die Wiesenwässerung wird in Deutschland nur noch selten praktiziert, hier in den Elzwiesen am Oberrhein kümmert sich der Naturschutz um die Aufrechterhaltung dieser historischen Nutzungsform, wovon vor allem Wiesenvögel wie der Große Brachvogel profitieren.

Abb. 134 Magerweide im Südschwarzwald mit dem charakteristischen gelben Flügelginster und dem dort heimischen Hinterwälder Rind, der kleinsten Rinderrasse Mitteleuropas.

Abb. 135 Halbtrockenrasen mit Orchideen.

(Abb. 128). Die Wanderschäferei war auch ein effektiver Biotopverbund (S. 172) in unserer Kulturlandschaft, da in der Schafwolle Pflanzensamen und kleine Tiere von Ort zu Ort transportiert werden (Jedicke 2015).

Die Schafhaltung hatte in Deutschland ihren Höhepunkt mit über 25 Mio. Schafen Mitte des 19. Jahrhunderts. Dies hing damit zusammen, dass vor allem die englische Textilindustrie sehr großen Bedarf an Wolle hatte und die Wolle von deutschen Merino-Schafen besonders begehrt war. Da sich England später zunehmend mit Wolle aus Australien, Neuseeland und anderen Ländern versorgte, war der Schafbestand in Deutschland bereits 1900 unter 10 Mio. Tiere gesunken und 1962 auf unter 1 Mio. (Poschlod 2015). Die Schafweiden fielen brach, wurden intensiviert oder wurden in andere Nutzungen überführt, heute sind über 90 % der ehemals vorhandenen Magerrasen verschwunden.

Magerrasen werden nach geologischem Untergrund in Kalkmagerrasen und Silikatmagerrasen eingeteilt. Kennen wir den Begriff „Rasen" vor allem aus dem Siedlungsbereich, so wird er in der Vegetationskunde für niedrigwüchsige, von Gräsern beherrschte Pflanzengesellschaften verwendet. Auf Kalkgestein oder Löss ist die Aufrechte Trespe die charakteristische Art der Mager- oder Trockenrasen, ansonsten sind diese sehr artenreich und weisen oft auch Orchideen auf (Abb. 130). Von Volltrockenrasen spricht man, wenn die Standorte so flachgründig und exponiert sind, dass dort von Natur aus kein Wald wachsen würde. Sind die Flächen tiefgründiger, werden aber nicht oder kaum gedüngt, handelt es sich um Halbtrockenrasen. Wenn diese nicht gemäht werden, kommt mit der Zeit Wald auf. Aufgrund ihrer Nährstoffarmut werden sie aber meist nur einmal pro Jahr gemäht. Auf sauren Böden ist das Borstgras die kennzeichnende Art der Magerrasen, die daher auch als Borstgrasrasen bezeichnet werden. Diese Bestände werden heute nur noch in seltenen Fällen gemäht, sondern meist beweidet, wie die Allmendweiden des Südschwarzwaldes (Abb. 134). Auch der Begriff „Heide" wird meist für niedrigwüchsige Bestände auf sauren Böden verwendet, wobei hier nicht Gräser, sondern Zwergsträucher wie das Heidekraut oder die Heidelbeere dominieren – beide tragen ja die Heide in ihrem Namen.

Wird das Grünland gedüngt oder regelmäßig gemäht, spricht man von Wirtschaftsgrünland. Nur einmal im Jahr gemäht und nicht oder kaum gedüngt werden die oben bereits erwähnten Halbtrockenrasen. Werden die Flächen stärker gedüngt und häufiger gemäht, verschwindet die Aufrechte Trespe und andere Gräser wie der Glatthafer treten in den Vordergrund, die entsprechende Pflanzengesellschaft wird als Glatthaferwiese oder Fettwiese bezeichnet. Fettwiesen werden in der Regel zweimal im Jahr gemäht.

Die meisten Futterwiesen sind aber heutzutage wesentlich stärker gedüngt und werden häufiger gemäht als die Fettwiesen. Natürliche Standortunterschiede wurden zum Beispiel im Allgäu durch Entwässerung und Düngung nivelliert, die Wiesen werden heute vier- bis sechsmal im Jahr geschnitten. Ergebnis davon sind die im Mai einheitlich gelbgrünen Löwenzahnwiesen, die mancher als ästhetisch ansprechend empfinden mag, die aber nur noch wenige verschiedene Pflanzenarten und eine stark verarmte Tierwelt aufweisen.

Auch bei den Weiden gibt es eine Reihe steigender Intensität: Auf die nicht oder kaum gedüngten Borstgrasrasen oder -weiden (Abb. 134) folgt die mäßig gedüngte Rotschwingelweide, danach stark gedüngte Intensivweiden. Während der Viehbesatz bei extensiv genutzten Weiden bei 0,5 bis 1,5 GVE/ha (GVE = Großvieheinheiten, eine GVE entspricht einem ausgewachsenen Rind von ca. 500 kg) liegt, beträgt er bei einer Intensivweide in der Regel über 2 GVE/ha und kann bis zu 6 GVE/ha betragen. Auch für die Weiden gilt: Je extensiver die Nutzung, desto artenreicher sind sie.

Eine Mischform zwischen Grünland und Obstanbau stellen Streuobstwiesen dar. Auf Streuobstwiesen stehen hochstämmige Obstbäume meist unterschiedlichen Alters und unterschiedlicher Arten und Sorten. Wirtschaftlich spielen Streuobstwiesen für den Obstanbau kaum mehr eine Rolle, umso bedeutender sind sie für viele Tierarten, insbesondere für Vögel

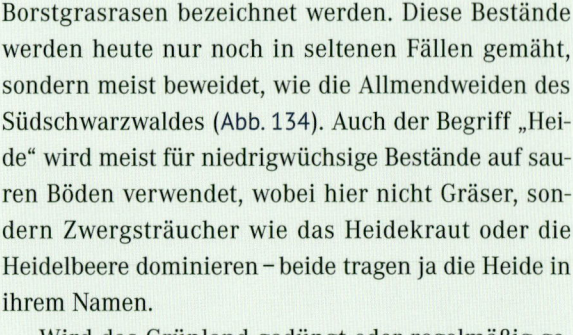

Abb. 136 Wendehals auf dem mit Flechten bewachsenen Ast eines Obstbaums.

wie den Wendehals (Abb. 136), einen kleinen Specht, der sich fast ausschließlich von Ameisen ernährt. Er ist unser einziger Specht, der im Winter in den Süden zieht.

Auch ohne Bäume kann man vor allem auf extensiv genutztem Grünland zahlreiche Tier- und Pflanzenarten antreffen. Insbesondere in den Magerrasen kommen verschiedene Arten von Orchideen und Enzianen vor, auch die Insektenwelt ist dort besonders vielfältig. Bei den Feuchtwiesen denkt man am ehesten an die Trollblume oder an Wiesenvögel wie das Braunkehlchen, den Großen Brachvogel oder den seltenen Wachtelkönig. In Magerwiesen und Borstgrasrasen fällt eine große Heuschreckenart auf, der Warzenbeißer – aufgrund seiner ätzenden Verdauungssäfte ließ man das Tier früher tatsächlich in Warzen beißen und erhoffte sich dadurch eine heilende Wirkung.

Wegen des enormen Artenreichtums und der starken Gefährdung steht extensiv genutztes Grünland in Deutschland oft im Fokus des Naturschutzes. Während Trockenrasen, Magerrasen und Heiden schon seit Längerem im Zentrum der Schutzbemühungen stehen und häufig bereits als Naturschutzgebiete geschützt sind, gehen die „artenreichen Mähwiesen", wie die weniger intensiv genutzten Glatthaferwiesen (Abb. 18) in der FFH-Richtlinie (S. 147) heißen, trotz der Förderung über Agrarumweltprogramme immer mehr zurück. Dies hängt unter anderem mit der energetischen Nutzung von Grünland in Biogasanlagen zusammen (S. 160).

Hochkonjunktur haben im Naturschutz Projekte mit extensiver, oft ganzjähriger Beweidung – teilweise auch mit Tierarten, die in der jeweiligen Landschaft nicht als landwirtschaftliche Weidetiere eingesetzt werden, wie zum Beispiel Wasserbüffel (S. 130, Abb. 187). Oft wird dabei nicht nur Grünland beweidet, sondern auch halboffene Bereiche oder Wald (Abb. 137). Für diese Form der Beweidung aus Naturschutzgründen hat sich der Begriff „Wilde Weiden" etabliert (ABU 2008). Auch für viele Lebensräume und Arten des europäischen Schutzgebietsnetzes NATURA 2000 (S. 147) hat sich die extensive Beweidung bewährt (Heinz Sielmann Stiftung 2015).

Abb. 137 Winterliche Beweidung mit Salers-Rindern (Taubergießen, Baden-Württemberg).

Abb. 138 Früchte und Blätter der aus China stammenden Weißen Maulbeere, der wichtigsten Art für die Seidenraupenzucht.

Vom Absolutismus zur Aufklärung

Vor allem infolge des Dreißigjährigen Kriegs setzte sich die Geisteshaltung der Aufklärung – der „Ausgang des Menschen aus seiner selbst verschuldeten Unmündigkeit", wie Immanuel Kant 1784 formulierte – in Deutschland später durch als zum Beispiel in England, Frankreich und den Niederlanden. Zu einem guten Teil wurde sie durch eine „Flüchtlingswelle" aus Frankreich importiert: Als 1685 mit der Rücknahme des Edikts von Nantes die Religionsfreiheit der Protestanten in Frankreich widerrufen wurde, reagierte der brandenburgische Kurfürst (Friedrich Wilhelm, der „große Kurfürst") mit einer toleranten Religionspolitik (Edikt von Potsdam), was den Zuzug zahlreicher aus Frankreich geflüchteter Hugenotten zur Folge hatte. Von diesen ließen sich 40 Prozent in der Residenzstadt Berlin nieder, sodass um 1700 nahezu jeder fünfte Berliner ein Hugenotte war. Sie verhalfen dem vom Dreißigjährigen Krieg gebeutelten Brandenburg-Preußen zu einem beachtlichen Wirtschaftsaufschwung und wirkten zudem kulturell bereichernd. Unter anderem brachten sie auch Maulbeerbäume (Abb. 135) für die **Seidenraupenzucht** mit, die in der zweiten Hälfte des 18. Jahrhunderts unter dem Preußenkönig Friedrich II. ihren Höhepunkt erreichte (Poschlod 2015). Insbesondere in Krefeld (Nordrhein-Westfalen) wurde die Seidenweberei gefördert, wodurch die Stadt sehr wohlhabend wurde und noch heute den Beinamen „Samt- und Seidenstadt" trägt.

Aus den bereits seit dem Mittelalter betriebenen Mühlen waren in der frühen Neuzeit erste Industriebetriebe entstanden, die nicht mehr nur Korn und andere Rohstoffe mahlten, sondern zahlreiche weitere Funktionen wie Sägen, Schleifen und Bohren übernahmen. Zur Gewinnung von Arbeitskräften siedelten absolutistische Fürsten gezielt Glaubensflüchtlinge und andere Bürger an, es wurden sogar neue Städte mit Namen wie Friedrichstadt, Glückstadt, Freudenstadt oder Karlshafen geplant und gebaut (Küster 1995). Staatliche Lenkung nach dem Vorbild Frankreichs (Merkantilismus) machten vor allem Berlin zu einem Zentrum der **Manufakturen** (Handwerksbetriebe). Im 18. Jahrhundert wurden unter anderem zahlreiche Porzellanmanufakturen gegründet, die berühmteste 1710 in Meißen (Sachsen).

Vegetation und Landschaft änderten sich durch die umfangreiche gewerbliche Tätigkeit und den technischen Fortschritt nachhaltig. Besonders gravierend wirkten sich die im 17. Jahrhundert begonnenen **Moorkultivierungen** aus.

Für Glashütten, Hüttenwerke, Salinen und den Schiffbau wurde viel Holz benötigt. Die bereits sehr lange praktizierte Flößerei des Holzes (Abb. 139) nahm er-

Abb. 139 Die „Schiltacher Flößer" demonstrieren ihr 60 m langes Floß bei der Landesgartenschau in Nagold (Baden-Württemberg).

Abb. 140 Plan der Herrenhäuser Gärten (Hannover), Kupferstich von 1708.

war in weiten Teilen Europas der Absolutismus. Der Absolutheitsanspruch der Herrscher erstreckte sich auch auf die Natur, und das hatte Auswirkungen auf die Kunst des Gartenbaus. Die von 1662 bis 1689 geschaffenen Gartenanlagen von Schloss Versailles waren Vorbild für viele weitere Barockgärten in Europa. Erhaltene Beispiele in Deutschland sind der **Schlosspark Nymphenburg** in München und die **Herrenhäuser Gärten** in Hannover (Abb. 140).

In der zweiten Hälfte des 18. Jahrhunderts kam als Gegenbewegung zum „überladenen" Barock bzw. Rokoko der **Klassizismus** auf, der sich an der Baukunst der Antike orientierte. Dies wirkte sich auch auf die Landschaftsarchitektur aus, an Stelle der streng geometrischen Barockgärten traten mehr und mehr die an der Natur orientierten englischen Landschaftsgärten, die englische Schafweiden als Vorbild hatten (Haber 2014). Einer der ersten Landschaftsgärten war der ab 1769 angelegte, heute zum UNESCO-Welterbe gehörende Wörlitzer Park (S. 209). Im 19. Jahrhundert wurde der Gartenkünstler **Peter Joseph Lenné** (1789 bis 1866) durch seine Landschaftsgärten berühmt, am bekanntesten ist die Umgestaltung des Parks Sanssouci in Potsdam ab 1818 (Wimmer 2016).

Klimatisch gesehen befinden wir uns immer noch in der „Kleinen Eiszeit". So gab es 1739/40 einen Extremwinter, der sich als „Testfall" für die Aufklärung erweisen sollte. Tatsächlich konnten durch vorausschauende Politik und bessere Handelsbeziehungen die schlimmsten Auswirkungen verhindert werden. Preußen unter Friedrich II. hatte in seinen Magazinen so viel Getreide gehortet, dass sogar Saatgut an die Bauern ausgegeben werden konnte. Auch die Französische Revolution ist zumindest teilweise auf klimatische Ursachen zurückzuführen. Der Ausbruch mehrerer Vulkane in Japan und Island verursachte in den 1780er-Jahren ein sehr ungünstiges Klima mit langen, schneereichen Wintern (Winiwarter & Bork 2014). Die Getreidepreise lagen ab 1784 um ein Drittel höher als zuvor. In Frankreich erreichten sie ihren Höchststand am 14. Juli 1789, dem Tag des Sturms auf die Bastille (Behringer 2007).

Die Entstehung von **Obstbauregionen** wurde im 18. Jahrhundert herrschaftlich gefördert, worauf viele der heutigen Streuobstwiesen (S. 122 f.) zurückgehen. Auch die **Kartoffel** erhielt in dieser Zeit ihre große Bedeutung durch staatliche Unterstützung (siehe Kasten). In Grünlandregionen wie dem Allgäu wurden große **Viehhöfe** („Einödhöfe") gegründet.

heblich zu, ab 1700 bildeten sich im Schwarzwald und in anderen Mittelgebirgen „Schifferschaften" und „Holz-Compagnien", die vor allem mit Holland einen schwunghaften Handel betrieben. Im 18. Jahrhundert gab es in vielen Teilen Mitteleuropas kaum noch geschlossene Wälder, der Bewaldungsgrad der Landschaft war auf ein Minimum gesunken. Heideflächen (Zwergstrauchheide, Wacholderheide) und Wanderdünen breiteten sich aus (Küster 1998). Forderungen nach einer „geregelten Forstwirtschaft" kamen auf (Poschlod 2015). Als Erster formulierte Hans Carl von Carlowitz, „Oberberghauptmann" des Erzgebirges, 1713 in seiner „Sylvicultura oeconomica" (wirtschaftlicher Waldbau) den Gedanken der **Nachhaltigkeit** (S. 134, 169). Er erkannte allerdings selbst, dass bis zu seiner Durchsetzung noch ein weiter Weg zu gehen ist.

Das Zeitalter der Aufklärung ist kunstgeschichtlich weitgehend mit dem Barock verbunden, Herrschaftsform

Abb. 141 König Friedrich II. begutachtet den Kartoffelanbau auf einer seiner Inspektionsreisen.

Die Kartoffel – das Ei des Kolumbus?

Der Beginn der Neuzeit wird häufig mit der „Entdeckung" Amerikas durch Kolumbus im Jahr 1492 gleichgesetzt. Das hat seine Berechtigung, denn die Welt wurde infolge dieses Ereignisses wahrhaft neu geordnet. Insbesondere der Handel (auch mit Menschen), der sich bis ins Spätmittelalter allenfalls bis Asien erstreckte (auf dem Landweg über die Seidenstraße), wuchs zur weltweiten Dimension an. Dadurch kamen auch Pflanzen und Tiere aus der Neuen Welt nach Europa (S. 148 ff.).

Auf die deutsche Landschaft hatte das jedoch zunächst kaum Auswirkungen. So wurde die Kartoffel Ende des 16. Jahrhunderts zwar in Mitteleuropa eingeführt, galt jedoch – ebenso wie die Tomate – zunächst als Zierpflanze. Ihr systematischer Anbau als Nahrungspflanze begann erst mit dem „Kartoffelerlass" des Preußenkönigs Friedrich II. (Abb. 141), von dem 1756 „die Anpflantzung der sogenannten Tartoffeln, als ein nützliches und so wohl für den Menschen, als Vieh auf sehr vielfache Art dienliches Erd Gewächs, ernstlich anbefohlen" wurde (Poschlod 2015). Nach anfänglichen Schwierigkeiten wurden in einem weiteren Erlass im Jahr 1757 auch Empfehlungen zur Durchführung des Anbaus, zur Unkrautbekämpfung durch Hacken und zur Zubereitung gegeben.

Mit der Kartoffel war es möglich, auch „schlechte" Böden wie nährstoffarme Sandböden zu nutzen, außerdem konnte die Kartoffel auch in höheren Lagen angebaut werden. Da der Kartoffelanbau keinen Fruchtwechsel bzw. kein Brachestadium benötigte, löste er die traditionelle Dreifelderwirtschaft (S. 82 ff.) ab. Dass man sich in weiten Regionen von der Kartoffel als Grundnahrungsmittel abhängig gemacht hatte, sollte sich jedoch Mitte des 19. Jahrhunderts bitter rächen. Der Erreger der **Kartoffelfäule** (Kraut- und Knollenfäule), ein Pilz mit dem Namen *Phytophthora infestans*, wurde um das Jahr 1840 aus Nordamerika eingeschleppt und verursachte Mitte der 1840er-Jahre große Ernteausfälle. Am schwersten war Irland betroffen, wo es zu einer großen Hungersnot kam, aber auch in weiteren Teilen Europas gab es Missernten. Als **Kartoffelrevolution** werden Tumulte bezeichnet, die im April 1847 in Berlin ausbrachen. Einer der Anlässe waren die stark überhöhten Lebensmittelpreise aufgrund vorangegangener Missernten. Später (ab ca. 1877) setzte dann auch noch der ebenfalls aus Nordamerika eingeschleppte **Kartoffelkäfer** (Abb. 142) den Kartoffelbeständen zu.

Während des Ersten Weltkriegs verbreitete man in Deutschland, dass Frankreich beabsichtige, mit der gezielten Vermehrung des Käfers die Lebensmittelversorgung im Deutschen Reich zu gefährden. 1935 wurde in Deutschland der Kartoffelkäfer-Abwehrdienst (KAD) gegründet, der unter anderem eine „Kartoffelkäfer-Fibel" an die Schulkinder verteilte. Mit dem Slogan „Sei ein Kämpfer, sei kein Schläfer, acht' auf den Kartoffelkäfer!" war jeder zur Kartoffelkäferbekämpfung aufgerufen. Während des Zweiten Weltkriegs warf die deutsche Wehrmacht Kartoffelkäfer über der Pfalz ab, um ihre Eignung als biologische Waffe zu testen (Wikipedia[2]).

Abb. 142 Kartoffelkäfer.

THEMA

Gar schaurig war's, übers Moor zu gehen

Abb. 143 Murnauer Moos, Panoramablick nach Süden.

Abb. 144 Sonnentau.

Das Murnauer Moos (Bayern) ist mit etwa 32 km² das größte noch naturnah erhaltene Moorgebiet Mitteleuropas (Abb. 143). Es entstand nach der letzten Kaltzeit im Zungenbecken des Loisachgletschers, der sich ursprünglich bis weit über den heutigen Ammersee hinaus nach Norden erstreckte durch allmähliche Verlandung eines Zungenbeckensees (S. 70). Heute umfasst das Gebiet eine vielfältige Landschaft mit Streuwiesen (S. 120), Mooren, Quelltrichtern, Bächen und Altwassern. Eine Besonderheit sind die im Süden des Gebiets über die ebene Moorfläche dunkel emporragenden bewaldeten Felskuppen, sogenannte Köchel, die ursprünglich als Inseln aus dem See ragten.

In allen ehemals vergletscherten Regionen Deutschlands sind nacheiszeitlich Moore entstanden, die teilweise sehr große Flächen einnahmen. An den Küsten von Nord- und Ostsee entwickelte sich nach der Eiszeit eine Dreigliederung der Landschaft in Marsch, Geest und Moor (S. 112 ff.). Die Moore entstanden beim Anstieg des Meeresspiegels im Bereiche der Niederungen zwischen den „Geestinseln".

Lange Zeit blieben die Moore ungenutzt, erste Moorkultivierungen gab es im Hochmittelalter, als die Bevölkerung aufgrund des günstigen Klimas anwuchs. Hierbei taten sich insbesondere die Zisterzienser (S. 103 f.) hervor, von denen bereits um 1200 am Rand der Geest in Nordwestdeutschland Siedlungen zur Moorkultivierung angelegt wurden.

Planmäßige Moorkultivierungen begannen in Deutschland jedoch erst im 17. und 18. Jahrhundert im Zeitalter der Aufklärung (Poschlod 2015). Sogenannte „Fehnsiedlungen" oder „Fehnkolonien" wie Großefehn und Papenburg wurden bereits in der ersten Hälfte des 17. Jahrhunderts gegründet. Entscheidend für das Leben in einer Fehnkolonie war der Kanal (Blackbourn 2007), der zur Entwässerung des Moores und als Verkehrsweg diente. Im 19. Jahrhundert gewann die Torfschifffahrt zunehmend an Bedeutung, 1878 begann der Bau des von Emden nach Wilhelmshaven führenden Ems-Jade-Kanals. Auf diesem

wurde aber immer weniger Torf und immer mehr Kohle transportiert.

Auch die Brandrodung der Moore (Moorbrandkultur) hielt im 17. Jahrhundert von Holland aus kommend Einzug. Die Mooroberfläche wurde mit Hacken gelockert, damit der Bewuchs leichter trocknen konnte, und dann im Frühjahr nach dem letzten Frost abgebrannt. In die Asche wurde Buchweizen gesät, den man bereits nach zehn bis zwölf Wochen ernten konnte. Mehr als 80 Moorbrandkolonien wurden vor allem vom preußischen Staat in Ostfriesland nach dem Urbarmachungsedikt Friedrichs des Großen von 1765 gegründet. Im besten Fall dauerte es sieben Jahre, bis dem Boden sämtliche Nährstoffe entzogen waren, anschließend musste er 30 Jahre brachliegen, um sich zu erholen. In den Hungerjahren gerieten die Moorkolonien in eine Krise und trugen zur Massenauswanderung aus Deutschland bei.

Auch nach Mitte des 19. Jahrhunderts wurde die Moorkultivierung weiterverfolgt, sie sollte jedoch mit „wissenschaftlichen" Methoden erfolgen, die „deutsche Hochmoorkultur" entstand. Das Abbrennen sollte nur als „Einleitung eines rationellen Verfahrens" erfolgen, für Dünger und Saatgut wurden Kredite gewährt. Zunehmend wurden auf Moorböden Kartoffeln angebaut. Insbesondere seit dem Aufkommen des Dampfpflugs (Abb. 150) wurden Moorkultivierung und Torfgewinnung industriell betrieben.

Was ist überhaupt ein Moor? Im Gegensatz zu einem Sumpf, der immer wieder trockenfällt, ist ein

Moor ständig mit Wasser gesättigt. Daher bleibt der Boden sauerstoffarm, die Pflanzenreste können nicht abgebaut werden und werden als Torf abgelagert. Da sich ständig neuer Torf bildet, wächst ein Moor allmählich in die Höhe.

Welche Vegetation ein Moor trägt, hängt in erster Linie vom Nährstoffgehalt des Wassers ab. Wird ein Moor nur von Regenwasser gespeist, ist es sauer und sehr nährstoffarm (oligotroph). Die Pflanzendecke wird überwiegend von Torfmoosen (Sphagnen) gebil-

Abb. 145 Wiedervernässtes Moor im Müritz-Nationalpark (Serrahner Teil).

det, die praktisch unbegrenzt wachsen können. Während sich die Pflanze nach oben hin entwickelt, stirbt die Basis wegen Sauerstoffmangels ab; aus dem sich unvollständig zersetzenden Gewebe entsteht Torf. Torfmoose können selbst in geringsten Konzentrationen vorkommende Nährstoffe aufnehmen. Im Gegenzug geben sie Wasserstoffionen an die Umgebung ab und schaffen damit ein saures Milieu, mit dem sie anderen Pflanzen das Leben schwer machen.

Neben den Torfmoosen können sich unter diesen Extrembedingungen nur wenige weitere Pflanzenarten halten. Einige von ihnen, wie der „fleischfressende" Sonnentau (Abb. 144), brauchen tierische Zusatzkost, um sich hier zu behaupten, andere wie die Heidekrautgewächse (Ericaceen) schließen die wenigen Nährstoffe mithilfe von Bodenpilzen auf. Ein solch nährstoffarmes, von Torfmoosen geprägtes Moor wird als **Hochmoor** oder **Regenmoor** bezeichnet.

Ist das Wasser nährstoffreich und enthält Mineralien aus dem Untergrund, tragen die Moore eine gänzlich andere Vegetation wie Röhrichte, Bruchwälder oder Seggenriede. Da dieser Moortyp sich (noch) nicht durch das Wachstum der Torfmoose aufgewölbt hat, spricht man von einem **Niedermoor**. Wenn ein See verlandet, entsteht zunächst ein Niedermoor und bei ausreichend hohen Niederschlägen schließlich ein Hochmoor. Die Übergangsstadien zwischen Nieder- und Hochmoor bezeichnet man als Zwischen- oder Übergangsmoor. Da diese Unterscheidung im Prinzip nur für niederschlagsreiche Gebiete wie die Mittelgebirge oder das Alpenvorland gilt, differenziert man die Moore in Norddeutschland in erster Linie nach ihrer Entstehungsgeschichte und ihrem Wasserregime (Hydrologie). Man unterscheidet unter anderem Quellmoore, Hangmoore, Versumpfungsmoore, Verlandungsmoore, Durchströmungsmoore, Kesselmoore und Überflutungsmoore.

Trotz der extremen Lebensbedingungen sind viele heute selten gewordene Tier- und Pflanzenarten an Moore gebunden. Bei den Pflanzen gibt es neben dem erwähnten Sonnentau weitere Arten, die ihren Nährstoffbedarf durch den Fang kleiner Tiere decken wie das Fettkraut und der Wasserschlauch. Unter den Libellen sind viele der gefährdeten Arten Moorbewohner wie zum Beispiel die Kleine Moosjungfer (Abb. 146). Bei den Amphibien sagt beim Moorfrosch schon der Name, wo er seinen bevorzugten Lebensraum hat, unter den Reptilien ist die Kreuzotter vor allem in

Abb. 146 Kleine Moosjungfer.

Mooren anzutreffen (Abb. 147). Insbesondere in Niedermooren sind verschiedene an Schilf oder Seggen gebundene Vogelarten zuhause wie die Rohrsänger.

Vor allem Niedermoore wurden oder werden bis heute landwirtschaftlich genutzt. Eine extensive Nutzung durch Mahd oder Beweidung ist für etliche Tier- und Pflanzenarten förderlich. Für sehr nasse Flächen werden vom Naturschutz in letzter Zeit vermehrt Wasserbüffel (Abb. 187) eingesetzt, die Schilfbestände wieder in artenreiche Wiesen verwandeln, wovon unter anderem selten gewordene Vogelarten wie der Kiebitz profitieren.

Da Moore zu den bedeutendsten Kohlenstoffspeichern der Erde gehören, rücken sie im Zusammen-

Abb. 147 Kreuzotter.

hang mit dem Anstieg der atmosphärischen Kohlendioxidkonzentration und dem daraus resultierenden Klimawandel zunehmend ins Blickfeld der Öffentlichkeit. Stark entwässerte Moore sind eine Quelle für Treibhausgase wie CO_2, sodass die Wiedervernässung von Mooren einen Beitrag zum Klimaschutz leistet. In allen Bundesländern mit wesentlichen Mooranteilen werden daher Anstrengungen unternommen, Moore zu renaturieren bzw. wieder zu vernässen. Dies kommt auch den in Mooren lebenden Tieren und Pflanzen zugute – so zum Beispiel bei der großflächigen Renaturierung der Peene im Nordosten Deutschlands (Landkreise Demmin und Ostvorpommern in Mecklenburg-Vorpommern), einem der größten zusammenhängenden Niedermoorgebiete Mitteleuropas (Abb. 148). Innerhalb des Naturschutzgroßprojekts wurden zwischen 1992 und 2009 10 000 ha Niedermoore saniert, sodass sich der Wasserhaushalt des Peenetalmoores fast flächendeckend wieder auf einem naturnahen Niveau befindet. Biber und Fischotter fühlen sich dort ebenso wohl wie die Amphibienarten Rotbauchunke und Kammmolch sowie zahlreiche Vogelarten und rund 750 Spezies von Farn- und Blütenpflanzen.

Ein interessanter Ansatz für die Wiedervernässung von Mooren in der Norddeutschen Tiefebene, die einst etwa 10 % der Fläche bedeckten, ist die Paludikultur („Sumpfkultur"), die nasse Bewirtschaftung von Mooren (Ernst-Moritz-Arndt-Universität Greifswald 2015). Sie schließt traditionelle Methoden wie die Ernte von Dachschilf ein, beinhaltet aber auch neue Verfahren wie die energetische Verwertung von Biomasse – in Malchin am Kummerower See (Mecklenburg-Vorpommern) wurde 2014 das erste Niedermoor-Biomasseheizwerk eröffnet.

Eine große Bedeutung haben Moore auch als Archive der Landschaftsgeschichte. Die im Laufe der Jahrtausende gebildeten Torfe enthalten eine Vielzahl wertvoller Informationen zur Entwicklung nicht nur der Moore selbst, sondern auch ihrer näheren und weiteren Umgebung. Vor allem die vom Wind eingewehten Pollen von Bäumen, Sträuchern und Kräutern und die Konservierung ihrer widerstandsfähigen Außenhüllen stellt ein biologisches Archiv ersten Ranges dar, mit dessen Hilfe man die nacheiszeitliche Vegetationsgeschichte (S. 70) rekonstruieren konnte. Aber auch andere Großreste wie Käferschalen, Muschelgehäuse oder eingeschlossene Blätter von Bäumen liefern wertvolle Informationen. Der Untersuchung der Pollen im Torf widmet sich die Pollenanalyse, während sich die Großrestanalyse mit makroskopisch erkennbaren Bestandteilen beschäftigt (www.lfu.brandenburg.de).

Abb. 148 Im Peenetal bei Anklam wurde zwischen 1992 und 2009 eines der größten Naturschutzprojekte Deutschlands umgesetzt, das hauptsächlich der Renaturierung von Niedermooren diente.

Abb. 149 Das 1818 entstandenen Gemälde „Kreidefelsen auf Rügen" von Caspar David Friedrich ist ein Hauptwerk der deutschen Romantik.

Industrialisierung oder die zweite Eroberung der Natur

Die Industrialisierung Europas ging von England aus, das im Zeitalter Napoleons wirtschaftlich weitgehend isoliert war (Küster 1995). Nach dem Wiener Kongress von 1815 waren die wirtschaftlichen Kontakte zwischen England und dem Kontinent wiederhergestellt, die technischen Neuerungen der englischen Industrie wurden im Verlauf der folgenden Jahrzehnte überall in Deutschland bekannt. Hier waren die Voraussetzungen für die Industrialisierung besonders günstig, da eine große Vielfalt von Rohstoffen vorhanden war und fast alle **Bodenschätze** leicht verfügbar waren. Auch das Sortiment landwirtschaftliche Produkte für die Textil- und Nahrungsmittelindustrie war groß. An vielen Stellen war die Wasserkraft als Energiequelle nutzbar.

Erste Fabriken, in denen im Unterschied zur Manufaktur Maschinen eingesetzt wurden, entstanden in durch die Säkularisierung freigewordenen Klöstern. Dann zogen die Maschinen in die bereits vorher bestehenden Manufakturen ein, die sich bald erheblich vergrößerten. Die Metallindustrie bekam wegen der reichlichen Verfügbarkeit von Bodenschätzen und Wasserkraft besondere Bedeutung. **Textilfabriken**, in denen die Webmaschinen von Wasserturbinen oder Dampfmaschinen angetrieben wurden, entstanden in den Gebieten, in denen schon vorher Textilien hergestellt wurden wie im Erzgebirge, in der Schwäbischen Alb und am Nordrand der Eifel.

Der große Energiebedarf hätte dem Wald in Mitteleuropa wohl endgültig den Garaus gemacht, wenn das Holz als Energieträger nicht durch Kohle (Stein- und Braunkohle) ersetzt worden wäre. Durch Dampfkraft und Maschinen wurde es möglich, die reichen Steinkohlevorkommen Mitteleuropas viel stärker zu nutzen als bisher, vor allem in der Region zwischen Duisburg und Dortmund (Ruhrgebiet), die bald zu einem der wichtigsten Industriegebiete der Welt wurde.

Die Umwälzungen in der Landwirtschaft begannen im 19. Jahrhundert mit dem Anbau von **Futterpflanzen** wie Rot-Klee, zunächst auf der Brache der „verbesserten Dreifelderwirtschaft". Diese aus unserer heutigen Sicht geringfügige Änderung der Bewirtschaftung führte zu umwälzenden Veränderungen in der Landwirtschaft und damit auch in der Kulturlandschaft, da so das Vieh das ganze Jahr über im Stall gehalten werden konnte, was zur Aufgabe des Viehtriebs und der Hutung (Waldweide) führte (Poschlod 2015). Schließlich wurde die Dreifelderwirtschaft ganz aufgegeben und durch „Fruchtwechselwirtschaft" ersetzt, bei der Getreide mit Futterpflanzen oder Hackfrüchten wie Kartoffeln oder Zuckerrüben in einem mehr oder weniger regelmäßigen Wechsel angebaut werden.

Die Erfindung der **Dampfmaschine** im 18. Jahrhundert und des Mineraldüngers durch Justus von Liebig im 19. Jahrhundert ermöglichten die zunehmende Mechanisierung der Landwirtschaft (Abb. 150), die erst im 20. Jahrhundert zum Abschluss kam.

Anfang des 19. Jahrhunderts wurde die Landwirtschaft als Wissenschaft begründet, weltberühmt wurde die 1818 entstandene Landwirtschaftliche Hochschule von Hohenheim bei Stuttgart. Für deren Gründung war jedoch maßgeblich auch eine Katastrophe ursächlich: der gewaltige Ausbruch des Vulkans Tambora auf einer indonesischen Insel, dessen Eruptionen bis hoch in die Stratosphäre (ca. 8 bis 50 km) reichten (D'Arcy Wood 2015). 1816, das auf die Eruption folgende Jahr, ging allgemein als „das Jahr ohne Sommer" in die Annalen ein. Die schlechte Witterung verursachte erhebliche Ernteausfälle, wodurch die Getreidepreise in die Höhe schnellten, was sich schließlich auf alle Zweige der Wirtschaft auswirkte – und dies kurz nach dem Ende der Napoleonischen Kriege (1792 bis 1815), als die veränderten Staatswesen keine Erfahrungen im Umgang mit Hungerkrisen hatten. Durch **Missernten** und Hungersnot verlor etwa Baden in den ersten fünf Monaten des Jahres 1817 ein Fünftel seiner Bevölkerung durch Auswanderung. Nach Überwindung der Krise gab es 1818 erstmals das „Landwirtschaftliche Fest" auf dem Cannstatter Wasen (noch heute wird dem Volksfest alle vier Jahre das „Landwirtschaftliche Hauptfest" angeschlossen), das als landwirtschaftliche Leistungsschau neuerlichen Hungerkrisen entgegenwirken sollte. Auch die damals als landwirtschaftliche Unterrichtsanstalt gegründete Universität Hohenheim geht auf diese Zeit zurück (Schenk et al. 2014).

Abb. 150 Pflügen mit dem Fowler'schen Dampfpflug, der durch Auf- und Abwickeln eines zwischen zwei Lokomobilen gespannten Drahtseils hin und her bewegt wird (nachkolorierter Holzstich um 1890).

Nachdem im 18. Jahrhundert der Anteil des Waldes durch übermäßige Nutzung auf ein Minimum zurückgegangen war, wurden am Ende des 18. und zu Beginn des 19. Jahrhunderts forstliche Lehranstalten und **Forsthochschulen** (Eberswalde, Tharandt) gegründet, später forstwissenschaftliche Fakultäten an den Universitäten. Dort wurden die „geregelte Forstwirtschaft" und das 1713 von v. Carlowitz (S. 126) erstmals ins Feld geführte Prinzip der Nachhaltigkeit gelehrt, das heißt, dass nicht mehr Holz entnommen werden durfte als nachwuchs. Um dies in die Praxis umzusetzen, musste zunächst die Waldnutzung überwacht werden. Durch Gesetze wurde unter anderem untersagt, Waldweide zu betreiben, ohne Erlaubnis Holz zu schlagen und Streu zu sammeln. Die Wälder waren nicht mehr Teil der Allmende, wurden also nicht mehr gemeinschaftlich genutzt, sondern wurden zu Staats- oder Privatbesitz. Erstmals kam es damit zur strikten Trennung von Land- und Forstwirtschaft. Viele vorher beweidete und nur locker mit Gehölzen bewachsene Flächen wurden aufgeforstet, vor allem mit schnell wachsendem Nadelholz. Die Förster waren bei der Bevölkerung unbeliebt, da sie dafür eintraten, das bisher als Allmende genutzte Land in Forsten zu überführen, in denen jegliche landwirtschaftliche Nutzung zu unterbleiben hatte (Küster 1998). In Sachsen entstand in den 1840er-Jahren die „Bodenreinertragslehre", bei der es um die höchstmögliche Verzinsung des eingesetzten Kapitals ging (Poschlod 2015). Dadurch wurde die Schaffung von gleichaltrigen Wäldern (Altersklassenwäldern), Monokulturen und Kahlschlägen propagiert. Als rentabelste Baumarten galten Fichte und Kiefer, was sich heute noch an ihrem Anteil an unseren Wäldern (S. 23) bemerkbar macht.

Das Thema Wald beschäftigte im 19. Jahrhundert nicht nur die Förster, die ganze Öffentlichkeit nahm daran Anteil. Der Wald spielt auch eine große Rolle in den Kinder- und Hausmärchen der **Brüder Grimm**, die Wälder als „Urgründe der Kultur" betrachteten (Harrison 1992, Zechner 2016).

Nachdem die Französische Revolution zunächst in ganz Europa tiefgreifende macht- und gesellschaftspolitische Änderungen im Sinne der Aufklärung in ganz Europa anstieß, wichen diese schon bald wieder der „Restauration", das heißt den Versuchen, die „alte Ordnung" wieder herzustellen. Das ständige Wechselbad von Revolution und Restauration führte insbesondere in Deutschland vielfach zu einer „Flucht aus der Wirklichkeit", zur **Romantik**, die auch als Gegenreaktion auf die zunehmende Industrialisierung verstanden werden kann.

Im Gegensatz zum Klassizismus (S. 126) bedeutete Romantik eine Abwendung von klassischen Vorbildern und eine Hinwendung zur eigenen Kultur und Geschichte. Der bekannteste deutsche Maler der Romantik ist ohne Zweifel Caspar David Friedrich (1774 bis 1840), sein berühmtestes Werk sind die „Kreidefelsen auf Rügen" (Abb. 149), er malte aber zahlreiche weitere Natur- und Landschaftsmotive mit symbolischem Gehalt.

Da neben den Straßen die Gewässer – insbesondere nach dem Aufkommen von Dampfschiffen – wichtige Verkehrswege waren, wurden große **Flussregulierungen** durchgeführt. Nachdem die großen Flüsse reguliert waren, wurden Ende des 19. Jahrhunderts zahlreiche Kanäle gebaut, um die Flüsse bzw. Nord- und Ostsee miteinander zu verbinden. Zum erfolgreichsten Verkehrsmittel des 19. und frühen 20. Jahrhunderts wurde jedoch die **Eisenbahn**.

Die Städte wuchsen im 19. Jahrhundert sehr schnell über ihre nicht mehr als Schutz benötigten mittelalterlichen Mauern hinaus, ohne dass die heute bewährten Grundsätze des Siedlungsbaus beachtet wurden. Wenig Gedanken machte man sich zunächst um Umweltzerstörung, Landschaftsverbrauch, Schadstoffdeponierung, Abwasser und Abgase, die Flüsse wurden teilweise zu stinkenden Kloaken (Küster 1995).

Einen großen Aufschwung erlebten im 19. Jahrhundert die **Naturwissenschaften**, maßgeblich inspiriert durch Alexander von Humboldt (1769 bis 1859), aber auch durch den mit ihm im Kontakt stehenden Johann Wolfgang von Goethe (1749 bis 1832). Zahlreiche Naturkundemuseen, botanische Gärten und naturgeschichtliche, naturwissenschaftliche und geographische Gesellschaften wurden gegründet. Auch Darwins Evolutionstheorie (1859) hinterließ in Deutschland eine starke Wirkung und wurde vor allem von Ernst Haeckel verbreitet, der auch den Begriff „Oecologie" prägte.

Den Begriff „Naturschutz" in seiner heutigen Bedeutung führte der Tierpräparator Philipp Leopold Martin (1815 bis 1885) 1871 in die deutsche Sprache ein, 1888 wurde er vom Berliner Musikpädagogen Ernst Rudorff (1840 bis 1916) aufgegriffen (S. 143).

Abb. 151 Rhein bei Istein (Birmann um 1840).

Vom Wildfluss zur Wasserstraße

Es gibt wohl kein historisches Bild vom Rhein, das so oft in Büchern und sonstigen Veröffentlichungen abgebildet wurde wie das Gemälde des Schweizer Malers Peter Birmann, das in der ersten Hälfte des 19. Jahrhunderts entstand (Abb. 151). Dazu passt der Text des britischen Historikers David Blackbourn, der in seinem Buch „Die Eroberung der Natur" (Blackbourn 2007) eine Geschichte der deutschen Landschaft, so der Untertitel, vorgelegt hat: „Bis zum 19. Jahrhundert floss der Rhein nicht durch ein einziges, festgelegtes Bett. Im südlichen Teil der Oberrheinebene grob sich der Fluss unzählige Rinnen, die durch Kies- und Sandbänke voneinander abgetrennt waren. Sie wurden vom Fluss aufgebaut, wenn er durch Hochwasser angeschwollen und seine Kraft am stärksten war, und wurden zu Hindernissen, sobald die Strömung schwächer wurde. Im Lauf der Jahrhunderte und im Wechsel der Jahreszeiten schuf dieser

Abb. 152 Rhein bei Istein aus anderer Blickrichtung – den Isteiner Klotz sieht man rechts im Hintergrund.

Zyklus ein Labyrinth von Wasserarmen und Inseln – allein 1600 Inseln entlang des 110 km langen Teilstücks von Basel bis Straßburg." Danach weist Blackbourn auf das Birmann-Gemälde hin, das nicht nur im Buch, sondern zusätzlich sogar auf dem Umschlag abgebildet ist.

Heute sieht es zwischen Basel und Breisach völlig anders aus (Abb. 152): Auf deutscher Seite wurde „Vater Rhein" zum „Restrhein", dem nur das Wasser zugeführt wird, das nicht für den „Grand Canal d'Alsace" (Rheinseitenkanal) auf französischer Seite benötigt wird. Dies ist eine Folge des 1919 nach dem Ersten Weltkrieg geschlossenen Versailler Vertrags, der Frankreich das Recht zur beliebigen Ableitung von Rheinwasser und zur Nutzung der Wasserkraft zubilligte.

Die Umstrukturierung des Rheins begann aber bereits früher, sein „Bändiger" (Blackbourn) war der badische Ingenieur Johann Gottfried Tulla, der – zusammen mit seinen Nachfolgern – dem Rhein zwischen 1817 und 1876 ein völlig neues Gesicht verlieh. Mittels „Durchstichen" wurden Flussschlingen (Mäander) abgetrennt, das Flussbett auf 200 bis 250 m eingeengt und vertieft, zum Schutz gegen Überschwemmungen wurden Dämme gebaut. Die Fließstrecke des Rheins zwischen Basel und Bingen verkürzte sich dadurch um 81 km. Durch die Eintiefung des Rheins sank am südlichen Oberrhein zwischen Basel und Breisach der Grundwasserstand so stark (bis 9 m unter Flur), dass der ehemals regelmäßig überschwemmte Auwald einer savannenartigen „Trockenaue" wich.

Um die Grundwasserabsenkung weiter nördlich abzumildern, wurden in Breisach und Kehl–Straßburg zwei „Kulturwehre" gebaut. Die Kulturwehre dienen – zusammen mit den im Rahmen des „Integrierten Rheinprogramms" gebauten Poldern – auch dem Hochwasserschutz. Als Konsequenz des schnelleren Durchflusses durch die begradigten Flussabschnitte am südlichen Oberrhein wurden die nördlichen Gebiete nämlich umso stärker von Hochwasser betroffen.

Der Oberrhein gilt zwar als Paradebeispiel einer generalstabsmäßig geplanten und durchgeführten Flussbegradigung, den anderen deutschen Flüssen erging es jedoch nicht viel anders. Als Beispiel sei hier noch die Elbe angeführt, die nach dem Rhein das größte Einzugsgebiet in Deutschland hat. Rhein und Elbe zusammen haben ein Einzugsgebiet, das etwa so groß ist wie 80 % der Fläche Deutschlands. Am heute deutschen Teil der Elbe wurden bereits im 12. Jahrhundert Deiche gebaut. Im Lauf der Zeit wurden die Deiche immer weiter perfektioniert und näher an den Fluss gerückt. So fehlen der Elbe heute weite Bereiche ihrer ursprünglichen, bis zu 20 km breiten Aue, die Überschwemmungsflächen wurden von ursprünglich über 6000 km^2 auf heute 838 km^2 verringert. In der „Elbschifffahrtsakte" von 1821 verpflichteten sich die Uferstaaten zur Freiheit der Schifffahrt und zur Regulierung des Flusses, auch hier kam es zu Begradigungen durch Abschneiden von Flusskrümmungen mittels „Durchstichen". Ende des 19. Jahrhunderts hatte die Elbe dadurch ein beständiges Flussbett, was zum

Abb. 153 Elbe bei Boizenburg (Niedrigwasser 2016).

Aufschwung der Schifffahrt und zur gefahrloseren Abfuhr von Eis und Hochwasser beitrug. Im Unterschied zum Rhein gibt es an der Elbe bis heute kaum Staustufen zur Flussregulierung (und Stromgewinnung), vielmehr wird mit über 6000 Buhnen überall entlang der Ufer versucht, die Elbe zu beschleunigen. Dadurch soll der Fluss sein Bett selber auswaschen und weniger Sediment ablagern, sodass die Wassertiefen in der Fahrrinne erhalten werden können. Eine Nebenwirkung ist allerdings, dass sich die Flusssohle immer weiter in den Bodengrund eintieft und dadurch den Grundwasserstand absenkt, was zu einer allmählichen Austrocknung der Auenlandschaft führt. Die Deiche des Unterlaufes dienen weniger einem Schutz vor Hochwasser aus dem oberen Einzugsgebiet der Elbe, sondern vielmehr dem Schutz vor Sturmfluten von der Nordsee, die sich weit elbaufwärts bemerkbar machen können.

Saisonale Hochwasser gehören zum natürlichen Geschehen an der Elbe (Abb. 153/154). Starke Niederschlagsereignisse im oberen Einzugsgebiet der Elbe erzeugen regelmäßig Hochwasserwellen. Neben den an anderen Flüssen auch zu beobachtenden Winterhochwassern ist eine Besonderheit der Elbe die Entstehung von Hochwassern im Spätfrühling (April/Mai), begünstigt durch die Schneeschmelze im Riesengebirge. Dadurch werden insbesondere am Mittellauf die an die Elbe angrenzenden Flächen überschwemmt, was zahlreichen Tier- und Pflanzenarten entgegenkommt. Diese regelmäßigen Überschwemmungen und die weitgehend fehlenden Querbauwerke (Staudämme) sind der Grund dafür, dass die Elbe trotz der starken Eingriffe gegenüber dem Rhein als weniger beeinträchtigt gilt. Dies schlägt sich unter anderem in einem großen UNESCO-Biosphärenreservat „Flusslandschaft Elbe" nieder, das insgesamt fast 3500 km² und über 400 km Flusslänge zwischen Sachsen-Anhalt und Schleswig-Holstein umfasst.

Die Hochwasserkatastrophen der letzten Jahre und Jahrzehnte, zum Beispiel das Elbehochwasser 2002, lassen den Eindruck entstehen, als seien derartige Ereignisse heute deutlich häufiger als in früheren Zeiten. Statistische Berechnungen zeigen jedoch, dass Flutkatastrophen in Mitteleuropa in den vergangenen 500 Jahren nicht häufiger wurden. Grundsätzliche bringt die Klimaerwärmung aber mehr Starkregen.

Nach den Fluten an der Elbe 2002 wurden zahlreiche Schutzmaßnahmen beschlossen: bessere Deiche, Schutzmauern, Flutungsflächen. Der Bund erließ 2005 ein neues Hochwasserschutzgesetz. Es verpflichtet die Länder unter anderem, mehr Überschwemmungsflächen auszuweisen. In solchen Gebieten dürfen neue Gebäude nur noch in Ausnahmefällen gebaut werden.

Die Europäische Wasserrahmenrichtlinie aus dem Jahr 2000 vereinheitlicht den rechtlichen Rahmen für

Abb. 154 Elbe bei Boizenburg (Hochwasser 2013).

die Wasserpolitik innerhalb der EU und richtet sie stärker auf eine nachhaltige und umweltverträgliche Wassernutzung aus.

Flüsse und ihre begleitende Aue gehören zu den artenreichsten Lebensräumen Mitteleuropas, sie sind „Hotspots" der biologischen Vielfalt. Dies hängt vor allem mit der großen Dynamik und Standortvielfalt zusammen, die in einer Flussaue herrschen. In einer naturnahen Aue finden sich in enger Nachbarschaft Flussarme und Altwasser (nicht mehr durchströmte Flussarme), Tümpel, Auwälder, Feuchtwiesen, trockene Sandufer und Kiesinseln. Diese Extreme im Rhythmus von Hoch- und Niedrigwasser bieten zahlreichen Tieren und Pflanzen Lebensraum. In den Flüssen selbst leben bei Weitem nicht nur Fische, sondern zahlreiche weitere Wassertiere wie Muscheln, Egel, Krebse und Myriaden von Insekten bzw. deren Larven. Besonders gut an die Dynamik der Auen angepasst sind Amphibien wie die Kreuzkröte, die auf offenen, trocken-warmen, meist sandigen Standorten optimale Fortpflanzungsbedingungen vorfindet. Auch viele Vogelarten brüten an Flüssen oder suchen dort ihre Nahrung, wie der Eisvogel, der seine Brutröhren in Steilwänden oder Wurzeltellern umgestürzter Bäume anlegt und für die Fischjagd auf sauberes Wasser angewiesen ist. Unter den Säugetieren ist in erster Linie der gefährdete Fischotter zu erwähnen (Abb. 112), der eine vielseitige Gewässer- und Uferstruktur benötigt. Hierher gehört natürlich auch der Biber, der durch Bejagung in weiten Teilen Europas ausgerottet war – in Deutschland konnten sich einige wenige Tiere an der Mittleren Elbe halten. Durch Schutzmaßnahmen konnte sich der „Elbebiber" entlang der Elbe und ihrer Zuflüsse wieder vermehren. Vergleichsweise groß ist auch der bayerische Bestand, der auf Einbürgerungen von europäischen Bibern gemischter Herkunft zurückgeht. Von Bayern aus breitete sich der Biber auch nach Baden-Württemberg aus, und auch in Berlin und Nordrhein-Westfalen ist der Biber inzwischen wieder heimisch (Abb. 155). Nicht alle sind über die Rückkehr des Bibers erfreut; das hängt damit zusammen, dass er nicht nur an Gewässern lebt, sondern in der Lage ist, sich sein eigenes Habitat zu gestalten: Er fällt Bäume, legt „Biberburgen" an und staut mithilfe von Dämmen Wasserläufe, um den Eingang seines Baus unter Wasser zu halten. In schon länger besetzten Biberrevieren stehen meist in der näheren Umgebung des Biberbaus keine Bäume mehr. Weiteres Holz kann der Biber nur auf dem Wasser transportieren, deshalb gräbt er bis zu 500 m lange Kanäle, auf denen er Baumstämme und Äste zu seinem Bau transportiert. Dadurch kann der Biber Flüsse umleiten und Seen trockenlegen. Viele Naturfreunde sind begeistert von der landschaftsgestaltenden Tätigkeit des Bibers, die durch Erhöhung der Strukturvielfalt auch vielen anderen Tier- und Pflanzenarten hilft. Weniger begeistert sind aber zum Beispiel die Landwirte, deren Wiesen und Äcker durch den tierischen Baumeister überschwemmt werden. Um die Lage zu beruhigen und Hilfe anzubieten, wurden vielerorts Biberberater installiert. Dies wird hoffentlich dazu beitragen, dass der Biber nicht noch einmal zum Wahlkampfthema wird wie 2014 in Brandenburg, wo die FDP mit einem Plakat „Biber abschießen" provokant auf sich aufmerksam machte.

Die flussbegleitenden Wälder werden vom hohen Grundwasserstand und den Überschwemmungen beeinflusst. Bei häufigen und länger andauernden Überschwemmungen bildet sich eine Weichholzaue überwiegend aus Silberweide (Abb. 156), anderen Weidenarten, Erlen und Pappeln. Bei kürzeren oder selteneren Überflutungen in größerer Entfernung zur Strommitte bildet sich eine Hartholzaue mit Eiche, Ul-

Abb. 155 Der Biber ist da! (Park Charlottenburg, Berlin).

me, Esche und anderen Baumarten. Ausgedehnte Hartholzauen sind nur in größeren Flusstälern anzutreffen.

Neben ihrer immensen biologischen Vielfalt haben Auen eine große Bedeutung für die Rückhaltung (Retention) des Hochwassers. Unbebaute Auen können große Wassermassen aufnehmen und so die Siedlungen vor Hochwasser schützen. Untersuchungen aus den letzten Jahren zeigen, dass zwei Drittel der ehemaligen rund 15000 km^2 Auenfläche von den Flüssen abgetrennt sind und bei Hochwasser als Retentionsraum nicht mehr zur Verfügung stehen. Von den verbliebenen Auen sind nur noch 10 % naturnah, mehr als die Hälfte sind durch intensive Nutzung, Bau von Deichen, Gewässerausbau und Stauregulierungen stark oder sehr stark verändert.

Durch die zahlreichen extremen Hochwasserereignisse der letzten Jahre und Jahrzehnte an Rhein, Donau, Elbe, Oder und deren Zuflüssen geriet die Notwendigkeit, Flussauen zu renaturieren, zunehmend ins Bewusstsein der Öffentlichkeit. 2014 wurde gemeinsam von Bund und Ländern das Nationale Hochwasserschutzprogramm entwickelt, das stark auf die Rückverlegung von Deichen und die Wiedergewinnung natürlicher Rückhalteräume setzt. Auf diese Weise lassen sich eine bessere ökologische Vernetzung zwischen Fluss und Aue und effiziente Verbesserungen im Hochwasserschutz miteinander verbinden.

Am Oberrhein wird diese Verknüpfung bereits seit Längerem im Rahmen des Integrierten Rheinprogramms (IRP) verfolgt. Der Ausbau des Oberrheins hat zwar die Hochwassergefahr am Oberrhein selbst reduziert, am Mittel- und Niederrhein jedoch deutlich erhöht, da das Hochwasser aus den Alpen heute viel schneller in Richtung Mittelrhein abfließt als früher. Beim Ausbau des Oberrheins sind Überflutungsflächen im Umfang von etwa 123 km^2 verloren gegangen. Im Rahmen des IRP versuchen die Anrainerstaaten bzw. -länder Frankreich, Baden-Württemberg und Rheinland-Pfalz, durch Einrichtung von Rückhalteräumen unterhalb von Iffezheim bis etwa 2028 mindestens teilweise die vor dem Ausbau des Oberrheins vorhandenen Hochwasserretentionsflächen wiederherzustellen. Mit dem Bau der Polder und Rückhalteräume wird auch die Entwicklung einer naturnahen Aue gefördert.

Ein erstes Renaturierungsprojekt am Rhein wurde durch einen Dammbruch initiiert: Im April 1983 brachen im hessischen Naturschutzgebiet „Kühkopf-Knoblochsaue" mehrere Dämme, die daraufhin nicht mehr verschlossen wurden. Seitdem werden die Flächen, die durch einen „Durchstich" seit 1829 vom Rhein abgetrennt waren, wieder regelmäßig überflutet. Die vor Hochwasser nicht mehr geschützte Landwirtschaft wurde aufgegeben und die Flächen zum Teil einer natürlichen Entwicklung überlassen, etwa 150 ha wurden zu artenreichen Auengrünland entwickelt. Die Auenlandschaft ist insbesondere für Vögel von Bedeutung, hier wurden mehr als 250 Vogelarten festgestellt, etwa 130 Arten brüten im Gebiet.

An der Elbe werden deutschlandweit die umfangreichsten Deichrückverlegungen geplant und umgesetzt. Damit werden der länderübergreifende Biotopverbund aus Auwäldern, Altarmen und Feuchtwiesen im Biosphärenreservat „Flusslandschaft Elbe" gestärkt und der Hochwasserschutz verbessert. Die derzeit größte fertiggestellte Deichrückverlegung in Deutschland liegt an der Elbe im Nordwesten Brandenburgs im Landkreis Prignitz. In einem von 2002 bis 2011 laufenden Naturschutzgroßprojekt wurde durch die Rückverlegung eines Deiches auf über 6 km Länge eine 420 ha große Überflutungsfläche geschaffen. Teile des Gebiets werden von Pferden beweidet, um offene Flächen zu erhalten. Die Fläche wird von Zugvögeln wie dem Kranich als Rastplatz genutzt, im Winter lassen sich arktische Gäste wie Zwerg- und Singschwan beobachten.

Abb. 156 Weichholzaue mit Silberweiden (Nationalpark Unteres Odertal).

Abb. 157 Die Talsperre am hessischen Edersee wurde in den Jahren zwischen 1908 und 1914 errichtet.

Weltkriege und Wirtschaftswunder – und wo bleibt die Natur?

Nach dem Ersten Weltkrieg war die Energiegewinnung eines der vordringlichen Probleme. Elektrischer Strom wurde einerseits durch Kohlekraftwerke gewonnen, andererseits in **Wasserkraftwerken**, die in Form von Laufwasserkraftwerken an größeren Flüssen (wie am Hochrhein) oder als **Talsperren** in Mittelgebirgen errichtet wurden (Abb. 157).

Während das 19. Jahrhundert ein Zeitalter der Eisenbahn war, wurde das folgende das **Zeitalter des Automobils**, das eine gewaltige Zunahme des Individualverkehrs brachte (Abb. 158). Dies führte in den 1920er-Jahren zur Planung eines Netzes von Autobahnen, deren Bau ein Jahrzehnt später aus militärischen Gründen forciert wurde.

Im „Dritten Reich" wurden die Wälder sehr stark genutzt, da man eine Autarkie in der Holzversorgung anstrebte und Holz mehr und mehr auch in der Chemie als Rohstoff verwendet wurde. Dennoch wurde ein Kompromiss zwischen Ökologie und Ökonomie propagiert und durch mehrere Gesetze untermauert, so das Reichsjagdgesetz von 1934 und das Reichsnaturschutzgesetz von 1935. Da die Ziele dieser Gesetze auch nach dem Zweiten Weltkrieg weiter bestanden, hielten sie sich noch lange, das Reichsnaturschutzgesetz wurde in Westdeutschland erst 1976 durch das Bundesnaturschutzgesetz abgelöst.

In den Jahren nach dem Zweiten Weltkrieg konnte von einer nachhaltigen Bewirtschaftung der Wälder ebenfalls keine Rede sein. Wer in den kalten Wintern der Nachkriegszeit keine Kohle bekommen konnte, ging in die Wälder und holte sich Holz. Bei dem allgemeinen **Holzmangel** in Europa war es zu erwarten, dass sich die europäischen Siegermächte zunächst am Holz der Besiegten schadlos hielten. Die Franzosen holzten in ihrer Besatzungszone in Deutschland große Wälder ab („Franzosenhiebe") und brachten das Holz nach Frankreich. Die Engländer konnten von den deutschen Forstverwaltungen und Wissenschaftlern davon abgehalten werden, ebenfalls Wälder abzuholzen.

Die Waldflächen nahmen schließlich durch **Aufforstungen** wieder zu, der Holzhandel kam wieder in Gang. Allerdings gab es zunehmend Probleme mit dem Befall durch Schädlinge, insbesondere in den gleichaltrigen Monokulturen zum Beispiel aus Fichte. Diese Flachwurzler sind mit zunehmendem Alter auch wesentlich anfälliger gegen Stürme (Küster 1998).

In der Nachkriegszeit setzte bald der **Wiederaufbau** der zerstörten Städte und Industriebetriebe ein, außerdem mussten Millionen von Flüchtlingen eine neue Heimat finden. Es entstanden – trotz qualitativer Unterschiede – sowohl in der BRD als auch in der DDR Trabantenstädte mit gewaltigem Landschaftsverbrauch. In der DDR wurde insbesondere der Braunkohletagebau gefördert, da Steinkohle weitgehend fehlte. Der hohe Schwefelgehalt führte zunehmend zu Umweltschäden wie dem **Waldsterben**, besonders im Erzgebirge. Größere Belastungen als in der DDR gingen im Westen insbesondere vom Individualverkehr, vom Flächenbedarf für Industriegebiete und Einkaufszentren und vom zunehmenden Müllaufkommen aus.

Die bereits im 19. Jahrhundert begonnene Rationalisierung bzw. Industrialisierung der Landwirtschaft, die „Grüne Revolution", schlug in Deutschland erst nach dem

Abb. 158 Bereits in den 1950er-Jahren herrschte am Feldberg (Schwarzwald) manchmal „Verkehrschaos". Quelle: Kreisarchiv Breisgau-Hochschwarzwald, Sammlung Bragher, 31.3.1954.

Abb. 159 Die Industrialisierung der Landwirtschaft führte in beiden Teilen Deutschlands zu gravierenden Landschaftsveränderungen.

Zweiten Weltkrieg voll durch und führte zu gravierenden Landschaftsveränderungen. Während in der DDR die Landwirtschaftlichen Produktionsgenossenschaften (LPG) für große Bewirtschaftungseinheiten (Schläge) sorgten, war es im Westen die **Flurbereinigung**, die bald in den Ruf geriet, die Landschaft „auszuräumen". Auch Entwässerungen zur Steigerung der landwirtschaftlichen Produktion standen in beiden Teilen Deutschlands auf der Tagesordnung.

Noch stärker als die Landschaftsveränderungen wurde aber (u.a. durch Bücher wie „Der stumme Frühling" von Rachel Carson) seit den 1970er-Jahren die **Umweltverschmutzung** wahrgenommen. Dies führte dazu, dass die in den 1960er-Jahren in Westdeutschland aufgekommene Studentenbewegung in eine Umweltbewegung (eng verknüpft mit der Frauen- und Friedensbewegung) mündete. 1970 kannten nur 40 % der westdeutschen Bevölkerung den Begriff „Umweltschutz", Ende 1971 waren es bereits 90 % (Blackbourn 2007). Der Europarat erklärte das Jahr 1970 zum Europäischen Naturschutzjahr.

1971 wurde in Tübingen der Bund für Umweltschutz (BfU, später BUND) gegründet, bedeutsam waren auch die aus 21 Gruppierungen bestehenden Badisch-Elsässischen Bürgerinitiativen, die sich in der Auseinandersetzung um Industrieanlagen bei Marckolsheim (Elsass) gebildet hatten und die im gewaltlosen Kampf um das Atomkraftwerk Wyhl (Baden-Württemberg) letztlich erfolgreich waren und die Basis des später 600 Bürgerinitiativen umfassenden BBU (Bundesverband Bürgerinitiativen Umweltschutz) bildeten. Die **Umweltbewegung** Westdeutschlands fand ihren institutionellen Niederschlag unter anderem in der Einrichtung des Umweltbundesamtes und der Gründung der Partei DIE GRÜNEN in den frühen 1980er-Jahren. Die Reaktorkatastrophe von **Tschernobyl** 1986 führte schließlich zur Gründung des Bundesministeriums für Umwelt, Naturschutz und Reaktorsicherheit (BMU).

In der DDR stand neben dem Protest gegen Waldschäden oder Luftverschmutzung das Aufbegehren gegen die (Nicht-)Informationspolitik der Regierung im Vordergrund. Aus Rücksicht auf den sowjetischen Bruderstaat wurden etwa Informationen über das Unglück von Tschernobyl nur zögerlich in Umlauf gebracht, Fakten wurden heruntergespielt oder ganz verschwiegen. Für Umweltgruppen in der DDR war das Ereignis allerdings ein erstes Aufbruchssignal. Ende der 1980er-Jahre zählte man in der DDR über 60 **Umweltgruppen**. Ab 1987 trafen sich Vertreter von Friedens-, Umwelt- und Gerechtigkeitsgruppen sowie aller christlichen Kirchen zu „Ökumenischen Versammlungen", aus denen das Bündnis 90 hervorging, das später mit den westdeutschen Grünen fusionierte.

THEMA

Natur als Sehnsuchtsort – Schutz vor den Menschen oder für die Menschen?

Der Alpentourismus setzte bereits Mitte des 19. Jahrhunderts ein. Der erste Alpenverein wurde 1857 gegründet – in England! Die Engländer waren es auch zunächst, die den „Fremdenverkehr" in Deutschland begründeten. Nachdem norwegische Skier importiert und nach 1890 in Deutschland erste Skivereine gegründet worden waren, weitete sich der Tourismus auch auf den Winter aus.

Bereits vor den Alpen wurde aber der „romantische Rhein", das enge Mittelrheintal zwischen Bingen und Koblenz mit seinen Felsen aus Basalt und Schiefer, seinen Weinbergen und Burgruinen, entdeckt. Auch dieser wurde zunächst überwiegend in englischen Reiseführern beschrieben, doch auch der erste deutsche Reiseführer von Baedeker (mit Sitz in Koblenz) hatte den Rhein zum Thema. Am Rhein lagen auch etliche seit Mitte des 19. Jahrhunderts viel besuchte Badekurorte wie Wiesbaden und Bad Ems und auch Seen wie der Bodensee, und auch die Küste und Inseln von Nord- und Ostsee wurden zunehmend als Urlaubsziele geschätzt.

Die Eisenbahn und die Dampfschifffahrt spielten bei der neuen Form des Reisens eine zentrale Rolle. Auch Unterkünfte und eine umfangreiche Infrastruktur wurden geschaffen. Viele Museen und botanische Gärten wurden in der zweiten Hälfte des 19. Jahrhunderts gegründet (S. 135).

Nicht nur der Tourismus, sondern auch der Naturschutz in Deutschland hatte seinen Ursprung in der Rheinromantik, für die in besonderem Maße der Drachenfels bei Königswinter mit seiner mittelalterlichen Burgruine stand (Frohn & Rosebrock 2012). Da das Baumaterial für den Kölner Dom aus den dortigen Steinbrüchen gewonnen wurde und die Ruine durch den Abbau bedroht war, gab es Proteste aus der Bevölkerung. Das führte schließlich dazu, dass der preußische König Friedrich Wilhelm II. das Areal gegen die Zahlung einer Entschädigung enteignete und 1836 die Abbauarbeiten untersagte. Mit dem Drachenfels war auch die Hauptattraktion für den aufblühenden Fremdenverkehr gerettet. Neue Bahnstrecken und Dampfschiffverbindungen brachten immer mehr Menschen in die Region. 1869 gründeten Kölner und Bonner Bürger, die das Gebiet als Ausflugsziel für sich entdeckt hatten, den Verschönerungsverein für das Siebengebirge (VVS), aus dem schließlich der Verein zur Rettung des Siebengebirges (VRS) hervorging, eine Art frühe Bürgerinitiative. Mehr und mehr wurde deutlich, dass die Region stärker vom Tourismus als vom Steinbruchgewerbe profitieren würde, eine unversehrte Landschaft lag im allgemeinen Interesse. Es gab aber auch Befürchtungen, dass ein großer Besucherandrang die Natur zu stark belasten würde. So meinte etwa Ernst Rudorff, ein Berliner Musiker, der bereits 1880 ein „Naturschutzmanifest" verfasste, dass die meisten die Natur als austauschbare Kulisse für ihre Vergnügungen betrachten würden. Die geplante dampfbetriebene Zahnradbahn am Drachenfels würde dem Berg seine Urtümlichkeit nehmen und dazu beitragen, dass die „Natur prostituirt" werde (Frohn & Rosebrock 2012). Rudorff wies damit auf ein Dilemma hin, das bis heute anhält: Der Wunsch vieler Menschen, sich in der Natur zu erholen, muss mit dem Schutz der Natur in Einklang gebracht werden.

Abb. 160 Wimbachgrieshütte im Nationalpark Berchtesgaden.

Abb. 161 Das NABU-Informationszentrum Blumberger Mühle im Biosphärenreservat Schorfheide-Chorin.

Das Siebengebirge und der Drachenfels können als „Wiege" des Naturschutzes im späten 19. und frühen 20. Jahrhundert betrachtet werden. 1923 wurde das Siebengebirge als eines der ersten Naturschutzgebiete Deutschlands „rechtskräftig" ausgewiesen – diese Möglichkeit bestand erst seit 1920 durch das preußische Naturschutzgesetz. Während sich die 1906 gegründete und von Hugo Conwentz geleitete Staatliche Stelle für Naturdenkmalpflege in Preußen vornehmlich mit der Inventarisierung von kleinflächigen Naturdenkmalen beschäftigte, regte Wilhelm Wetekamp bereits 1898 „Staatsparks" nach dem Vorbild der amerikanischen Nationalparks an.

1935 wurde zwar noch ein recht fortschrittliches Reichsnaturschutzgesetz erlassen, von dem die heutigen Naturschutzgesetze noch etliche Elemente enthalten. Danach geriet der Naturschutz aber immer mehr in die Defensive. Einige Pioniere des Naturschutzes und der Landschaftspflege wie Walter Schoenichen und Hans Schwenkel verbanden ihre Tätigkeit mit völkischer und antisemitischer Ideologie.

Nach dem Zweiten Weltkrieg war der Nutzungsdruck auf die Landschaft enorm, da Millionen von Vertriebenen und Flüchtlingen zu versorgen waren. Darauf regierten Naturschützer wie Alfred Toepfer mit der Forderung, neben „Wohn- und Werklandschaften" auch „ausgesprochene Erholungslandschaften" auszuweisen. Toepfer versuchte als Vorsitzender des Vereins Naturschutzpark, Naturschutz und Erholungsbedürfnisse in Einklang zu bringen. Er hatte damit nur teilweise Erfolg, denn das 1957 verabschiedete Naturparkprogramm der Bundesregierung sah keine land- und forstwirtschaftlichen Einschränkungen vor.

Auch in der DDR umfasste das 1970 erlassene „Gesetz über die planmäßige sozialistische Landeskultur" sowohl den Naturschutz als auch den Schutz der Umweltmedien Boden, Luft und Wasser; an der Realität änderte das allerdings wenig. Wie in der BRD trugen Naturschutzbeauftragte die Last der konkreten Arbeit. Ganze Naturschützergenerationen der DDR wurden vom charismatischen Ehepaar Erna (1912 bis 2001) und Kurt Kretschmann (1914 bis 2007) geprägt, unter anderen auch Michael Succow, der zusammen mit Mitstreitern kurz vor der Wende das „Nationalparkprogramm" auf den Weg brachte (S. 147). Kurt Kretschmann war Gründer und Leiter der Lehrstätte für Naturschutz „Müritzhof" (1954 bis 1960) und initiierte den „Arbeitskreis zum Schutz vom Aussterben bedrohter Tierarten".

1866 prägte der Biologe Ernst Haeckel den Begriff „Oecologie" als Wissenschaft von der Beziehung der Organismen und ihrer Umwelt, August Möbius führte 1877 den Begriff „Biocönose" (Lebensgemeinschaft) ein. Zum Naturschutz führte aber weniger dieser wissenschaftliche Ansatz, sondern der teilweise drastische Rückgang von Tierarten, insbesondere von Vögeln. Bereits 1878 wurde der „Deutsche Verein zum Schutz der Vogelwelt" gegründet, zehn Jahre später wurde ein „Reichsvogelschutzgesetz" verabschiedet. 1899 gründete Lina Hähnle den Bund für Vogelschutz (BfV), in dessen Tradition heute der Naturschutzbund Deutschland (NABU) steht. Durch die professionelle Organisation durch die charismatische Lina Hähnle hatte der BfV 1914 bereits über 40 000 Mitglieder. Nach 1910 wandte er sich mit innovativer Öffentlichkeitsarbeit gegen die damalige „Modetorheit" des Tragens von Hüten, die mit Federn von Paradiesvögeln und Reihern geschmückt waren. Auch die Störung der Vögel durch den aufblühenden Tourismus, insbesondere an Seeufern und Meeresküsten, waren Thema der Vogelschutzvereine. Durch Kauf oder Pacht von Flächen wurden „Vogelfreistätten" geschaffen, insbesondere vom „Verein Jordsand", der für die Hallig (S. 112 f.) Norderoog einen eigenen Vogelwart einstellte.

Auch heute hat das Thema Naturschutz und Tourismus nichts von seiner Brisanz verloren. In Naturschutzgebieten gibt es in der Regel ein „Wegegebot", befestigte bzw. gekennzeichnete Wege dürfen nicht verlassen werden. Inwieweit das ohne Überwachung eingehalten wird, sei dahingestellt. In vielen Schutzgebieten wird versucht, die Touristenströme durch „Besucherlenkung" von den empfindlichsten Stellen fernzuhalten.

In viel besuchten Schutzgebieten werden Ranger (Abb. 162) eingesetzt, die nicht nur die Einhaltung der Regeln überwachen, sondern die Besucher auch über die Besonderheiten informieren, zum Beispiel im Rahmen von Vorträgen oder Führungen. Im Allgemeinen machen sie die Erfahrung, dass vernünftig begründete Verbote oder Sperrungen (wie die eines Vogelbrutgebiets) auch akzeptiert werden. Für sein „herausragendes Engagement bei der Vermittlung von Naturschutzwissen mit Ideenreichtum, Humor und ohne erhobenen Zeigefinger" (Auszug aus der Begründung) erhielt der „Feldberg-Ranger" Achim Laber 2016 beim Deutschen Naturschutztag in Magdeburg die Hugo-Conwentz-Medaille, eine bedeutende Auszeichnung des Bundesverbands Beruflicher Naturschutz (BBN). Zusammen mit dem Freiburger Filmemacher Dirk Adam erstellte Videos können auf YouTube unter dem Stichwort „Feldberg-Ranger" abgerufen werden.

Großschutzgebiete wie Nationalparks und Biosphärenreservate, inzwischen auch mancher Naturpark, haben Info- bzw. Besucherzentren, in denen die Besucher informiert und unterhalten werden. Ganz groß geschrieben ist inzwischen die Einbeziehung von Kindern und Jugendlichen, da sie in Sachen Natur- und Umweltschutz am lernfähigsten sind. So wurde das Konzept der „Junior Ranger" von den Nationalparks der USA in vielen deutschen Schutzgebiete übernommen.

Auch die Naturschutzverbände beteiligen sich an der Betreuung der Schutzgebiete und der Besucherinformation und haben auch eigene Naturschutzzentren (Abb. 161).

Der deutsche „Bundesweite Arbeitskreis der staatlich getragenen Bildungsstätten im Natur- und Umweltschutz" (BANU) ist ein Zusammenschluss von elf deutschen Landes-Umweltbildungsstätten. Unter anderem bietet der BANU in Kooperation mit der EUROPARC Deutschland, dem Verband Deutscher Naturparke (VDN), dem Bundesverband Naturwacht e. V. sowie der Arbeitsgemeinschaft Natur- und Umweltbildung Deutschland e. V. (ANU) einen Lehrgang „Geprüfter Natur- und Landschaftsführer/Landschaftsführerin mit BANU-Zertifikat" an. Auf Initiative des BANU findet seit 2006 im Mai der bundesweite Aktionstag „Deutscher Naturerlebnistag" statt. In dessen Rahmen finden teilweise auch über mehrere Tage in den einzelnen Bundesländern Veranstaltungen und Mitmachaktionen statt.

Abb. 162 Ein Ranger überwacht „sein" Gebiet.

Abb. 163 Immergrün.

Wende, Wandel, World Wide Web

Durch eine gemeinsame Anstrengung wird es uns gelingen, Mecklenburg-Vorpommern und Sachsen-Anhalt, Brandenburg, Sachsen und Thüringen schon bald wieder in blühende Landschaften zu verwandeln, in denen es sich zu leben und zu arbeiten lohnt." Bundeskanzler Helmut Kohl verwendete den Begriff „blühende Landschaften" 1990 als bildhafte Vision für die aus seiner Sicht zu erwartende ökonomische Entwicklung in den „neuen Bundesländern".

Die „Wende" wurde von anderen jedoch zunächst dazu genutzt, den Schutz von Natur und Landschaft im Osten Deutschlands voranzubringen. Anfang Januar 1990 wurde Professor Michael Succow stellvertretender Umweltminister der DDR und brachte kurz vor der Wende mit Unterstützung von Hans Dieter Knapp (Abb. 83), Lebrecht Jeschke, Ulrich Meßner und anderen ein Nationalparkprogramm auf den Weg, das neben Nationalparks auch Biosphärenreservate und Naturparks beinhaltete. In seiner letzten Sitzung im September 1990 beschloss der DDR-Ministerrat die Unterschutzstellung von 14 Gebieten – fünf Nationalparks, sechs Biosphärenreservate und drei Naturparks. Um fortdauerndes Recht auch nach der Wiedervereinigung zu gewährleisten, wurden die Verordnungen in den Einigungsvertrag übernommen. Die geschützten Gebiete wurden als „Tafelsilber der Einheit" bezeichnet (Succow et al. 2001).

Dies war allerdings einer der wenigen Lichtblicke, was die Erhaltung und Entwicklung von Natur und Landschaft nach der Wiedervereinigung betraf. Viele der großen landwirtschaftlichen Flächen (Schläge), die in der DDR von den Landwirtschaftlichen Produktionsgenossenschaften (LPG) genutzt wurden, gelangten zum großen Teil in die Hand von Agrarkonzernen, die sie eher noch intensiver nutzten, als das vorher der Fall war. Auch die biologische Landwirtschaft bringt für den Natur- und Landschaftsschutz wenig, wenn sie in großflächigen Monokulturen betrieben wird.

Das bereits seit Längerem andauernde „Höfesterben" in den „alten Bundesländern" ging unvermindert weiter und betraf vor allem kleine Betriebe auf „Grenzertragsstandorten", Flächen zum Beispiel in den Mittelgebirgen, die wenig Ertrag bringen. Dies führte zu einer Aufteilung in ertragreiche, monotone „Nutzlandschaften" und schwierig zu nutzenden Flächen, die zunehmend dem Wald überlassen wurden. Da viele unserer Tiere und Pflanzen auf strukturreiche, halboffene Landschaften mit Feldrainen, Bäumen, Gebüschen und so weiter angewiesen sind, gerieten immer mehr Arten in Bedrängnis.

Der Naturschutz begegnete dem Rückgang extensiv benutzter, artenreicher Flächen, indem er Landwirten eine Vergütung für eine naturschutzgerechte Nutzung anbot (Vertragsnaturschutz, S. 165).

Welche Feldfrüchte hauptsächlich angebaut werden, bestimmte in jüngerer Zeit vor allem die Gemeinsame Agrarpolitik (GAP) der EU. Bis in die 1990er-Jahre ging es in erster Linie um eine Verringerung der Überproduktion und die „Entlastung" des Marktes, zu diesem Zweck gab es Prämien für die Stilllegung von Flächen. Heute ist der Flächenhunger vor allem durch die energetische Nutzung (S. 160 f.) wieder so groß, dass niemand mehr von einer Stilllegung spricht. Im Gegenteil: Die Preise für Ackerland sind so stark gestiegen, dass kleinere Betriebe kaum mehr Flächen zukaufen können.

Die GAP entwickelte sich weg von einer Subventionierung bestimmter Feldfrüchte bzw. der „Marktentlastung" wegen Überproduktion hin zu einer Förderpolitik, die auch Umweltaspekte berücksichtigt. So erhalten Landwirte für Wiesen und Weiden eine Grünlandprämie, in vielen Bundesländern ist der Wiesenumbruch inzwischen verboten. Allerdings geht das „Greening" vielen Naturschützern nicht weit genug, der Rückgang der Artenvielfalt konnte damit bislang nicht gestoppt werden.

Auch im Naturschutz mischt die EU inzwischen kräftig mit. 1992 erließ sie die Fauna-Flora-Habitat- oder kurz FFH-Richtlinie, die alle EU-Länder dazu verpflichtete, geeignete Gebiete für das europäische Schutzgebietsnetz Natura 2000 zu benennen, mit dem bestimmte Lebensräume, Tier- und Pflanzenarten geschützt werden sollten. Dies wurde in den meisten Ländern zunächst auf die lange Bank geschoben mit der Begründung, die EU-Richtlinie müsse zunächst eine gesetzliche Grundlage bekommen. Erst die Androhung von Strafzahlungen führte schließlich in den 2000er-Jahren zur Meldung der Gebiete.

Neubürger – willkommen oder nicht?

Abb. 164 Schön, aber nicht überall willkommen: Das Drüsige oder Indische Springkraut steht seit 2017 auf einer EU-Liste „invasiver gebietsfremder Tier- und Pflanzenarten".

Unter günstigen Bedingungen kann er innerhalb weniger Wochen 3 bis 4 m hoch werden, an einem Tag schafft er bis zu 30 cm: der Japanische Staudenknöterich, kurz Japanknöterich (Abb. 165). Heimisch ist die krautige Pflanze, deren dichte Bestände eher an ein Gehölz erinnern, in China, Korea und Japan. Im 19. Jahrhundert wurde sie als Zierpflanze und Viehfutter nach Europa und in die USA gebracht. Durch seine unterirdischen Rhizome (Kriechsprosse) kann der Japanknöterich sehr schnell ausgedehnte und dichte Bestände bilden. Vor allem an Bach- und Flussufern gedeiht die Staude prächtig, Teile der Wurzelstöcke werden vom Wasser mitgenommen und verbreiten sich so immer weiter. Aufgrund seiner aussergewöhnlichen Wuchskraft und Robustheit setzt sich der Japanknöterich erfolgreich gegen die heimische Flora durch, außerdem verursacht er Schäden an Uferbefestigungen und Deichen – in ganz Deutschland ist für die Beseitigung von Uferabbrüchen durch den Knöterich mit etwa 7 Mio. Euro Kosten jährlich zu rechnen. Die Bekämpfung des Japanknöterichs ist außerordentlich schwierig und aufwendig. Möchte man aus ökologischen Gründen keine Herbizide nutzen, bleibt nur das mehrjährige Mähen, die Behandlung der unterirdischen Teile mit heißem Dampf oder das Abdecken mit Folie. Wichtig ist vor allem, die weitere Ausbreitung zu verhindern. Bernhard Walser, Flussmeister beim Regierungspräsidium Freiburg, fand deutliche Worte: „Nur wenn Gemeinden, Forst- Natur-

Abb. 165 Japanknöterich.

schutz- und Wasserbehörden und Landwirtschaft Hand in Hand arbeiten, haben wir eine Chance, das Problem in den Griff zu bekommen" (www.bo.de).

Der Mensch führte seit dem Neolithikum immer wieder Pflanzen ein, sei es unbewusst, zum Beispiel als Begleiter von Kulturpflanzen („Unkräuter"), oder bewusst, zum Beispiel in Gärten. Pflanzen, die vor 1492 eingebracht wurden und sich ohne menschliche Hilfe vermehren, werden als Archäophyten (Altpflanzen) bezeichnet. Der Klatschmohn wurde ja bereits als unser ältestes Kulturdenkmal erwähnt (S. 82), auch der Feldsalat war ursprünglich ein „Unkraut" und wurde erst in jüngerer Zeit kultiviert. Sogar eines unserer wichtigsten Brotgetreide, der Roggen, ist einstmals als „Unkraut" in den Gerste- und Weizenfeldern Südwestasiens aufgetaucht und hier domestiziert worden. Eine der häufigsten Pflanzen in den mittelalterlichen Gärten war das Immergrün (Abb. 163), das heute „wild" in unseren Wäldern wächst, aber als Zeiger ehemaliger Siedlungen gilt.

Pflanzen, die nach der „Entdeckung" Amerikas (1492) nach Europa kamen und sich ohne menschliche Hilfe ausbreiteten, bezeichnet man als Neophyten (Neupflanzen). Die entsprechenden Tierarten werden als Neozoen bezeichnet, zusammen spricht man von Neobiota. Von der Mehrzahl der Neobiota gehen keine merklichen negativen Wirkungen aus, sie gelten als „integriert". Einige haben jedoch einen negativen Einfluss auf die biologische Vielfalt oder verursachen wirtschaftliche Schäden.

Viele Pflanzen wurden zunächst als Kuriositäten aus der Neuen Welt mitgebracht und in Gärten angepflanzt. Einige davon, wie die Kartoffel und die Tomate, erlangten später eine große Bedeutung als Kulturpflanzen (S. 127). Andere konnten sich schließlich ohne menschliche Hilfe fortpflanzen und gelten heute als „eingebürgert".

Gebietsfremde Arten werden dann als invasiv bezeichnet, wenn sie unerwünschte Auswirkungen auf andere Arten, Lebensgemeinschaften oder Biotope haben. So treten invasive Arten mit einheimischen Arten in Konkurrenz um Lebensraum und Ressourcen und verdrängen diese. Nur etwa 10 % der etwa 800 seit 1500 in Deutschland heimisch gewordenen Neubürger (Pflanzen und Tiere) können als invasiv bezeichnet werden.

Unter den Neophyten sind neben dem oben erwähnten Japanknöterich (und zwei weiteren ähnlichen Knöterich-Arten) vor allem zwei aus Nordamerika als Zierpflanzen und Bienenweide eingeführte Goldruten-Arten (Kanadische und Späte Goldrute) und das Drüsige oder Indische Springkraut bereits sehr weit verbreitet. Sie werden nur noch dort zurückgedrängt, wo sie zum Beispiel in Schutzgebieten die biologische Vielfalt negativ beeinflussen.

Für den Menschen zumindest unangenehm kann der aus dem Kaukasus stammende Riesen-Bärenklau werden: Berührungen bei Tageslicht können zu schmerzhaften Blasen führen, die wie Verbrennungen wirken und schwer heilen. Die Pollen der aus Nordamerika eingeschleppten Beifuß-Ambrosie gehören zu den stärksten Allergieauslösern weltweit, bereits ab sechs Pollen pro Kubikmeter Luft reagieren empfindliche Personen allergisch.

Auch Bäume wurden aus anderen Regionen nach Europa gebracht. Dazu gehört zum Beispiel die Robinie oder Falsche Akazie, die aus Nordamerika stammt und Anfang des 17. Jahrhunderts vom französischen Hofgärtner Jean Robin in Frankreich eingeführt wurde. Im 18. Jahrhundert wurde sie vor allem auf nährstoffarmen Standorten gezielt angebaut, da sie als „Stickstoffsammler" nur geringe Anforderungen an den Boden stellt und zum Beispiel auf Sandböden die Erosion verhindern kann. Allerdings verändert die Robinie durch die Stickstoffbindung ihre Umgebung und kann damit zum Beispiel Magerrasen (S. 122 f.) bedrohen.

Weitere invasive Baumarten sind der Götterbaum oder die Späte Traubenkirsche. Auch die Douglasie, die auf 2 % der Waldfläche Deutschlands angebaut wird und deren Bedeutung insbesondere durch den Klimawandel derzeit aus forstwirtschaftlicher Sicht zunimmt, wurde vom Bundesamt für Naturschutz als invasiv eingestuft, da sie insbesondere im Bereich von Felsen, Blockhalden und lichten Wäldern unerwünscht ist. Auf der überwiegenden Zahl der Waldstandorte beeinträchtigt die Douglasie die biologische Vielfalt jedoch nicht, wenn sie zum Beispiel zusammen mit der Buche angebaut wird.

Neben den Neophyten gibt es auch Tierarten, die nach 1492 aus anderen Kontinenten nach Europa kamen. Zu diesen Neozoen gehört zum Beispiel die Bisamratte, ein aus Nordamerika stammendes Nagetier. Sie verursacht durch ihre Wühltätigkeit massive ökonomische Schäden an Ufern, Dämmen und Deichen. Teilweise wird sie durch ein aus Pelztierfarmen entflohenes, ursprünglich aus Südamerika stammendes Nagetier verdrängt, die Nutria. Ebenfalls aus Pelztierfarmen entkommen ist der Waschbär (Abb. 166), der heute in weiten Teilen Deutschlands stabile Populationen bildet. Es wird noch darüber diskutiert, ob der Waschbär negative Auswirkungen auf das Ökosystem unserer Wälder hat. Kritischer wird die zunehmende Ausbreitung des Marderhunds gesehen, der aus russischen Einbürgerungsaktionen stammt.

Unter den Vögeln hat in letzter Zeit vor allem der Nandu Aufsehen erregt, von dem einige Exemplare im Jahr 2000 aus einer Freilandhaltung entkamen. Seitdem produzieren die Südamerikaner im Tal der Wakenitz (Mecklenburg-Vorpommern) erfolgreich Nachwuchs und sind bereits auf fast 200 Tiere angewachsen.

Bereits seit dem 15. Jahrhundert wurde der Fasan in Deutschland ausgewildert, der Name Jagdfasan nennt auch den Grund dafür. Das natürliche Verbreitungsgebiet des Fasans reicht vom Schwarzen Meer über die Trockengebiete Mittelasiens bis in den Osten Asiens.

Unter den Amphibien bereitet vor allem der Nordamerikanische Ochsenfrosch (Abb. 167) Sorgen, da er durch seine Größe von bis zu 20 cm und die Tatsache,

Abb. 166 Waschbär.

Abb. 167 Ochsenfrosch.

dass er alles frisst, was er überwältigen kann, eine ernste Bedrohung und ein Nahrungskonkurrent insbesondere für andere Amphibienarten darstellt.

Zahlreiche Neozoen gibt es vor allem unter den Wasserbewohnern wie Fischen, Krebsen und Muscheln. Amerikanische Krebse haben zum Beispiel durch die mitgebrachte Krebspest, eine Pilzkrankheit, zur weitgehenden Ausrottung unseres einheimischen Edelkrebses geführt.

Am spektakulärsten sind jedoch die Auswirkungen eingeschleppter Insekten. Zu einer wirtschaftlichen Katastrophe führte die in den 1860er-Jahren von der Ostküste Amerikas ins südliche Frankreich eingeschleppte Reblaus, die sich rasant über sämtliche europäische Weinbaugebiete ausbreitete und zu dramatischen Ernteeinbrüchen führte. Erst durch die Verwendung amerikanischer Reben als „Unterlage" für die europäischen Rebsorten machte den Weinbau wieder möglich. In den letzten Jahren gibt es immer wieder neue von Insekteninvasoren ausgelöste „Katastrophenmeldungen": Eine Motte vom Balkan schädigt unsere Rosskastanien, ein Käfer (Maiswurzelbohrer) aus Amerika frisst den Mais, ein Kleinschmetterling (Buchsbaumzünsler) aus Ostasien macht sich über die Zierde unserer Gärten her, ein Marienkäfer aus Asien vergällt uns den Wein, und ein ebenfalls regelmäßig aus Asien eingeschleppter Bockkäfer (Asiatischer Laubholzbockkäfer) stellt eine Gefahr für sämtliche Laubbäume dar. Und nun gerät sogar der Mensch ins Visier der Neozoen: Durch die Klimaerwärmung können sich Krankheitsüberträger wie die Asiatische Tigermücke bei uns halten. Bisher ist sie nur im Süden Deutschlands zu finden, aber Berechnungen deuten darauf hin, dass sie aufgrund des Klimawandels zwischen 2030 und 2050 in weiten Teilen Europas die nötigen Lebensbedingungen vorfinden wird.

Derartige Neubürger sind natürlich weniger willkommen. Aus diesem Grund erließ die EU 2015 eine Verordnung zu invasiven Arten, in der Maßnahmen zum zukünftigen Umgang (Prävention, Früherkennung und rasche Reaktion, Kontrolle) mit „invasiven gebietsfremden Arten von unionsweiter Bedeutung" festgelegt werden. Viele der bereits verbreiteten Arten wie Japanknöterich und Goldrute sind nicht in der Liste enthalten, da hat man wohl aufgegeben. Nutria, Waschbär und Ochsenfrosch stehen auf der Liste, gelten aber als „etabliert". Die Verordnung gilt wohl vor allem den Neubürgern, die gerade erst „im Kommen" sind.

„Wehret den Anfängen" ist heute auch überwiegend das Motto bei der „Bekämpfung" von Neobiota. Gegen bereits etablierte Neubürger geht man in der Regel nur dort vor, wo sie konkret nachweisbare Schäden entweder wirtschaftlicher oder ökologischer Art anrichten.

Bogenbrücke in Kromlau (Sachsen).

Natur oder Kultur – unser Erbe und wie wir damit umgehen

„Die Menschheit vergrößerte ihre Macht über die Natur; das ist das Erkennungszeichen der Ära des Anthropozäns. Aber wenn wir unsere Macht einfach nur weiter vergrößern, werden sowohl die Natur als auch die Menschheit zu Verlierern." (Paul J. Crutzen)

Abb. 168 Satellitenbild Deutschland.

Was sehen wir heute?

Betrachten wir ein einigermaßen aktuelles **Satellitenbild Deutschlands** (Abb. 168) ohne jegliche Texte und sonstige Eintragungen, erkennen wir die Umrisse des Gesichts und das „Auge" Berlin jetzt vielleicht schon besser. Sogar eine dunkle, nach links oben dünn auslaufende „Augenbraue" ist mit etwas Fantasie erkennbar. Ein dunkles Oval fällt oberhalb der Mitte auf, dort, wo man vielleicht das „Ohr" vermuten würde. Ansonsten wirken die wahllos verteilten Falten, Risse und Schrunden ziemlich chaotisch. Bei genauerer Betrachtung der oberen Hälfte fällt noch auf, dass der „Hinterkopf" auf der linken Seite einheitlich hell ist, während die Mitte und die rechte Seite deutlich strukturierter sind – wie auch die gesamte untere Hälfte.

Dies spiegelt sich auch in der Landschaft „am Boden" wider. Bei den dunklen Bereichen handelt es sich in der Regel um Nadelwald, nördlich von Berlin im Bereich der „Augenbraue" – Schorfheide und Mecklenburgischer Seenplatte – ist das fast immer Kiefernwald (S. 21), im Oval des Harzes vorwiegend Fichtenwald. Die hellen grünbraunen Bereiche am „Hinterkopf" kennzeichnen das Nordwestdeutsche Tiefland von Schleswig-Holstein bis zur Kölner Bucht, in denen es kaum Wald, sondern überwiegend Grünland und Äcker gibt. Wandert man von dort entlang nach unten bis zum „Hals", fallen stark strukturierte mittel- bis dunkelgrüne Flächen auf – das sind die Mittelgebirge mit ihren Mischwäldern (je dunkler, desto mehr Nadelwald). Den unteren „Hinterkopf" füllt vor allem das Rheinische Schiefergebirge aus, am „Nacken" ragt der (dunkle) Pfälzerwald nach oben und der hintere „Hals" wird vom Schwarzwald gesäumt. Östlich des Schwarzwaldes herrschen mittelgrüne Farbtöne vor, das sind die laubwaldbetonten Mittelgebirge wie die Schwäbische und Fränkische Alb. Rechts unten wirft sich der „Hals" in tiefe Falten, Ursache dafür sind unzweifelhaft die Alpen. An der „Unterlippe" sorgen Bayerischer Wald, Oberpfälzer Wald und Fichtelgebirge wieder für dunklere Farbtöne. Der Keil, der sich vom „Mundwinkel" nach links oben zieht, setzt sich aus Frankenwald und Thüringer Wald zusammen, die „Oberlippe" wird von Vogtland, Erzgebirge und Elbsandsteingebirge gebildet, die „Nasenspitze" ziert das kleine Zittauer Gebirge.

Auf einem Luftbild, das ganz Deutschland abdeckt, sieht man nicht besonders viele Einzelheiten, man erkennt aber sehr gut, wo die Landschaft reich strukturiert ist, wo sich große Täler erstrecken und wo größere Gebirgszüge liegen. Die Mittelgebirge erkennt man an ihrem kräftigeren Grün, also am höheren Waldanteil. In den Ebenen wie dem Nordwestdeutschen Tiefland ist der Waldanteil sehr gering, am Luftbild erkennt man das am Vorherrschen von hellbraunen bis hellgrünen Farbtönen.

Von Natur aus wäre fast ganz Deutschland von Wald bedeckt, und die **Buche** wäre bei Weitem der häufigste Baum in diesen Wäldern. Wie wir aber bereits im ersten Abschnitt (S. 23) gesehen haben, ist heute die Fichte der häufigste Waldbaum, gefolgt von der Kiefer. Diese beiden Nadelbäume würden von Natur aus nur auf sogenannten „Extremstandorten" vorkommen, die Fichte in besonders kalten Bereichen wie an Moorrändern, die Kiefer auf nährstoffarmen und flachgründigen Böden wie auf Sandböden oder an Felsen. Das liegt nicht daran, dass Fichte und Kiefer nicht auch woanders wachsen könnten, aber dort werden sie von konkurrenzstärkeren Bäumen wie eben der Buche verdrängt. Dass sie heute so weit verbreitet sind, haben sie dem Menschen zu verdanken, der ihr schnelles Wachstum und ihr vielseitig verwendbares Holz schätzt. Hinzu kommt, dass bei Neuaufforstung von Grünland Fichte und Kiefer wesentlich problemloser hochzubringen sind als die langsam wachsenden und oft vom Wild verbissenen Laubbäume.

Während man im letzten und vorletzten Jahrhundert im Rahmen der „Reinertragslehre" teilweise Fichten- oder Kiefernwirtschaft in großflächigen Monokulturen betrieb, setzt man seit einiger Zeit vermehrt auf Mischwälder und „naturnahen Waldbau", arbeitet also mit der Natur und nicht gegen sie. Zunehmend werden auch Wälder ganz der Natur überlassen und als Naturwaldzellen, Bannwälder oder gar als Nationalparks ausgewiesen.

Deutschland liegt im Verbreitungszentrum der Buchenwälder, die hierzulande von Natur aus zwei Drittel der Landfläche von den Alpen bis an die Meeresküsten bedecken würden. Heute sind aufgrund von Waldrodung und Umwandlung in andere Waldtypen nur rund 7 % dieser Fläche mit Buchenwäldern bedeckt, die weit überwiegend forstwirtschaftlich genutzt werden. Die Buche, die 300 Jahre alt werden kann, wird meist in einem Alter von rund 120 Jahren geerntet, Alters- und Zerfallsphasen mit den auf diese Stadien angewiesenen Lebensgemeinschaften fehlen weitgehend. Die Dominanz der Buche hat sich in den letzten 4000 Jahren entwickelt – eine geologisch und evolutionär gesehen extrem kurze Zeitspanne. Seit 2011 stehen „Alte Buchenwälder Deutschlands" auf der Liste des UNESCO-Welterbes.

Völlig vom Menschen unbeeinflusste „natürliche" Landschaften gibt es hierzulande nicht mehr. Liegt eine geringe Beeinflussung vor, spricht man von „naturnah". In Deutschland gilt das zum Beispiel für die Hochgebirge der Bayerischen Alpen, intakte Moore oder alte, nicht bewirtschaftete Buchenwälder. Sind die Wälder bewirtschaftet, können sie allenfalls noch als „halbnatürlich" bezeichnet werden. Dies gilt auch für artenreiches Grünland (S. 119 ff.) wie Heiden, Magerrasen und extensiv genutzte (wenig gedüngte) Wiesen und Weiden. Als „naturfern" gelten intensiv genutztes (stark gedüngtes) Grünland bis hin zu Zierrasen, Äckern und sehr intensiv genutzten Wäldern wie die Fichtenmonokulturen. Sehr naturfern sind etwa Deponien, Abraumhalden, gepflasterte Wege oder geschotterte Gleisanlagen. Vollständig versiegelte Flächen werden als „naturfremd" bezeichnet.

Auch bei den Gewässern gibt es unterschiedliche Grade der Naturnähe: Die Küsten von Nord- und Ostsee sind zwar stark vom Menschen beeinflusst, hier steht aber in manchen Bereichen noch die natürliche Dynamik im Vordergrund, insbesondere im Wattenmeer an der Nordseeküste. Auch Seen und ihre Verlandungszonen sind teilweise noch naturnah. Bei den Flüssen und ihren begleitenden Auen ist das nur noch selten der Fall, wie wir am Beispiel der Rheinkorrektion (S. 135 f.) gesehen haben, eher noch bei den Bergbächen der Mittelgebirge.

Laut dem „Monitor der Siedlungs- und Freiraumentwicklung", einem Fachinformationssystem zu Fragen der Freiraumentwicklung in Deutschland (www.ioer-monitor.de), kann etwa ein Drittel der Fläche Deutschlands als naturnah bis halbnatürlich bezeichnet werden, während zwei Drittel naturfern oder naturfremd sind.

Wie es zu dieser Situation gekommen ist, haben wurde in Teil II dieses Buches erläutert, und im nächsten Kapitel soll es noch einmal kurz rekapituliert werden. Hier fragen wir uns zunächst, was getan wurde und wird, damit es mit der Natur nicht noch mehr bergab geht. Denn eines wird bei Umfragen deutlich: Den Deutschen ist die Natur (oder das, was davon übrig blieb) wichtig, und die meisten wollen sie auch schützen (Bundesministerium für Umwelt, Naturschutz, Bau und Reaktorsicherheit & Bundesamt für Naturschutz 2016). Entsprechende Schutzgebiete werden in der Regel befürwortet, es sei denn, man wird dadurch zu sehr eingeschränkt. So mancher findet sich aber in der Vielzahl unterschiedlicher Schutzgebiete, die teilweise sogar übereinander liegen, nicht mehr zurecht.

Am bekanntesten sind die **Naturschutzgebiete** (NSG), die meist darauf ausgerichtet sind, bestimmte Tier- und Pflanzenarten und deren Lebensräume zu erhalten. Hierfür sind in der Regel Nutzungseinschränkungen erforderlich. Mit Stand 12/2015 verfügt Deutschland über 8743 Naturschutzgebiete. Die Naturschutzgebietsfläche in Deutschland beträgt 1 382 673 ha, das entspricht 3,9 % der Gesamtfläche. Überdurchschnittliche Flächenanteile von Naturschutzgebieten weisen die Stadtstaaten Ham-

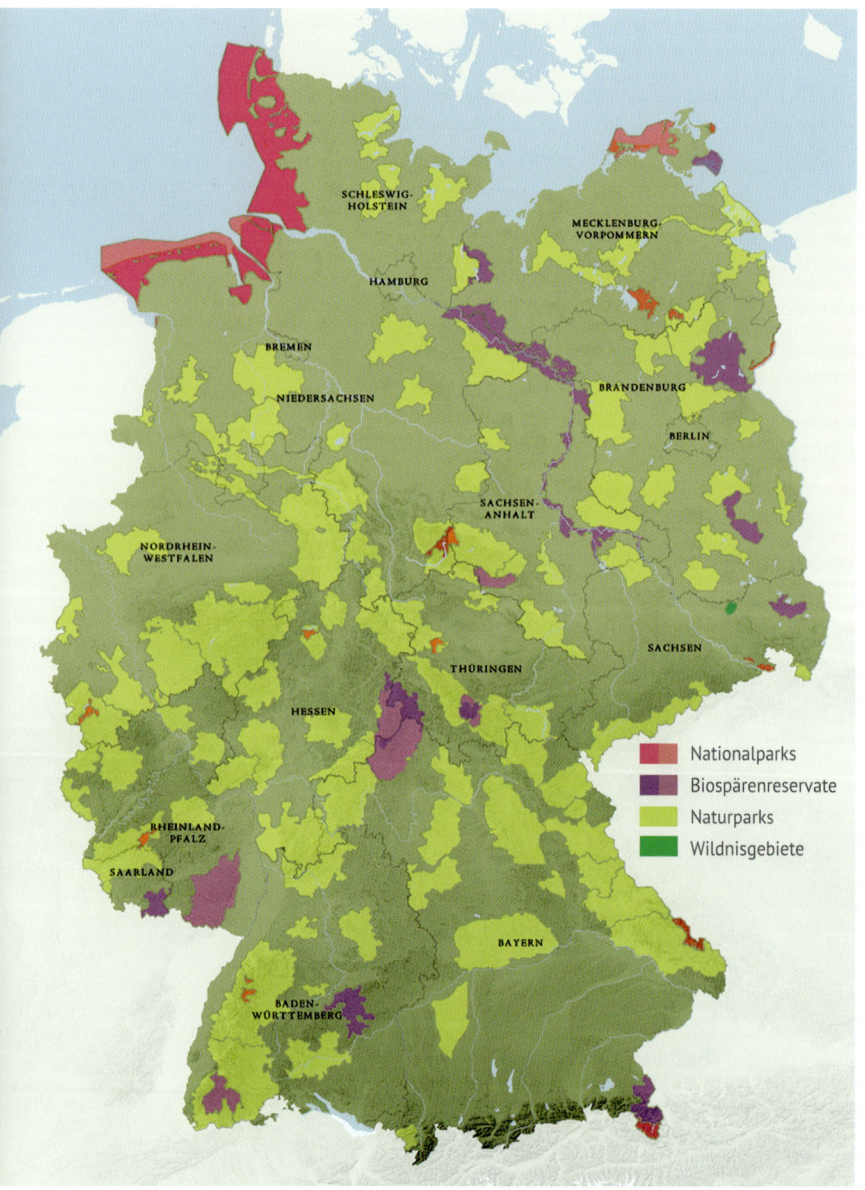

Abb. 169 Karte „Nationale Naturlandschaften".

Abb. 170 Königssee im Nationalpark Berchtesgaden.

burg (8,9 %) und Bremen (8,8 %) sowie die Länder Brandenburg (8,0 %) und Nordrhein-Westfalen (8,0 %) auf. Unterdurchschnittlich sind die NSG-Anteile in den Bundesländern Rheinland-Pfalz, Bayern, Berlin, Baden-Württemberg sowie insbesondere Hessen (1,7 %).

Landschaftsschutzgebiete bedecken zwar eine weit größere Fläche (etwa 10 Mio. ha, dies entspricht etwa 27,6 % des Bundesgebiets, Stand 31.12.2015). Im Vergleich zu den Naturschutzgebieten handelt es sich hierbei in der Regel um großflächigere Gebiete mit geringeren Nutzungseinschränkungen. Veränderungsverbote zielen darauf ab, den „Charakter" des Gebiets zu erhalten.

Weitere Schutzgebiete sind **Naturparks** und **Nationalparks**, die häufig verwechselt werden, obwohl sich zumindest ein Naturschützer kaum einen größeren Gegensatz vorstellen kann: Während Naturparks in erster Linie „vorbildliche Erholungslandschaften" sind (oder sein sollen), in denen Land- und Forstwirtschaft fast uneingeschränkt möglich sind, ist ein Nationalpark weitgehend frei von diesen Nutzungen. **Nationalparks** sollen Modelle dafür sein, wie sich eine Landschaft ohne Einfluss des Menschen entwickelt. Das Motto lautet hier: Natur Natur sein lassen. Der erste Nationalpark in Deutschland wurde 1970 mit dem Bayerischen Wald gegründet, 1978 folgte Berchtesgaden mit Königssee und Watzmann, zwischen 1985 und 1990 kamen die Küstenbereiche des deutschen Wattenmeeres hinzu. In der DDR wurden 1990 kurz vor der Wende noch fünf Nationalparks ausgewiesen (S. 147). Nach der Wende folgten sechs weitere, außer dem Unteren Odertal lauter Waldgebiete. Derzeit gibt es in Deutschland 16 Nationalparks mit einer Gesamtfläche von etwas über 1 Mio. ha. Bezogen auf die terrestrische Fläche Deutschlands, bei der die marinen Gebiete unberücksichtigt bleiben, beträgt die Gesamtfläche der Nationalparks rund 215 000 ha, dies entspricht einem Flächenanteil von 0,6 % des Bundesgebiets.

Gemeinsam haben National- und Naturparks, dass sie in der Regel über 10 km^2 (bzw. 1000 ha) groß sind, daher werden sie auch als Großschutzgebiete bezeichnet. **Naturparks** gibt es in Deutschland inzwischen über 100, zusammen nehmen sie etwa 27 % der Fläche Deutschlands ein. Sie liegen meist in Regionen, die auch viele Natur- und Landschaftsschutzgebiete aufweisen, dienen aber in erster Linie der „naturnahen" Erholung. In den letzten Jahren entwickelte der Verband Deutscher Naturparke e. V. (VDN) in enger Abstimmung mit den Naturparks eine Qualitätsoffensive, in deren Rahmen die Aufgabenbereiche Naturschutz, nachhaltiger Tourismus, Umweltbildung und nachhaltige Regionalentwicklung vorangebracht werden sollen.

Eine weitere Kategorie von Großschutzgebieten sind die **Biosphärenreservate**, die aus dem 1970 von der UNESCO ins Leben gerufenen Programm „Der Mensch und die Biosphäre" (MAB-Programm, von „Man and the Biosphere") hervorgegangen sind. UNESCO-Biosphärenreservate sind international repräsentative Modellregionen, in denen eine nachhaltige Entwicklung verwirklicht werden soll. Die Gebiete können durch die Länder vorgeschlagen bzw. landesrechtlich ausgewiesen werden und müssen bestimmte Kriterien erfüllen, um von der UNESCO anerkannt zu werden. Inzwischen findet sich der Begriff auch in den Naturschutzgesetzen des Bundes und (teilweise abgewandelt zum Beispiel als Biosphärengebiet) der Bundesländer. Biosphärenreservate bestehen aus einer ungenutzten **Kernzone** (in Deutschland immer auf mehrere Flächen verteilt), einer nach Naturschutzgesichtspunkten zu behandelnden **Pflegezone** und einer **Entwicklungszone**, in der eine nachhaltige Nutzung angestrebt werden soll. Die Gesamtfläche der 17 Biosphärenreservate in Deutschland beträgt knapp 2 Mio. ha, abzüglich der Wasser- und Wattflächen der Nord- und Ostsee entspricht dies 3,7 % der terrestrischen Fläche Deutschlands. Die UNESCO hat bislang 16 der 17 Gebiete anerkannt.

Seit 2005 sind die deutschen Nationalparks, Biosphärenreservate, Naturparks und ein Wildnisgebiet (S. 172) unter der Dachmarke **Nationale Naturlandschaften** vereint (Abb. 169). Der gemeinsame Auftritt unterstützt die Kommunikation einheitlicher Inhalte und Ziele der Großschutzgebiete und fördert die öffentliche Wahrnehmung (www.nationale-naturlandschaften.de).

Die Bezeichnung „Nationale Naturlandschaften" ist zwar sicher werbewirksam, kann aber auch hinterfragt werden: Handelt es sich dabei wirklich um Naturlandschaften, die vom Menschen weitgehend unbeeinflusst sind? Am ehesten verdienen die Nationalparks in den Alpen (Berchtesgaden) und an der Küste (Wattenmeer) das Etikett „Naturlandschaft". Die dortigen Lebensräume sind zwar vom Menschen nicht unbeeinflusst, aber ihr natürlicher Charakter steht im Vordergrund. Da praktisch allen großen Flüssen in Deutschland bereits im 18. und 19. Jahrhundert ein mehr oder weniger einengendes Korsett angelegt wurde (S. 135 ff.), können auch die Flussauen von Elbe und Oder nicht als natürlich gelten, in manchen Bereichen sind sie allenfalls „naturnah". Auch die Wald-Nationalparks in den Mittelgebirgen sind noch durch die lange Nutzungsdauer geprägt, mit der Zeit nähern sich jedoch zumindest die ungenutzten Bereiche dem Zustand einer Naturlandschaft an. Hier muss allerdings der Unterschied zwischen Naturlandschaft und „Urlandschaft" betont werden – falls es Letzteres überhaupt gibt, wenn man zum Beispiel den ständigen Wandel nach der letzten Eiszeit betrachtet (S. 70). Wenn man heute einen Wald aus der Nutzung entlässt, wird er sich trotzdem nicht zu dem entwickeln, was er „früher einmal war". Hat der Mensch zum Beispiel in der Vergangenheit die Fichte eingebracht, wird sie nicht wieder völlig verschwinden, sondern allenfalls wieder zugunsten anderer Baumarten zurückgedrängt. Es entwickelt sich das, was man als **potentielle natürliche Vegetation** bezeichnet, also der Pflanzenbestand, der ohne menschliche Nutzung unter den heutigen Bedingungen entsteht.

Bei den Biosphärenreservaten steht die nachhaltige Nutzung im Vordergrund. Sie sind also per se keine Naturlandschaften (vielleicht abgesehen von der flächenmäßig untergeordneten Kernzone), sondern **Kulturlandschaften** wie auch alle übrigen Landschaften in Deutschland, von der Lüneburger Heide bis zum Feldberg im Schwarzwald. Dies gilt selbstverständlich – dem Namen zum Trotz – auch für alle Naturparks. Oft handelt es sich um harmonische Kulturlandschaften, aber keinesfalls um Naturlandschaften. Der Begriff „Nationale Kulturlandschaft" wäre für die meisten Großschutzgebiete daher treffender als „Nationale Naturlandschaft", und das wissen auch diejenigen, die diesen Namen geprägt haben. Inzwischen ist es aber so, dass diese Landschaf-

Abb. 171 Erlenbruch im Biosphärenreservat Schorfheide-Chorin.

Abb. 172 Der Mensch fühlt sich in halboffenen Landschaften am wohlsten, wie hier im Biosphärengebiet Schwarzwald.

ten für den Tourismus von erheblicher Bedeutung sind, insbesondere die Nationalparks und Biosphärenreservate, und in der Tourismuswerbung ist der Begriff „Natur" für die freie Landschaft sicherlich positiver besetzt als „Kultur", die man eher in den Städten sucht.

Bisher haben wir insbesondere die Landschaften betrachtet, in denen noch in größerem Umfang naturnahe oder halbnatürliche Elemente vorkommen wie Wälder, Wiesen und Weiden. Wenden wir uns nun noch kurz dem anderen Ende der Skala zu, den naturfernen oder gar naturfremden Landschaften. Hierzu gehören intensiv genutzte Ackerbaugebiete, aber auch intensiv genutzte Wiesen und Weiden oder Sonderkulturen wie Erdbeer- oder Spargelfelder. Diese Bereiche empfindet der Mensch vor allem dann als naturfern, wenn es sich um großflächige Monokulturen handelt, die nicht von Bäumen, Gehölzen oder Gebüschen unterbrochen werden. Diese Landschaften haben so gut wie keinen Erholungswert. In verschiedenen Untersuchungen hat man herausgefunden, dass sich der Mensch in „halboffenen" Landschaften am wohlsten fühlt, also entweder im Übergang von Wald zu Offenland (am Waldrand) oder in einer mit Bäumen und Gebüschen strukturierten Landschaft (Abb. 172). Dies hängt möglicherweise noch mit der Entstehung des Menschen in einer Savannenlandschaft zusammen, in der er einen guten Überblick für die Jagd oder wegen potentieller Feinde hatte, sich aber auch schnell verbergen konnte. Diese Bedürfnisse werden weder in einem geschlossenen Wald noch in einer völlig offenen Steppenlandschaft befriedigt.

Auch wenn die besiedelten und versiegelten Bereiche ständig zunehmen und die Tätigkeit des Menschen mancherorts auch zur Monotonie beiträgt, gibt es in Deutschland nach wie vor eine große Vielfalt unterschiedlicher Landschaften. Dies hängt einerseits mit den natürlichen Gegebenheiten wie Geologie und Landschaftsgestalt zusammen, die Vielfalt wurde aber auch durch Zutun des Menschen heute eher erhöht als gemindert. Wenn wir eine Landschaft betrachten, sehen wir oft ein Nebeneinander unterschiedlicher „Zeitschichten", von ursprünglichen und weitgehend natürlichen Elementen wie einem Felsen oder einem Bergbach über extensive, teilweise „historische" Nutzungsformen wie Wiesen und Weiden bis hin zu technischen Elementen wie Windenergieanlagen. Die räumliche Vielfalt wird also durch die zeitliche Vielfalt überlagert. Dennoch haben wir vor allem in den letzten 50 Jahren einen enormen Verlust der Vielfalt in unserer Umgebung zu beklagen: Viele Tier- und Pflanzenarten sind seltener geworden oder gar ausgestorben, darunter viele, die sich in der Vergangenheit gut mit unserer Kulturlandschaft arrangiert hatten. Während einerseits immer mehr neue Schutzgebiete ausgewiesen und zu „Nationalen Naturlandschaften" erklärt werden, findet andererseits eine zunehmende Monotonisierung unserer Landschaft statt. Dies hängt auch damit zusammen, dass die landwirtschaftlichen Flächen nicht mehr nur unserer Ernährung dienen, sondern immer mehr dafür herhalten müssen, unseren Energiehunger zu stillen.

Abb. 173 Biogasanlage mit Rapsfeld.

Verspargelung und Vermaisung – die Ausbreitung der Energielandschaften

Der Abbau von Rohstoffen bedeutet in vielen Fällen einen Eingriff in die Landschaft. Bei den traditionellen Energieträgern gilt dies vor allem für die Braunkohle, die über Tage abgebaut wird (S. 106). Ein veränderter Landschaftscharakter oder sogar ganz neue Landschaften entstehen in den letzten Jahren aber auch durch die Nutzung regenerativer Energien wie Wind, Wasser oder Biomasse. Begriffe wie „Verspargelung" oder „Vermaisung" der Landschaft machen die Runde. Während die „Vermaisung" sich auf den zunehmenden Anbau von Mais im Zusammenhang mit der Nutzung von Biomasse zum Beispiel in Biogasanlagen (Abb. 173) bezieht, hat „Verspargelung" nichts mit der Zunahme von Spargeläckern zu tun, sondern mit den Windenergieanlagen (Abb. 174), die für die einen den Hauptbeitrag zum regenerativen Energiemix leisten, für die anderen das Landschaftsbild verschandeln. Die Wasserkraftnutzung greift

Abb. 174 „Verspargelung" durch Windkraftanlagen.

insbesondere durch große Speicherseen in die Landschaftsgestalt ein.

Das im Jahr 2000 erlassene Erneuerbare-Energien-Gesetz (EEG) hatte einen starken Wandel der Kulturlandschaft zur Folge (Poschlod 2015), denn die EEG-Förderung ermöglichte für Energiepflanzenkulturen Einkommensverbesserungen, die mit Nahrungs- und Futterpflanzen nicht zu erreichen waren (Haber 2014). Deutschlandweit nahmen 2011 Pflanzen zur „Grünernte" hauptsächlich für Biogasanlagen über 2,8 Mio. ha ein. Fast ein Viertel der Ackerflächen werden für die Produktion von Energiepflanzen genutzt, in Schleswig-Holstein und Niedersachsen werden Werte über 30 % erreicht. Durch den Energiepflanzenanbau werden Bodenzerstörung und Erosion verstärkt (Klüter & Bastian 2012). Insbesondere der Mais-, aber auch der Rapsanbau benötigen viel Dünger und viele Pestizide, sodass die Kulturen zur Umweltbelastung beitragen.

Ein weiterer Effekt der energetischen Nutzung von Ackerflächen sind der „Flächenhunger" und die damit steigenden Preise für Ackerflächen, die sich traditionelle landwirtschaftliche Betriebe kaum mehr leisten können.

Eine deutlich höhere Energieeffizienz als Energiepflanzen wie Mais erreichen Windkraftanlagen: Ein großes Windkraftwerk erzeugt ebenso viel Strom wie mehrere Quadratkilometer Maisfläche (Poschlod 2015). Daher setzen die meisten Bundesländer in den letzten Jahren verstärkt auf die Windkraftnutzung, zumindest anfänglich auch mit Zustimmung der Naturschutzverbände. Inzwischen kommt es allerdings fast überall zu verstärkten Bürgerprotesten, und auch die Tourismusorganisationen sind in Erholungslandschaften meist sehr skeptisch eingestellt.

Aus der Sicht des Naturschutzes führt vor allem der negative Einfluss auf die Populationen von Vögeln und Fledermäusen zur Ablehnung oder Forderung einer zeitweisen Abschaltung der Anlagen. Das „Neue Helgoländer Papier" der Länderarbeitsgemeinschaft der Vogelschutzwarten (LAG VSW) berücksichtigt den neuesten Forschungsstand zur Gefährdung von Vögeln durch Windkraftanlagen, es beinhaltet insbesondere die empfohlenen Mindestabstände zwischen den Anlagen und den Brutplätzen seltener Vogelarten wie etwa Schreiadler, Rotmilan (Abb. 175) oder Schwarzstorch.

Abb. 175 Rotmilan.

Abb. 176 Luftbild einer ländlichen Gegend in Deutschland.

War früher alles besser?

Wie wir gesehen haben, gibt es heute in Deutschland keine Landschaften und keine Ökosysteme mehr, die nicht vom Menschen beeinflusst wurden und werden. Für etwa zwei Drittel der Fläche Deutschlands ist das Wort „beeinflusst" noch deutlich zu schwach – diese Flächen sind so stark vom Menschen geprägt, dass sie als naturfern oder gar naturfremd gelten.

In Teil II dieses Buchs haben wir erfahren, dass die Tätigkeit des Menschen die Vielfalt an Lebensräumen und Arten zunächst sogar erhöht hat. Etliche Tier- und Pflanzenarten konnten sich überhaupt erst durch den Einfluss des Menschen hierzulande ausbreiten, einige davon hat der Mensch zusammen mit den von ihm angebauten Kulturpflanzen bei seiner Einwanderung aus dem Südosten mitgebracht. Man nimmt an, dass die biologische Vielfalt in Deutschland um 1850 am höchsten war. Erst danach wirkte sich der Einfluss des Menschen negativ auf die Anzahl der hierzulande vorkommenden Tier- und Pflanzenarten aus.

Die ersten „modernen" Menschen (Homo sapiens) lebten in Deutschland mitten in der letzten Kaltzeit vor etwa 40 000 Jahren und ernährten sich hauptsächlich vom Fleisch der Tiere, die sie als Jäger erbeuten konnten. Die damaligen Menschen waren – allein schon aufgrund ihrer Anzahl – Teil der Natur und beeinflussten ihre Umgebung nicht mehr als ihre Mitgeschöpfe.

Wesentliche Änderungen ergaben sich nach dem Rückzug der Gletscher vor rund 10 000 Jahren und der zunehmenden Bewaldung, wodurch die Jagd in weiten Bereichen erschwert wurde. Dies führte schließlich zu einer „revolutionären" Umstellung in der Lebensweise unserer Vorfahren, die sich in Mitteleuropa vor etwa 7500 Jahren in der Jungsteinzeit (Neolithikum) anbahnte: Aus jagenden Nomaden wurden sesshafte Ackerbauern und Viehzüchter (S. 77 ff.). Dies war der entscheidende Wendepunkt, an dem der Mensch vom „Naturwesen" zum "Kulturwesen" wurde (das Wort Kultur leitet sich ab von lat. *colere* = anbauen bzw. *cultura* = Ackerbau).

Aus der heutigen Sicht des Naturschutzes war der Übergang zur **Landwirtschaft** der wohl folgenschwerste Eingriff in die Natur. Denn von nun an unterschieden die Menschen eine wilde von einer domestizierten Natur als ihrer neuen Lebensgrundlage, die zwar aus der wilden Natur stammte, aber ständig gegen sie verteidigt, also Schutz erhalten musste. Erst damit begannen die Menschen, sich eine eigene Umwelt, ja ihre eigene Biosphäre (Anthroposphäre) zu schaffen, die auch alle in Symbiose mit den Menschen lebenden, anpassungsfähigen Lebewesen begünstigte (Haber 2014).

Dass dies bei uns das Gesicht der Landschaft zunächst jedoch nicht wesentlich änderte, zeigt der Bericht von Tacitus, der Germanien etwa 100 Jahre nach Christi Geburt immer noch weitgehend von „schaurigen Wäldern" bedeckt sah. Anders verhielt es sich im Mittelmeergebiet, in dem die dortigen Hochkulturen bereits zu einer wesentlichen Reduzierung der Wälder beigetragen hatten. Die Römer schickten sich nun an, auch Mitteleuropa ihr Siegel aufzudrücken, indem sie zum Beispiel Obstgärten und Weinberge anlegten und Kulturpflanzen wie Walnuss und Esskastanie mitbrachten. Noch wesentlicher für die weitere Entwicklung war aber sicherlich die römische Infrastruktur aus Städten, Straßen, Brücken und so weiter, die noch lange nach Abzug der Römer ihre Bedeutung behielten. Trotzdem waren weite Bereiche Germaniens nach wie vor durch den Menschen kaum „beeinträchtigt", insbesondere die höheren Mittelgebirge wie der Schwarzwald waren unbesiedelt.

Am Übergang zum Mittelalter wurden die ländlichen Siedlungen allmählich ortsfest, was auch Auswirkungen auf die Bewirtschaftung hatte: Wurden die landwirtschaftlich genutzten Flächen vorher immer wieder verlagert bzw. wurde immer wieder Wald gerodet, verstetigten sich nun auch die unterschiedlichen Nutzungen, was einen grundsätzlichen Wandel in der Kulturlandschaft nach sich zog, der sich zum Beispiel in einer Veränderung der Baumartenzusammensetzung niederschlug. Das Vieh weidete nicht nur auf offenen Flächen, sondern auch in Wäldern, die dadurch zunehmend lichter wurden.

Charakteristisch für den Ackerbau des Mittelalters war die Dreifelderwirtschaft (S. 82 ff.), in standörtlich und klimatisch geeigneten Lagen wurden Obstgärten, Weinberge und Hopfengärten angelegt. Durch die im Hochmittelalter ständig wachsende Bevölkerung brauchte man mehr landwirtschaftliche Nutzfläche, sodass an der Nordsee erstmals Deiche zur Landgewinnung errichtet wurden und auch bisher fast unbewohnte Mittelgebirge wie Schwarzwald, Harz, Erzgebirge und Bayerischer Wald

Abb. 177 Noch Mitte des 19. Jahrhunderts war die Bekassine in Deutschland häufig und wurde intensiv bejagt, heute ist sie laut Roter Liste vom Aussterben bedroht.

besiedelt wurden. Eine große Rolle bei der Erschließung der letzten größeren Wildnisse spielten die Klöster. Insbesondere der Reformorden der Zisterzienser (S. 105 f.) setzte sich zum Ziel, die Natur in „göttlichem Auftrag" zu erobern.

Die im Spätmittelalter zunehmend in den Mittelpunkt rückenden Städte waren in der Versorgung mit Naturalien von der ländlichen Umgebung abhängig. Sie waren auf eine ausreichende Wasserversorgung, den Betrieb von Mühlen und die Anbindung an Handelswege angewiesen, weshalb sie in der Regel an Flüssen lagen. Viele Handelsstraßen folgten dem Verlauf römischer Straßen, im späten Mittelalter wurden auch erste Kanäle gebaut. Holz war der gebräuchlichste Werkstoff und fast das einzige Heizmaterial im Mittelalter, sodass der Holzverbrauch größer war als die nachwachsende Holzmenge, die erste Energie- und Umweltkrise war geboren. In Folge der Pestepidemien Mitte des 14. Jahrhunderts sank allerdings die Bevölkerungszahl, was aus ökologischer Sicht eine „Entlastung" mit sich brachte (Küster 1995).

Zu Beginn der Neuzeit wuchsen die Städte kaum mehr, es wurde wieder „modern", aufs Land zu ziehen. Die Landschaft unterschied sich zunächst kaum vom späten Mittelalter, auch an der Übernutzung der Wälder änderte sich nichts.

Einen gravierenden Einschnitt brachte der Dreißigjährige Krieg, in dem in manchen Regionen große Bevölkerungsanteile ihr Leben ließen sowie zahlreiche Dörfer und Fluren verwüstet wurden. Viele Flächen lagen danach brach, wurden aber meist bald von adligen oder kirchlichen Grundbesitzern übernommen und wieder genutzt, teilweise auch in Wald umgewandelt. Da aber insbesondere in der Erntezeit die Arbeitskräfte fehlten, wurden ehemalige Ackergebiete häufig beweidet, wodurch das Grünland zunahm (S. 118).

Die Neuzeit brachte also zunächst keinen entscheidenden Wandel in der Art und Weise, wie der Mensch mit Natur und Landschaft umging. Die endgültige „**Eroberung der Natur**" wurde zunächst gedanklich vorbereitet. Begriffe wie Humanismus und Aufklärung haben in unseren Ohren meist einen uneingeschränkt positiven Klang, es gibt aber wie immer eine Kehrseite der Medaille: Während der Humanismus eines Erasmus von Rotterdam noch der antiken und christlichen Tradition verpflichtet war, stellt der Rationalismus des René Descartes *(Cogito, ergo sum)* endgültig den denkenden Menschen in den Mittelpunkt und trennt ihn als *res cogitans* von seiner Umwelt *(res extensa)* – der „cartesianische Dualismus" war geboren, der bis heute das Denken der westlichen Welt maßgeblich beeinflusst und auf dem unsere gesamte „moderne" Wissenschaft beruht. Dass diese Denkweise sich damals in rasantem Tempo durchsetzte, hatte mit einigen weiteren „-ismen" zu tun: dem Absolutismus, der es einem Herrscher ermöglichte, seine oder die an ihn herangetragenen Vorstellungen rücksichtslos zu verwirklichen. Dies drückte sich unter anderem im Merkantilismus aus, einer vom Staat gelenkten Wirtschaftspolitik, die auf eine Steigerung des Exports und der Produktion (Bau von Manufakturen) sowie den Ausbau der Flotten und der Verkehrswege abzielte. Vegetation und Landschaft änderten sich durch die vielfältige gewerbliche Tätigkeit nachhaltig. Besonders gravierend wirkten sich die im 17. Jahrhundert begonnenen Moorkultivierungen (S. 128 ff.) aus, die aus ehemals menschenleeren Naturräumen besiedelte und landwirtschaftlich genutzte Flächen machten. Die wohlgeordneten barocken Gärten der absolutistischen Herrscher waren also nur ein Aspekt der „Eroberung der Natur" (Blackbourn 2007), die nun in vollem Gange war.

Die von England ausgehende **Industrielle Revolution** fasste in Deutschland erst nach dem Wiener Kongress (1815) so richtig Fuß, aufgrund der Vielfalt an Bodenschätzen und landwirtschaftlichen Produkten war der Nährboden hier besonders günstig. Der große Energiebedarf der Dampfmaschinen hätte unseren Wäldern endgültig den Garaus machen können, wenn das Holz als wichtigster Energielieferant nicht durch Kohle abgelöst worden wäre. Dadurch wurde es ermöglicht, den Wald wieder „nachhaltig" zu bewirtschaften, was durch forstliche Lehranstalten und Waldgesetze untermauert wurde. Auch in der Landwirtschaft kam es zu zahlreichen Reformen, die insbesondere eine Steigerung der Produktion zum Ziel hatten – die Industrialisierung der Landwirtschaft begann.

Die Städte wuchsen im 19. Jahrhundert sehr schnell über ihre nicht mehr als Schutz benötigten mittelalterlichen Mauern hinaus, ohne dass die bewährten Grundsätze des Siedlungsbaus beachtet wurden. Wenig Gedanken machte man sich auch um Umweltzerstörung, Landschaftsverbrauch, Schadstoffdeponierung, Abwasser und Abgase. Da neben den Straßen die Gewässer wichtige Verkehrswege waren, insbesondere nach dem Aufkommen von Dampfschiffen, wurden im 19. Jahrhundert große Flussregulierungen in Angriff genommen (S. 135 ff.).

Der Gegensatz zwischen landschaftszerstörender Industrie und „heiler Natur" trat immer mehr ins Bewusstsein und führte schließlich zur „ersten Umweltbewegung" Ende des 19. Jahrhunderts. Damals sprach man allerdings noch nicht von Umwelt, sondern es entstand zunächst eine Heimatbewegung, die ihre Wurzeln in der Romantik hatte (S. 143).

Nach dem Ersten Weltkrieg war die **Energiegewinnung** eines der vordringlichen Probleme. Elektrischer Strom wurde einerseits durch Kohlekraftwerke gewonnen, andererseits in Wasserkraftwerken. Während das 19. Jahrhundert ein Zeitalter der Eisenbahn war, wurde das folgende das Zeitalter des Automobils, das eine gewaltige Zunahme des Individualverkehrs brachte. Dies führte in den 1920er-Jahren zur Planung eines Netzes von Autobahnen, deren Bau ein Jahrzehnt später aus militärischen Gründen forciert wurde.

In der Nachkriegszeit setzte bald der Wiederaufbau der zerstörten Städte und Industriebetriebe ein, es entstanden sowohl in der BRD als auch in der DDR Trabantenstädte mit gewaltigem Landschaftsverbrauch. In der DDR wurde insbesondere der **Braunkohletagebau** vorangetrieben, da Steinkohle weitgehend fehlte. Der hohe Schwefelgehalt führte zunehmend zu Umweltschäden wie dem Waldsterben, besonders im Erzgebirge. Größere Belastungen als in der DDR gingen im Westen insbesondere vom Individualverkehr, vom Flächenbedarf für Industriegebiete und Einkaufszentren und vom zunehmenden Müllaufkommen aus.

Die bereits im 19. Jahrhundert begonnene Rationalisierung bzw. Industrialisierung der Landwirtschaft schlug in Deutschland erst nach dem Zweiten Weltkrieg voll durch, was zu gravierenden Landschaftsveränderungen führte. Waren ehemals kleinräumig verzahnte Nutzungen aufgrund der Besitzverhältnisse und der Standortvielfalt typisch, so sorgten mineralische Düngung, Entwässerung und Flurbereinigung auf produktiven Standorten für eine Nivellierung der Standortverhältnisse und großflächige Monokulturen. In sogenannten Grenzertragslagen, etwa in Mittelgebirgen, wurden vorher landwirtschaftlich genutzte Flächen zunehmend aufgeforstet, was meist ebenfalls zu Monokulturen aus Fichten führte.

Diese Entwicklung führte zu einem vorher nicht gekannten **Artenrückgang**, die „Roten Listen" der gefährdeten oder gar vom Aussterben bedrohten Tiere und Pflanzen wurden immer länger. Der Staat versuchte, dieser Entwicklung durch Naturschutzgesetze und die Ausweisung von Schutzgebieten zu begegnen, dies hatte aber angesichts der zunehmenden Industrialisierung der Landwirtschaft nur wenig Wirkung. Die privaten Naturschutz- und Umweltverbände hatten zwar ab den 1980er-Jahren zunehmenden politischen Einfluss, den Artenrückgang konnten sie jedoch ebenso wenig aufhalten.

Nachdem in den Bundesländern verschiedene Förderprogramme zur Erhaltung der Natur auf landwirtschaftlich genutzten Flächen aufgelegt wurden (Vertragsnaturschutz), reagierte die Europäische Union (EU) auf den dramatischen Rückgang von Lebensräumen und Arten mit der 1992 erlassenen Fauna-Flora-Habitat-(FFH-)Richtlinie, die alle EU-Länder dazu verpflichtete, geeignete Gebiete für das europäische Schutzgebietsnetz **Natura 2000** zu benennen (S. 147). Als Maßnahme gegen die Überproduktion wurden ab Ende der 1980er-Jahre Prämien für die Stilllegung von Ackerflächen bezahlt. Nachdem inzwischen aber viele Flächen energetisch genutzt werden (S. 160 f.) und der „Flächenhunger" auch durch die Zinspolitik angeheizt wird, spricht heute niemand mehr von einer Stilllegung. Wir sind also endgültig im Anthropozän angekommen, dem Zeitalter der Herrschaft des Menschen über die Natur.

Willkommen im Anthropozän

Nach der bisherigen Definition der Geologen wird die Zeit nach dem Rückzug des Eises aus Mitteleuropa bis zur Gegenwart als Holozän bezeichnet. Unzweifelhaft ist diese jüngste geologische Epoche durch die Ausbreitung des modernen Menschen gekennzeichnet. Inzwischen ist der Einfluss des Menschen auf die Erde dermaßen stark geworden, dass man seit der Jahrtausendwende darüber diskutiert, ob nicht mittlerweile eine neue geologische Epoche angebrochen ist: das „Anthropozän", das Zeitalter des Menschen. Erstmals wurde der Begriff vom Nobelpreisträger (für Chemie) Paul Crutzen um das Jahr 2000 verwendet. Inzwischen gibt es in der *International Commision of Stratigraphy*, die weltweit über die Einteilung der geologischen Zeitskala und die Benennung der geologischen Epochen entscheidet, sogar eine eigene Arbeitsgruppe „Anthropozän".

Für eine formale Definition des Anthropozäns genügt nicht allein, dass der Mensch inzwischen einen überragenden Einfluss auf die Erde hat, sondern ob sich dieser Einfluss geologisch manifestiert. Als Hinweis darauf können die modernen Baumaterialien gelten, in erster Linie der Beton. Dessen jährliche Produktion würde ausreichen, um ganz Deutschland mit einer zentimeterdicken Schicht zu bedecken – und das jedes Jahr (Möllers et al. 2015). Ein weiteres Indiz ist die Veränderung der chemischen Zusammensetzung der Atmosphäre und der Ozeane. So ist die Dichte von Kohlendioxid (CO_2) in der Atmosphäre seit der Industriellen Revolution um etwa ein Drittel von ungefähr 280 Teilen pro Million (ppm) auf heute 400 ppm angestiegen, was als Hauptursache des Klimawandels gilt.

Die empfindlichsten Auswirkungen haben die menschlichen Aktivitäten aber auf die biologische Vielfalt. Manche sprechen bereits heute von einem „sechsten Massenaussterben" in der Folge der „Big Five" der Erdgeschichte (S. 42), diesmal nicht durch Meteoriten oder andere globale Katastrophen, sondern einzig und allein durch uns Menschen verursacht. Hinzu kommen die Beeinträchtigungen durch „invasive Arten", die aus anderen Teilen der Erde bewusst eingebracht oder versehentlich eingeschleppt wurden (S. 148 ff).

Allein durch unsere „Häufigkeit" und „Masse" werden auch künftige Fossilien sehr stark von uns Menschen geprägt sein: *Homo sapiens* macht jetzt ungefähr ein Drittel der Biomasse unter den großen Landwirbeltieren aus, ein Großteil der übrigen zwei Drittel sind unsere Nutztiere, während die großen Wildtiere weniger als 10 % ausmachen (Harari 2017). Dies spielt als „Biostratigraphie" ebenfalls eine große Rolle bei der Einteilung geologischer Epochen.

Es gibt also eine Vielzahl an Hinweisen, dass der Begriff „Anthropozän" auch geologisch sinnvoll ist. Wann aber hat das Anthropozän begonnen? Paul Crutzen schlug den Beginn der industriellen Revolution um 1800 vor, als das Wachstum der menschlichen Bevölkerung und des auf Kohle basierten Energieverbrauchs zunahmen und der Gehalt an CO_2 zu steigen begann. Es wurde auch schon ein viel früherer Zeitpunkt vorgeschlagen: die Entstehung und weltweite Expansion der Landwirtschaft vor rund 6000 Jahren. Auch der Beginn der „großen Beschleunigung" um 1950, der mit dem Atomzeitalter und mit dem Zeitalter des Plastiks und Betons zusammenfällt, wäre ein möglicher Anfangspunkt für das Anthropozän.

Abb. 178 Ausstellung „Willkommen im Anthropozän" in München in den Jahren 2015 und 2016.

Abb. 179 Schneeferner auf dem Zugspitzplatt, einer der nördlichsten Gletscher der Alpen. Durch überdurchschnittliche Sommertemperaturen seit 1990 befindet er sich auf dem Rückzug.

Abb. 180 Kegelrobbe – derzeit größtes Raubtier Deutschlands.

Was bringt die Zukunft?

Wir haben erfahren, dass die Landschaft in der Vergangenheit in ständigem Wandel begriffen war und können daraus ableiten, dass das auch in Zukunft so sein wird. Nichts ist so beständig wie der Wandel, wie bereits Heraklit etwa 500 Jahre vor unserer Zeitrechnung erkannte. Aber gibt es Hinweise, in welche Richtung der Wandel in den nächsten Jahrzehnten gehen wird – oder können wir das sogar selbst beeinflussen?

In einigen Bereichen sind Veränderungen bereits in vollem Gange und können vielleicht noch abgemildert, nicht aber völlig verhindert werden. An erster Stelle steht hier sicher der **Klimawandel**, in den letzten Jahren Thema zahlreicher Konferenzen und Vereinbarungen. Inzwischen gilt es als eher unwahrscheinlich, das sich die Durchschnittstemperatur um weniger als 2 °C erhöhen wird (Zwei-Grad-Ziel). Dies hat ohne Zweifel Auswirkungen auf Natur und Landschaft. Bereits jetzt ist zu erkennen, dass Baumarten wie die Fichte weniger gut mit der Klimaerwärmung zurechtkommen wie etwa die aus Nordamerika stammende Douglasie (S. 150). Während kälteangepasste Tier- und Pflanzenarten verdrängt werden, wandern wärmeliebende Arten zunehmend in Deutschland ein – darunter auch unerwünschte Arten wie die Tigermücke. Auch andere Neobiota (S. 148 ff.) profitieren von einem wärmeren Klima.

Ein weiteres brisantes Thema ist der **Landschafts-** oder **Flächenverbrauch**. Damit ist insbesondere die Versiegelung der Böden durch Bebauung oder Infrastruktur gemeint. Auch wenn man in den letzten Jahren versucht, die Flächeninanspruchnahme etwa durch „Innenverdichtung" zurückzufahren, kommen in Deutschland täglich nach wie vor über 65 ha an bebauter Fläche hinzu bzw. gehen anderen Nutzungen (Land- und Forstwirtschaft, Naturschutz, Freizeit) verloren.

Und in der **Landwirtschaft** scheint das Ende der Intensivierung und Monotonisierung noch nicht erreicht zu sein. Neben der oben bereits erwähnten „Vermaisung" der Landschaft infolge der lukrativen Biogasnutzung sind – unter anderem auch beim Maisanbau – hochwirksame Insektizide, die sogenannten Neonikotinoide, die als Beizmittel für Saatgut eingesetzt werden, ein zunehmendes Problem. Im Oberrheingraben kam es 2008 zu einem massiven Bienensterben durch den Wirkstoff Clothianidin, bei dem über 11 000 Völker geschädigt wurden. Auch der erhebliche Rückgang der Schmetterlinge und anderer Insekten in den letzten Jahren – allein in Nordrhein-Westfalen ist in den vergangenen 15 Jahren die Biomasse der Fluginsekten um bis zu 80 Prozent zurückgegangen – wird mit den Neonikotinoiden in Verbindung gebracht (Resolution zum Schutz der mitteleuropäischen Insektenfauna, insbesondere der Wildbienen, verfasst von den Teilnehmer/innen der 12. Hymenopterologen-Tagung Stuttgart im Oktober 2016).

Die meisten der bereits jetzt abzusehenden Entwicklungen führen eher zu einem weiteren **Artenrückgang**, zu einer weiteren Dezimierung der biologischen Vielfalt (Biodiversität). Trotz der EU-Schutzgebiete (Natura 2000) und der verschiedenen Biodiversitätsstrategien ist es hier noch nicht zu grundlegenden Änderungen gekommen.

Auch das „Zauberwort" Nachhaltigkeit (Grober 2010, 2016), das vor wenigen Jahren seinen 300. Geburtstag feierte, konnte seinen Zauber noch nicht so richtig entfalten. In vielen Fällen ist es eher schwierig, ökologische, ökonomische und soziale Aspekte gleichermaßen zu berücksichtigen, wie es die moderne Definition der Nachhaltigkeit verlangt.

Die geschilderten Entwicklungen bieten wenig Anlass zu „Zukunftsoptimismus". Gibt es auch Positives zu berichten? Immerhin sind einige Tierarten, die früher bei uns verbreitet waren, dann – in der Regel durch intensive Bejagung – verschwanden, heute wieder zurückgekommen. Darüber freut sich allerdings nicht jeder, wie das Beispiel des Bibers zeigt (S. 138).

Nicht ganz so erfolgreich verlief in Deutschland die Wiederansiedlung des **Luchses**, der trotz verschiedener Auswilderungsprojekte nach wie vor sehr selten ist. Einzelne Luchse waren bereits in den 1950er-Jahren aus Tschechien in den Bayerischen Wald eingewandert, und auch im Elbsandsteingebirge (S. 214) und der Dübener Heide (S. 215) wurden in der Folge Luchse beobachtet. Im Nationalpark Harz (S. 185) wurden seit dem Jahr 2000 insgesamt 24 Luchse ausgewildert, 2002 kam es zur ersten Freilandgeburt. Einzelne, meist aus der Schweiz eingewanderte Luchse wurden auch schon im Schwarzwald gesichtet.

Wesentlich positiver läuft es bei der allseits beliebten **Wildkatze** (Abb. 181), die in Baden-Württemberg

Abb. 181 Im Gegensatz zu Luchs und Wolf wird die Rückkehr der Wildkatze allgemein begrüßt.

2006 nach fast 100 Jahren erstmals wieder nachgewiesen werden konnte und in den Wäldern entlang des Rheins offenbar eine stabile Population besitzt. Schwierig ist es für sie allerdings, über die maisdominierte Rheinebene in den Schwarzwald zu kommen, da muss mit einem Biotopverbund nachgeholfen werden. Der Bestand der Wildkatze in Deutschland wird auf 5000 bis 7000 Tiere geschätzt (Bundesamt für Naturschutz 2016).

Vor allem bei Schäfern gefürchtet ist der **Wolf**, der sich in Deutschland zunehmend ausbreitet – inzwischen leben etwa 130 Wölfe in Deutschland (Badische Zeitung vom 24.09.16). In Deutschland, insbesondere in seinen Ostprovinzen, hatte sich der Wolf im 17. Jahrhundert während des Dreißigjährigen Kriegs teilweise stark ausgebreitet (S. 118). Der vor der Rückkehr vorläufig letzte freilebende Wolf wurde 1904 in der Lausitz erlegt. Schon nach dem Zweiten Weltkrieg wanderten immer wieder Wölfe nach Deutschland ein, bis 1990 wurden in Deutschland mindestens 21 Wölfe geschossen oder mit Fallen gefangen. Im Jahr 2000 wurde im sächsischen Teil der Lausitz erstmals seit mindestens 100 Jahren wieder eine erfolgreiche Reproduktion des Wolfes in Deutschland nachgewiesen – der Beginn einer nun einsetzenden Populationsdynamik. Seitdem hat der Bestand an Wölfen dort kontinuierlich zugenommen und das Verbreitungsgebiet hat sich beständig vergrößert.

Nachdem „Problembär" Bruno inzwischen ausgestopft im Museum „Mensch und Natur" in München steht (Abb. 182), wird sich wohl so schnell kein **Braunbär** mehr nach Deutschland wagen. Im Alpenraum ist jedoch auch das größte europäische Raubtier in Ausbreitung begriffen.

Solange aber der Braunbär nicht wieder die Grenzen Deutschlands überschreitet, lebt unser größtes Raubtier im Meer: die Kegelrobbe (Abb. 180), deren Bestände in den letzten Jahren deutlich zugenommen haben.

Bei den Vögeln sind insbesondere die Arten der offenen Landschaft wie Rebhuhn und Feldlerche stark rückläufig (S. 85). Einige große, früher ebenfalls bejagte Vogelarten haben sich jedoch in den letzten Jahren und Jahrzehnten erholt. Früher war es zum Beispiel etwas Besonderes, wenn man einen **Graureiher** sah – damals noch Fischreiher genannt, was auch den Grund für seine frühere Verfolgung aufzeigt. Heute trifft man den schönen Vogel sogar regelmäßig im Siedlungsbereich an. Ein weiterer Fischfresser, der **Seeadler** (Abb. 113), war durch Bejagung in Deutschland bis auf Vorkommen in Mecklenburg-Vorpommern und Brandenburg verschwunden. Ab Anfang des 20. Jahrhunderts zeigten die Bestände durch die Jagdverschonung deutliche Zuwächse, es wurden unter anderem Schleswig-Holstein (1947) und Dänemark (1952) wieder besiedelt. In den 1950er- und 1960er-Jahren kam es jedoch wieder zu einer rapiden Abnahme der Bestände, da die Vögel aufgrund der Verwendung von DDT kaum noch Nachwuchs bekamen. Mit dem Verbot des giftigen Insektizids ab Anfang der 1970er-Jahre erholten sich die Bestände wieder, seit 1990 zeigen viele Populationen, darunter auch die deutsche, ein sehr starkes Wachstum und eine deutliche Ausbreitungstendenz. So stieg die Zahl der Brutpaare in Deutschland von 185 im Jahr 1990 auf 470 im Jahr 2004, 2007 wurden 575 Brutpaare in Deutschland gezählt (Wikipedia[3]). Seit 2005 gilt der Seeadler weltweit als „nicht gefährdet".

Die Erfolgsgeschichte des **Wanderfalken** (Abb. 57) ist vergleichbar mit der des Seeadlers, da auch sein Bestand sich nach dem Verbot des DDT stabilisierte. Hinzu kam, dass der Wanderfalke bei Falknern sehr begehrt war und immer wieder Jungfalken „ausgehorstet" wurden. 1965 war der Bestand in weiten Teilen Deutschlands zusammengebrochen, in Baden-Württemberg lebten noch etwa 50 Paare (AGW & OGBW 2015). Eine kleine Gruppe engagierter Vogelschützer wollte sich mit dem scheinbar unaufhaltsamen Rückgang des Wanderfalken nicht abfinden und gründete die Arbeitsgemeinschaft Wanderfalkenschutz (AGW), die die verbliebenen Wanderfalken erfasste und einzelne Horste Tag und Nacht bewachte. Trotzdem gingen die Bestände weiter zurück, der „Vogel der Vögel", wie Konrad Lorenz den Wanderfalken nannte, schien unrettbar verloren. Doch die AGW machte weiter, baute sogar Kunsthorste, um die Brutmöglichkeiten zu verbessern. Ende der 1970er-Jahre wurden verwaiste Felsen erstmals wieder besiedelt, danach kam es zu einer spektakulären Bestandserholung: 1986 waren es bereits über 100 Paare, 2003 wurde mit fast 300 Paaren der höchste je in Baden-Württemberg ermittelte Bestand erreicht. In der Folge nahm der Bestand – unter anderem wegen der Konkurrenz mit den Uhu, der ebenfalls fast ausgestorben war und sich wieder erholt hatte – zwar wieder leicht ab, mit über 250 Paaren ist man aber immer noch „auf der sicheren Seite", sodass der Wanderfalke auf der Roten Liste inzwischen als „nicht gefährdet" eingestuft werden kann. In ganz Deutschland gibt es inzwischen wieder etwa 1000 Brutpaare.

Positive Entwicklungen gab es auch bei **Kranich** und **Schwarzstorch**, zwei Großvögeln, die ihren Schwerpunkt wie der Seeadler im Nordosten Deutschlands haben und beide in Zunahme bzw. Ausbreitung begriffen sind. Auch der **Weißstorch** ist in der Umgebung in der Oberrheinebene inzwischen wieder allgegenwärtig, manchmal sieht man hier über 20 Störche auf einmal auf einer Wiese bei der Nahrungssuche. Dies war in den 1980er-Jahren ganz anders, damals war der Weißstorch in der Rheinebene so gut wie ausgestorben.

Große Erfolge konnten auch im Umweltschutz erzielt werden: Unsere Bäche und Flüsse sind wieder deutlich klarer als vor 50 Jahren, wilde Müllkippen stören nicht mehr das ästhetische Empfinden und beeinträchtigen nicht länger das Grundwasser, die Luft ist durch moderne Filtertechnik sauberer geworden. Der Umweltschutz ist inzwischen Staatsziel, keine politische Partei kann ihn mehr ausblenden, Umweltministerien sind heute nicht mehr wegzudenken. Der Naturschutz in engerem Sinn, also der Schutz von Lebensräumen und Arten, wird dabei meist unter den Umweltschutz subsummiert, obwohl seine Ziele mit rein technischen Maßnahmen nicht erreicht werden können. Noch weniger ist das bei der Erhaltung von Kulturlandschaften möglich, bei der ästhetische Aspekte eine große Rolle spielen. Hier sind vor allem internationale Institutionen aktiv, wie die UNESCO mit ihrer 1978 eröffneten Welterbeliste (Weltkultur- und Weltnaturerbe).

Das Stichwort UNESCO bringt uns in ein anderes Feld: Die UNESCO *(United Nations Educational, Scientific and Cultural Organization)* ist die Organisation der Vereinten Nationen für Bildung, Wissenschaft und Kultur, und dabei steht die Bildung an erster Stelle. Auf der Grundlage der Rio-Konferenz 1992, auf der mit der Agenda 21 ein Aktionsprogramm für die weltweite nachhaltige Entwicklung beschlossen wurde, riefen die Vereinten Nationen die Jahre 2005 bis 2014 als Weltdekade „Bildung für nachhaltige Entwicklung" (BNE) aus. In Deutschland wurde die UNESCO-Kommission mit der Umsetzung beauftragt, die einen Nationalen Aktionsplan herausgab, der die BNE in allen Bereichen der Bildung verankern sollte. Inzwischen wurde aus der Weltdekade ein Weltaktionsplan (2015 bis 2019). Die Bildungsoffensive soll es dem Individuum ermöglichen, aktiv an nachhaltigen Entwicklungsprozessen teilzuhaben und gemeinsam mit anderen in Gang zu setzen, aber auch, sich selbst an Kriterien der Nachhaltigkeit zu orientieren. Obwohl BNE etwas anderes ist als **Umweltbildung**, hat sie gerade in diesem Bereich einen starken Einfluss und wird insbesondere in den Infozentren (S. 180), bei den Umweltmobilen (www.umweltmobile.de) oder in Biosphärenreservaten und Nationalparks eingesetzt.

Gerade die Biosphärenreservate als „Modellgebiete für nachhaltige Entwicklung" haben hier ja eine besondere Verantwortung. Auch sie wurden von der UNESCO auf der Grundlage des MAB-Programms (Mensch und Biosphäre) initiiert, in dem es nicht um klassischen Naturschutz geht, sondern um einen interdisziplinären Ansatz, bei dem der Mensch als Bestandteil der Biosphäre im Vordergrund steht. Jedes Biosphärenreservat hat eine Schutzfunktion, eine Entwicklungsfunktion und eine Forschungs- und Bildungsfunktion.

Der kontinuierliche Rückgang der biologischen Vielfalt (Biodiversität) auf der Erde war Anlass für die aktu-

Abb. 182 „Problembär" Bruno im Museum „Mensch und Natur".

elle „UN-Dekade für die biologische Vielfalt" (2011 bis 2020). Unter biologischer Vielfalt wird dabei nicht nur die Vielfalt der Tier- und Pflanzenarten verstanden, sondern auch die ihrer Lebensräume und der genetischen Unterschiede – hier wird auch die genetische Vielfalt der Nutztiere und Nutzpflanzen einbezogen. In Deutschland wurde 2007 eine **Nationale Strategie zur biologischen Vielfalt** verabschiedet, in deren Folge unter anderem 30 „Hotspots der biologischen Vielfalt" benannt wurden. Hier können Projekte gefördert werden, die „einen wesentlichen Beitrag zur nachhaltigen Entwicklung und Optimierung des gesamten Hotspots leisten." Eines dieser Projekte wird in diesem Buch auf S. 176 als „Zukunftsprojekt" vorgestellt.

Ein weiteres Element der Nationalen Strategie zur biologischen Vielfalt sind die Flächen des **Nationalen Naturerbes**, die aus dem Eigentum der Bundesrepublik in die Trägerschaft der Bundesländer, der Deutschen Bundesstiftung Umwelt (DBU) oder von Naturschutzverbänden übertragen wurden. Überwiegend handelt es sich um ehemalige Militärübungsplätze, die einen hohen Naturschutzwert aufweisen. Die gemeinnützige DBU Naturerbe GmbH, eine Tochtergesellschaft der DBU, hat die Aufgabe, großräumige Liegenschaften – rund 46 000 ha in neun Bundesländern – langfristig für den Naturschutz zu sichern.

Ein weiteres Ziel der Nationalen Strategie zur biologischen Vielfalt ist es, einen Teil unserer Wälder der natürlichen Entwicklung zu überlassen. Bis zum Jahr 2020 ist eine natürliche Waldentwicklung auf 5 % der gesamten Waldfläche bzw. 10 % der öffentlichen Wälder angestrebt. Derzeit gibt es in Deutschland ungefähr 2 % ungenutzter Waldflächen. Unabhängig davon sollen 2 % der Fläche Deutschlands als großflächige „Wildnisgebiete" der natürlichen Entwicklung überlassen werden. Ein Beispiel hierfür ist die knapp 7000 ha große Königsbrücker Heide nördlich von Dresden, die 2016 in die „Nationalen Naturlandschaften" aufgenommen wurde (Abb. 169).

Gemäß Bundesnaturschutzgesetz soll in Deutschland ein länderübergreifender **Biotopverbund** geschaffen werden, der mindestens 10 % der Fläche eines jeden Bundeslandes umfassen soll (Bundesamt für Naturschutz 2016). Durch den zunehmenden Ausbau der „grauen" Infrastruktur (Verkehrswege wie Straße und Schiene) wird die „grüne" Infrastruktur der Tier- und Pflanzenwelt zunehmend durchschnitten und zerstückelt. Schon seit einiger Zeit versucht man, dem etwa durch den Bau von Grünbrücken zu begegnen. Dies waren jedoch oft nur Einzelmaßnahmen von begrenzter Wirksamkeit, da das „Hinterland" und der großräumige Verbund zu wenig berücksichtigt wurden. Dies ist vor allem für sehr mobile Tierarten wie die Wildkatze (S. 170) von Nachteil, die auch „Zielart" für eines der ersten großräumigen Biotopverbundprojekte ist, den „Wildkatzensprung" des BUND (S. 142). Auch bei der „Modellregion Biotopverbund MarkgäflerLand" (MOBIL) in der südwestlichen Ecke Baden-Württembergs spielt die Wildkatze eine große Rolle, für sie und andere waldgebundene Tierarten wurde in Baden-Württemberg ein „Generalwildwegeplan" erstellt.

Ein Biotopverbund der besonderen Art ist das sogenannte **Grüne Band** entlang des ehemaligen „Eisernen Vorhangs", das Natur, Kultur und Geschichte auf einzigartige Weise verbindet; eine Anerkennung als UNESCO-Welterbe wird angestrebt. Das „Grüne Band Deutschland" entlang der ehemaligen innerdeutschen Grenze (Motto: „Vom Todesstreifen zur Lebenslinie") ist Teil des „Grünen Bands Europa". Das Grüne Band ist mit knapp 1400 km Länge, 177 km² Fläche und über 1200 gefährdeten Tier- und Pflanzenarten der größte Biotopverbund Deutschlands. Angelehnt an das Grüne Band wurde 2015 das Bundesprogramm **Blaues Band** gestartet, das im Netz der Fließgewässer einen Biotopverbund von nationaler Bedeutung aufbauen soll.

So etwas wie „der letzte Schrei" im Naturschutz ist der Bezug auf ökonomische Leistungen, die von Ökosystemen erbracht werden. Diese wurden in verschiedenen „TEEB-Studien" analysiert (TEEB = *The Economics of Ecosystems and Biodiversity*, deutsch: Die Ökonomie von Ökosystemen und Biologischer Vielfalt).

Von der Mehrheit der Deutschen wird der Schutz der Natur für wichtig und notwendig erachtet. In der Studie „Naturbewusstsein 2015" (BMUB & BfN 2016) geben 94 Prozent der Befragten an, dass die Natur zu einem guten Leben dazu gehört, 92 Prozent äußern, dass es ihnen bei der Erziehung ihrer Kinder wichtig ist oder wäre, diesen die Natur nahezubringen und 90 Prozent sagen, dass es sie glücklich macht, in der Natur zu sein. 93 Prozent sind der Meinung, dass es die Pflicht des Menschen ist, die Natur zu schützen, viele sind jedoch der Meinung, dass man als Einzelperson keinen großen Beitrag dazu leisten kann.

Dies muss man allerdings differenziert betrachten: Während die Zustimmung zum Naturschutz bei der städtischen Bevölkerung sehr hoch ist und in den letzten Jahren noch weiter stieg, nimmt sie bei der ländlichen Bevölkerung ab. Da die ländlichen Regionen der überwiegende Handlungsraum des Naturschutzes sind, darf das keinesfalls vernachlässigt werden. Die Gründe hierfür liegen auf der Hand: Während die urbane Bevölkerung die „Natur" vorwiegend als Erholungsraum wahrnimmt, steht für die ländliche Bevölkerung die land- und forstwirtschaftliche Nutzung im Vordergrund. Dabei werden die Ausweisung von Schutzgebieten und die sonstigen gesetzlichen Vorgaben als Einschränkung wahrgenommen. Diese Haltung führt teilweise auch dann zur Ablehnung von Schutzgebietsausweisungen, wenn private Flächen nicht direkt betroffen sind.

Da psychologische Gesichtspunkte eine wichtige Rolle spielen, ist gerade bei Naturschutzprojekten die frühzeitige Beteiligung der Betroffenen besonders wichtig. Wie man beim Entstehungsprozess des Nationalparks Schwarzwald gesehen hat, bedeutet Beteiligung nicht unbedingt, dass man damit das Einverständnis aller erreicht. Das Gefühl der Machtlosigkeit und Frustration ist aber bei einem partizipativen Verfahren wesentlich geringer als bei einer „obrigkeitsstaatlichen" Maßnahme, auch wenn man sein Ziel (z. B. Verhinderung des Schutzgebiets) nicht erreicht hat. Der Nationalpark Schwarzwald (S. 190, Abb. 183) stößt drei Jahre nach seiner Ausweisung weitgehend auf Akzeptanz.

Ein Hauptproblem des Naturschutzes ist es, dass es trotz der Agrarumweltprogramme zu einer weiteren Intensivierung und Monotonisierung der landwirtschaftlich genutzten Flächen gekommen ist. Auch hier gibt es verschiedene Initiativen, dem entgegenzuwirken und wieder mehr Vielfalt zu schaffen wie zum Beispiel die Greifswalder Agrarinitiative der Michael-Succow-Stiftung. Auch in den Biosphärenreservaten wird einiges in diese Richtung unternommen, erwähnt sei hier das „Ökodorf" Brodowin im Biosphärenreservat Schorfheide-Chorin (Brandenburg).

Im Projekt „Agora Natura" forscht ein Team aus Wissenschaft, Naturschutz und Landschaftspflege an einem Konzept für einen virtuellen Marktplatz für mehr Natur. Ziel ist eine Plattform, die es Unternehmen wie auch Privatpersonen ab 2018 ermöglichen soll, direkt in den Erhalt der Vielfalt an Arten und Lebensräumen und die damit verbundenen Ökosystemleistungen (S. 172) zu investieren.

Wolfgang Haber, Vorkämpfer und seit vier Jahrzehnten wichtigster wissenschaftlicher Exponent des Natur- und Landschaftsschutzes in Deutschland, entwarf bereits in den 1980er-Jahren das Leitbild einer multifunktionalen Landwirtschaft mit einer differenzierten Boden- und Landnutzung, die den Zielen der Erzeugung hochwertiger und sicherer Nahrungsmittel ebenso verpflichtet ist

Abb. 183 Sankenbachsee bei Baiersbronn, Nationalpark Schwarzwald.

wie der Erhaltung der ländlichen Kulturlandschaft und ihrer vielfältigen Biotope (Haber 2014).

Andere (z.B. Kunz 2017) raten eher zu einer „segregativen" Strategie, der Trennung von Flächen für eine mehr oder weniger intensive Landnutzung auf der einen und Flächen für einen konsequenten Biotop- und Artenschutz auf der anderen Seite.

Viele Ziele der Nationalen Strategie der biologischen Vielfalt beziehen sich auf das Jahr 2020. Die Zwischenergebnisse zeigen, dass die bisher ergriffenen Maßnahmen nicht ausreichen. Daher wurde ein Programm **„Naturschutz-Offensive 2020"** aufgelegt, in dem vordringliche Maßnahmen formuliert sind. Ein deutlicher Handlungsschwerpunkt wird im Bereich der Kulturlandschaft und der Landwirtschaft gesetzt.

Enden soll dieses Kapitel mit einem Absatz aus der Präambel der „Magdeburger Erklärung" des 33. Naturschutztages 2016 mit dem Schwerpunktthema „Naturschutz und Landnutzung": „Es zeigt sich, dass der Naturschutz starke Partner aus Politik und Gesellschaft braucht, aus dem Naturschutz selbst wie aus den Naturnutzungsbereichen. Naturschutz als gesellschaftspolitische Aufgabe lenkt den Blick auf die Zusammenhänge von Naturschutz und sozialen Fragen sowie auf Fragen nach Lebensstilen oder dem Bedürfnis nach Naturbildung und Naturerfahrung. Gerade die Einstellungen und das Engagement der jungen Generation spielen hier eine große Rolle […]."

Zukunftsprojekte

Naturschutz geht durch den Magen

Die Rhön – ungefähr in der Mitte Deutschlands im Dreiländereck zwischen Hessen, Bayern und Thüringen gelegen – wurde 1991 von der UNESCO als länderübergreifendes Biosphärenreservat anerkannt.

Vor allem in Hessen bemühte man sich darum, die Vermarktung regionaler Produkte voranzubringen. Der Verein „Natur- und Lebensraum Rhön", der Förderverein des Biosphärenreservats in der hessischen Rhön, warb insbesondere dafür, das vom Aussterben bedrohte schwarzköpfige Rhönschaf wieder vermehrt auf die Speisekarten zu bringen. Auch von der Landwirtschaftsverwaltung wurde bestätigt, dass der Wanderer bei seiner Einkehr Produkte aus der Heimat verlangen und damit eine Beziehung zu Natur und Umwelt herstellen würde (Fuldaer Zeitung vom 24.6.92). Keiner hatte bei diesem Aufruf erwartet, dass es ein Jahr später bereits Lieferengpässe geben würde und das Rhönschaf nicht mehr vom Aussterben, sondern „vom Aufessen bedroht" war (Fuldaer Zeitung vom 07.10.93).

Diesen Erfolg können sich in erster Linie zwei engagierte Menschen auf die Fahnen schreiben: der Gastwirt Jürgen Krenzer und der Schäfer Josef Kolb. Jürgen Krenzer musste schon in jungen Jahren den Gasthof seiner Eltern im 500-Einwohner-Dorf Seiferts in der hessischen Rhön übernehmen, damals dicht an der „Zonengrenze" gelegen. Auf den Speisekarten derartiger Dorfgaststätten hatte der Gast damals gewöhnlich die Wahl zwischen Schnitzel „Wiener Art", Jägerschnitzel, Zigeunerschnitzel und Rahmschnitzel.

Im Gegensatz zu anderen Rhönern, die nicht wie die Indianer im Reservat leben wollten, kam Jürgen Krenzer das Biosphärenreservat gerade recht. Er tat sich mit Schäfer Josef Kolb zusammen, der zusammen mit vier Kollegen die „Rhöner Landspezialitäten GmbH" zur Vermarktung des Rhönschafs gründete. Krenzers damals innovative Idee: Er wollte das ganze Schaf verwerten, nicht nur Rücken und Keulen. Heute ist das als *Nose to Tail* (von der Nase bis zum Schwanz) bekannt und zumindest im Munde aller Feinschmecker. 1993 schrieb Jürgen Krenzer sein erstes Buch: „Dem Rhönschaf auf der Spur" (Kempf & Krenzer 1993), in den folgenden Jahren folgten noch drei weitere Bücher.

Inzwischen sind mehr als 20 Jahre vergangen, heute kommt kein Besucher des Biosphärenreservats mehr an „krenzers rhön" vorbei. Die Speisekarte kann als „SpeisenBuch" im Internet heruntergeladen werden, neben dem Rhönschaf stehen Apfelprodukte aus Streuobstwiesen im Mittelpunkt wie zahlreiche Varianten von Apfel-Sherry, die in einer gesonderten Apfelweinkarte aufgelistet sind. Übernachten kann man nicht nur in originell ausgestatteten Apfel- und Rhönschaf-Zimmern, sondern auch im Schäferwagen.

Das mag für manche auf den ersten Blick wenig mit dem Thema dieses Buches zu tun zu haben. Mit dem Naturschutz und vor allem der Landschaftspflege hat es aber sehr viel zu tun: Sowohl Schafe (und andere Weidetiere) als auch Streuobstwiesen gestalten Landschaften. Und jeder, der sich für die Produkte dieser Landschaften einsetzt, tut etwas für den Naturschutz und die Erhaltung dieser Landschaften. Jürgen Krenzer war einer der ersten, der das nicht nur erkannt, sondern auch umgesetzt hat und daher hat er in diesem Buch einen besonderen Platz verdient.

Bei den deutschen Biosphärenreservaten als Modellgebieten für Nachhaltigkeit ist eine Förderung der

Abb. 184 Rhönschafe.

Abb. 185 Jürgen Krenzer und Josef Kolb.

regionalen Produktion und Vermarktung mittlerweile zur Selbstverständlichkeit geworden. In der Rhön zum Beispiel wird unter der Dachmarke „Rhön" die Vermarktung von nachhaltig hergestellten und zugleich qualitativ hochwertigen Produkten nach dem Motto „Schutz durch Nutzung" unterstützt. Unter anderem wurden Kriterien für die Zertifizierung unterschiedlicher Produkte festgelegt. Gastronomiebetriebe, die mit dem Qualitätssiegel „Rhön" ausgezeichnet sind, bieten in ihrer Karte mindestens ein Bier, ein Mineralwasser, eine Spirituose, einen Saft sowie einen Wein oder Apfelwein an, die aus der Rhön stammen. Auf der Speisekarte dieser Partnerbetriebe kann man außerdem ganzjährig zwei regionaltypische Gerichte finden, die Lieferanten der Grundprodukte sind in der Karte aufgeführt.

Mit Slow Food e. V. setzt sich eine internationale Organisation für die Erhaltung der regionalen Küche mit heimischen pflanzlichen und tierischen Produkten ein. Dabei geht es nicht in erster Linie um den Naturschutz, sondern um eine „verantwortliche Landwirtschaft und Fischerei, eine artgerechte Viehzucht, das traditionelle Lebensmittelhandwerk und die Bewahrung der regionalen Geschmacksvielfalt. „Der immer intensivere Blick auf die unmittelbare Umgebung geht aber auch weit über die Landwirtschaft hinaus. Das neu entfachte Interesse an ‚Wild Food', an unkultivierten, endemischen Pflanzen, Pilzen und Tieren, ist eine weitere Folge des Hyper-Local-Trends" (www.zukunftsinstitut.de).

Aufbruch in die Biosphäre

Obwohl der Südschwarzwald recht weit von der Rhön entfernt liegt, hat auch das im Folgenden beschriebene Projekt etwas mit dem dortigen Biosphärenreservat zu tun. Im Schwarzwald wurden insbesondere im Süden um Feldberg und Belchen große Naturschutzgebiete (NSG) ausgewiesen, das NSG Feldberg ist gar das älteste, größte und höchstgelegene Naturschutzgebiet in Baden-Württemberg. Als dann der Schwarzwaldverein zusammen mit der Naturschutzverwaltung einen großflächigen Naturpark im Südschwarzwald vorschlug, war die Begeisterung bei den Gemeinden anfangs nicht gerade groß. In mehreren Gesprächsrunden und einem Seminar warb man für den Naturpark und konnte vermitteln, dass dieser mit der von vielen befürchteten „Käseglocke" nichts zu tun hat, sondern eine Chance für die Region darstellt. Dabei nutzte man auch die Aufbruchsstimmung im Bio-

Abb. 186 Hinterwälder Rind als einer der Hauptakteure im Biosphärengebiet.

sphärenreservat Rhön und lud Dieter Popp, den damaligen Geschäftsführer des Vereins „Natur- und Lebensraum Rhön", zu einem Vortrag ein. Er stellte vor einem Gremium, in dem auch Landwirtschaftsvertreter saßen, die Erfolge der Regionalvermarktung in der Rhön so überzeugend dar, dass einige in der Diskussion fragten, warum man im Südschwarzwald einen Naturpark und nicht gleich ein Biosphärenreservat ansteuern würde. Doch damals, Mitte der 1990er-Jahre, war die Zeit dafür noch nicht reif.

Dies änderte sich erst, als von 2002 bis 2012 das vom Bund geförderte Naturschutzgroßprojekt „Feldberg-Belchen-Oberes Wiesental" so erfolgreich gelaufen war, dass sich etliche Gemeinden eine Fortsetzung wünschten. Als eine dauerhafte Möglichkeit der Fortführung wurde bald die Ausweisung eines Biosphärenreservats identifiziert, in Baden-Württemberg inzwischen als „Biosphärengebiet" im Naturschutzgesetz verankert. 19 Gemeinden gründeten eine „Interessensgemeinschaft Biosphärengebiet Südschwarzwald" und baten das zuständige Ministerium und das Regierungspräsidium Freiburg um Unterstützung. Daraufhin wurde sogar eine eigene Projektstelle zur Vorbereitung des Biosphärengebiets eingerichtet. Da die Idee des Biosphärengebiets von etlichen Gemeinden ausging, dachte man eigentlich, es würde schnell und problemlos gehen. Doch es dauerte noch einige Jahre und kostete insbesondere die „Ein-Mann-Projektstelle" Walter Krögner viele Nerven, bis Minister Alexander Bonde am 1. Februar 2016 die Verordnung zum Biosphärengebiet Schwarzwald unterzeichnete. Im Juni 2017 war es dann soweit: Die UNESCO erkannte das Biosphärengebiet Schwarzwald nicht nur an, sondern würdigte den Antrag und die Vorgehensweise als vorbildlich.

Gab es vor dem Jahr 2000 kein einziges Großschutzgebiet im Schwarzwald, ist er nun vollständig von „Nationalen Naturlandschaften" bedeckt: Fast 8000 km² umfassen die beiden Naturparks Süd-

Abb. 187 Wasserbüffel im Nationalpark Vorpommersche Boddenlandschaft.

schwarzwald und Schwarzwald Mitte/Nord. 2014 kam der im Vorfeld hart umkämpfte Nationalpark im Norden des Schwarzwaldes hinzu (S. 190), und folgte 2016 schließlich das Biosphärengebiet.

So mancher fragt sich, ob das – neben zahlreichen Natur- und Landschaftsschutzgebieten – nicht ein Zuviel an unterschiedlichen Schutzgebieten ist und insbesondere, ob sich die Aufgaben der Naturparks und des Biosphärengebiets nicht überschneiden und Doppelarbeit geleistet wird. Viele sind aber auch davon überzeugt, dass Naturpark und Biosphärengebiet sich bei guter Zusammenarbeit gegenseitig ergänzen und vor allem gemeinsam mehr Personal einsetzen und mehr Fördermittel generieren können. Biosphärenreservate haben im Gegensatz zu Naturparks einen Schwerpunkt in der Forschung, und so kann etwa ein Landnutzungsverfahren im Biosphärengebiet erprobt und auf den Naturpark „ausgerollt" werden, wenn es sich als erfolgreich erweist. Noch ein Argument, das bei vielen Gemeinden und Touristikern gut ankommt: Von der internationalen Ausstrahlung des Biosphärenreservats profitiert der ganze Schwarzwald.

Schatz an der Küste

Oft wissen wir gar nicht, welche Naturschätze wir in unserer Umgebung haben. Dies ergab auch eine repräsentative Befragung der Universität Greifswald im Rahmen des Projekts „Schatz an der Küste" an der Ostsee in Mecklenburg-Vorpommern.

Die Mehrheit der Befragten (72%) fühlt sich sehr stark mit der Region verbunden. Für diese starke Verbundenheit sind Natur und Landschaft ausschlaggebend. Dem Großteil der Bevölkerung (82%) gefällt entsprechend die Naturausstattung der Region sehr. Zudem sind sie der Meinung, dass Natur und Landschaft besonders vielfältig und artenreich sind. Diese Eigenschaft ist den meisten der Befragten (72%) persönlich sehr wichtig. Über die Klassifizierung als nationale Besonderheit der biologischen Vielfalt der Region (als „Hotspot der Biologischen Vielfalt") ist jedoch weniger als ein Drittel (31%) informiert.

Die Bevölkerung soll nun im Rahmen des Projekts nicht nur informiert werden, sie soll auch beteiligt werden. Die Kommunikation mit den Einwohnerinnen und Einwohnern der Region ist ein wesentlicher Projektbestandteil. Eine weitere Besonderheit sind neun Partner, die gemeinsam im Verbundprojekt an einem Strang ziehen, von denen jeder aber seine eigenen Projektschwerpunkte betreut. Der koordinierende Partner (Lead Partner) ist die 2011 gegründete „Ostseestiftung" mit Sitz in Greifswald. Das Projektgebiet umfasst den „Hotspot 29 der Biologischen Vielfalt" an der Ostseeküste. Der Nationalpark Vorpommersche Boddenlandschaft (S. 201) liegt zum überwiegenden Teil in der Projektregion.

Die Maßnahmen im Verbundvorhaben sind in drei Themenblöcke gegliedert: „Verstehen und Beschützen" beinhaltet Angebote, Küstenlebensräume hautnah kennenzulernen. Kinder sollen an Spielstationen und interaktiven Modellen verstehen lernen, wie Wind, Meer und Land an der Ostseeküste zusammenwirken. Neben dem Nationalpark ist auch die „Rostocker Heide" in das Projekt einbezogen, der größte geschlossene Küstenwald Deutschlands. Das Stadtforstamt der Hansestadt plant „Haltestellen" mit spielerischen und informativen Elementen rund um das Thema „Ökologisches Netz". Ein ähnliches Konzept verfolgt der NABU Mecklenburg-Vorpommern mit einem „Lehrpfad Küstendynamik" direkt neben dem Nationalparkhaus auf Hiddensee, hinzu kommen Bildungsangebote für Schulen. Die Universität Greifswald kümmert sich um den Austausch mit der Bevölkerung der Projektregion, in dem sie unter anderem Bürgerbefragungen, Bürgergespräche und Regionalmärkte organisiert und durchführt. Die Projektinhalte werden über eine Wanderausstellung präsentiert, eine Smartphone-App mit Texten, Karten, Fotos und interaktiven Modulen soll folgen. Jedes Jahr werden Feste zum Thema „Biologische Vielfalt" in unterschiedlichen Lebensräumen für Einheimische und Gäste von der Michael-Succow-Stiftung organisiert. Ein weiterer wichtiger Baustein sind vielfältige Bildungsmodule, die im Verbundvorhaben entwickelt und zur Durchführung an außerschulische Bildungspartner weitergegeben werden. Zukunftsfähige Bildung im Projektgebiet ist ein wichtiges Anliegen und wird vom Verbundpartner „Arbeitsgemeinschaft Natur- und Umweltbildung Mecklenburg-Vorpommern" realisiert.

„Nutzen und Erhalten" ist der zweite Themenbereich, bei dem zusammen mit den Landnutzerinnen und Landnutzern neue Konzepte zur nachhaltigen Bewirtschaftung der Küstenlebensräume erarbeitet werden sollen. Die „Ostseestiftung" entwickelt dafür gemeinsam mit den Landnutzenden Leitlinien für die Bewirtschaftung wiedervernässter bzw. ausgedeichter Flächen (Abb. 187). Die Renaturierung von insgesamt 200 ha Küstenüberflutungsräumen dient der Revitali-

sierung von Salzgrasland. Diese Maßnahme wird durch den WWF Deutschland realisiert.

Die aus den Mitteln des alternativen Nobelpreises für Michael Succow (S. 147) 1999 gegründete Michael-Succow-Stiftung entwickelt gemeinsam mit Landnutzenden neue Techniken zur schonenden Bewirtschaftung nasser Offenlandstandorte und zeigt so neue Perspektiven für Moor-Lebensräume (S. 128 ff.) auf. Neue Techniken werden durch das Stadtforstamt Rostock erprobt, um nasse Waldstandorte in eine schonende Nutzung zu überführen. Der BUND Mecklenburg-Vorpommern entwickelt ein Konzept der nachhaltigen „Strandberäumung", da die übliche maschinelle Müllbeseitigung die vielfältige Lebewelt des Spülsaums massiv beeinträchtigt. Gemeinsam mit Freiwilligen wird der Müll vom Strand gesammelt, der Spülsaum mit Tang, Algen und viele Tieren wird nicht mit abgeräumt. Ökologische Begleituntersuchungen dokumentieren die Ergebnisse. Ziel ist, in Zukunft viele Strandgemeinden langfristig zur nachhaltigen Strandberäumung zu motivieren.

Bei „Teilen und Genießen", dem dritten Thema, stehen die Kraniche als „Vögel des Glücks" im Mittelpunkt, für die die Gewässer der Bodden- und Ostseeküste eine herausragende Bedeutung besitzen. Die von der Lufthansa (mit Kranich-Emblem) unterstützte Initiative „Kranichschutz Deutschland" mit ihrem Kranich-Informationszentrum in Groß Mohrdorf in der Nähe von Stralsund hat die erste abgeschlossene Maßnahme im Verbundvorhaben vorzuweisen: das „Kranorama" (Abb. 188), eine moderne, barrierefreie Beobachtungsstation, von der aus eine ungestörte Beobachtung von Kranichen möglich ist. Im März beeindrucken vor allem die Tänze der Kraniche (Abb. 189), im September und Oktober die trompetenartigen Rufe der großen, im Gebiet rastenden Trupps. Ranger informieren über aktuelle Besonderheiten, Live-Bilder auf einem Monitor bescheren ein hautnahes Erlebnis.

Wie man sieht, arbeiten viele Partner daran, die einmalige Biologische Vielfalt der Ostseeküste mit einer großen Vielfalt an unterschiedlichen Maßnahmen zu erhalten und zu schützen. Vieles ist bisher noch in der Umsetzungsphase, das Projekt begann Mitte 2014 und läuft bis 2020. Auf einen emotionalen Naturbezug verweist das Motto des Themenbereichs „Teilen und Genießen": Natur macht glücklich. Geben wir ihr eine Chance dazu!

Abb. 188 Kranorama.

Abb. 189 Tanzende Kraniche.

Abb. 190 Hintersee in den Berchtesgadener Alpen.

IV

Gesicht zu erkunden – wo gibt es was zu sehen?

„Man erblickt nur, was man schon weiß und versteht."
(Johann Wolfgang von Goethe)

Der letzte Abschnitt dieses Buches ist gewissermaßen sein touristischer Teil. Wenn es mir in den ersten drei Teilen gelungen ist, Sie für die Landschaften Deutschlands und ihre Herkunft zu interessieren, wollen Sie bestimmt auch wissen, wo sie das „vor Ort" erleben können. Die 16 Bundesländer sind in der Reihenfolge ihrer Flächengröße aufgeführt.

Zunächst werden die wichtigsten Grunddaten genannt: Hauptstadt, weitere Großstädte über 100 000 Einwohner, Fläche, Einwohner, Waldanteil, höchste Erhebung, angrenzende Länder und Staaten. Dann wird auf die geographische Gliederung und die wichtigsten Flüsse und Landschaften eingegangen. Als Nächstes folgen Tipps, wo Sie Natur und Landschaft des jeweiligen Bundeslands erleben können. Zunächst werden hier die für das Bundesland charakteristischen Natur- und Kulturlandschaften, insbesondere die **Nationalen Naturlandschaften** (Nationalparks, Biosphärenreservate, Naturparks), aufgeführt und kurz charakterisiert, auch die wichtigsten Infozentren und weitere Erlebnismöglichkeiten werden erwähnt. Dann tauchen wir in den **Geoparks** tiefer in die Erdgeschichte ein. Zuletzt werden die wichtigsten **Museen** erwähnt, die sich mit erdgeschichtlichen, naturkundlichen und landschaftlichen Themen befassen, dazu gehören natürlich auch die Freilichtmuseen. Die zahlreichen regionalen Heimatmuseen können in der Regel nicht aufgeführt werden.

In den **Infozentren der Großschutzgebiete**, auf „Lehrpfaden", die heute meist Erlebnispfade heißen (und oft auch sind), und auch in vielen Museen wird unser Thema Landschaften und ihre Herkunft heute viel eingängiger und verständlicher präsentiert, als das noch vor 10 oder 20 Jahren der Fall war. Die in den englischsprachigen Ländern entwickelte *heritage interpretation*, die allgemeinverständliche und lebendige Erläuterung unseres Kultur- und Naturerbes, hat als Landschaftsinterpretation (S. 36) auch in Deutschland Einzug gehalten. Auch die moderne Musemspädagogik hat ihren Teil dazu beigetragen, dass wir uns heute auf Schautafeln und in Museen nicht mehr durch lange Fachtexte quälen müssen und dass ein „Lehrpfad" nicht nur lehrreich ist, sondern eben auch Erlebnisse vermittelt. Heute steht nicht mehr die Belehrung im Vordergrund, sondern die Begleitung.

Machen wir uns auf den Weg, um das Gesicht Deutschlands zu erkunden!

Bayern

Abkürzung:	BY
Hauptstadt:	München
Weitere Großstädte:	Nürnberg, Augsburg, Regensburg, Ingolstadt, Würzburg, Fürth, Erlangen
Fläche:	70 550 km²
Einwohner:	12,8 Mio. (182 Einwohner/km²)
Waldanteil:	36 %
Höchste Erhebung:	Zugspitze (2962 m)
Anrainerländer:	Baden-Württemberg, Hessen, Thüringen, Sachsen
Anrainerstaaten:	Österreich, Tschechien

Bayern wird von Westen (Neu-Ulm) bis Osten (Passau) von der **Donau** durchflossen, der von Süden die oft sehr wasserreichen Alpenflüsse Lech, Isar und Inn zufließen. Bedeutendster nördlicher Zufluss ist die Altmühl, die über den Rhein-Main-Donau-Kanal mit dem Main verbunden ist, dem beherrschenden Fluss Nordbayerns bzw. Frankens. Einer seiner beiden Quellflüsse, der Weiße Main, entspringt ebenso im Fichtelgebirge wie die Saale, die sich in Richtung Thüringen verabschiedet. Ganz im Südwesten grenzt Bayern mit Lindau an den Bodensee.

Im Süden wird Bayern durch die Alpen begrenzt, deren Vorland im Südwesten das Allgäu bildet. Von den weiteren in der Übersichtskarte (Abb. 7) aufgeführten Landschaften liegen Bayerischer Wald, Fichtelgebirge, Fränkische Alb und Steigerwald vollständig in Bayern, an der nördlichen Grenze werden noch Thüringer Wald, Spessart und Rhön angeschnitten.

Historisch und sprachlich abgegrenzte Regionen und Regierungsbezirke Bayerns sind **Altbayern** (Regierungsbezirke Oberbayern, Niederbayern und Oberpfalz) im Süden und Osten, **Franken** (gegliedert in Unter-, Mittel- und Oberfranken) im Norden sowie **Schwaben** (mit Augsburg als „Regierungssitz") im Westen.

Die Landschaftsformen „Altbayerns" zwischen der Donau und den Alpen sind im Wesentlichen von der letzten Eiszeit geprägt, die in der Umgebung von München überwiegend Schotter hinterlassen hat (Münchner Schotterebene), während das Alpenvorland von sanften Moränenhügeln mit zahlreichen Seen in von Gletschern

Abb. 191 Nationalpark Bayerischer Wald (im Vordergrund das Blockmeer am Lusen).

ausgehobelten Zungenbecken gekennzeichnet ist. Die Bayerischen Alpen gehören zu den Nördlichen Kalkalpen und bestehen demnach überwiegend aus Kalkstein.

Ganz im Südwesten Bayerns liegt das bis nach Baden-Württemberg reichende **Allgäu** mit den Allgäuer Alpen. Nördlich von München erstreckt sich bis zur Donau das Tertiärhügelland, das von den Gletschern nicht mehr erreicht wurde.

Völlig anders sieht die Landschaft nördlich der Donau aus. Hier finden wir die östlichen Ausläufer des Süddeutschen Schichtstufenlands, in dem von West nach Ost die verschiedenen Schichten des Erdmittelalters zutage treten: Die Trias mit Buntsandstein (im Spessart), Muschelkalk und Keuper findet sich insbesondere in Unter- und Mittelfranken. Die **Fränkische Alb** ist wie ihr schwäbisches Gegenstück aus Jura-Kalken aufgebaut, östlich davon kommt in manchen Bereichen die Kreide zum Vorschein. Der nordöstliche Rand von Bayern mit dem **Bayerischen Wald** und dem **Fichtelgebirge** ist bis auf das Grundgebirge abgetragen, sodass hier überwiegend Gneis, Granit und anderes „Urgestein" anstehen.

Natur und Kultur erleben

Der **Nationalpark Bayerischer Wald** (Abb. 191) wurde 1970 als erster Nationalpark in Deutschland gegründet. Damit stellte Bayern eine einmalige Wald- und Mittelgebirgslandschaft an der Landesgrenze zur Tschechischen Republik unter Schutz. Im Jahr 1997 erweitert umfasst der Nationalpark nun eine Fläche von über 24 000 ha. Auf nahezu ganzer Fläche des Nationalparks erstrecken sich ausgedehnte Wälder, die heute einzigartig in weiten Teilen einer vom Menschen weitgehend unbeeinflussten Entwicklung überlassen bleiben. Mit dem in Tschechien angrenzenden „Nationalpark Sumava" gibt es eine grenzüberschreitende Zusammenarbeit, seit 2015 wurde gemeinsam eine 25 000 ha große Naturzone ausgewiesen, in der überwiegend die Jagd ruht. Die beiden Besucherzentren „Haus zur Wildnis" bei Ludwigsthal und Hans-Eisenmann-Haus bei Neuschönau bieten den Gästen mit modernen, hoch interessanten Ausstellungen tiefe Einblicke in die wilde Waldnatur. Umgebende Tierfreigelände mit weitläufigen Gehegen und Volieren ermöglichen teils „hautnahen" Kontakt zu den heimischen Tieren des Bergwaldes.

Der **Nationalpark Berchtesgaden** (Abb. 192) wurde 1978 gegründet und ist Deutschlands einziger Hochgebirgsnationalpark. Seine größte Touristenattraktion ist der Königssee, seine höchste Erhebung der Watzmann (2713 m), der zweithöchste Berg Deutschlands. Im Zentrum des Nationalparks liegt das Wimbachtal mit seinen riesigen Schuttströmen (Abb. 19). Das „Haus der Berge" in Berchtesgaden bietet vielfältige Möglichkeiten, den Besuch in Deutschlands einzigem Alpen-Nationalpark vor- oder nachzubereiten. Die 1990 von der UNESCO anerkannte **Biosphärenregion Berchtesgadener Land** umfasst den Nationalpark und acht Städte und Gemeinden,

2010 wurde die Biosphärenregion nach Norden erweitert und umfasst nun den gesamten Landkreis Berchtesgadener Land.

Ein länderübergreifendes Biosphärenreservat findet sich ganz im Norden Bayerns mit der **Rhön**, einem Mittelgebirge mit markanten Kegeln und Kuppen, weiten Talauen, Hochmooren, Wiesen und Weiden sowie naturnahen Wäldern. Neben Bayern sind Hessen und Thüringen an dem 1991 von der UNESCO anerkannten Gebiet beteiligt. Das Naturschutzgebiet „Lange Rhön" ist das größte Naturschutzgebiet Bayerns außerhalb der Alpen. In den Wiesen und Weiden hat sich eine große Artenvielfalt eingestellt, zu nennen sind unter vielen anderen die Trollblume, die Arnika, die Bekassine und das Birkhuhn. In Oberelsbach informiert das Biosphärenzentrum „Haus der Langen Rhön" mit einer ständigen Ausstellung über das UNESCO-Biosphärenreservat. Das Biosphärenzentrum „Haus der Schwarzen Berge" in Wildflecken-Oberbach greift die Themen des Biosphärenreservats auf und informiert auf Grundlage einer interaktiven Ausstellung anschaulich über das Biosphärenreservat und das NSG Schwarze Berge. Am Drei-Länder-Eck (Bayern, Hessen, Thüringen) am Parkplatz Schwarzes Moor befindet sich die Rast- und Informationsanlage Schwarzes Moor.

Der größte und wohl vielfältigste Naturpark Bayerns ist der **Naturpark Altmühltal** im fränkischen Jura, der auch den bekannten Donaudurchbruch zwischen Kelheim und Kloster Weltenburg und die Fossillagerstätten Eichstätt und Solnhofen (S. 49, 58) umfasst. Das Altmühltal und seine Nebentäler wurden teilweise durch die „Urdonau" geschaffen und sind deshalb tiefer eingeschnitten, als man es bei solch kleinen Fließgewässern erwarten würde – im Fall des „Wellheimer Trockentals" fließt im Urdonautal gar kein Fluss mehr. Für die Hänge der Täler typisch sind Kalkmagerrasen bzw. Wacholderheiden (S. 120) und Felsformationen wie die „12 Apostel" (Abb. 53).

Weitere fränkische Naturparks sind Bayerischer Spessart mit dem größten zusammenhängenden Mischwaldgebiet Deutschlands, Haßberge nordwestliche von Bamberg mit einer vielfältigen Kulturlandschaft mit prähistorischen Anlagen, Burgen und Schlössern, Steigerwald mit Laub- und Nadelwald, Teichen und Weinbau und Frankenhöhe nordöstlich Rothenburg ob der Tauber mit Mischwäldern, Fließgewässern, Trockenbiotopen und

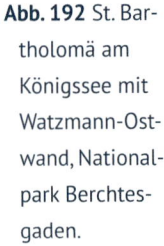

Abb. 192 St. Bartholomä am Königssee mit Watzmann-Ostwand, Nationalpark Berchtesgaden.

Abb. 193 Mainfranken (Mainschleife mit Escherndorf und Nordheim).

ebenfalls Weinbau. Der 1995 gegründete „Naturpark Fränkische Schweiz-Veldensteiner Forst" ist nach dem Altmühltal der zweitgrößte Naturpark Bayerns. Den Kern des Naturparks bildet die Fränkische Schweiz mit ihren romantischen Taleinschnitten, weiten Jurahochflächen, Felsen, Höhlen und zahlreichen Burgen.

An der Ostgrenze Bayerns sind die Naturparks Frankenwald, Fichtelgebirge, Steinwald, Nördlicher Oberpfälzer Wald, Oberpfälzer Wald, Oberer Bayerischer Wald und Bayerischer Wald wie die Perlen einer Kette aneinandergereiht. Sie weisen alle ausgedehnte Wälder, aber auch eine interessante Kulturlandschaft mit Wiesen, Weiden und Gewässern auf. Ein großes Waldgebiet westlich von Augsburg (Augsburg-Westliche Wälder) und ein kleineres bei Amberg (Hirschwald) sind ebenfalls als Naturparks ausgewiesen.

Der Naturpark **Nagelfluhkette** ist ein grenzübergreifender Naturpark in den Allgäuer Alpen zwischen dem Allgäu und dem Land Vorarlberg und damit der erste grenzüberschreitende Naturpark zwischen Deutschland und Österreich. Erstaunlicherweise gibt es im Voralpenraum und in den Alpen keine weiteren Naturparks, wohl aber beeindruckende Landschaften wie die Seen in den Endmoränenlandschaften des Alpenvorlandes, etwa der Tegernsee, der Starnberger See und der Traunsee. Bayern hat Anteil am Bodensee, dem größten See Mitteleuropas, der größte See innerhalb Bayerns ist der Chiemsee. In den Allgäuer und Bayerischen Alpen gibt es große Naturschutzgebiete wie Allgäuer Hochalpen, Ammergebirge, Karwendel und Östliche Chiemgauer Alpen. Das größte zusammenhängende naturnah erhaltene Moorgebiet Mitteleuropas ist das auf einer Fläche von fast 2400 ha als Naturschutzgebiet ausgewiesene **Murnauer Moos** (Abb. 143).

Das **Nördlinger Ries,** der Meteoritenkrater zwischen Fränkischer und Schwäbischer Alb, wurde ja bereits ausführlich behandelt (S. 64 ff.), seit 2006 ist es als Nationaler Geopark zertifiziert. Unbedingt sehenswert ist das Rieskrater-Museum in Nördlingen. Der grenzüberschreitende **Geopark Bayern-Böhmen** befindet sich in Nordostbayern und dem angrenzenden Tschechien. Landschaftlich umfasst er unter anderem die Fränkische Schweiz, das Fichtelgebirge, das Westerzgebirge und den Oberpfälzer Wald. Zu den Besonderheiten der Region zählen Museen, Lehr- und Erlebnispfade, Geotope, Besucherbergwerke und Besucherhöhlen. Einige Highlights: Die Teufelshöhle bei Pottenstein in der Fränkischen Schweiz ist eine der längsten Schauhöhlen Deutschlands, das Felsenlabyrinth Luisenburg bei Wunsiedel im Fichtelgebirge brachte schon Goethe zum Staunen, und in der Oberpfalz kann man im „Vulkanerlebnis Parkstein" einen alten Vulkan erkunden. Selb im Fichtelgebirge direkt an der tschechischen Grenze ist als Porzellanstadt bekannt, im größten Spezialmuseum für Porzellan kann man dort alles über das „weiße Gold" erfahren. Im Bayerischen Spessart liegt ein Teil des Geo-Naturparks Bergstraße-Odenwald (S. 206), in den Frankenwald reicht der Geopark Schieferland, dessen Hauptteil in Thüringen liegt (siehe dort).

Ohne Bier wäre Bayern nicht vorstellbar. Das größte Hopfenanbaugebiet der Welt liegt auch ziemlich zentral im Freistaat: Die Hallertau oder Holledau zwischen

Ingolstadt und Freising. Das 2002 eröffnete **Deutsche Hopfenmuseum** befindet sich in Wolnzach im Landkreis Pfaffenhofen. Wein wächst in Bayern fast ausschließlich in Mainfranken (Abb. 193) in der Umgebung von Würzburg und Schweinfurt – Mainfranken ist Weinfranken!

Überregional bedeutsame **Museen** zu den Themen Natur und Kultur finden sich in erster Linie in der Landeshauptstadt München. Das Deutsche Museum ist das größte naturwissenschaftlich-technische Museum der Welt – die Sonderausstellung „Willkommen im Anthropozän" (2015/16) spielt eine Rolle in Teil III dieses Buches (S. 166). Das Museum „Mensch und Natur" in Schloss Nymphenburg gehört zu den Staatlichen Naturwissenschaftlichen Sammlungen Bayerns und stellt die Entstehung des Sonnensystems, die Geschichte der Erde und die Entwicklung des Lebens, aber auch die Anatomie und Biologie des Menschen, seine Ernährung und Umweltprobleme sowie das Verhältnis des Menschen zur Natur dar.

Die Archäologische Staatssammlung dokumentiert die Urgeschichte Bayerns mit der Steinzeit, Bronzezeit, Eisenzeit und Römerzeit sowie die Frühgeschichte Bayerns mit der Völkerwanderungszeit und dem Frühmittelalter. Das Bayerische Nationalmuseum bietet einen historischen Rundgang vom frühen Mittelalter bis zum beginnenden 20. Jahrhundert.

Das Germanische Nationalmuseum in Nürnberg ist das größte kulturhistorische Museum Deutschlands und beherbergt eine der bedeutendsten Sammlungen zur deutschen Kultur und Kunst von der Vor- und Frühgeschichte bis zur unmittelbaren Gegenwart.

Naturkundliche und erdgeschichtliche Museen finden sich in Augsburg, Bamberg, Regensburg, Bayreuth (Urweltmuseum), Zwiesel (Waldmuseum) und Eichstätt (Willibaldsburg mit Juramuseum und Museum für Ur- und Frühgeschichte).

Wer sich für Fischerei und Teichwirtschaft (S. 99 ff.) interessiert, ist beim Oberpfälzer Fischereimuseum in der Kreisstadt Tirschenreuth richtig. Und zum Thema Bergbau (S. 104 ff.) sind insbesondere das Bergbau- und Industriemuseum Ostbayern in Theuern (Gemeinde Kümmersbruck), das Bergbaumuseum Kupferberg (Landkreis Kulmbach) und das Salzbergwerk Berchtesgaden, das älteste aktive Salzbergwerk Deutschlands, zu empfehlen.

Das einzige Hirtenmuseum Deutschlands befindet sich in Hersbruck nahe Nürnberg in einem denkmalgeschützten Ensemble rund um ein Ackerbürgerhaus aus dem 16. Jahrhundert. Kleidung, Gerätschaften und kunsthandwerkliche Arbeiten von Hirten aus aller Welt geben im Haupthaus Einblicke in diesen alten Beruf. Die unterhaltsame und informative Ausstellung spürt den vielfältigen Beziehungen zwischen Mensch und Nutztieren nach.

In Bayern gibt es auch viele **Freilichtmuseen**, in denen vor allem alte Bauernhöfe aus verschiedenen Regionen erkundet werden können: die Fränkischen Freilandmuseen Bad Windsheim und Fladungen, in Oberbayern die Freilichtmuseen Glentleiten, Massing und Finsterau, Tittling im Bayerischen Wald, das Oberpfälzer Freilandmuseum in Neusath-Perschen und das Schwäbische Bauernhofmuseum in Illerbeuren südlich von Memmingen.

Niedersachsen

Abkürzung:	NI
Hauptstadt:	Hannover
Weitere Großstädte:	Braunschweig, Osnabrück, Oldenburg, Göttingen, Wolfsburg, Salzgitter, Hildesheim
Fläche:	47 615 km²
Einwohner:	7,9 Mio. (167 Einwohner/km²)
Waldfläche:	22 %
Höchste Erhebung:	Wurmberg (Harz, 971 m)
Anrainerländer:	Schleswig-Holstein, Mecklenburg-Vorpommern, Brandenburg, Sachsen-Anhalt, Thüringen, Hessen, Nordrhein-Westfalen, Bremen, Hamburg
Anrainerstaaten:	Niederlande

Niedersachsen wird von zwei bedeutenden Flüssen, der **Elbe** und der **Ems**, eingerahmt, die **Weser** fließt mitten hindurch. Wichtigster Nebenfluss der Weser ist die Aller, die in Sachsen-Anhalt entspringt. Die Leine, der mit 280 km längste Nebenfluss der Aller, hat ihre Quelle in Thüringen und fließt in Niedersachsen durch Göttingen und Hannover.

Niedersachsen liegt zum weit überwiegenden Teil im Norddeutschen Tiefland, lediglich der Südzipfel südlich von Hannover hat mit dem Niedersächsischen Bergland (Weser- und Leinebergland) und dem Harz, dem höchsten Gebirge Norddeutschlands, Mittelgebirgscharakter. Bedeutende Landschaften bzw. Regionen des Tieflands sind die Lüneburger Heide und Ostfriesland.

Abb. 194 Nationalpark Harz, Brockenblick von der Rabenklippe.

Das **Norddeutsche Tiefland** ist weitgehend von den Gletschervorstößen der letzten Kaltzeiten geprägt. Je nachdem, ob das Gebiet vom Eis der letzten, der Weichsel-Kaltzeit, noch erreicht wurde, spricht man vom Jung- oder vom Altmoränenland (S. 72). Beim Rückzug der Gletscher bildeten sich oft Flugsanddünen, menschliche Eingriffe ließen offene Heideflächen wie in der Lüneburger Heide entstehen. Besonders fruchtbar sind die Böden der Börden wie der Hildesheimer Börde, in die während und nach den Eiszeiten Löss eingeweht wurde.

Das **Weserbergland** ist aus den Gesteinsschichten des Erdmittelalters – Trias, Jura und Kreide – aufgebaut. Der **Harz** am Südostrand Niedersachsens, dessen größerer und höherer Teil in Sachsen-Anhalt liegt, gilt als geologisch vielfältigstes Gebirge Deutschlands; es überwiegen saure Gesteine aus dem Erdaltertum (Devon, Karbon und Perm).

Natur und Kultur erleben

Seit 1986 ist das Wattenmeer vor der niedersächsischen Nordseeküste als Nationalpark geschützt, seit 1993 zusätzlich als Biosphärenreservat, im Jahr 2009 wurde es in die Liste des UNESCO-Welterbes aufgenommen. Mit einer Fläche von 3450 km² ist das **Niedersächsische Wattenmeer** nach dem Schleswig-Holsteinischen Wattenmeer (S. 220) der zweitgrößte deutsche Nationalpark. Er umfasst die Nordseeküste zwischen Ems und Elbe mit den vorgelagerten Ostfriesischen Inseln.

Neben regelmäßig angebotenen Wattwanderungen lässt sich bei den jährlich im Oktober stattfindenden Zugvogeltagen die Faszination der Zugvögel erleben, die im Frühjahr und Herbst zu Millionen im Wattenmeer „auftanken". Am Langwarder Groden auf der Halbinsel Butjadingen wurde der Sommerdeich teilweise abgetragen, sodass die Dynamik von Ebbe und Flut wieder wirken kann. Auf Wanderwegen mit Brücken, Bohlenwegen, Aussichtsplattformen und interaktiven Stationen kann die Vogelwelt beobachtet und die Entwicklung der Natur im Einfluss der Gezeiten verfolgt werden, das Nationalparkhaus „Museum Fedderwardersiel" und zertifizierte Nationalparkführerinnen und -führer bieten Erkundungstouren auf dem neuen Naturerlebnispfad an. Im Nationalpark ist auch „Whale Watching" möglich: Besonders im Frühjahr werden zum Beispiel im Jadebusen regelmäßig Schweinswale (S. 114) gesichtet. Drei Wattenmeer-Besucherzentren (in Wilhelmshaven, Cuxhaven und auf Norderney), 13 Nationalparkhäuser und weitere Partner stehen an der Küste und auf den Inseln bereit, um den Blick für die Lebenszusammenhänge im Wattenmeer zu schärfen und Naturerlebnisse zu bieten.

2006 wurde der niedersächsische **Nationalpark Harz** (Abb. 194) mit dem Nationalpark Hochharz in Sachsen-Anhalt zu einem länderübergreifenden Nationalpark vereinigt, der rund 250 km² umfasst, davon liegen etwa 160 km² in Niedersachsen. Vorherrschend sind Buchen- und Fichtenwälder, dazu kommen Bergheiden, Moore,

Fließgewässer, Felsen und Blockhalden. Im niedersächsischen Nationalparkhaus Sankt Andreasberg kann man unter anderem erfahren, warum der Harz zu den wertvollsten Lebensräumen für Fledermäuse in ganz Norddeutschland zählt. Im Harz wurde im Jahr 2000 erstmals in Deutschland der Luchs wieder angesiedelt, beobachten kann man ihn im weitläufigen Schaugehege an der Rabenklippe bei Bad Harzburg. Das Haus der Natur mit dem „LuchsInfozentrum" liegt im Kurpark von Bad Harzburg. Im weiter südlich verkehrsgünstig gelegenen Nationalpark-Besucherzentrum „TorfHaus" gibt es eine barrierefreie und familienfreundliche Ausstellung zum Nationalpark.

Niedersachsen hat mit 567 km² den größten Anteil am UNESCO-Biosphärenreservat **Flusslandschaft Elbe**. Die niedersächsische Elbtalaue liegt im östlichsten Zipfel des Landes zwischen Lauenburg und Schnackenburg, auch das zwischenzeitlich in der DDR gelegene Amt Neuhaus gehört dazu. Dort wurde 2014 ein „Arche-Zentrum" eröffnet, das über die Initiative der „Arche-Region" der Gesellschaft zur Erhaltung alter und gefährdeter Haustierrassen informiert, aber auch über die Wildtiere und -pflanzen der Elbtalaue und ihre Wechselwirkungen mit dem Menschen und die spannende Geschichte der Gemeinde Amt Neuhaus.

Direkt an die Elbtalaue grenzt im Süden der **Naturpark Elbhöhen-Wendland** mit einer attraktiven Natur- und Kulturlandschaft. Alte Obstsorten und seltene Haustierrassen gewinnen auch hier zunehmend an Bedeutung. Das Wendland ist bekannt für seine Rundlingsdörfer, deren Eigenarten im Freilichtmuseum in Lübeln erkundet werden können. In der neu errichteten Obstscheune kann man sich auch über Streuobstwiesen und alte Apfelsorten informieren, weitere Erläuterungen gibt es auf einem kleinen Rundweg in einer Streuobstwiese. Seit 1989 lockt die „Kulturelle Landpartie" von Himmelfahrt bis Pfingstmontag Zehntausende aus ganz Deutschland in die Dörfer des Naturparks.

Der bundesweit wohl bekannteste Naturpark Niedersachsens und eines der ältesten Naturschutzgebiete Deutschlands ist die **Lüneburger Heide** (Abb. 195) mit den größten zusammenhängenden Heideflächen Mitteleuropas. Es handelt sich dabei jedoch nicht um eine Naturlandschaft, sondern um eine stark von der Nutzung des Menschen geprägte Kulturlandschaft, wie man bei der Besichtigung des Heidemuseums in Wilsede, einem der ältesten Freilichtmuseen Deutschlands, erfahren kann. Der Wilseder Berg im Zentrum des Naturparks ist mit 169 m die höchste Erhebung des nordwestdeutschen Tieflands und bildet die Wasserscheide zwischen Elbe, Weser und Aller. Um interessante Landschaftsmomente für den Besucher erfahrbar zu machen, hat der Naturpark besondere Orte als „Naturblicke" oder „Naturwunder" ausgewiesen, über die man sich über das Smartphone

Abb. 195 Lüneburger Heide.

Abb. 196 Blick vom Erlebnispfad ins Diepholzer Moor.

(QR-Codes) oder Infotafeln näher informieren kann. Ursprünglich war die Lüneburger Heide noch wesentlich größer, inzwischen sind weite Bereiche von Wald bedeckt wie im Naturpark Südheide nördlich von Celle, wo unter anderem Kranich und Schwarzstorch brüten und sich der Fischotter in Flüssen und Bächen tummelt. Es gibt dort aber auch noch offene Heiden, die von Heidschnucken „gepflegt" werden.

Weitere Naturparks in Niedersachsen sind die beiden großen Seen Dümmer nördlich von Osnabrück und Steinhuder Meer westlich von Hannover, die neben den Seen selbst noch weitere Lebensräume wie Flüsse, Moore, Heiden und Wälder aufweisen. In der Diepholzer Moorniederung im Naturpark Dümmer (Abb. 196) rasten im Herbst bis zu 100 000 Kraniche. Am Nordufer des Steinhuder Meeres in Mardorf wird 2017 ein Naturparkhaus mit einer Dauerausstellung über Moore eröffnet.

Im **Naturpark** Wildeshauser Geest südwestlich von Bremen sind unter anderem bedeutende archäologische Denkmäler der Vor- und Frühgeschichte zu entdecken, so über 70 Großsteingräber und das Pestruper Gräberfeld mit mehr als 500 Grabhügeln. Auch im Naturpark Hümmling im Emsland sind in einer vielfältigen Landschaft Großsteingräber und Grabhügel zu bestaunen. Der Internationale Naturpark Bourtanger Moor-Bargerveen kann auf einem 17 km langen „Naturparkweg" entlang der deutsch-niederländischen Grenze erkundet werden. Das Emsland Moormuseum in Geest ist mit zwei modernen Ausstellungshallen das größte europäische Moormuseum, in dem man alles über die Entstehung, die wirtschaftliche Nutzung und Kultivierung sowie die Zukunft der Moore erfährt. Im 30 ha großen Außengelände können zu Fuß oder per Feldbahn landwirtschaftliche Bereiche, Waldgebiete und renaturierte Hochmoorebenen erkundet werden.

Auch die Mittelgebirge im Südosten Niedersachsens sind großflächig als Naturparks ausgewiesen. Das Weserbergland ist sehr vielfältig und weist auch Höhlen auf wie die Schillat-Höhle in Hessisch Oldendorf. Auch der Naturpark Solling-Vogler liegt im Weserbergland, im „WildparkHaus" in Neuhaus (Hochsolling) kann man sich über das Gebiet informieren. Ein Ziel im Naturpark ist die Erhaltung lichter Eichenwälder, was man in Hutwald-Projekten mithilfe von Heckrindern („Auerochsen") und Exmoor-Ponys erreichen möchte, die ganzjährig im Freien leben. Einige Gastronomiebetriebe bieten sogar Spezialitäten vom Heckrind aus dem Hutewald an. Der Naturpark Münden, wo sich Werra und Fulda zur Weser vereinigen, ist einer der ältesten Naturparks in Deutschland, neben größeren Waldgebieten gibt es hier auch offene Landschaften mit Trockenbiotopen und Streuobstwiesen.

Die Naturparks Harz und Elm-Lappwald sind Teil des nationalen **Geoparks Harz – Braunschweiger Land – Ost-**

falen, der insgesamt eine Fläche von etwa 100 x 120 km in Niedersachsen, Sachsen-Anhalt und Thüringen umfasst. Der auch von der UNESCO anerkannte Park reicht von der Norddeutschen Tiefebene über die Hügel des Braunschweiger Landes bis zu den steil aufragenden Höhen des Harzes. In Niedersachsen liegen außerdem das Geopark-Infozentrum Königslutter im Braunschweiger Land und die Einhornhöhle, die größte Schauhöhle im Westteil des Harzes, die durch ein Höhlenmuseum, mehrere Geopfade und ein Infozentrum ergänzt wird. Seit 2013 können sensationelle archäologische Funde – darunter die Originalspeere einer Gruppe von Heidelberg-Menschen (S. 77) – im Forschungs- und Erlebniszentrum „paläon" in Schöningen bestaunt werden.

Das Oberharzer Bergwerksmuseum in Clausthal-Zellerfeld zählt zu den ältesten Technikmuseen Deutschlands und konzentriert sich auf die Darstellung des Oberharzer Bergbaus bis zum 19. Jahrhundert.

Westlich von Clausthal-Zellerfeld bei Bad Grund liegt die Iberger **Tropfsteinhöhle**, die zu einem „HöhlenErlebnisZentrum" erweitert wurde. Beim Kalkmassiv des Ibergs handelt es sich ursprünglich um ein Korallenriff, das vor ungefähr 385 Millionen Jahren im Devon (S. 47) in einem warmen Meer entstanden ist.

Der Rammelsberg ist ein 635 m hoher Berg am Nordrand des Harzes bei Goslar. Im Berg befindet sich ein stillgelegtes **Bergwerk**, bei dem 1988 nach über 1000 Jahren nahezu ununterbrochenen Bergbaus die Erzförderung eingestellt wurde. Seit 1992 gehört das Besucherbergwerk Rammelsberg zum UNESCO-Weltkulturerbe. Zur selben Welterbestätte gehört auch die „Oberharzer Wasserwirtschaft", mit über 100 historischen Stauteichen, 310 km Gräben und 31 km Wasserläufen.

Einen Natur- und Geopark mit dem Namen **TERRA.vita** („ERDE.leben") gibt es in der Umgebung von Osnabrück, teils in Niedersachsen, teils in Nordrhein-Westfalen. Er wurde als erster deutscher Naturpark in das europäische Geopark-Netz aufgenommen, 2015 wurde er als „UNESCO Global Geopark" anerkannt. 300 Mio. Jahre Erdgeschichte können hier erlebt werden. Die Straße der Megalithkultur von Osnabrück nach Oldenburg führt zu den im Park sehr häufig vorkommenden steinzeitlichen Großsteingräbern. Als ein in Deutschland einzigartiges Naturdenkmal gelten die etwa 130 Mio. Jahre alten, elefantenähnlichen Dinosaurierfährten aus dem Weißen Jura bei Barkhausen im Landkreis Osnabrück.

Das Niedersächsische Landesmuseum Hannover ist das größte staatliche **Museum** Niedersachsens und bietet neben Kunst die Fachbereiche Archäologie, Völkerkunde, Naturkunde und Numismatik. 1754 als „Herzogliches Kunst- und Naturalienkabinett" eröffnet, gehört das Staatliche Naturhistorische Museum in Braunschweig zu den ältesten Museen der Welt. Die Sammlung des Museums umfasst rund 500 000 Objekte aus den Bereichen Wirbeltiere, wirbellose Tiere und Fossilien. In einem Lichtsaal werden die wertvollsten Stücke des Museums präsentiert.

Die Vielfalt des nordwestdeutschen Landschaftsreichtums offenbart das Landesmuseum „Natur und Mensch" in Oldenburg unter Berücksichtigung wechselseitiger Beziehungen zwischen Natur und Kultur. Die multimediale, auch für Kinder konzipierte Ausstellung mit den Sammlungsschwerpunkten Naturkunde, Archäologie und Völkerkunde beleuchtet die typisch nordwestdeutschen Landschaften Moor, Geest, Küste und Marsch.

In Wilhelmshaven findet man in Hafennähe außer dem Besucherzentrum des Nationalparks Wattenmeer unter anderem ein Küstenmuseum und ein **Aquarium** mit Urzeitmeer-Museum.

Eingerahmt von Natur- und Vogelschutzgebieten liegt das Natureum Niederelbe direkt an der Ostemündung. Museumsschwerpunkte sind die regionale Tierwelt und die durch Naturgewalten bestimmte lebhafte Geschichte der Elbmündung.

In der Geosammlung der Technischen Universität Clausthal-Zellerfeld können sich Besucherinnen und Besucher einen umfassenden Überblick über die Harzer Naturgeschichte während der letzten 60 Millionen Jahre verschaffen. Das Geowissenschaftliche Museum Göttingen ist eines der wenigen Museen in Niedersachsen, die sich ausschließlich den Themenbereichen aus Geologie, Mineralogie und Paläontologie widmen. In der Universitätsstadt Göttingen gibt es weitere interessante Sammlungen und Museen wie das Zoologische Museum.

Im **Museum** am Schölerberg in Osnabrück taucht der Besucher in die Unterwelt des Bodens ab und erlebt 300 Mio. Jahre Erdgeschichte hautnah. Im 2015 eröffneten Museum Lüneburg kann die Entwicklung der Hansestadt und der angrenzenden Kulturlandschaft von den frühesten archäologischen Spuren bis in die Gegenwart nachverfolgt werden. Wie der Mensch Land, Stadt und die Region Lüneburg prägte, wie Natur- zur Kulturlandschaft wurde, zeichnen die drei Sammlungsbereiche Naturkunde, Kulturgeschichte und Archäologie nach. In Lüneburg, das durch Salz reich und mächtig wurde, befindet sich auch das Deutsche Salzmuseum.

Das **Freilichtmuseum** am Kiekeberg ist ein ehemals hamburgisches Freilichtmuseum im Gebiet der Harburger Berge. Es umfasst über 40 historische Gebäude des 17. bis 20. Jahrhundert auf einem 12 ha großen Areal. Darüber hinaus verfügt das Museum über ein modernes Ausstellungsgebäude und einen Sonderausstellungsbereich. Im Außengelände gibt es neben einer Reihe von historischen Gärten auch verschiedene alte Haustierrassen zu bewundern. Ferner gibt es regelmäßig Vorführungen traditioneller Handwerkskunst wie beispielsweise Schmieden und Spinnen. 2012 eröffnete auf dem Gelände das Agrarium, ein interaktives Schaumagazin zu Landwirtschaft und Ernährungsindustrie. Inhaltlich vom Freilichtmuseum am Kiekeberg unterstützt wird das Heidemuseum „Dat ole Huus" (plattdeutsch für „Das alte Haus") ist ein Heimatmuseum in Wilsede, das 1907 gegründet wurde. Damit ist es eines der ältesten Freilichtmuseen Deutschlands.

Das Museumsdorf Cloppenburg ist eines der ältesten Freilichtmuseen Deutschlands. Das Museum hat die Aufgabe, die ländlichen Baudenkmäler des Bundeslandes Niedersachsen zu erforschen und in Beispielen originalgetreu zu dokumentieren.

Im Oldenburger Münsterland zwischen Barßel und dem Saterland liegt das Moor- und Fehnmuseum Elisabethfehn. In den zwei Ausstellungshäusern und auf dem Außengelände kann man erkunden, wie die Hochmoore entstanden sind, wie der Mensch die Landschaft rund um Elisabethfehn geprägt hat und was wir heute an den Hochmooren haben.

Das **Museum** Burg Bederkesa ist ein archäologisches und kulturhistorisches Museum in Bad Bederkesa im Landkreis Cuxhaven, dem einzigen Kreis in Niedersachsen, der über eine flächendeckende Archäologische Landesaufnahme (Erfassung und Inventarisierung von Funden, Denkmalen und Fundstellen) verfügt. Das Museum zeigt reichhaltige Funde aus den mehr als 10 000 Fundplätzen des Landkreises Cuxhaven vom 4. Jahrtausend v. Chr. bis zur Neuzeit. Besonders eindrucksvoll sind die außerordentlich gut erhaltenen Funde aus der Wurtensiedlung Feddersen Wierde (S. 112) und den unweit davon gelegenen Gräberfeldern an der Fallward aus dem 1. Jahrhundert v. Chr. bis zum 5. Jahrhundert n. Chr.

Museum und Park Kalkriese in Bramsche im Osnabrücker Land wurden gegründet, da hier im Jahr 9 n. Chr. einer der Schauplätze der Varusschlacht zwischen Arminius und Varus gewesen sein könnte. Auf dem Gelände des etwa 20 ha großen Parks werden für die Öffentlichkeit zugängliche archäologische Ausgrabungen durchgeführt

Baden-Württemberg

Abkürzung:	BW
Hauptstadt:	Stuttgart
Weitere Großstädte:	Mannheim, Karlsruhe, Freiburg, Heidelberg, Heilbronn, Pforzheim, Ulm, Reutlingen
Fläche:	35 751 km²
Einwohner:	10,9 Mio. (304 Einwohner/km²)
Waldfläche:	38 %
Höchste Erhebung:	Feldberg (Schwarzwald, 1493 m)
Anrainerländer:	Bayern, Hessen
Anrainerstaaten:	Frankreich, Schweiz

Neben dem **Rhein** als Grenzfluss und der **Donau**, deren Quellflüsse Brigach und Breg im Schwarzwald entspringen, ist der **Neckar** der bedeutendste Fluss Baden-Württembergs. Er entspringt bei Schwenningen im Schwarzwald, fließt dann nördlich der Schwäbischen Alb zur Landeshauptstadt Stuttgart, durchquert Heilbronn und Heidelberg und mündet bei Mannheim in den Rhein.

Die Süd- und die Westgrenze Baden-Württembergs werden überwiegend vom Rhein gebildet, an den sich nach Osten die Oberrheinische Tiefebene anschließt, aus der als eigener Naturraum nordöstlich von Freiburg im Breisgau das kleine Vulkangebirge des Kaiserstuhls aufragt. An die Rheinebene grenzt zwischen Lörrach in der südwestlichen Ecke Deutschlands und Karlsruhe der **Schwarzwald**. Dieser wird durch ebene, baumarme Gäulandschaften (z. B. Baar, Heckengäu) von der **Schwäbischen Alb** getrennt, die sich nach Nordosten bis zum überwiegend zu Bayern gehörenden Nördlinger Ries erstreckt.

Im Südosten Baden-Württembergs liegen **Oberschwaben** und der Bodensee, an den östlich ein Teil des überwiegend bayerischen **Allgäus** und westlich die Vulkanlandschaft **Hegau** angrenzt. Nördlich des Schwarzwaldes folgt nach der Hügellandschaft des **Kraichgaus** der überwiegend in Hessen liegende **Odenwald**. Im Nordosten rings um die Flüsse Jagst, Kocher und Tauber liegt die Hohenlohe mit Schwäbisch Hall.

Abb. 197 Biosphärengebiet Schwäbische Alb, Truppenübungsplatz Münsingen.

In Baden-Württemberg befindet sich der Kernbereich des **Süddeutschen Schichtstufenlandes**, das durch die Abfolge von Gesteinen aus dem Erdmittelalter (insbesondere Trias und Jura) gekennzeichnet ist. Durch den Einbruch des Oberrheingrabens im Miozän (S. 62) wurden die angrenzenden Gesteinsschichten angehoben und nach Osten gekippt; durch den unterschiedlichen Widerstand der verschiedenen Gesteine gegen Erosion entstanden im Lauf der Zeit Schichtstufen. Eine besonders auffällige Landmarke ist dabei die nach Nordwesten orientierte Stufe der Schwäbischen Alb, der Albtrauf. Besonders imposant ist auch der Donaudurchbruch durch den Weißjura zwischen Tuttlingen und Sigmaringen. Auch der Schwarzwald war ursprünglich mit Sedimentgesteinen des Erdmittelalters bedeckt, die aber inzwischen weitgehend abgetragen wurden, sodass überwiegend Grundgestein (Granit und Gneis) ansteht. Vulkangestein ist vor allem im Kaiserstuhl und im Hegau zu finden.

Das Bodenseegebiet und Oberschwaben gehören zum Alpenvorland und sind von der Eiszeit geprägt.

Natur und Kultur erleben

Obwohl das Land Baden-Württemberg in Bezug auf seine Naturausstattung außerordentlich vielfältig ist, gab es dort lange Zeit weder einen Nationalpark noch ein Biosphärenreservat. Dies hat sich aber in den letzten Jahren geändert: Im März 2008 wurde das Biosphärengebiet **Schwäbische Alb** ausgewiesen, dessen Kern ein ehemaliger Truppenübungsplatz bei Münsingen darstellt (Abb. 197), das aber mit rund 850 km² weit darüber hinausreicht. Hang- und Schluchtwälder am Albtrauf, landschaftsprägende Streuobstwiesen im Albvorland und die abwechslungsreiche traditionelle Kulturlandschaft auf der Schwäbischen Alb mit ihren Wacholderheiden, Magerrasen, Wiesen, Weiden, Ackerflächen und Wäldern kennzeichnen das Biosphärengebiet.

2014 folgte dann nach langen und hart geführten Diskussionen der Nationalpark **Schwarzwald** im nördlichen Teil dieses Mittelgebirges. Heute ist durch Aufforstungen in der Vergangenheit noch die Fichte die häufigste Baumart, die Weißtanne hat einen Anteil von rund 15 %. Zahlreiche Stürme, unter ihnen der Orkan Lothar (1999), haben den Weg zu einer strukturreicheren Waldentwicklung für die Zukunft geebnet. Der Lotharpfad, auf dem man die Waldentwicklung nach dem Sturm erleben kann, ist bisher auch das meistbesuchte Ziel im Nationalpark. Eine Besonderheit des Nationalparks sind die Feuchtheiden – Grinden genannt – in den Hochlagen, die durch Pflegemaßnahmen wieder zu einem „Grindenband" werden sollen. Eiszeitliche entstandene Kare mit Karseen (Abb. 198), Hochmoore, Wildbäche und Wasserfälle runden das Bild ab. Charakteristische Tierarten sind Auerhuhn und Kreuzotter (Abb. 147).

Von wesentlich mehr Konsens geprägt war die Entstehung des 2016 ausgewiesenen Biosphärengebiets Schwarzwald im Süden des Mittelgebirges (S. 175). Während im Nordschwarzwald die offenen Weideflächen nur einen geringen Prozentsatz ausmachen, sind sie für den

Südschwarzwald prägend. Ursprünglich wurden sie als Allmendweiden gemeinschaftlich genutzt, und auch heute ist das noch vielerorts der Fall. Dies hat zur Erhaltung seltener Pflanzen und Tiere beigetragen wie der als Heilpflanze bekannten Arnika und des Warzenbeißers, einer großen Heuschrecke. Mit dem Hinterwälder Rind (Abb. 186), der kleinsten Rinderrasse Mitteleuropas, verfügt das Biosphärengebiet über einen leichtfüßigen und robusten Landschaftspfleger.

Auch die beiden größten Naturparks Deutschlands befinden sich im Schwarzwald. Zusammen sind die Naturparks Südschwarzwald und Schwarzwald Mitte/Nord fast 7700 km² groß. Im **Naturpark** Südschwarzwald liegen die drei höchsten Schwarzwaldgipfel Feldberg (1493 m), Herzogenhorn (1415 m) und Belchen (1414 m) mit einer Tier- und Pflanzenwelt, wie sie sonst nur in den Alpen anzutreffen ist. Typisch für den Südschwarzwald ist der Wechsel von Wald, Wiesen und Weiden. Unfünf Gebieten in Baden-Württemberg, in denen der Rothirsch vorkommt.

Östlich der Landeshauptstadt liegt der **Schwäbisch-Fränkische Wald**, in dem der obergermanische Limes, historische Mühlen, Weinberge an Keuperhängen sowie Schluchten und Höhlen zu besichtigen sind. Zu den typischen Landschaftselementen zählen Vieh- und Schafweiden, orchideenreiche Feuchtwiesen und Streuobstwiesen. Das Naturparkzentrum in Murrhardt bietet Informationen und eine „Naturpark-Erlebnisschau".

Wald und Weinberge sind auch die herausragenden Merkmale des Naturparks **Stromberg-Heuchelberg**, eines klassischen Naherholungsgebiets zwischen den Städten Karlsruhe, Heilbronn, Ludwigsburg und Pforzheim. Vor wenigen Jahren wurde dort die Wildkatze wiederentdeckt, Anlass zur Gestaltung der für Familien konzipierten „Wildkatzenwelt Stromberg" am Naturparkzentrum in Zaberfeld.

ter den tief eingeschnittenen Tälern ist die Wutachschlucht besonders hervorzuheben (Regierungspräsidium Freiburg & Schwarzwaldverein 2014). Informationen und Erlebnisse werden im Haus der Natur am Feldberg geboten. Der Naturpark Schwarzwald Mitte/Nord ist durch ausgedehnte Nadel- und Mischwälder geprägt, in die Moore, Wiesen und Weiden eingestreut sind. Der Naturpark schließt aber auch Weinberge in der Vorbergzone des Schwarzwaldes ein, darunter einen der steilsten Weinberge Europas (Engelsberg, Gem. Bühlertal).

In Baden-Württemberg gibt es weitere fünf Naturparks: Der Schönbuch ist ein naturnahes Laubwaldgebiet südlich von Stuttgart. Als fast vollständig bewaldeter Teil des Schwäbischen Schichtstufenlandes ist der Schönbuch ein Wanderparadies, in dem sich zahlreiche Zeugen früherer Siedlungsgeschichte wie Gedenksteine und Steinkreuze finden. Der Schönbuch ist eines von

Der Naturpark **Neckartal-Odenwald** liegt im Norden des Landes an der Grenze zu Hessen und zeichnet sich durch die waldreiche Mittelgebirgslandschaft des Odenwaldes und das tief in den Buntsandstein eingeschnittene Neckartal mit seinen Burgen und Schlössern aus. Die Ausstellung im Naturparkzentrum Eberbach lädt zu einer Erkundungstour durch die Themenwelt des Naturparks ein.

Im Süden Baden-Württembergs liegt der Naturpark Obere Donau, der Teile der Schwäbischen Alb und als Highlight die steil aufragenden Weißjura-Felsen des Donautals umfasst (Abb. 199), in denen Uhu, Wanderfalke, Kolkrabe und Dohle brüten. Eine weitere Besonderheit sind die durch jahrhundertelange Schafbeweidung entstandenen Wacholderheiden (S. 120) mit ihrer einzigartigen Pflanzen- und Tierwelt. Eine besondere Bedeutung kommt der Umweltbildung von Kindern und Jugendli-

Abb. 198 Der Wilde See mit dem bereits 1911 ausgewiesenen ältesten Bannwald Baden-Württembergs liegt seit 2014 im Nationalpark Schwarzwald.

Abb. 199 Oberes Donautal bei Beuron. Rechts im Bild auf der Anhöhe lässt sich Burg Wildenstein erkennen.

chen zu, Anlaufpunkt hierfür ist in erster Linie das Haus der Natur in Beuron.

Der **GeoPark** Schwäbische Alb ist der „Jurassic Park" unter den Geoparks, die dortigen Fundstellen in den Ablagerungen des tropischen Jurameeres sind von weltweiter Bedeutung. Zudem handelt es sich um die höhlenreichste Landschaft Deutschlands, die sowohl den Tieren der Eiszeit als auch dem steinzeitlichen Menschen besondere Lebensräume bot. Zudem sind die eiszeitlichen Höhlen die Fundstätten der ältesten Kunstwerke der Menschheit (S. 78). Im Geopark gibt es eine Vielzahl von Schauhöhlen, die jedermann zugänglich sind und einen guten Einblick in die Erdgeschichte ermöglichen. Inzwischen wurden auch zahlreiche Lehrpfade eingerichtet. Quer über die Schwäbische Alb verteilt gibt es etwa 30 lokale und regionale Museen, die die unterschiedlichsten geologischen und archäologischen Bereiche abdecken. Einige davon gehören zu den 19 „GeoPark"-Infostellen, die darüber hinaus auch über die Funktion eines Geoparks und die internationalen Netzwerke informieren. Aufgrund des einzigartigen geologischen Erbes wurde die Schwäbische Alb als Nationaler, Europäischer und Globaler Geopark ausgezeichnet. Im Norden hat Baden-Württemberg außerdem Anteil am Geo-Naturpark Bergstraße-Odenwald, dessen größter Teil in Hessen liegt (S. 206).

Viele Funde aus den Geoparks und anderen Fossilfundstätten könne in den beiden **Staatlichen Museen für Naturkunde** in **Stuttgart** und **Karlsruhe** betrachtet werden. Das Staatliche Museum für Naturkunde Stuttgart ist eines der größten naturkundlichen Forschungsmuseen in Deutschland. Im „Museum am Löwentor" in Stuttgart ist neben zahlreichen berühmten Fossilfunde aus der Urzeit Südwestdeutschlands auch der Schädel des Steinheimer Menschen (Abb. 81) ausgestellt. Für ihn wurde in Steinheim an der Murr das **Urmensch-Museum** eingerichtet. Der Rundgang durch Schloss Rosenstein, das zweite Haus des Stuttgarter Naturkundemuseums, führt in sechs aufwendig gestalteten „Lebensräumen" quer durch die Erde. Das Karlsruher Naturkundemuseum zeigt in seinen Dauerausstellungen einheimische und exotische Tiere und Pflanzen in lebensnahen Dioramen und biologischen Gruppen. Gesteine, Mineralien und Fossilien geben Auskunft über die Entstehung der Erde, die Vielfalt und Entwicklung des Lebens.

Die besterhaltenen Funde aus einer der bekanntesten Fossilienfundstätten in Baden-Württemberg, dem Öl- bzw. Posidonienschiefer von Holzmaden, einer kleinen Gemeinde im Vorland der Schwäbischen Alb, sind im dortigen Urwelt-Museum Hauff zu sehen, dem größten privaten Naturkundemuseum Deutschlands.

Das Steinheimer Becken ist erdgeschichtlich von besonderem Interesse, einmal wegen seiner durch Meteoriteneinschlag entstandenen Kraterform (S. 64 ff.), aber auch als bedeutende Fossilfundstätte. Die geologischen und die paläontologischen Besonderheiten sind im Meteorkrater-Museum in Steinheim am Albuch zu sehen.

Glanzstück des Museums für Geologie und Paläontologie der Universität Heidelberg ist der Unterkiefer des *Homo heidelbergensis* aus Mauer bei Heidelberg (S. 77), der lange als ältestes Fundstück europäischer Menschenahnen galt. Auf diesen und weitere Funde aus der Sandgrube von Mauer geht das dortige Urgeschichtliche Museum ein.

Die Paläontologische Sammlung der Universität Tübingen ist eine der bedeutendsten und größten Univer-

sitätssammlungen in Europa, Schwerpunkt bilden Fossilien des Erdmittelalters.

Weitere Museen mit naturkundlichem und/oder erdgeschichtlichem Schwerpunkt finden sich in Freiburg im Breisgau (Museum Natur und Mensch), Konstanz (Bodensee-Naturmuseum), Reutlingen (Naturkundemuseum), Albstadt-Ebingen (Museum im Kräuterkasten), Laichingen (Höhlenkundliches Museum) und Ulm (Naturkundliches Bildungszentrum).

Die Reiss-Engelhorn-Museen (rem) in Mannheim bestehen aus vier Häusern und zählen in den Bereichen Archäologie, Weltkulturen und Fotografie zu den bedeutendsten Ausstellungshäusern Europas.

Das **Archäologische Landesmuseum** Baden-Württemberg befindet sich in Konstanz in einer ehemaligen Benediktinerabtei und zeigt die Welt der Menschen in vergangenen Kulturen des südwestdeutschen Raumes vom 6. Jahrtausend v. Chr. bis in das 19. Jahrhundert. Zweigstellen sind das Urgeschichtliche Museum in Blaubeuren, in dem die ältesten Kunstwerke und Musikinstrumente der Welt aus den Höhlen im Ach- und Lonetal präsentiert werden, und das Limesmuseum in Aalen.

Das Badische Landesmuseum in Karlsruhe ist das große kulturgeschichtliche Museum Badens. Im Karlsruher Schloss, erbaut im 18. Jahrhundert durch den Markgrafen von Baden-Durlach, sind die Sammlungen zur Ur- und Frühgeschichte des Landes, den antiken Kulturen des Mittelmeerraumes und zur Kunst-, Kultur- und Landesgeschichte vom Mittelalter bis zur Gegenwart ausgestellt.

Das seit 1983 bestehende Archäologische Museum Colombischlössle in Freiburg im Breisgau ist das Schaufenster der Archäologie Südbadens. Die Dauerausstellung zeigt alle Epochen von der Altsteinzeit bis zum Frühmittelalter.

Aus der Stein- und Bronzezeit wurden in Baden-Württemberg mehrere Siedlungen ausgegraben, archäologische Funde und Nachbauten von Pfahldörfern sind heute im Pfahlbaumuseum Unteruhldingen (Abb. 86) am Bodensee zu besichtigen. Die Fundstellen rund um die Alpen wurden 2011 in die Liste des UNESCO-Welterbes aufgenommen. Auch im Federseemuseum in Bad Buchau, einem **Freilichtmuseum** in der Moorlandschaft des Federsees, sind Nachbauten von Pfahlbauhäusern aus der Stein- und Bronzezeit zu sehen.

Eine der bekanntesten Fundstellen aus keltischer Zeit in Mitteleuropa ist die Heuneburg am Oberlauf der Donau zwischen Ulm und Sigmaringen, ein frühkeltischer Fürstensitz aus dem 6. Jahrhundert v. Chr.

Die Funde aus der Grabkammer eines frühkeltischen Fürsten werden im Keltenmuseum in Hochdorf/Enz gezeigt, Höhepunkt des Museumsbesuchs ist die Besichtigung der vollständig nachgebauten Grabkammer des Fürsten unter der Erde.

Aus der Römerzeit sind vor allem die Reste des **Obergermanisch-Raetischen Limes** erwähnenswert, die sich in verschiedenen Teilen Baden-Württembergs finden. Das Limes-Informationszentrum Baden-Württemberg ist zentraler Ansprechpartner zu diesem Thema und unterhält in Aalen eine öffentlich zugängliche Informationsstelle. Der Archäologischen Park Ostkastell in Welzheim bietet mit seinem Freiluftgelände den idealen Ort für die Vermittlung der römischen Geschichte.

Alles Wissenswerte über die Alamannen und die Zeit vom 3. bis 8. Jahrhundert n. Chr. in Süddeutschland vermittelt das Alamannenmuseum Ellwangen.

Sieben **Museumsdörfer** mit 170 Gebäuden, authentischen Werkstätten, Bauernhoftieren und zahlreichen Veranstaltungen laden ein, die Geschichte des ländlichen Südwestens zu erleben: das Odenwälder Freilandmuseum Gottersdorf (Walldürn), das Hohenloher Freilandmuseum Wackershofen (Schwäb. Hall), das Freilichtmuseum Beuren am Fuße der Schwäbischen Alb, das Schwarzwälder Freilichtmuseum Vogtsbauernhof in Gutach, das Freilichtmuseum Neuhausen ob Eck in der Nähe von Tuttlingen, das Oberschwäbische Museumsdorf Kürnbach (Bad Schussenried) und das Bauernhausmuseum Wolfegg in Oberschwaben.

In einem Waldstück bei Messkirch entsteht Tag für Tag ein Stück Mittelalter. Handwerker und Freiwillige schaffen mit den Mitteln des 9. Jahrhunderts eine Klosterstadt, die den Namen Campus Galli trägt.

Nordrhein-Westfalen

Abb. 200 Ginster im Nationalpark Eifel, im Hintergrund die ehemalige NS-Ordensburg Vogelsang, in der sich heute das Nationalparkzentrum befindet.

Abkürzung:	NW
Hauptstadt:	Düsseldorf
Weitere Großstädte:	Köln, Dortmund, Essen, Duisburg und weitere 25 Städte
Fläche:	34 110 km²
Einwohner:	17,9 Mio. (524 Einwohner/km²)
Waldfläche:	26 %
Höchste Erhebung:	Langenberg (Sauerland, 842 m)
Anrainerländer:	Niedersachsen, Hessen, Rheinland-Pfalz
Anrainerstaaten:	Belgien, Niederlande

Neben dem **Rhein,** der den Westteil Nordrhein-Westfalens durchfließt, sind vor allem dessen östliche Nebenflüsse **Ruhr** und **Lippe** von Bedeutung, außerdem hat die **Ems** (S. 17) ihren Ursprung in Westfalen. Ganz im Osten fließt streckenweise auch die **Weser** durch NRW bzw. bildet die Grenze zu Niedersachsen.

Historisch ist das Land Nordrhein-Westfalen in die drei Landesteile **Nordrhein** (nördliches Rheinland), **Westfalen** und **Lippe** unterteilt, die 1946/1947 zum Land Nordrhein-Westfalen zusammengeschlossen wurden. Im übrigen Deutschland wohl am bekanntesten ist das **Ruhrgebiet** im Zentrum Nordrhein-Westfalens, der größte Ballungsraum Deutschlands mit über 5 Mio. Einwohnern und einer Fläche von etwa 4435 km². Der Begriff „Ruhrgebiet" ist jedoch keine offizielle Verwaltungsbezeichnung; die genauen Grenzen sind nicht definiert, die Städte und Kreise gehören den Landesteilen Rheinland und Westfalen an. Im Süden und Osten wird Nordrhein-Westfalen von Mittelgebirgen eingerahmt wie **Eifel, Bergisches Land, Sauerland** mit dem Rothaargebirge und kleineren Bergzügen wie Lipper Bergland oder Teutoburger Wald. Im Westen und Norden ragt Nordrhein-Westfalen weit in die Norddeutsche Tiefebene hinein mit der Kölner Bucht, dem Niederrheinischen Tiefland und dem Münsterland.

Nordrhein-Westfalen weist entsprechend seiner inhomogenen naturräumlichen Gliederung eine vielschichtige geologische Gestalt auf. Die südlichen und östlichen Landesteile wurden hauptsächlich durch gebirgsbildende Prozesse während des Erdaltertums und Erdmittelalters gebildet. Im Norden und Westen ist die Topographie vor allem auf geologische Vorgänge während der letzten Eiszeiten zurückzuführen, bei Kleve und Krefeld sind Endmoränen sichtbar. Die Eifel, das Bergische Land, das Sauer- und Siegerland weisen die ältesten Gesteine auf. Schiefer aus dem Devon (S. 47) bilden hauptsächlich das Rheinische Schiefergebirge. Nördlich der bergigen Region im Süden findet sich das rheinisch-westfälische Steinkohlenrevier mit Kohleflözen aus dem Oberkarbon. Das Niederrheinische Tiefland senkt sich seit dem Tertiär allmählich ab, daher zählt das Gebiet zu einer durch Erdbeben gefährdeten Region. Ebenfalls im Tertiär entstanden im südlichen Niederrhein Braunkohleflöze, die heute ausgebeutet werden.

Natur und Kultur erleben

Der Nationalpark **Eifel** an der Grenze zu Belgien wurde 2004 gegründet. Er dient dem Schutz von nur in Westeuropa vorkommenden Buchenwäldern in Mittelgebirgslage auf sauren Böden, in denen unter anderem noch die Wildkatze in stattlicher Zahl vorkommt. Auf der Hochfläche des ehemaligen Truppenübungsplatzes Vogelsang wechseln sich schattige Schluchtwälder aus Esche und Ahorn mit weiten Offenlandflächen und wärmeliebenden Eichenwäldern ab. Eine Besonderheit des Nationalparks ist die Gelbe Narzisse, die hier ihr größtes Wildvorkommen in Deutschland hat. Die „Nationalpark-Tore" in Simmerath-Rurberg, Schleiden-Gemünd, Heimbach, Monschau-Höfen und Nideggen bieten Informationen. Seit 2016 befindet sich das Nationalparkzentrum Eifel in der ehemaligen NS-Ordensburg Vogelsang (Abb. 200).

Der Nationalpark liegt mitten im deutsch-belgischen **Naturpark** Hohes Venn-Eifel, der grenzüberschreitend in den deutschen Bundesländern Nordrhein-Westfalen und Rheinland-Pfalz sowie in der belgischen Provinz Lüttich liegt. Westlich von Köln und Bonn liegt der Naturpark Rheinland, ein abwechslungsreiches Naherholungsgebiet mit rekultivierten Teilen des Rheinischen Braunkohlereviers (S. 106). Die Entfernung zum Stadtrand Kölns beträgt nur wenig mehr als 10 km. Rechtsrheinisch geht es weiter mit dem kleinen Naturpark Siebengebirge südöstlich von Bonn mit dem Drachenfels, der für die Geschichte des Naturschutzes in Deutschland von großer Bedeutung ist (S. 144). Nach Norden hin schließt sich der Naturpark Bergisches Land an, der von bewaldeten Höhenzügen und Wiesentälern geprägt wird.

Der 2015 aus einem Zusammenschluss mehrerer Naturparks entstandene Naturpark Sauerland-Rothaargebirge in Südwestfalen ist mit 3826 km² Fläche der zweitgrößte Naturpark in Deutschland. Er umfasst weite Teile des Sauerlandes, des Siegerlandes und das Wittgensteiner Land im Rothaargebirge, das in letzter Zeit wegen der Auswilderung des Wisents (Abb. 201) des Öfteren in der überregionalen Presse erscheint. Nördlich des großen Sauerland-Naturparks liegen noch die Naturparks Arnsberger Wald und Diemelsee (teilweise in Hessen).

Im Nordosten Nordrhein-Westfalens liegt der große Naturpark Teutoburger Wald/Eggegebirge, dessen Region auch als „Heilgarten Deutschlands" bekannt ist. Grundlage für diesen Beinamen ist die deutschlandweit einmalige Dichte an natürlichen Heilmitteln wie Sole, Moor und Heilwässern. Der Naturpark Hohe Mark-Westmünsterland nördlich des Ruhrgebiets zeichnet sich durch eine überraschende Vielfalt an Landschaftsformen aus, die von der abwechslungsreichen Parklandschaft des Münsterlandes bis zu bewaldeten Höhenzügen reicht. Der Naturpark Maas-Schwalm-Nette ist ein grenzüberschreitender Naturpark in Deutschland und den Niederlanden, gekennzeichnet durch einen reizvollen Wechsel von offenen und bewaldeten Flächen mit Bächen, Flüssen, Mooren und Seen.

Der **Natur- und Geopark TERRA.vita**, ursprünglich Naturpark Nördlicher Teutoburger Wald-Wiehengebirge, ist ein Natur- und Geopark im Südwesten Niedersachsens (siehe dort) und im Nordosten Nordrhein-Westfalens. Der **GeoPark Ruhrgebiet** dagegen ist weltweit der erste Geopark in einem urbanen Ballungsgebiet, der die Montangeschichte einer Region als zentrales Thema aufgreift. Er umfasst eine Fläche von 4500 km² im Grenzbereich zwischen dem Bergischen Land, dem Münsterland und dem Niederrhein. Die „GeoRoute Ruhr" verknüpft mehr als 20 bereits bestehende Bergbau- und geologische Wanderwege sowie zahlreiche weitere Einzelgeotope, Industriedenkmäler und kulturhistorische Sehenswürdigkeiten zu einer langen Wanderstrecke mit drei Varianten. Geologische Sehenswürdigkeiten von überregionaler Bedeutung sind das Muttental in Witten, die Wiege des Steinkohlebergbaus, die Fossilfundstelle „Ziegeleigrube Vorhalle" in Hagen sowie die Karstlandschaft Felsenmeer Hemer. Im Oktober 2014 wurde in den Räumen des LWL-Industriemuseums Zeche Nachtigall in Witten-Bommern ein Geoparkinformationszentrum eröffnet, das über die Geologie und die Rohstoffe im Ruhrgebiet informiert. Im Hochsauerland hat Nordrheinwestfalen außerdem Anteil am **Geopark GrenzWelten**, dessen Hauptteil im Nordhessischen Bergland liegt (S. 206).

Die **Museumslandschaft** in Nordrhein-Westfalen, der „dichtesten Kulturregion Europas", ist sehr vielfältig. Mit über 200 Museen bildet das Ruhrgebiet eine der größten und umfangreichsten Museumslandschaften Deutschlands. Museen mit Bezug zu Natur, Landschaft und Erdgeschichte sind unter anderem:
→ Museum zur Geschichte des Naturschutzes in Schloss Drachenburg (Königswinter)
→ Zoologische Forschungsmuseum Alexander Koenig in Bonn

Abb. 201 Wisente im Rothaargebirge.

- LWL-Museum für Naturkunde in Münster mit dem weltweit größten Ammonit mit 1,80 m im Durchmesser
- Museum für Naturkunde Dortmund, das seit 100 Jahren Schätze aus seinen umfangreichen naturkundlichen Sammlungen zeigt
- Museum für Naturkunde Düsseldorf, das sich auf die Naturgeschichte der Niederrheinischen Bucht und des Niederbergischen Landes konzentriert
- Aquarius-Wassermuseum und Haus Ruhrnatur in Mülheim an der Ruhr
- Neanderthal-Museum in Düsseldorf-Mettmann, das mit rund 170 000 Besuchern im Jahr zu den erfolgreichsten archäologischen Museen in Deutschland gehört und die Spuren der Menschheit – von ihrer langen Reise aus den Savannen zu den Großstädten heutzutage – zeigt mit Schwerpunkt auf den Neanderthalern
- Lippisches Landesmuseum in Detmold mit seiner reichen Sammlung zur Landes- und Kulturgeschichte, Naturkunde und Prähistorie, die inzwischen internationale Bedeutung erlangt hat
- Freilichtmuseum Detmold, das größte Freilichtmuseum Europas mit mehr als 90 vollständig eingerichtete Gebäuden aus allen Landschaften Westfalens
- Freilichtmuseum Gut Lohhof in Welver an der Römer-Lippe-Route
- Niederrheinisches Freilichtmuseum Grefrath
- Freilichtmuseum Mühlenhof Münster
- Archäologisches Freilichtmuseum Oerlinghausen, das Behausungen sowie Wirtschaft und Umwelt verschiedener vor- und frühgeschichtlicher Epochen zeigt
- LWL-Freilichtmuseum Hagen
- Bauernmuseum Selfkant, das größte landwirtschaftliche Museum in Nordrhein-Westfalen
- Dobergmuseum in Bünde mit Funden aus dem Oligozän (S. 61 f.), unter anderem Haie, Seekühe und Wale
- Eifelmuseum in Blankenheim, ein Regionalmuseum des Kreises Euskirchen für Naturkunde und Kulturgeschichte der Nordwesteifel
- das LWL-Museum für Archäologie Herne mit einer unterirdischen Grabungslandschaft von 3000 km^2
- LVR-Archäologischer Park Xanten, Deutschlands größtes archäologisches Freilichtmuseum
- LWL-Römermuseum in Haltern am See am Ufer der Lippe an der Stelle einer der wichtigsten Militärkomplexe der Römer
- Römisch-Germanisches Museum in Köln
- Rheinisches Landesmuseum für Archäologie, Kunst- und Kulturgeschichte (LVR-LandesMuseum) in Bonn
- Museum für Kunst- und Kulturgeschichte Dortmund, das Kulturgeschichte im Zeitraffer bietet – von der Ur- und Frühgeschichte bis ins 20. Jahrhundert
- Deutsches Bergbau-Museum Bochum, das bedeutendste Bergbaumuseum der Welt und eines der meistbesuchten in Deutschland
- Ruhr-Museum in Essen, das sich als Gedächtnis und Schaufenster des Ruhrgebiets versteht, in seiner Dauerausstellung Natur, Kultur und Geschichte des Ruhrgebiets dokumentiert und damit die Entwicklung des größten Ballungsraumes Europas; die neue Dauerausstellung befindet sich in der Kohlenwäsche der Zeche Zollverein, eines bis 1986 aktiven Steinkohlebergwerks, das seit 2001 zum Welterbe der UNESCO zählt

Brandenburg

Abkürzung:	B
Hauptstadt:	Potsdam
Weitere Großstädte:	Cottbus
Fläche:	29 654 km^2
Einwohner:	2,5 Mio. (84 Einwohner/km^2)
Waldfläche:	36 %
Höchste Erhebung:	Heidehöhe (Lausitz, 201 m)
Anrainerländer:	Mecklenburg-Vorpommern, Niedersachsen, Sachsen-Anhalt, Sachsen, Berlin
Anrainerstaaten:	Polen

Neben dem Grenzfluss **Oder** sind die **Havel** als Nebenfluss der Elbe und deren Nebenfluss **Spree** die bedeutendsten Flüsse Brandenburgs. Wichtige Landschaften bzw. Regionen sind die **Lausitz** mit dem **Spreewald** im Süden, die **Uckermark** im Nordosten, das **Oderbruch** im Osten, die **Prignitz** im Nordwesten, das **Havelland** westlich von Berlin und der **Fläming** im Südwesten.

Die Landschaft Brandenburgs mit ihrem Wechsel von Hochflächen und Niederungen ist vollständig von den letzten Kaltzeiten geprägt. Die wesentlichen Großlandschaften sind von Nord nach Süd der Baltische bzw. Nördliche Landrücken, die Zone der Platten

Abb. 202 Blick von Polen in den Nationalpark Unteres Odertal.

und Urstromtäler sowie der Südliche Landrücken. Landschaftlich fällt vor allem der Unterschied zwischen dem Altmoränen- und dem Jungmoränenland (S. 72) auf. Während es im Süden und in der Prignitz nahezu keine natürlichen Seen gibt, ist das jung vergletscherte Gebiet seenreich.

Natur und Kultur erleben

Der 1995 gegründete Nationalpark **Unteres Odertal** (Abb. 202) zieht sich im Nordosten Brandenburgs entlang der Oder; er schützt eine ausgedehnte Flussaue mit ihren angrenzenden Hängen, Laubmischwäldern und blütenreichen Trockenrasen. Mehr als 161 Vogelarten brüten im Nationalpark, darunter See-, Fisch- und Schreiadler. Er ist Deutschlands einziger Auennationalpark und zugleich das erste grenzüberschreitende Großschutzgebiet mit Polen. Das Besucherzentrum (Nationalparkhaus) des Nationalparks befindet sich in Criewen, in der Ausstellung zum Anfassen und Mitmachen kann die Auenlandschaft der Oderniederung erlebt und entdeckt werden.

Brandenburg besitzt wie Mecklenburg-Vorpommern drei Biosphärenreservate. Das mit 1290 km² größte, das **Biosphärenreservat Schorfheide-Chorin**, liegt unweit des Nationalparks Unters Odertal in der Uckermark. Die Gletscher der letzten Vereisung hinterließen nach ihrem Abschmelzen eine reich gegliederte Landschaft; der Wechsel zwischen ausgedehnten Wäldern, weiten Offenlandschaften, Seen und Mooren bilden die Lebensgrundlage für eine Vielzahl von Pflanzen- und Tierarten wie Seeadler, Kranich oder Fischotter. Von den zahlreichen großen und kleinen Seen im Biosphärenreservat Schorfheide-Chorin gehört der Werbellinsee zu den bekanntesten und bei Wassersportlern zu den beliebtesten Gewässern. Der über 10 km lange, aber nur durchschnittlich 700 m breite See hat eine sehr gute Wasserqualität. Der Buchenwald Grumsin wurde 2011 mit vier anderen deutschen Wäldern in die Liste des UNESCO-Weltnaturerbes aufgenommen. Als Hauptbesucherzentrum fungiert die Blumberger Mühle bei Angermünde in Trägerschaft des Naturschutzbundes Deutschland (Abb. 161). Das Teichgebiet Blumberger Mühle wird seit 1991 extensiv bewirtschaftet. Es hat den Status eines Wasservogelschutzgebiets und ist darüber hinaus als Naturschutzgebiet ausgewiesen.

Einen ganz anderen Charakter hat das etwa 100 km südöstlich von Berlin gelegene Biosphärenreservat **Spreewald** (Abb. 203). Hier teilte sich als Folge der letzten Eiszeit vor rund 20 000 Jahren die Spree in ein fein gegliedertes Netz von Fließen. Ein großes Binnendelta entstand. Heute durchziehen die Fließe eine seit Jahrhunderten vom Menschen geprägte und dennoch weitgehend naturnahe Auenlandschaft, die zahlreichen Pflanzen- und Tierarten Lebensraum bietet. Zwischen

Abb. 203 Frühling im Spreewald.

diesem Geflecht entstand durch Kultivierung ein Mosaik aus kleinen Wiesen, Äckern und Wald. Einen Blick auf den Spreewald bieten die Besucherinformationszentren in Lübbenau, Schlepzig und Burg. Das Biosphärenreservat spielt eine große Rolle bei der Regionalentwicklung und Regionalvermarktung, zum Beispiel der berühmten Spreewaldgurke.

Das dritte **Biosphärenreservat** gehört zum insgesamt 3750 km² großen UNESCO-Biosphärenreservat Flusslandschaft Elbe, das sich auf fünf Bundesländer verteilt. In Brandenburg liegen etwa 300 km², der ehemalige Naturpark Brandenburgische Elbtalaue ging vollständig im Biosphärenreservat auf. Das Besucherzentrum Burg Lenzen mit verschiedenen Dauerausstellungen und wechselnden Sonderausstellungen gewährt interessante Einblicke in die Natur- und Kulturgeschichte der Elbtalaue.

Zu den vier bisher genannten Großschutzgebieten gesellen sich noch zahlreiche **Naturparks** wie die im Norden von Brandenburg gelegenen Seengebiete **Uckermärkische Seen** mit einer hohen Dichte des Fischadlers und Stechlin-Ruppiner Land mit dem Großen Stechlinsee, der bereits seit 1938 als Naturschutzgebiet geschützt ist. Das „NaturParkHaus Stechlin" in Menz lädt die Gäste ein zu einer fiktiven Expedition von den höchsten Baumwipfeln bis zum tiefsten Seegrund.

Der Naturpark Barnim ist das einzige länderübergreifende Großschutzgebiet der Länder Brandenburg und Berlin. Die Landschaft ist durch die Eiszeit geprägt und wird im Norden, Süden und Westen jeweils von Urstromtälern, im Osten durch das Oderbruch begrenzt. Im „Barnim Panorama" präsentieren sich das Besucherzentrum des Naturparks und das Agrarmuseum Wandlitz unter einem Dach – eine bundesweit einmalige Kombination. Die Dauerausstellung „Geformte und genutzte Landschaft" macht die Themen Natur, Landwirtschaft und Technik erlebbar.

70 km westlich von Berlin liegt der Naturpark Westhavelland an der Grenze zu Sachsen-Anhalt. Mit 1315 km² Fläche ist er das größte Schutzgebiet in Brandenburg und umfasst das größte zusammenhängende Feuchtgebiet des europäischen Binnenlandes, in dem noch Restbestände der vom Aussterben bedrohten Großtrappe leben (Abb. 204).

Im Südwesten des Landes findet sich der Naturpark Hoher Fläming, der sich durch ausgedehnte Wälder mit zahlreichen Quellen und naturnahen Bächen auszeichnet. Der Naturpark ist zweigeteilt: im Süden die hügelige und waldreiche Landschaft des Hohen Fläming und im Norden die flache Niederungslandschaft der Belziger Landschaftswiesen. Die vor mehr als 140 000 Jahren von Gletschern hinterlassenen Höhen des Flämings gehören noch zu den Altmoränen der Saalevereisung. Südlich von Potsdam liegt der Naturpark Nuthe-Nieplitz, mit seinen zeitweise überfluteten Wiesen und Bruchwäldern ein Dorado für Wat- und Wasservögel. Das Landschaftsbild ist geprägt durch die feuchte Niederung der Flüsse Nuthe und Nieplitz, durch Wald und Ackerland mit kleinen märkischen Dörfern. Um ein sehr abwechslungsreiches Naherholungsgebiet handelt es sich beim nördlich des Spreewaldes gelegenen Naturpark Dahme-Heideseen, der geprägt ist von großen Waldflächen, mehr als 100 größere Seen sowie der Dahme, einem Nebenfluss der Spree.

In der Lausitz im Südosten Brandenburgs finden sich mit dem **Niederlausitzer Landrücken** und der **Niederlausitzer Heidelandschaft** südlich des Spreewaldes zwei Naturparks, in denen neben Wäldern, Heiden und verschiedenen Gewässern auch Bergbaufolgelandschaften (S. 106) eine Rolle spielen.

Im Naturpark Schlaubetal südöstlich von Berlin finden sich auf engstem Raum völlig unterschiedlich geartete Landschaften mit unterschiedlichen Wäldern, tiefen Schluchten, ruhigen Seen oder Feuchtwiesen. Etwa 60 km östlich von Berlin liegt der kleine Naturpark Märkische Schweiz mit einer abwechslungsreichen, eiszeitlich geprägten Landschaft und dem Schermützelsee im Zentrum.

Der **Geopark** Eiszeitland am Oderrand liegt nordöstlich von Berlin und umfasst Teile des Biosphärenreservats Schorfheide-Chorin und des Nationalparks Unteres Odertal. Im Geopark sind alle Elemente der glazialen Serie (S. 72) vollständig erhalten und wie in keiner anderen Region modellhaft ausgeprägt. Es gibt dreizehn als Landmarken bezeichnete Anlaufstellen für an Kultur, Natur und Geologie Interessierte. Landschaftsführer können Wissenswertes und Geschichtliches über die Eiszeit, die Seen, die Flora und Fauna sowie über Naturereignisse, die während der Wanderungen oder Radwanderungen zu sehen sind, erzählen. Eine ständige Geoparkausstellung befindet sich in der Informationsstelle des Biosphärenreservats Schorfheide-Chorin in Joachimsthal. Im Südosten hat Brandenburg außerdem Anteil am Geopark Muskauer Faltenbogen, von dem weitere Bereiche in Sachsen (S. 216) und Polen liegen.

Zum Kennenlernen der Tierwelt des Landes Brandenburg laden die Ausstellungen des Naturkundemuseums Potsdam ein. Als einziges **Naturkundemuseum** im Land Brandenburg mit ständiger Ausstellungspräsenz zeigt es Ausstellungen zu aktuellen Themen aus Natur und Umwelt. Im Museumspark Rüdersdorf informiert eine Dauerausstellung über die Geologie der Kalklagerstätte Rüdersdorf und gewährt einen Blick in das „Bilderbuch der Erdgeschichte".

Das Archäologische Landesmuseum in Brandenburg/Havel eröffnete 2008 im neu restaurierten mittelalterlichen Paulikloster, das eines der besterhaltenen Klosteranlagen der Backsteingotik (S. 49) Nordostdeutschlands ist. Von den frühesten Spuren der Menschen aus der Altsteinzeit führt die Zeitreise vom ältesten Tragenetz der Welt, chirurgischen Operationen in der Jungsteinzeit und Opfern aus der Bronzezeit über die Germanen und Slawen zu den ersten Städten der Mark und besonderen Funden des 20. Jahrhunderts.

Im Oderlandmuseum in Bad Freienwalde werden Sammlungen zur Ur- und Frühgeschichte des Oderlandes, zur Kultur und Lebensweise der Menschen seit dem 18. Jahrhundert sowie zur Stadtgeschichte von Bad Freienwalde, der ältesten Kur- und Badestadt der Mark Brandenburg, aufbewahrt.

Das **Freilichtmuseum** „Germanische Siedlung Klein Köris e. V." liegt 50 km südlich von Berlin und befindet sich am Ort eines Bodendenkmals, einer germanischen Siedlung des 2. bis 5. Jahrhunderts n. Chr., die zwischen 1976 und 1995 zu großen Teilen ausgegraben worden ist. Dort gibt es auch eine kleine Anbaufläche, auf der einige damals kultivierte oder gesammelte Nahrungs- und Nutzpflanzen gezeigt werden.

Hermann Fürst von Pückler-Muskau (1785 bis 1871) war einer der größten europäischen Gartenkünstler. Als über 60-Jähriger legte er in Branitz bei Cottbus einen **Landschaftspark** nach englischem Vorbild an. Für seine dreidimensionale „Bildergalerie" setzte er Pyramiden in den Lausitzer Sand, formte Hügel und Wasserläufe, pflanzte unzählige Bäume und Sträucher und bezog Skulpturen und Architektur in die Gestaltung ein.

Der **Ziegeleipark** Mildenberg befindet sich auf dem Betriebsgelände zweier benachbarter Ziegeleien, die noch bis 1991 in Betrieb waren. Wichtige Epochen der Industrialisierung und der Entwicklung des „Zehdenicker Ziegeleireviers" werden anschaulich in diversen Ausstellungen gezeigt. Im Märkischen Ziegeleimuseum Glindow erhält der Besucher einen Einblick in den Tonabbau und die Backsteinherstellung der 1462 gegründeten Ziegelei.

Das **Freilichtmuseum** Höllberghof bei Langengrassau befindet sich am Rande eines der waldreichsten Gebiete Deutschlands, inmitten des Naturparks Niederlausitzer Landrücken, es handelt sich um einen nach historischen Vorlagen neu errichteten Bauernhof. Das Spreewaldmuseum Lübbenau thematisiert die historische und kulturgeschichtliche Entwicklung des Spreewaldes. Seine ethnographische Abteilung ist das Freilandmuseum Lehde mit drei sorbischen bzw. wendischen Bauerngehöften.

Abb. 204 Großtrappe.

Mecklenburg-Vorpommern

Abkürzung:	MV
Hauptstadt:	Schwerin
Weitere Großstädte:	Rostock
Fläche:	23 214 km²
Einwohner:	1,6 Mio. (69 Einwohner/km²)
Waldfläche:	22 %
Höchste Erhebung:	Helpter Berge (179 m)
Anrainerländer:	Brandenburg, Niedersachsen, Schleswig-Holstein
Anrainerstaaten:	Polen

Bedeutendster Fluss ist die **Elbe**, die im Südwesten auf zwei Teilstrecken die Grenze zu Niedersachsen bildet. Daneben weist Mecklenburg-Vorpommern keine größeren Flüsse auf, jedoch kleinere und Kanäle mit einer Gesamtlänge von mehr als 26 000 km. Der längste Fluss ist die **Elde**, die das Gebiet um die Müritz mit der Elbe verbindet. Sie durchfließt in ihrem Oberlauf mehrere große Seen der **Mecklenburgischen Seenplatte**, der letzte ist der Plauer See. 180 km der insgesamt 208 km langen Elde vom Südrand der Müritz bis zur Elbe bei Dömitz sind schiffbar. Sie bilden die als Bundeswasserstraße ausgewiesene Müritz-Elde-Wasserstraße. 30 km östlich der Landeshauptstadt Schwerin entspringt die **Warnow** und mündet nach 155 km Fließstrecke in Rostock-Warnemünde in die Ostsee. Die **Peene** entsteht aus mehreren Quellflüssen, die sich im Bereich des Kummerower Sees vereinigen. In dem breiten Urstromtal ihres Unterlaufes befinden sich viele Sumpf- und Feuchtgebiete (S. 131). Etwa 10 km östlich von Anklam mündet die Peene 120 km von der Quelle der Westpeene und 82 km vom Kummerower See entfernt mit einem kleinen Delta in den Peenestrom. Östlich der Müritz entspringt die **Havel** (S. 16). Mit seinen über 2000 Seen mit einer Gesamtfläche von fast 740 km² besitzt Mecklenburg-Vorpommern eine einzigartige Seenlandschaft. Die **Müritz** ist der größte vollständig in Deutschland liegende See.

Mecklenburg-Vorpommern hat insgesamt eine Küstenlänge von knapp 2000 km und damit die längste Küs-

Abb. 205 Darßer Ort.

te aller deutschen Bundesländer. Besonders im östlichen Landesteil ist die Küste stark durch Lagunen und Meerengen gegliedert (Reinicke & Reinicke 2016). Rügen und Usedom sind Deutschlands größte Inseln. Die bedeutendste Halbinsel ist Fischland-Darß-Zingst.

Die flache bis hügelige Landschaft von Mecklenburg-Vorpommern ist durch die Weichsel-Kaltzeit (S. 69 ff.) geprägt.

Natur und Kultur erleben

Mecklenburg-Vorpommern ist das einzige Bundesland mit drei Nationalparks. Der **Nationalpark Vorpommersche Boddenlandschaft** beinhaltet Ostsee- und Boddengewässer sowie Landflächen Vorpommerns im Bereich der Halbinsel Darß-Zingst sowie der westlich der Insel Rügen gelegenen Gewässer. Der über 800 km² große Nationalpark stellt einen repräsentativen Ausschnitt der vorpommerschen Ausgleichsküste sowie der Flachwasserzone der Ostsee als größtem Brackwasserlebensraum der Erde dar. Er dient dem Schutz der einzigartigen Küsten- und Boddenlandschaft mit ihrer typischen Tier- und Pflanzenwelt, den Steil- und Flachküsten mit natürlicher Dynamik, den naturnahen Waldbeständen und dem größten Kranichrastplatz Mitteleuropas. Über das gesamte Nationalparkgebiet verteilen sich Informationseinrichtungen. Das „Natureum Darßer Ort" als Außenstelle des Meeresmuseums Stralsund befindet sich im Leuchtturm Darßer Ort (Abb. 205). Weitere Einrichtungen sind (von West nach Ost): das Nationalpark- und Gästezentrum Darßer Arche in Wieck, die Informationseinrichtung Zingst/Sundische Wiese, das Kranich-Informationszentrum Groß Mohrdorf (S. 177), das „Haus am Kliff" in der Nähe des Hafens von Barhöft, das Nationalparkhaus Hiddensee (Abb. 127) am Ortsrand von Vitte, die Informationszentrum Waase auf Rügen und die Schutz- und Informationshütte auf der Halbinsel Buq.

Im Nordosten der Insel Rügen liegt der mit rund 30 km² kleinste deutsche **Nationalpark Jasmund**, der insbesondere durch seine Kreidefelsen (Abb. 55) bekannt ist. Er gehört zu den wenigen Landschaften Deutschlands, in denen die Abfolge vom geschlossenen Wald zu natürlich offenen Biotopen zu beobachten ist. Im Gebiet blieb ein reiches Spektrum naturnaher Ökosysteme bis in die Gegenwart erhalten, das durch weitgehende Eigendynamik gekennzeichnet ist. Dazu gehören die Flachwasserzonen der Ostsee, Blockstrände, Steilküsten, Wälder sowie Bäche und Moore. Die naturnahen Buchenwälder, von denen immer wieder Bäume über die Kreideklippen hinabstürzen (Abb. 206), gehören seit

Abb. 206 Immer wieder stürzen Buchen über die Kreideklippen hinab.

2001 zum UNESCO-Weltnaturerbe. Besonders im Winter, wenn der Spaltenfrost wirkt, und in feuchten Jahren ist es nicht ungefährlich, sich unterhalb der Steilufer aufzuhalten. Direkt am berühmten Kreidefelsen Königsstuhl bietet das „Nationalpark-Zentrum Königsstuhl" spannende Einblicke. Zum breit gefächerten Angebot zählen Erlebnisausstellung, Multivisionskino, Aussichtsplattform, Naturerlebnisgelände und vieles mehr.

Das Naturerbe-Zentrum Rügen ist ein Naturerlebniszentrum im Binzer Ortsteil Prora und bietet Erlebnisausstellungen, einen Baumwipfelpfad sowie Führungen und Informationen zu den umliegenden Ökosystemen.

Im Bereich der Mecklenburgischen Seenplatte findet sich am Ostufer des größten deutschen Binnensees der **Müritz-Nationalpark**, in dem über 100 Seen liegen, die größer sind als 1 ha. Das größere Teilgebiet (260 km²), östlich an die Müritz grenzend, ist durch weite Kiefernwälder und große Moore gekennzeichnet. Im kleineren Teilgebiet (62 km²) um Serrahn (Abb. 207) finden sich bemerkenswerte alte Buchenwälder, die ebenfalls zum UNESCO-Weltnaturerbe gehören, in einer hügeligen Landschaft mit vielen Seen. Neben Wäldern und Seen bestimmen Moore das Bild der Landschaft im Nationalpark, von denen viele durch menschliche Eingriffe entwässert waren und in den letzten Jahren mit aufwendigen Maßnahmen wieder vernässt wurden (Abb. 145). Inmitten der Serrahner Buchenwälder liegt das Jugendwaldheim Steinmühle, die Bildungsstätte des Nationalparks. Dort sollen vor allem junge Menschen für Natur und Wildnis begeistert werden.

Das Müritzeum in Waren (Müritz) ist Museum und zugleich das große Naturerlebniszentrum in der Mecklenburgischen Seenplatte. Auf etwa 2300 m² werden Ausstellungen zu Natur und Umwelt, zur Landes- und Sammlungsgeschichte gezeigt. Das Aquarium für heimische Süßwasserfische umfasst derzeit 26 Becken mit ca. 200 000 L Fassungsvermögen. Das Müritzeum ist auch ein Aktionszentrum des Geoparks Mecklenburgische Eiszeitlandschaft, der unter anderem die Mecklenburgische Seenplatte, die Mecklenburgische Schweiz, die Vorpommersche Flusslandschaft und die Feldberger Seenlandschaft umfasst.

Wie Brandenburg verfügt Mecklenburg-Vorpommern über drei Biosphärenreservate. Das dritte Großschutzgebiet, an dem die Insel Rügen Anteil hat, ist das **Biosphärenreservat** Südost-Rügen. Mit ihm wurde ein repräsentativer Landschaftsausschnitt unter Schutz gestellt, der auf kleinstem Raum alle Landschafts- und Küstenformen des mecklenburg-vorpommerschen Küstenraumes widerspiegelt mit Steilküsten, Bodden, Buchenwäldern, Trockenrasen und Salzwiesen. Die Zeugnisse menschlicher Siedlung und Kultur reichen von den Großsteingräbern der Jungsteinzeit über die bronzezeitlichen Hügelgräber, die slawischen Burgwälle, die mittelalterlichen Kirchen und Dorfstrukturen, den Klassizismus und die Bäderarchitektur bis in die Moderne. Zu den Wahrzeichen des Biosphärenreservats gehört auch die Rügensche Kleinbahn „Rasender Roland" als traditionsreiches Verkehrsmittel und Kulturdenkmal.

Das Biosphärenreservat Schaalsee liegt ganz im Westen des Landes an der Grenze zu Schleswig-Holstein. Der 24 km² große Schaalsee (Abb. 208) bildet das Kernstück des Großschutzgebiets. Naturnahe Buchen- und Bruchwälder, Moore, zahlreiche Seen und Kleingewässer aber auch kulturabhängige Ökosysteme wie Weideland, Feuchtwiesen und Äcker prägen die abwechslungsreiche Kulturlandschaft. Durch den Schaalsee verläuft die Grenze zwischen den Bundesländern Schleswig-Holstein und Mecklenburg-Vorpommern, vor der Wiedervereinigung war das die Grenze zwischen der DDR und der BRD. Reste von Grenzeinrichtungen sind heute noch zu sehen und werden vom Biosphärenreservat unter anderem im „Grenzhus" in Schlagsdorf bei Ratzeburg thematisiert. In einer zeitgemäßen Ausstellung wird im „Pahlhuus" in Zarrentin der Begriff Biosphärenreservat sehr anschaulich erläutert, indem er in seine Bestandteile Bio (Leben), Sphäre (Raum) und Reservat (Schutzgebiet) aufgegliedert und anhand der Besonderheiten des Gebiets erläutert wird. Besonders hervorgehoben wird die Bedeutung der im Gebiet lebenden Menschen. Das Biosphärenreservatsamt Schaalsee-Elbe vergibt in Zusammenarbeit mit einer regionalen Jury bei Erfüllung bestimmter Voraussetzungen eine patentrechtlich geschützte Regionalmarke.

Das Biosphärenreservat Schaalsee wird gemeinsam mit dem nicht weit entfernten Biosphärenreservat **Flusslandschaft Elbe Mecklenburg-Vorpommern** (Abb. 150/151) verwaltet, das bereits seit 1997 Teil des UNESCO-Biosphärenreservats Flusslandschaft Elbe ist, aber erst 2015 landesrechtlich ausgewiesen und in Kern-, Pflege- und Entwicklungszone gegliedert wurde. Durch

Abb. 207 Nationalpark Müritz (Serrahn).

Abb. 208 Schaalsee.

den Anschluss des Amtes Neuhaus an Niedersachsen besitzt Mecklenburg-Vorpommern im Bereich des Biosphärenreservats nur zwei relativ kurze Elbzugänge bei Boizenburg (Abb. 153/154) und Dömitz. Eine Besonderheit im Biosphärenreservat ist die enge Verzahnung der besonders schützenswerten Trockenbiotope mit Feuchtgebieten auf engstem Raum. Ein gutes Beispiel dafür ist im Naturschutzgebiet „Elbtaldünen bei Klein Schmölen" (Abb. 114) zu finden, wo eine beeindruckende, bis 28 m hohe Düne an eine feuchte Niederung grenzt.

Die **Naturparks** Mecklenburg-Vorpommerns liegen schwerpunktmäßig im Bereich der Mecklenburgischen Seenplatte, so die Naturparks Sternberger Seenland (Naturparkzentrum in Warin, Archäologisches Freilichtmuseum Groß Raden), Nossentiner/Schwinzer Heide (Kultur- und Informationszentrum Karower Meiler), Mecklenburgische Schweiz/Kummerower See und Feldberger Seenlandschaft. Die Peene als einer der letzten weitgehend unverbauten und fischartenreichsten Flüsse Deutschlands mit Arten wie Flussneunauge und Steinbeißer und mit einer Flussniederung, die eines der größten zusammenhängenden Niedermoorgebiete Mitteleuropas darstellt (S. 131), ist im Naturpark Flusslandschaft Peenetal geschützt. Im Nordosten des Landes an der Grenze zu Polen ist die Insel Usedom mit ihren Steilufern und Dünenlandschaften ebenso Naturpark wie das vielfältig strukturierte Gebiet Am Stettiner Haff (Besucherzentrum Eggesin).

Die **Ivenacker Eichen** (Abb. 209) nordwestlich von Neubrandenburg gehören zu den ältesten Stieleichen Europas, sie sollen 500 bis 1000 Jahre alt sein. Die mächtigste der Ivenacker Eichen hat einen Stammumfang in Brusthöhe von über 11 m und eine Höhe von 35,5 m. Im August 2016 wurden sie als erstes Nationales Naturmonument in Deutschland benannt.

Mecklenburg-Vorpommern verfügt über ein reichhaltiges Angebot an **Museen**. Das bedeutendste unter ihnen ist das Deutsche Meeresmuseum in Stralsund, das meistbesuchte Museum in ganz Norddeutschland. Die modernen Ausstellungspräsentationen und Aquarien

Abb. 209 Ivenacker Eichen als erstes Nationales Naturmonument Deutschlands.

geben faszinierende Einblicke in den Lebensraum Meer und seine Nutzung und Erforschung. Auf verständliche Weise sind die Themenbereiche Meeresbiologie, Meereskunde, Seefischerei, Mensch und Meer sowie Flora und Fauna der Ostseeküste dargestellt. Die Hauptattraktion sind die Meeresaquarien mit insgesamt etwa 300 000 L Seewasser. In einem aufwendig sanierten Kloster in Ribnitz-Damgarten wurde das außergewöhnliche Deutsche Bernsteinmuseum eingerichtet. Es vermittelt dem Besucher Einblicke in die Kultur-, Kunst- und Naturgeschichte des fossilen Harzes. Das Pommersche Landesmuseum in Greifswald informiert über die Erd- und Landesgeschichte Vorpommerns und präsentiert Gemälde unter anderem von Caspar David Friedrich. Eine Begegnung der ganz besonderen Art mit dem Naturelement Wasser eröffnet das Museum für Unterwasserarchäologie in Sassnitz auf der Insel Rügen.

Zu den Mitbegründern der landwirtschaftlichen Standorttheorie zählt **Johann Heinrich von Thünen** (1783 bis 1850). Im Thünen-Museum auf seinem Gut in der Nähe von Teterow erhalten Besucher aus der ganzen Welt einen Überblick über das Schaffen des ehemaligen Musterlandwirtes und Agrarwissenschaftlers. Das Archäologische **Freilichtmuseum** Groß Raden mit einer rekonstruierten Slawensiedlung aus dem Frühmittelalter befindet sich in der Nähe von Sternberg. Es vermittelt Einblicke in die Kultur der slawischen Stämme in Mecklenburg.

Hessen

Abkürzung:	HE
Hauptstadt:	Wiesbaden
Weitere Großstädte:	Frankfurt am Main, Kassel, Darmstadt, Offenbach
Fläche:	21 115 km²
Einwohner:	6,2 Mio. (293 Einwohner/km²)
Waldfläche:	40 %
Höchste Erhebung:	Wasserkuppe (Rhön, 950 m)
Anrainerländer:	Bayern, Baden-Württemberg, Rheinland-Pfalz, Nordrhein-Westfalen Niedersachsen, Thüringen

Bedeutendste Flüsse sind der **Rhein**, der im Südwesten die Grenze zu Rheinland-Pfalz bildet, und die **Weser** mit ihren Quellflüssen **Fulda** und **Werra** im Nordosten Hessens. Als Nebenflüsse des Rheins verlaufen **Main** und **Lahn** teilweise in Hessen, der **Neckar** „streift" Hessen ganz im Süden.

Hessens Landschaft besteht überwiegend aus **Mittelgebirgen**, von denen zum Beispiel Taunus, Vogelsberg und Knüll vollständig innerhalb Hessens liegen, andere wie Westerwald, Rothaargebirge, Rhön, Spessart und Odenwald sind Grenzgebirge zu anderen Bundesländern. Hessen gehört in vollem Umfang zur deutschen Mittelgebirgsschwelle und ist geologisch ausgesprochen vielfältig. Im Westen ragt das Rheinische Schiefergebirge mit Taunus und Westerwald nach Hessen hinein, östlich davon bildet der Vogelsberg das größte Basaltmassiv Europas (S. 204). Auch die Rhön ist teilweise vulkanischen Ursprungs, ansonsten ist das Hessische Bergland Teil des Süddeutschen Schichtstufenlands und wird von Gesteinen der Trias (S. 53) dominiert. Zwischen den Teilgebirgen existieren größere Flusstäler und Talsenken.

Natur und Kultur erleben

Der **Nationalpark** Kellerwald-Edersee (Abb. 210) im Norden Hessens wurde 2004 gegründet, das Gebiet ist ein Ausläufer des Rheinischen Schiefergebirges. Der erste Nationalpark Hessens schützt auf einer Fläche von fast 6000 ha den größten unzerschnittenen Hainsimsen-Buchenwaldkomplex Mitteleuropas, der seit 2011 zum UNESCO-Weltnaturerbe zählt. Das Nationalparkzentrum in Vöhl-Herzhausen überrascht mit einer auffälligen

Architektur, ungewöhnlichen Ausstellungsstücken und einem 4D-Kinoerlebnis. In Edertal-Hemfurth findet sich das „BuchenHaus" mit „WildnisSchule" und Ausstellung. Unmittelbar daneben kann man sich im Wildtierpark Edersee mit den heimischen Wildtieren vertraut machen, in großen Gehegen leben Wolf, Luchs, Wildkatze, Wisent, Rothirsch und Wildpferd. Im Randbereich des Nationalparks führen Infopavillons in die Geheimnisse des Waldes, seiner Lebensräume, Tiere und Pflanzen.

Hessen hat nach Bayern und vor Thüringen den zweitgrößten Anteil am Dreiländer-**Biosphärenreservat** Rhön (Abb. 211). Die reizvolle Mittelgebirgslandschaft, das „Land der offenen Fernen", war daher Modell für die weiteren Biosphärenreservate und machte insbesondere durch die vorbildliche Regionalentwicklung „von unten" von sich reden, insbesondere getragen durch den auf hessische Initiative gegründeten Verein „Natur- und Lebensraum Rhön" (S. 174). So wurde das Rhönschaf, eine ehemals fast ausgestorbene Schafrasse, zu einem neuen Sympathieträger für die Region. Dies betrifft in gleicher Weise den Rhöner Weideochsen, der auch als Rhöner Biosphärenrind bezeichnet wird. Im hessischen Teil des Biosphärenreservats liegen die Kuppenrhön mit bis zu 800 m hohen Vulkankegeln und Teile der Hohen Rhön mit der Wasserkuppe, dem höchsten Berg Hessens. Das Informationszentrum des Biosphärenreservats Hessische Rhön befindet sich im Groenhoff-Haus, einem denkmalgeschützten ehemaligen Kasernenkomplex auf der Wasserkuppe. Es handelt sich um eine Bildungseinrichtung mit Medien- und Tagungsräumen, die außerdem Dauer- und Wechselausstellungen zu Rhöner Kunst, Kultur, Natur und Regionalentwicklung und einen Regionalwarenladen beherbergt.

Hessen weist zudem zahlreiche **Naturparks** auf: Neben dem den Nationalpark umgebenden Naturpark Kellerwald-Edersee und der Hessischen Rhön wurden weitere Wald- bzw. Mittelgebirgsregionen als Naturparks ausgewiesen, so der Habichtswald und der Meißner-Kaufunger Wald in Nordhessen, der Diemelsee im Rothaargebirge (mit NRW), das Lahn-Dill-Bergland, der

Abb. 210 Nationalpark Kellerwald-Edersee.

Taunus mit den beiden Naturparks Rhein-Taunus und Hochtaunus, der Hohe Vogelsberg und der Hessische Spessart.

Das Europa-Reservat Kühkopf-Knoblochsaue im Kreis Groß-Gerau, eine naturnahe Auenlandschaft am Rhein, ist das größte Naturschutzgebiet in Hessen. Auf der Rheininsel im Hofgut Guntershausen befindet sich das Umweltbildungszentrum „Schatzinsel Kühkopf" mit 3 Dauerausstellungen zu Themen rund um die Flussauenlandschaft. Es liegt in einem der vier Geoparks, an denen Hessen Anteil hat, dem **Geo-Naturpark** Bergstraße-Odenwald. Der 3500 km² große Park liegt zwischen Rhein, Main und Neckar. Seine bekannteste Sehenswürdigkeit ist die Grube Messel (S. 61) bei Darmstadt, eine weltbekannte Fundstätte von Fossilien aus dem Eozän.

Der Geopark Westerwald-Lahn-Taunus liegt teilweise in Rheinland-Pfalz und gilt in erster Linie als „Geopark der Rohstoffe". Der Abbau und die Verarbeitung der zahlreichen hier vorkommenden Bodenschätze spielt bis in die Gegenwart eine bedeutende Rolle für die Menschen der Region. Eines der Infozentren des Geoparks ist die Kristallhöhle Kubach, mit 30 m Höhe die höchste Schauhöhle und die einzige Kalzitkristallhöhle in Deutschland. Den Geopark „GrenzWelten" teilt sich Hessen mit Nordrhein-Westfalen, der Hauptteil seiner Fläche liegt innerhalb des Landkreises Waldeck-Frankenberg im Nordhessischen Bergland. Der Park ist durch eine abwechslungs- und strukturreiche Geologie mit Gesteinen aus unterschiedlichen Zeitaltern geprägt und in zehn Teilregionen unterteilt. Jede Region repräsentiert einen anderen Schwerpunkt der Erd- und Kulturlandschaftsgeschichte.

Der Geopark Vulkanregion Vogelsberg wurde 2012 als Verein gegründet mit dem Ziel, die „feurige Vergangenheit" des Vogelsbergs sichtbar und erlebbar zu machen. Der Vogelsberg (Abb. 62) ist mit einer Fläche von etwa 2500 km² und einem Durchmesser von etwa 65 km der größte Vulkankomplex in Mitteleuropa. Mit einer Höhe von 773 m stellt der Taufstein die höchste Erhebung dar. Heute bildet der Vogelsberg eine Landschaft, die durch sanfte Berge und weite Ebenen gekennzeichnet ist. Vom Hohen Vogelsberg breiten sich in alle Richtungen Täler und Flüsse aus.

Das Senckenberg Naturmuseum in Frankfurt am Main ist neben dem Berliner Museum für Naturkunde das größte **Naturkundemuseum** in Deutschland. Vor allem bei Kindern genießen die Dinosaurier-Skelette Kultstatus. Die Ausstellung zur Entwicklungsgeschichte der Erde und des Lebens wird durch eine „Zeitmaschi-

ne" ergänzt: Mithilfe eines großen Zeitrades kann man 750 Mio. Jahre in die Vergangenheit oder 250 Mio. Jahre in die Zukunft „reisen". Auch eine große Anzahl von Fossilien aus der Grube Messel wird präsentiert. Auch im Museum Wiesbaden sind zahlreiche Fossilien zu sehen, insbesondere eiszeitliche Funde aus den berühmten Mosbacher Sanden (S. 70).

Das Hessische Landesmuseum Darmstadt präsentiert kulturgeschichtliche, künstlerische und naturwissenschaftliche Objekte unter einem Dach. Die zoologische Abteilung zeigt Präparate sowohl von Tieren aus Hessen (sämtliche Landwirbeltiere) als auch aus aller Welt. Aus der Einrichtungszeit des Museums stammen die damals sehr modernen tiergeographischen Dioramen, die Tiere in ihren jeweiligen Lebensräumen präsentieren. Unter den fossilen Tieren und Pflanzen bilden die Funde aus der Grube Messel einen Schwerpunkt. Ein weiterer Bereich veranschaulicht die Entwicklung vom Vormenschen zum Urmenschen, der Geräte aus Stein herstellt.

Im Naturkundemuseum der Stadt Kassel erleben die Besucher, wie sich im Laufe von Jahrmillionen die Umwelt in der Region Kassel gewandelt hat. Naturnah gestaltete Inszenierungen geben hier Einblicke in die heimische Tier- und Pflanzenwelt vom Erdaltertum bis zur Gegenwart.

Abb. 211 Biosphärenreservat Rhön.

Das 2009 neu eröffnete **Bioversum Kranichstein** im ehemaligen Zeughaus eines Jagdschlosses bei Darmstadt widmet sich den Themen „Biodiversität" und „biologische Invasionen" anhand der heimischen Lebensräume. Der Name „Bioversum" steht für sein Programm: die Vielfalt der Natur kennen und schätzen zu lernen und zu verstehen, wie Menschen sie beeinflussen und verändern.

Im paläontologisch-geologischen Sieblos-Museum in Poppenhausen (Rhön) werden 35 Mio. Jahre alte Fossilien gezeigt, die Auskunft geben über die Flora und Fauna eines Süßwasserlebensraumes im Oligozän (S. 61 f.) Und spätestens seit dem Fund der bekannten Sandsteinstatue eines keltischen Herrschers gehört der Glauberg in der Wetterau zu den herausragenden archäologischen Fundstellen Deutschlands. Seit 2011 befindet sich hier ein moderner Museumsbau, dessen Panoramafenster auf den Grabhügel ausgerichtet ist, unter dem sich die berühmte Statue des Keltenfürsten verbarg. Die **Keltenwelt** am Glauberg stellt zusammen mit einem Archäologischen Park und einem Forschungszentrum einen wichtigen Bestandteil der hessischen Landesarchäologie dar.

Die Saalburg in der Nähe von Bad Homburg (S. 88) ist ein ehemaliges römisches Kastell am Limes (seit 2005 UNESCO-Welterbestätte), dessen Wiederaufbau Kaiser Wilhelm II. um 1900 veranlasste. Mit rekonstruierten Wehrmauern und Gebäuden aus Holz und Stein ist das Römerkastell Saalburg heute auch ein archäologisches **Freilichtmuseum**. Das Wetterau-Museum in Friedberg dokumentiert die Geschichte der Wetterau von den vorgeschichtlichen Anfängen bis zur Gegenwart, auch hier spielen die Kelten und die Römer eine besondere Rolle.

Das Hessische Landesmuseum Kassel wurde im November 2016 nach einer umfassenden Sanierung wieder eröffnet. Auf drei Ebenen präsentieren die Sammlungen der Vor- und Frühgeschichte, Angewandten Kunst und Volkskunde einen Überblick von den Anfängen menschlicher Besiedlung bis in die Gegenwart.

Das Hessische Braunkohle-**Bergbaumuseum** Borken besteht aus einem 3,5 ha großen Freigelände „Kohle & Energie" (Themenpark) und dem ältesten noch erhaltenen Fachwerkhaus in der Altstadt Borkens mit einem Besucherstollen und einer Ausstellung zur regionalen Bergbaugeschichte. Dem Museum angeschlossen ist das angrenzende Naturschutz-Informationszentrum „Borkener See", in dem Tieren und Pflanzen sowie interaktive Medien die wieder entstehende Natur der Bergbaufolgelandschaft veranschaulichen.

Sachsen-Anhalt

Abkürzung:	ST
Hauptstadt:	Magdeburg
Weitere Großstädte:	Halle (Saale)
Fläche:	20 452 km²
Einwohner:	2,2 Mio. (110 Einwohner/km²)
Waldfläche:	25 %
Höchste Erhebung:	Brocken (Harz, 1141 m)
Anrainerländer:	Brandenburg, Sachsen, Thüringen, Niedersachsen

Bedeutendster Fluss ist die Sachsen-Anhalt von Südosten nach Norden durchfließende **Elbe**, gefolgt von ihrem größten Nebenfluss, der **Saale,** in die wiederum **Unstrut** und **Weiße Elster** münden. Auch die **Havel** fließt in Sachsen-Anhalt (bei Havelberg) in die Elbe, die **Aller** entspringt westlich von Magdeburg und verabschiedet sich nach Niedersachsen.

Im Norden (Altmark) ist Sachsen-Anhalt weitgehend flach, das Zentrum bildet die fruchtbare, waldarme Magdeburger Börde. Im Südwesten liegt der Harz, an der Grenze zu Sachsen befindet sich der Ballungsraum Halle-Merseburg-Bitterfeld (auch „Chemiedreieck" genannt). Im Süden des Landes liegt das Weinbaugebiet Saale-Unstrut-Region, schließlich gehört zu Sachsen-Anhalt noch die im Osten gelegene Region Anhalt-Wittenberg mit der alten anhaltischen Residenzstadt Dessau-Roßlau, der Lutherstadt Wittenberg und einem Teil des Flämings.

Sachsen-Anhalt gehört überwiegend zum eiszeitlich geprägten **Norddeutschen Tiefland**, das in der sogenannten Leipziger Bucht weit nach Süden reicht. Im Südwesten ragt der geologisch sehr vielfältige Harz als höchstes Gebirge Norddeutschlands bis über 1000 m auf. Das südlich vom Harz gelegene Thüringer Becken vermittelt bereits zum Süddeutschen Schichtstufenland und wird von Gesteinen der Trias dominiert, die auch nördlich des Harz noch in einzelnen Höhenzügen anstehen.

Natur und Kultur erleben

2006 wurde der sachsen-anhaltische Nationalpark Hochharz mit dem niedersächsischen Nationalpark Harz in Sachsen-Anhalt zu einem länderübergreifenden **Nationalpark Harz** vereinigt, der rund 250 km² umfasst und in dem eine äußerst vielfältige Mittelgebirgslandschaft geschützt wird. In den Hochlagen des Harzes, die vom Brocken überragt werden, prägen Moore, Fichtenwälder und Felsen das Bild. Die Oberharzer Moore zählen zu den besterhaltenen deutschen Moorlandschaften. 97 % der Nationalparkfläche sind mit Wald bedeckt. Die natürliche Waldgrenze liegt im Harz bereits bei 1100 m Höhe, Grund dafür sind die extremen Witterungsverhältnisse in den Hochlagen des Harzes und auf dem Brocken. Die Brockenkuppe ist seit der letzten Eiszeit waldfrei, sodass einige Eiszeitrelikte (S. 58) überleben konnten. Die berühmte Brockenanemone (Abb. 212) ist deutschlandweit nur hier zu finden. Das Nationalpark-Besucherzentrum Brockenhaus bietet eine abwechslungsreiche Ausstellung auf drei Etagen. Das direkt an der Brockenstraße gelegene Nationalparkhaus Schierke mit angegliederter Rangerstation ist ein wichtiger Anlaufpunkt für Brockenwanderer. In Schierke findet man auch das barrierefrei gestaltete Natur-Erlebniszentrum „HohneHof" und den Löwenzahn-Entdeckerpfad, die Groß und Klein zahlreiche Möglichkeiten bieten, die Natur zu erleben, zu entdecken und zu genießen.

Das **Biosphärenreservat** Mittelelbe ist Bestandteil des länderübergreifenden Biosphärenreservats Flusslandschaft Elbe. Den Ursprung bildet das bereits 1979

Abb. 212 Die Brockenanemone gibt es deutschlandweit nur auf dem höchsten Berg des Harzes; im Hintergrund das Brocken-Wetterhaus des Deutschen Wetterdienstes.

Abb. 213
Questenberg, Biosphärenreservat Karstlandschaft Südharz.

als Biosphärenreservat anerkannte Naturschutzgebiet Steckby-Lödderitzer Forst. Im Biosphärenreservat befinden sich die größten zusammenhängenden Hartholzauenwälder Mitteleuropas. Der Elbebiber (S. 138), Symboltier des Biosphärenreservats, fand hier vor Jahren sein letztes Rückzugsgebiet. Heute besiedelt er wieder viele Gewässer im Biosphärenreservat. In der Biberfreianlage in Wörlitz kann man einen Einblick in die Lebensweise der scheuen und nachtaktiven Tiere erhalten. Das Infozentrum „Auenhaus" zwischen Dessau und Oranienbaum bietet den Besuchern zahlreiche Informationen über das Biosphärenreservat. Im Rahmen der Bundesgartenschau 2015 wurde das Haus der Flüsse – Natura 2000-Informationszentrum des Biosphärenreservats Mittelelbe in Havelberg eröffnet. Im Biosphärenreservat Mittelelbe liegt auch das Dessau-Wörlitzer Gartenreich, eine europaweit bedeutende Kulturlandschaft, bestehend aus mehreren Bauten und Landschaftsparks nach englischem Vorbild. Das Gartenreich umfasst heute eine Fläche von 142 km² entlang der Elbe, seit November 2000 gehört es zum UNESCO-Welterbe.

Das Biosphärenreservat Karstlandschaft Südharz (Abb. 213) wurde bisher nur landesrechtlich ausgewiesen, die UNESCO-Anerkennung wurde wegen fehlender Einigung mit einer Gemeinde bisher nicht beantragt. Die Gipskarstlandschaft mit Zechsteinablagerungen weist Höhlen, Erdfälle, Dolinen, Bachschwinden und Karstquellen auf. Neben Buchenwäldern entstand auf dem engen Raum des steil abfallenden Südharzes eine kleinflächige Kulturlandschaft mit sowie Streuobstwiesen, Hute- und Trockenrasenflächen. Bei Sangerhausen befindet sich eine Bergbaufolgelandschaft mit Stollen und Halden.

Der **Naturpark** Harz umfasst mit 1660 km² eine wesentlich größere Fläche als der gleichnamige Nationalpark. Ganz im Süden Sachsen-Anhalts liegt der Naturpark Saale-Unstrut-Triasland, eine imposante Kulturlandschaft mit Steillagenweinbergen (Abb. 214), Streuobstwiesen, Trockenrasen und Wäldern. Zahlreiche Burgen und Schlösser an den Flüssen Saale, Unstrut und Elster sowie bedeutende Bauwerke, wie der Naumburger Dom, erzählen von der Geschichte einer Region, welche sich auf dem Weg zur Anerkennung als UNESCO-Welterbe befindet. Dass der Naturpark eng mit der Geologie verbunden ist, bezeugt der Name „Triasland".

Im Osten an der Grenze zu Sachsen befindet sich unweit von Leipzig der Naturpark Dübener Heide, eine von Kiefern- und Mischwäldern geprägte hügelige Kulturlandschaft. Zwei vom Namen her ähnlich klingende Regionen bzw. Naturparks finden sich mit dem Fläming, einem eiszeitlich gebildeten Höhenzug und gleichzeitig einer historisch gewachsenen Kulturlandschaft östlich von Magdeburg, und dem Drömling an der Grenze zu Niedersachsen. Das frühere Sumpfgebiet wurde im 18. Jahrhundert auf Geheiß Friedrichs des Großen durch

Abb. 214 Freyburg, Herzoglicher Weinberg (vom Naturpark Saale-Unstrut-Triasland bewirtschafteter Schauweinberg).

Entwässerung von einer Natur- in eine Kulturlandschaft umgewandelt, ist aber auch heute noch Rückzugsgebiet für seltene Tier- und Pflanzenarten. Gemeinsam mit Niedersachsen wird derzeit ein Biosphärenreservat geplant.

Der **Geopark** Harz – Braunschweiger Land – Ostfalen umfasst etwa ein Gebiet von 100 km in Ost-West-Erstreckung (Breite des Harzes) und 120 km in Nord-Süd-Erstreckung und liegt in den drei Bundesländern Niedersachsen, Sachsen-Anhalt und Thüringen. Innerhalb des Geoparks vollzieht sich ein naturräumlicher Wechsel von der Geestniederung des Aller-Flachlandes über das reich gegliederte ostfälische Hügelland bis hin zum Harzer Mittelgebirge.

Das Landesmuseum für Vorgeschichte in Halle (Saale) beherbergt eine der ältesten, umfangreichsten und bedeutendsten archäologischen Sammlungen Deutschlands. Zum umfangreichen Sammlungsbestand von mehr als 15 Mio. Funden gehören zahlreiche Stücke weltweiten Ranges wie beispielsweise die berühmte **Himmelsscheibe von Nebra** (S. 80). In der Nähe des Fundortes informiert die Arche Nebra über die Bedeutung des Fundes für die Wissenschaft und die hoch entwickelte Kultur in der Bronzezeit.

Das **Museum für Naturkunde** und das **Kulturhistorische Museum Magdeburg** befinden sich gemeinsam unter einem Dach, bei der Naturgeschichte stehen die Lebensräume in der Stadt und in Sachsen-Anhalt im Vordergrund.

Im **Harzmuseum** Wernigerode wird anhand von Fossilien, Mineralien und Gesteinen die Erdgeschichte im Harz chronologisch dargestellt. Auch der historische Bergbau in dieser Region wird thematisiert. Es folgt die Tier- und Pflanzenwelt des Harzes, ihr Lebensraum Wald und der daraus gewonnene Rohstoff Holz für den Fachwerkbau. Der Gesteinsgarten Gommern ist eine in Form eines Gartens angelegte Gesteinssammlung in der Nähe von Magdeburg. Die Sammlung stellt die größte unter offenem Himmel befindliche Gesteinssammlung Deutschlands dar. Das Steinzeitdorf Randau wurde im Jahre 2001 in Form eines **Freilichtmuseums** am Rand des Magdeburger Stadtteils Randau-Calenberge angelegt. Ferropolis ist ein Museum und Veranstaltungsort östlich von Dessau auf einer Halbinsel in einem ehemaligen Tagebau. Nach dem Ende des Braunkohlebergbaus wurden hier fünf Großgeräte in einem Freilichtmuseum zusammengeführt. Ferropolis ist „Ankerpunkt" der Europäischen Route der Industriekultur.

Rheinland-Pfalz

Abkürzung:	RP
Hauptstadt:	Mainz
Weitere Großstädte:	Ludwigshafen am Rhein, Koblenz, Trier, Kaiserslautern
Fläche:	19 854 km²
Einwohner:	4,1 Mio. (204 Einwohner/km²)
Waldfläche:	42 %
Höchste Erhebung:	Erbeskopf (Hunsrück, 816 m)
Anrainerländer:	Nordrhein-Westfalen, Hessen, Baden-Württemberg, Saarland
Anrainerstaaten:	Belgien, Luxemburg

Bedeutendster Fluss ist der **Rhein**, der im Süden die Landesgrenze und im Norden das UNESCO-Welterbe „Kulturlandschaft Oberes Mittelrheintal" bildet. Wichtigste linksrheinische Nebenflüsse in Rheinland-Pfalz sind **Mosel** und **Nahe**, rechtsrheinisch ist die **Lahn** zu erwähnen.

Die Landschaft in Rheinland-Pfalz besteht überwiegend aus **Mittelgebirgen**, die wichtigsten sind die Eifel im Nordwesten, der Westerwald im Nordosten, der Hunsrück im Zentrum und der Pfälzerwald im Süden des Landes. Auch das große Weinbaugebiet Rheinhessen südlich von Mainz gehört zu Rheinland-Pfalz. Mit Eifel, Westerwald, Hunsrück und Taunus gehört der überwiegende Teil der rheinland-pfälzischen Mittelgebirge zum **Rheinischen Schiefergebirge** (S. 48 ff.), dessen Gesteine hauptsächlich aus den Schichten des Devons und Karbons stammen. Besonders in der Eifel wurden diese Gesteine im Tertiär durch Vulkangestein überlagert, die vulkanische Aktivität dauert bis heute an. Nicht zum Schiefergebirge gehört der im Süden von Rheinland-Pfalz gelegene Pfälzerwald, der überwiegend vom Buntsandstein (Untere Trias) geprägt ist. Östlich angrenzend verläuft bis Mainz der Oberrheingraben.

Natur und Kultur erleben

Seit 2015 hat auch Rheinland-Pfalz zusammen mit dem Saarland einen Nationalpark: Der **Nationalpark Hunsrück-Hochwald** liegt im westlichen Hunsrück. Er ist etwa 100 km² groß und erstreckt sich als zusammenhängendes Gebiet über die Hochlagen des Hunsrücks. Der höchste deutsche Berg westlich des Rheins, der Erbeskopf, ist mit 816 m ist der höchste Punkt im Nationalpark. Es ist dünn besiedeltes Gebiet in kühl-feuchten Hochlagen. Die von Natur aus dort vorkommenden Buchenwälder machen gut die Hälfte der Waldfläche aus. Die armen, von Quarziten geprägten Böden wechseln sich mit Felsformationen und Blockschutthalden sowie mit Mooren, den sogenannten Hangbrüchern, ab. Der Nationalpark ist eine Wasserscheide in drei Richtungen: nach Norden zur Mosel, nach Süden zur Nahe und nach Westen hin zur Saar. Der Übergang von den Hochlagen in die warm-trockenen bekannten Weinbaulagen der Mosel und auch der Nahe vollzieht sich auf sehr kurzer Distanz. Auch kulturhistorisch hat der Nationalpark einiges zu bieten: etliche keltisch-römische Befestigungsanlagen, mittelalterliche Burgen und Zeugnisse der Eisenindustrie. In Rheinland-Pfalz bieten das Hunsrückhaus am Erbeskopf und die Wildenburg bei Kempfeld Informationen zum jüngsten Nationalpark Deutschlands.

Im Süden von Rheinland-Pfalz liegt das **Biosphärenreservat** Pfälzerwald (auch Naturpark). Es ist überwiegend von großen Wäldern bedeckt (Abb. 215), die von schmalen Wiesentälern durchzogen sind. Seit 1998 ist das Gebiet Teil des grenzüberschreitenden deutsch-französischen Biosphärenreservats Pfälzerwald-Nordvogesen, dem einzigen gemeinsam geschützten Gebiet von Frankreich und Deutschland. Mit den nahezu 150 Burgen und Burgruinen steht das kulturelle Erbe der Naturvielfalt nicht nach, bekannt für seine Burgen und Buntsandsteinfelsen (Abb. 47) ist insbesondere das Dahner

Abb. 215 Pfälzerwald.

Abb. 216 Pfalz bei Kaub.

Felsenland im Nordwesten des Wasgaus, das vom Südteil des Pfälzerwaldes und vom Nordteil der Vogesen gebildet wird. Am östlichen Rand finden sich als Übergang zum „Rebenmeer" zahlreiche Kastanienwälder, deren widerstandsfähiges Holz für die Rebpfähle verwendet wurde. Hauptsächlicher Anlaufpunkt ist das Biosphärenhaus in Fischbach bei Dahn, das sich über vier Etagen erstreckt und spielerisch über die Region und ihre Bewohner informiert. Das Highlight der Ausstellung liegt im Dunkeln – in der „Nachtetage". Neben dem Biosphärenhaus findet sich ein 270 m langer Baumwipfelpfad, ein Teil davon ist sogar für Rollstuhlfahrer zugänglich. Daneben sind noch weitere Bausteine wie das Naturerlebniszentrum Wappenschmiede, Erlebnisrundwege und ein Außengelände integriert. Das Haus der Nachhaltigkeit ist im Weiler Johanniskreuz in der Gemeinde Trippstadt inmitten des Pfälzerwaldes zu finden. Ziel des Hauses ist es, das Konzept der Nachhaltigkeit an seine vor allem erwachsenen Besucher zu vermitteln.

Weitere **Naturparks** sind Saar-Hunsrück (z. T. im Saarland) und der am Rand des Hunsrücks gelegene Naturpark Soonwald-Nahe, die rechtsrheinisch im Bereich des Mittelrheins gelegenen Naturparks Nassau und Rhein-Westerwald sowie der Naturpark Südeifel als Teil eines grenzüberschreitenden Deutsch-Luxemburgischen Naturparks. Außer dem Pfälzerwald liegen sämtliche rheinland-pfälzischen Naturparks im Rheinischen Schiefergebirge.

Nicht zur Kategorie der Großschutzgebiete gehört das UNESCO-Weltkulturerbe **Oberes Mittelrheintal,** eine durch die „Rheinromantik" international bekannt gewordene Kulturlandschaft mit steilen Weinbergen, zahlreichen Burgen (Abb. 216), Felsen wie der berühmten Loreley und vielen weiteren Besonderheiten.

Der **Geopark** Vulkanland Eifel (gleichzeitig Naturpark Vulkaneifel) wurde 2005 eingerichtet und erhielt die Anerkennung als „UNESCO Global Geopark". Er erstreckt sich von der belgischen Grenze im Westen bis zum Rhein im Osten quer durch die Eifel. Die vom Vulkanismus der Vergangenheit geprägte Landschaft zeichnet sich durch eine Vielzahl von Maaren und andere vulkanische Erscheinungen aus. Ein Kennzeichen anhaltender vulkanischer Aktivität in diesem Gebiet sind die bis heute sichtbar austretenden vulkanischen Gase. Das Maarmuseum in Manderscheid informiert den Besucher über Entstehung, Geschichte und Entwicklung der Eifel-Maare. Im Vulkanmuseum Daun sind interaktive Computermodelle über die Geologie und den Vulkanismus der Eifel zu finden. Einen Erlebnisrundweg im Bereich eines devonischen Riffs (S. 47) gibt es bei Gerolstein.

Der Geopark Westerwald-Lahn-Taunus liegt teilweise in Hessen und gilt in erster Linie als „Geopark der Rohstoffe". Die Abbau und die Verarbeitung der zahlreichen hier vorkommenden Bodenschätze spielt bis in die Gegenwart eine bedeutende Rolle für die Menschen der Region. Das im Geopark liegende Landschaftsmuseum Westerwald in Hachenburg gehört zu einem Museumsdorf aus versetzten Westerwälder Häusern des 17., 18. und 19. Jahrhunderts. Die Gebäude und Sammlungen des Museums informieren über die Geschichte des Westerwaldes und seiner Bewohner. Eine Außenstelle des Landschaftsmuseums ist der Basaltpark, ein rekultivierter ehemaliger Basaltsteinbruch bei Bad Marienberg.

Das „Naturhistorische Museum/Landessammlung für Naturkunde Rheinland-Pfalz" (nhm) in Mainz ist das größte **Museum** seiner Art in Rheinland-Pfalz. Schwerpunkte der Ausstellungen und Sammlungen sind die Bio- und Geowissenschaften in Rheinland-Pfalz und dessen Partnerland Ruanda.

Das „Pfalzmuseum für Naturkunde – Pollichia-Museum" ist ein naturkundliches Museum in der vorderpfälzischen Kur- und Kreisstadt Bad Dürkheim. Eine Außenstelle des Pfalzmuseums ist das „GEOSKOP Urweltmuseum" auf der Burg Lichtenberg bei der westpfälzischen Kreisstadt Kusel.

Das von einer Familie betriebene Naturkundemuseum Maria Laach möchte mit den hier gezeigten Exponaten den Besuchern die Flora und Fauna der Eifel nahebringen. Gleichzeitig möchte es Verständnis für die ökologischen Zusammenhänge wecken. „Nahe der Natur – das Mitmach-Museum für Naturschutz" in Staudernheim (Nahe) stellt sich mit einem besonderen Ansatz und Konzept vor. Es gibt verschiedene Räume (Indoor und Outdoor), inhaltliche Ausstellungsbereiche und Hinweise zur Vertiefung.

Die kleine Gemeinde Bundenbach im Hunsrück (weniger als 1000 Einwohner) gilt wegen seiner rund 400 Mio. Jahre alten Fossilien von Panzerfischen und anderen Tieren aus dem Devon (S. 47) als Fossilienfundstätte von Weltrang. Neben dem Fossilienmuseum sind dort noch eine Schiefergrube (Besucherbergwerk) und eine keltische Höhensiedlung sehenswert.

Das Paläontologische Museum Nierstein ist ein von dem Amateurpaläontologen Arnulf Stapf gegründetes Museum, in dem rund 2000 Fossilien aus unterschiedlichen Epochen ausgestellt werden. Im Deutschen Edelsteinmuseum in Idar-Oberstein werden alle Schmuckstein- und Edelsteinarten der Welt in über 10 000 Exponaten ausgestellt. Ein besonderer Schwerpunkt des Museums ist die Darstellung der heimischen Mineralien (vor allem der Achate) und deren Verarbeitung. Das Deutsche Schieferbergwerk in Mayen ist ein Erlebnisbergwerk und Museum. Es befindet sich in 16 m Tiefe unter der Genovevaburg (Abb. 41).

Abb. 217 Laacher See mit Abtei Maria Laach.

Das Erlebnismuseum RömerWelt am Caput Limitis (Anfang des Obergermanischen Limes) befindet sich im Ortsteil Arienheller der Gemeinde Rheinbrohl. Die Römervilla von Bad Neuenahr-Ahrweiler (Abb. 94) am Silberberg ist ein archäologischer Fundplatz, der eine jahrhundertelange wechselnde Nutzung von der Mitte des ersten nachchristlichen Jahrhunderts bis ins Frühmittelalter dokumentiert.

Das **Hunsrück-Museum** ist das Regionalmuseum der Stadt Simmern/Hunsrück und beherbergt Sammlungen zu Stadt- und Regionalgeschichte, darunter eine beachtenswerte Fossiliensammlung. Wechselnde Sonderausstellungen werden zu verschiedenen Themen der regionalen Geschichte und Kultur angeboten. Das Rhein-Museum Koblenz ist ein kulturhistorisches Museum, das das Leben am Rhein unter verschiedenen Aspekten zeigt. Das 1912 gegründete Museum hat die Schwerpunkte Schifffahrt, Ökologie, Hydrologie, Rheinromantik, Tourismus, Wirtschaft und Geschichte. Das Deutsche Kartoffelmuseum in Fußgönheim bei Ludwigshafen informiert unter anderem über Botanik, Zucht und Herkunft der Kartoffel sowie ihre Verbreitung, insbesondere ihren Anbau in der Pfalz und Preußen, dort gefördert durch den König Friedrich den Großen (S. 127).

Sachsen

Abkürzung:	SN
Hauptstadt:	Dresden
Weitere Großstädte:	Leipzig, Chemnitz
Fläche:	18 420 km²
Einwohner:	4,1 Mio. (221 Einwohner/km²)
Waldfläche:	27 %
Höchste Erhebung:	Fichtelberg (Erzgebirge, 1215 m)
Anrainerländer:	Bayern, Thüringen, Sachsen-Anhalt, Brandenburg
Anrainerstaaten:	Polen, Tschechien

Bedeutendster Fluss ist die **Elbe**, die Sachsen von Südosten nach Norden durchfließt. Im Osten wird Sachsen vom Oder-Nebenfluss **Neiße** begrenzt, zwischen Neiße und Elbe fließt die **Spree** von der Oberlausitz in Richtung Niederlausitz (Brandenburg). Im Süden wird Sachsen durch das Erzgebirge begrenzt, dessen Vorland weit in das Bundesland hineinreicht. Im Osten schließen sich Elbsandsteingebirge („Sächsische Schweiz") und Oberlausitz an, im Westen das Vogtland. Der Nordwesten wird von der Leipziger Tieflandsbucht beherrscht

Während die Leipziger Bucht und die nördliche Oberlausitz noch zum eiszeitlich geprägten **Norddeutschen Tiefland** gehören, erhebt sich daraus unmittelbar das überwiegend aus Gesteinen des Erdaltertums (u. a. Granite und Gneise) bestehende **Erzgebirge**, das nach Süden steil, nach Norden aber nur flach abfällt. Seinen Namen hat es von großen Erzvorkommen, die bis in jüngste Zeit abgebaut wurden (z.B. Uran bis 1990). Im Osten wird das Erzgebirge durch das **Elbsandsteingebirge** begrenzt, das aus bis zu 400 m mächtige Quadersandsteinen der oberen Kreide aufgebaut ist. Im östlich angrenzenden Lausitzer Bergland dominieren ebenso wie im Vogtland westlich des Erzgebirges wiederum Granite und Gneise. Westlich von Chemnitz und Zwickau liegt das sogenannte Erzgebirgische Becken mit Steinkohlelagerstätten, deren Abbau bereits vor längerem aufgegeben wurde. Ganz im Südosten geht das Lausitzer Bergland in das Lausitzer Gebirge mit dem Zittauer Gebirge über.

Natur und Kultur erleben

Mit einem Nationalpark, einem Biosphärenreservat und drei Naturparks gestaltet sich die sächsische „Großschutzgebietslandschaft" recht übersichtlich. Der Nationalpark **Sächsische Schweiz** östlich von Dresden ist mit seinen Tafelbergen, bizarren Felsgebilden (Abb. 218), dem weiten Elbetal und tief eingeschnittenen Bachtälern allerdings einer der spektakulärsten deutschen Nationalparks. In unmittelbarer Nachbarschaft beginnt an der Staatsgrenze in der Tschechischen Republik der Nationalpark „Böhmische Schweiz". Das Nationalparkzentrum Sächsische Schweiz in Bad Schandau ist das zentrale Besucher- und Informationszentrum des Nationalparks, Dauer- und Wechselausstellungen sowie eine große Multivisionsschau vermitteln Eindrücke aus dem Nationalpark. Idyllisch am Lilienstein liegt der ehemalige Dreiseithof, der seit 1995 die Kinder- und Jugendbildungsstätte „Sellnitz" des Nationalparks Sächsische Schweiz beherbergt.

Das **Biosphärenreservat** Oberlausitzer Heide- und Teichlandschaft wurde bereits in Teil II ausführlicher vorgestellt (S. 99 ff.). Es liegt im Osten Sachsens in der Lausitz und beherbergt unter anderem das größte Teichgebiet Deutschlands mit einer entsprechenden Tier- und

Abb. 218 Sächsische Schweiz.

Pflanzenwelt, auch Moore, Heiden und Magerrasen gehören zu den sehenswerten Kleinoden im Biosphärenreservat.

Das fast 7000 ha große **Naturschutzgebiet** Königsbrücker Heide nördlich von Dresden wurde als „Wildnisgebiet" in die Nationalen Naturlandschaften aufgenommen (S. 172).

Der **Naturpark** Erzgebirge/Vogtland umfasst die höheren Lagen von Vogtland und Erzgebirge entlang der Staatsgrenze zu Tschechien von etwa 500 m ü. NN bis zum Fichtelberg (1215 m). Mit der Nutzung des Holzes der ursprünglich fast flächendeckenden Wälder durch die Bergleute und die anschließende landwirtschaftliche Nutzung entstand eine reichstrukturierte Kulturlandschaft. Aus der Sicht des Naturschutzes hervorzuheben sind die artenreichen Bergwiesen des Osterzgebirges (Abb. 219), denen sich seit 1999 ein Naturschutzgroßprojekt widmet.

Der Naturpark Zittauer Gebirge liegt im Länderdreieck Deutschland, Tschechien, Polen. Er wurde im Jahr 2008 als 100. Naturpark in Deutschland gegründet. Die reiche Struktur der Landschaft mit unterschiedlichsten Lebensräumen bildet für viele Tier- und Pflanzenarten ideale Lebensbedingungen, in den Wald- und Felsgebieten brüten unter anderem Wanderfalke (Abb. 57), Uhu und Raufußkauz.

Der Naturpark Dübener Heide, der große Teile der gleichnamigen Heide mit dem Kurort Bad Düben umfasst, ist der erste Naturpark Deutschlands, der von Bürgerinitiativen initiiert wurde, um das Übergreifen des Braunkohlebergbaus auf das Gebiet zu verhindern. Die Dübener Heide ist eine durch die Saale-Kaltzeit (S. 69 ff.) geprägte Endmoränenlandschaft mit überwiegend sandigen Böden am nördlichen Rand der Leipziger Bucht und liegt teilweise in Sachsen-Anhalt. Der überwiegende Teil ist mit Wald bedeckt. In Bad Düben befindet sich in der Burg Düben das **Landschaftsmuseum der Dübener Heide**, ein Schwerpunkt der Dauerausstellung liegt in der Darstellung der Wechselbeziehung Mensch/Natur.

Der **Geopark** Porphyrland ist ein im Jahr 2006 gegründeter und seit 2014 zertifizierter Nationaler Geopark und liegt etwa 20 km östlich von Leipzig und etwa 70 km nordwestlich von Dresden. Die Grenzen des Geoparks entsprechen in etwa dem Gebiet der Nordwestsächsischen Vulkanitsenke, die eine Fläche von über 900 km^2 einnimmt und eines der größten mitteleuropäischen Vulkangebiete darstellt. Gewaltige vulkanische Ausbrüche in der Rotliegendzeit (S. 50) vor ca. 300 Mio.

Abb. 219 Bergwiese im Osterzgebirge.

Jahren hinterließen mächtige Ablagerungen von Lava und Glutwolken, die später wertvolle Rohstoffe lieferten.

Seit Mai 2016 gehört der transnationale Geopark Muskauer Faltenbogen zu den „UNESCO Global Geoparks". In der eiszeitlichen „Streusandbüchse" im Länderdreieck Brandenburg, Sachsen, Polen liegt er wie ein großes Hufeisen in der Landschaft. Der Muskauer Faltenbogen ist eine landschaftlich sehr schön ausgebildete Endmoräne, sozusagen der Fußabdruck eines eiszeitlichen Gletschers. Im für den Geopark namengebenden Bad Muskau befindet sich der Fürst-Pückler-Park, der größte Landschaftspark Zentraleuropas im englischen Stil mit einer Gesamtfläche von 830 ha. Der größere Teil des Parks liegt östlich der Lausitzer Neiße und nördlich der Stadt Łęknica (Lugknitz) in Polen. Der in das UNESCO-Weltkulturerbe aufgenommene Park ist das einzige sächsische Welterbe und eine der wenigen staatenübergreifenden Welterbestätten.

In Sachsen gibt es vier größere **Naturkundemuseen**, die jeweils auch auf die regionale Flora, Fauna und Geologie eingehen: das Museum für Naturkunde Chemnitz, das Naturkundemuseum Leipzig, die Senckenberg Naturhistorischen Sammlungen Dresden und das Senckenberg Museum für Naturkunde Görlitz.

Auf über 3 ha gedeihen im **Botanischen Garten** der Technischen Universität Dresden rund 10 000 Pflanzenarten aus aller Welt, aber auch zahlreiche seltene Pflanzen Sachsens. Einen fantastischen Streifzug durch die Welt der Pilze bietet das Pilzmuseum Reinhardtsgrimma (Glashütte) mit dem „Deutschen Pilzkundekabinett".

Als alte Bergbauregion hat das Erzgebirge besonders viele Museen mit geologischem und mineralogischem Schwerpunkt aufzuweisen, vier davon alleine in **Freiberg**, dem Sitz der über 250 Jahre alten Bergakademie (heute Technische Universität): die Mineralienausstellung „terra mineralia" der TU Bergakademie im historischen Ambiente von Schloss Freudenstein, die „Mineralogische Sammlung Deutschland" im Krügerhaus und die beiden Geowissenschaftlichen Sammlungen im Abraham-Gottlob-Werner-Bau und im Alexander von Humboldt-Bau. Auch in Zwickau findet sich eine Mineralogisch-Geologische Sammlung, die anschaulich die enge Verbindung der Stadt Zwickau zum erzgebirgisch-vogtländischen Bergbau dokumentiert. Das Vogtländisch-Böhmische Mineralienzentrum Schneckenstein (bei Klingenthal) beinhaltet eine große Mineralien- und Bergbauausstellung, ein Naturkundemuseum mit lebenden Tieren, eine Edelsteinschleiferei und vieles mehr. In Annaberg befindet sich das Erzgebirgsmuseum, an das ein Besucherbergwerk angeschlossen ist – eine einmalige Möglichkeit, einen Einblick in den ergiebigen Silberbergbau unter der Annaberger Altstadt um 1500 zu erhalten.

Mit den ältesten Steinwerkzeugen der ersten in Sachsen lebenden Menschen, Schatzfunden aus der Bronzezeit und einem multimedialen, durch drei Etagen schwebenden Landschaftsrelief hat das seit 2014 in einem ehemaligen Kaufhaus untergebrachte Staatliche Museum für Archäologie Chemnitz sehr viel zu bieten.

Im **Freilichtmuseum** Mittelalterliche Bergstadt Bleiberg (bei Frankenberg) kann man sich ein Bild davon machen, wie die einstige Bergstadt Blyberge ausgesehen haben mag und wie ihre Bewohner vom 12. bis ins 14. Jahrhundert lebten. Weitere Freilichtmuseen mit archäologischen, landesgeschichtlichen und landeskundlichen Komponenten sind das Kulturlandschaftsmuseum Wermsdorfer Wald und die Vogtländischen Freilichtmuseen Eubabrunn und Landwüst. Ein kulturhistorisches Museum über das Vogtland ist das Vogtlandmuseum Plauen. Das Museum Göltzsch in Rodewisch beherbergt einen der umfangreichsten archäologischen Fundkomplexe Mitteleuropas zur Lebenskultur von Burgbewohnern und stellt unter anderem die Vielfalt der vogtländischen Waldgewerbe dar wie Flößerei oder Pechgewinnung.

Über die Oberlausitz im Bereich der Städte Bautzen und Görlitz informieren das Sorbische Museum Bautzen, das Museum der Westlausitz Kamenz und das Oberlausitzer Forstmuseum. Das Deutsche Landwirtschaftsmuseum Schloss Blankenhain im Landkreis Zwickau ist eine in Deutschland einmalige Museumsanlage mit 80 Gebäuden und 100 thematischen Ausstellungen auf 13 ha Fläche. Das Kleinbauernmuseum Reitzendorf ist ein vom örtlichen Heimatverein betriebenes Landwirtschaftsmuseum im Dresdner Ortsteil Reitzendorf.

Thüringen

Abkürzung:	TH
Hauptstadt:	Erfurt
Weitere Großstädte:	Jena
Fläche:	16 173 km²
Einwohner:	2,2 Mio. (134 Einwohner/km²)
Waldfläche:	33 %
Höchste Erhebung:	Großer Beerberg (Thüringer Wald, 983 m)
Anrainerländer:	Sachsen-Anhalt, Sachsen, Bayern, Hessen, Niedersachsen

Die wichtigsten Flüsse des Landes sind die **Werra** im Westen und die **Saale** im Osten sowie deren Nebenfluss **Unstrut** im Norden. Die Landschaft Thüringens ist sehr vielfältig: Im äußersten Norden befindet sich der **Harz**, in südöstlicher Richtung schließt sich ein als Goldene Aue bezeichnetes Gebiet an, im Nordwesten befindet sich das Eichsfeld, eine teilweise bewaldete Hügellandschaft. In der Mitte des Landes liegt das flache, sehr fruchtbare Thüringer Becken, das von kleinen Höhenzügen wie Hainleite, Kyffhäuser und Hainich umringt wird. Südlich des Thüringer Beckens befindet sich der **Thüringer Wald**, südwestlich davon liegt jenseits des **Werratals** die Rhön.

Das **Thüringer Becken** gehört erdgeschichtlich zur Trias, in der sich horizontale Deckschichten aus Buntsandstein, Muschelkalk und Keuper ablagerten. Darunter liegen Salz- und Gipsablagerungen des Zechsteins, die in der Gipskarstlandschaft am Südrand des Kyffhäusers an die Oberfläche kommen. Die umliegenden Höhenzüge wurden im Tertiär emporgehoben. Der Thüringer Wald besteht zu großen Teilen aus dem vulkanischen Gestein Porphyr, aber auch aus Graniten und Gneisen. Im Porphyr sind in der Gegend von Oberhof achat- und quarzhaltige „Schneekopfkugeln" zu finden, die im Perm (S. 50) durch Gasbildung in der Lavamasse entstanden. Die Geologie der am Rand von Thüringen gelegenen Gebirge Harz und Rhön wurde bereits bei den benachbarten Bundesländern angesprochen. Im Gebiet um Altenburg wurde Braunkohle und bis in jüngere Zeit Uran abgebaut.

Natur und Kultur erleben

Der Hainich im Westen Thüringens ist mit etwa 160 km² das größte zusammenhängende Laubwaldgebiet Deutschlands. Davon sind 76 km² als **Nationalpark** ausgewiesen, zurzeit die größte nutzungsfreie Laubwaldfläche in Deutschland. Seit 2011 zählt der Nationalpark zum UNESCO-Weltnaturerbe. Dominierende Baumart ist die Buche. Von der Tierwelt des Hainichs sind die Wildkatze, 15 Fledermausarten, sieben Spechtarten und mehr als 500 holzbewohnende Käferarten besonders erwähnenswert. Im Nationalparkzentrum Thiemsburg (Bad Langensalza) stehen der Wald und die Buche im Mittelpunkt, auf einem über 500 m langen Baumkronenpfad kann man die Kronenregion des Waldes erkunden. Im „Wildkatzendorf" Hütscheroda kann man sich in der

Abb. 220 Biosphärenreservat Thüringer Wald: wilde Natur am Knöpfelstaler Teich.

„Wildkatzenscheune" über die Lebensweise der scheuen Waldtiere und das Naturschutzprojekt „Rettungsnetz Wildkatze" informieren, in großen, naturnah gestalteten Schaugehegen kann man die Tiere auch beobachten.

Bereits 1979 wurde das Vessertal im Thüringer Wald als erstes deutsches Biosphärenreservat durch die UNESCO anerkannt. Das Anfang 2017 erweiterte **Biosphärenreservat** Thüringer Wald (Abb. 220) ist ein charakteristischer Landschaftsausschnitt aus dem Mittleren Thüringer Wald. In der Region zwischen Oberhof, Ilmenau, Masserberg und Suhl, beiderseits des Rennsteigs gelegen, stellt das Biosphärenreservat einen repräsentativen Ausschnitt der Mittelgebirgslandschaft dar. Große, ruhige Waldgebiete, buntblumige Bergwiesen, kleine verträumte Bachtäler mit klaren Bergbächen, Hochmoore und Berggipfel bis über 900 m geben dem 327 km² großen Biosphärenreservat sein besonderes Gepräge. Im Haus am Hohen Stein in Schmiedefeld am Rennsteig befindet sich das Informationszentrum zum Biosphärenreservat. In Neustadt am Rennsteig kann man sich im Rennsteigmuseum über den ältesten und mit etwa 100 000 Wanderern jährlich meistbegangenen Weitwanderweg Deutschlands informieren.

Thüringen hat neben Bayern und Hessen Anteil am Biosphärenreservat Rhön (S. 205). Eine Besonderheit in der Thüringer Rhön (Abb. 221) sind die großflächigen Kalkmagerrasen (S. 122), die wegen ihrer Ausprägungen und seltenen Pflanzen- und Tierarten bundesweite Bedeutung haben und von Rhönschafen (S.174) beweidet werden. Sitz der Thüringer Verwaltungsstelle des Biosphärenreservats Rhön ist die Probstei Zella, ein aus einer Benediktinerinnen-Abtei hervorgegangenes Schloss mit Barockkirche. Sie beherbergt ein Besucherinformationszentrum mit einer interaktiven Ausstellung, in der die typische Rhönlandschaft mit ihrer vielfältigen Flora und Fauna vorgestellt wird.

Die Umgebung des Nationalparks Hainich ist als Naturpark Eichsfeld-Hainich-Werratal geschützt; auch der Thüringer Wald ist großflächig als Naturpark ausgewiesen, der südliche Teil als Naturpark Thüringer Schiefergebirge/Obere Saale.

Das kleinste Mittelgebirge in Deutschland ist der Kyffhäuser an der Grenze zwischen Thüringen und Sachsen-Anhalt. Auf den Gipsen des Zechsteins am Südhang des Kyffhäusergebirges und dem wasserdurchlässigen Buntsandstein der Windleite sind viele Magerrasen- und Heidebiotope zu finden. Der Kyffhäuser und die umgebenden Höhenzüge sind in Thüringen Naturpark, auf größerer Fläche (800 km²) zusammen mit Sachsen-Anhalt Nationaler **Geopark**. Neben dem Kyffhäuser ist im

Süden der Höhenzug der Hainleite aus Muschelkalk in den Geopark miteinbezogen. Ihm direkt nördlich vorgelagert sind die Höhenzüge Windleite, Schmücke und Hohe Schrecke aus Buntsandstein. Vom Thüringer Becken ist insbesondere die Grabungsstätte des *Homo erectus* bei Bilzingsleben (S. 77) integriert. Die Funde werden überwiegend im Landesmuseum Halle (Saale) präsentiert.

Vollständig in Thüringen liegt der Geopark „Inselsberg – Drei Gleichen", der auf einer Fläche von etwa 530 km² Teile des Thüringer Waldes und der südlichen Ausläufer des Thüringer Beckens umfasst. Der Geopark steht unter dem Motto „Auf den Spuren von Pangäa". Die Gesteine und geologischen Aufschlüsse im Geopark bezeugen die Entstehung des Superkontinentes Pangaea (S. 50) und seiner Entwicklung von den Anfängen bis zu seinem Zerfall.

An der Nahtstelle der drei Naturparks Thüringer Schiefergebirge/Obere Saale, Thüringer Wald und Frankenwald befindet sich der Geopark Schieferland. Die Konzentration von historischen Schieferbrüchen zeugt vom einst florierenden, weltweiten Absatz des Rohstoffs (S. 48 ff.), die beschaulichen Orte bieten mit ihren schwarz-blauen Schieferdächern einen ganz besonderen Reiz. Weiterhin hat Thüringen Anteil am Geopark Harz-Braunschweiger Land-Ostfalen (mit Sachsen-Anhalt und Niedersachsen).

Das **Naturkundemuseum** Erfurt ist mitten in der Erfurter Altstadt in einem historischen Waidspeicher (S. 110) untergebracht. Vier Ausstellungsetagen, durchragt von einer 14 m hohen Eiche, präsentieren die Tier- und Pflanzenwelt der Region. Im Keller liegt die schwankende Arche Noah vor Anker und macht auf die weltweite Bedrohung der Artenvielfalt aufmerksam. Das Museum für Naturkunde Gera befindet sich im ältesten erhaltenen Bürgerhaus der Stadt und stellt unter anderem die Naturräume und die Mineralien Ostthüringens vor. Das Museum der Natur im Schloss Friedenstein Gotha geht auf naturkundliche Sammlungen im 17. Jahrhundert zurück, deren über 300 Jahre alte Sammlerstücke zu den wertvollsten Objekten zählen. Auch die Naturhistorischen Sammlungen des Thüringer Landesmuseums Heidecksburg in Rudolstadt sind aus einer alten Naturaliensammlung hervorgegangen und gelten als regionales Referenzzentrum für die Erforschung der Artenvielfalt. Sie umfassen mindestens 200 000 Belege von Pilzen, Pflanzen, Tieren, Fossilien, Mineralien und Gesteinen.

Das Phyletische Museum der Friedrich-Schiller-Universität Jena widmet sich vor allem der Stammesgeschichte (Phylogenetik) – dieser Begriff wurde von sei-

Abb. 221 Wiesenlandschaft in der Thüringer Rhön (bei Zella).

nem Gründer Ernst Haeckel (S. 135) geprägt. In Schleusingen am Südhang des Thüringer Waldes befindet sich das Naturhistorische Museum Schloss Bertholdsburg mit Sammlungen zur Geologie, Biologie und Regionalgeschichte. Das Naturkundemuseum Mauritianum in Altenburg zeigt unter anderem das weltweit größte Exemplar eines „Rattenkönigs", dabei handelt es sich um zahlreiche an den Schwänzen verknotete Hausratten.

Auf anschauliche Weise wird im Haus der Natur Goldisthal, einer kleinen Gemeinde im Schwarzatal im Thüringer Wald, die Geschichte der Region vom Goldbergbau über die Köhlerei bis hin zur Nutzung der Wasserkraft für Mühlen oder zur heutigen Energiegewinnung präsentiert. Mit seinen überaus reichen Regional- und Altbeständen zählt das Museum für Thüringer Volkskunde Erfurt zu den größten Volkskundemuseen Deutschlands. Auf rund 900 m² Ausstellungsfläche dokumentiert das Museum vorrangig ländliches Alltagsleben zwischen 1750 und 1900 im Spannungsfeld von Tradition und Moderne, von Beharrung und Wandel.

In 30 historischen Gebäuden wird im Thüringer **Freilichtmuseum** Hohenfelden erlebbar, wie in Mittelthüringer Dörfern früher gebaut, gelebt und gearbeitet wurde. Das Deutsche Gartenbaumuseum in Erfurt zeigt auf rund 1500 m² Ausstellungsfläche in einer historischen Kaserne eine Dauerausstellung mit einem breiten Themenspektrum. Garten- und Pflanzenfreunde können sich über Wachstum und Nutzen der Pflanzen, die Geschichte des Gartenbaus und der Gartenkunst informieren. Das Museum ist in seiner Art einzigartig in Deutschland und Europa. In Bad Frankenhausen am Fuß des Kyffhäusers kann man im Panorama-Museum das Bauernkriegspanorama des Leipziger Malers und Kunstprofessors Werner Tübke betrachten.

Schleswig-Holstein

Abkürzung:	SH
Hauptstadt:	Kiel
Weitere Großstädte:	Lübeck
Fläche:	15 800 km²
Einwohner:	2,9 Mio. (181 Einwohner/km²)
Waldfläche:	1 %
Höchste Erhebung:	Bungsberg (Holsteinische Schweiz, 168 m)
Anrainerländer:	Niedersachsen, Hamburg und Mecklenburg-Vorpommern
Anrainerstaaten:	Dänemark

Bedeutendster Fluss innerhalb Schleswig-Holsteins ist die **Eider**, die in der Holsteinischen Schweiz entspringt und südlich der Halbinsel Eiderstedt in die Nordsee mündet – teilweise wird ihr Lauf vom **Nord-Ostsee-Kanal** genutzt. An der Mündung der Eider in die Nordsee bei Tönning wurde als Schutz vor Sturmfluten das 1973 eingeweihte Eidersperrwerk (Abb. 222) errichtet, das größte deutsche Küstenschutzbauwerk. Die Grenze zu Niedersachsen wird von der **Elbe** markiert.

Schleswig-Holstein stellt geographisch den südlichen Abschluss der Halbinsel Jütland und den nördlichen Teil der Norddeutschen Tiefebene dar und ist das einzige Bundesland, das sowohl an die **Nordsee** als auch an die **Ostsee** grenzt. Im Nordwesten liegen in der Nordsee die Nordfriesischen Inseln mit Sylt als nördlichster Insel und den vorgelagerten Halligen, südlich schließt sich die Halbinsel Eiderstedt an; auch die Insel Helgoland (Abb. 45) gehört zu Schleswig-Holstein. An Buchten bzw. Förden der Ostsee liegen Flensburg, Schleswig und Kiel, südwestlich von Kiel befindet sich die Holsteinische Schweiz, ein seenreiches Hügelland. Im Nordosten Schleswig-Holsteins liegt die Insel Fehmarn. Geologisch am ältesten ist die Insel **Helgoland**, deren Geschichte im späten Erdaltertum begann und wo im frühen Erdmittelalter die wichtigsten gesteinsbildenden Prozesse abliefen. Die Buntsandsteinablagerungen Helgolands (Abb. 44) haben eine Mächtigkeit von mehr als 1000 m. Zu den jüngsten geologischen Ablagerungen gehört die **Marsch**, das Schwemmland an der Westküste Schleswig-Holsteins. Die angrenzende **Geest** wurde während der Eiszeiten abgelagert, es handelt sich um eine **Altmoränenlandschaft**, während das östlich angrenzende Hügelland als durch zahlreiche Seen und Buchten (Förden) gekennzeichnete Jungmoränenlandschaft in der letzten Kaltzeit (Weichsel-Kaltzeit) entstand.

Natur und Kultur erleben

Der Nationalpark **Schleswig-Holsteinisches Wattenmeer** ist mit 4410 km² der größte Nationalpark Deutschlands. Etwas größer als der Nationalpark und um die Halligen erweitert ist das Biosphärenreservat Schleswig-Holsteinisches Wattenmeer und Halligen, in dem es um nach-

haltiges Wirtschaften und gemeinsames Marketing geht. Das Wattenmeer, das bereits in Teil II vorgestellt wurde (S. 112 ff.), ist das vogelreichste Gebiet Europas. Allein der schleswig-holsteinische Teil wird im Frühjahr und Spätsommer von mehr als 2 Mio. Wat- und Wasservögeln aufgesucht, die an den arktischen Küsten Sibiriens, Grönlands und Kanadas brüten. Das Multimar Wattforum Tönning, das zentrale Nationalparkzentrum, zeigt in einer Erlebnisausstellung die faszinierende Unterwasserwelt der Nordsee. In großen Aquarien sind mehr als 250 Arten von Fischen, Krebsen, Muscheln und Schnecken zu entdecken. In einem Großaquarium mit Panoramascheibe können Wolfsbarsch, Stör und andere Fische beobachtet werden. Live erleben kann man das Leben im Watt bei den sogenannten Seetierfangfahrten, bei denen die Lebewesen wie Krabben, Garnelen und Fische mit einem Schleppnetz gefangen, von Kennern demonstriert und danach wieder freigelassen werden. Einen besonderen Stellenwert hat im Nationalpark die Kinder- und Jugendarbeit mit Angeboten wie Nationalparkschulen und Entdeckertouren für Junior-Ranger. Die „Biosphäre Halligen", die Halliggemeinden, der Nationalpark und die Naturschutzverbände laden jedes Jahr im April/Mai zu den Ringelganstagen ein. Neben der Möglichkeit, die attraktiven Tiere hautnah zu beobachten, wird in dieser Aktionswoche viel Wissenswertes sowie Kulturelles rund um die Ringelgänse angeboten (Abb. 223).

Die **Naturparks** in Schleswig-Holstein liegen fast alle im eiszeitlich geformten Hügelland rund um die Hauptstadt Kiel: westlich in der Nähe von Schleswig der Naturpark Hüttener Berge, südwestlich im Bereich der Hohen Geest der Naturpark Aukrug, unweit von Kiel der Naturpark Westensee und zwischen der Landeshauptstadt und Lübeck die Holsteinische Schweiz mit ihren Seen, Wiesen und Wäldern. Im Südosten von Schleswig-Holstein findet sich der Naturpark Lauenburgische Seen, der an das Biosphärenreservat Schaalsee (S. 202 f.) in Mecklenburg-Vorpommern grenzt.

Abb. 222 Eidersperrwerk.

Abb. 223 Ringelgänse vor Warft.

Das **Museum** für Natur und Umwelt Lübeck bietet spannende Einblicke in die Naturgeschichte Schleswig-Holsteins sowie in die artenreiche Tier- und Pflanzenwelt des Lübecker Raumes. In seiner erdgeschichtlichen Ausstellung sind zahlreiche Fossilien vom Kambrium bis zum Tertiär zu sehen, die durch Gletscher nach Norddeutschland transportiert wurden. In Kiel gibt es für Naturfreunde ein Aquarium, einen Botanischen Garten und ein Zoologisches Museum, in Flensburg ein Naturwissenschaftliches Museum – die neue Ausstellung auf dem Museumsberg erklärt die Entstehung und die Bedeutung typischer Landschaften der Region einschließlich der Ostsee. Im Naturkundemuseum Niebüll kann man die regionale Natur von der Biene bis zum Seeadler erleben. In Zusammenarbeit von Naturschutz, Jugendarbeit und Tourismus entstand 1976 in Bredstedt das Naturzentrum Mittleres Nordfriesland als natur- und landschaftskundliches Informations- und Betätigungszentrum.

Im Haus der Natur in Cismar befindet sich mit mehr als 4000 Arten Deutschlands größte Schnecken- und Muschelausstellung. Im Mai 2008 hat das Ostsee Info-Center Eckernförde direkt am Meer seine Pforten geöffnet. Drei Aquarien zeigen die Unterwasserwelten der Ostsee von der Flachwasserzone bis ins Tiefwasser. Durch den Erlebnistunnel geht ein virtueller Spaziergang über den Grund der Eckernförder Bucht. Ein Landschaftsmodell zeigt Steilküste, Salzwiese und Strand.

Das NABU-Wasservogelreservat Wallnau auf der Insel Fehmarn (Abb. 224) ist das größte **Naturschutzzentrum** an der deutschen Ostseeküste. Neben der aktiven Vogelbeobachtung gibt es eine Erlebnisausstellung zum Thema Vogelzug, ein vielseitiges, wetterunabhängiges Angebot für Erwachsene und Kinder. Kernstück des Zentrums ist der 1 km lange Naturerlebnispfad. Ohne die freilebenden Wildtiere zu stören, können die Besucher aus nächster Nähe über das Jahr bis zu 250 unterschiedliche Arten in ihrem natürlichen Lebensumfeld beobachten. Der Pfad bietet darüber hinaus umfangreiche Informationen zur heimischen Tier- und Pflanzenwelt.

Die **Seehundstation** Friedrichskoog bietet vielfältige Möglichkeiten, sich über heimische Meeressäuger, ihre Biologie, Gefährdungen und Schutzmaßnahmen im Lebensraum Wattenmeer zu informieren. Das Aquarium der Biologischen Anstalt Helgoland bietet den Besuchern als lebendiges Schaufenster Einblicke in die Unterwasserwelt der Nordsee. Und das Geologische und Mineralogische Museum der Universität Kiel zeigt als Lehr- und Schausammlung in einer Dauerausstellung die Vielfalt an Kristallen, Mineralien, Gesteinen und Fossilien. Anhand von Modellen und Illustrationen wird ihre Entstehungsgeschichte, ihr struktureller Aufbau, ihre technische oder umweltrelevante Bedeutung erklärt. Im Mittelpunkt steht die Geologie Schleswig-Holsteins.

Das **Eiszeitmuseum** in Lütjenburg (östlich von Kiel) ist einzigartig in der Museumslandschaft. Man erhält Einblicke in die Entstehung Schleswig-Holsteins, wie die mächtigen Gletschermassen skandinavisches Gestein über viele Hundert Kilometer hinweg nach Norddeutschland bewegt haben, wie die Eiszungen und Schmelzwässer die Oberfläche der Landschaft formten.

Unter dem Motto „Natur – Kultur – Geschichte erleben und erfahren, um sie für die Zukunft zu bewahren" verfolgt das Archäologisch-Ökologische Zentrum Albersdorf (Kreis Dithmarschen) das Ziel, eine jungsteinzeitliche Kulturlandschaft wiedererstehen zu lassen. In dieser Region befinden sich acht gut erhaltene Großsteingräber und Langbetten, die zur Zeit der ersten Ackerbauern und Viehzüchter an der Westküste angelegt wurden. „Mensch und Umwelt in der Steinzeit" ist auch ein Thema des Museums „zeiTTor" in Neustadt/Holstein, ein modernes, museumspädagogisch orientiertes Erlebnis- und Mitmach-Museum. Es zeigt unter anderem archäologische Funde eines mittelsteinzeitlichen Siedlungsplatzes auf dem Grund der Ostsee. Einige der außerordentlich gut erhaltenen Ausstellungsstücke sind nordeuropaweit einzigartig und geben einen anschaulichen Einblick in den menschlichen Alltag vor über 6000 Jahren.

Aus der jüngeren Steinzeit stammt eine der bedeutendsten Sehenswürdigkeiten der Insel Sylt: das Großsteingrab „Denghoog" bei Wenningstedt.

Das bekannteste Museum in Schleswig-Holstein ist sicher das **Wikinger-Museum** Haithabu (Abb. 108), das der Archäologie und Geschichte des bedeutenden wikingerzeitlichen Siedlungsplatzes gewidmet ist. Die Siedlung, ihre Bauwerke und Befestigungsanlagen werden in Rekonstruktionen und Modellen dargestellt. Funde zu den Themenbereichen Haushalt und Wohnen, Ernährung, Bekleidung und Schmuck vermitteln eine Vorstellung vom Alltagsleben. Heidnische und christliche Religion, Bestattungssitten, Runensteine und Schrift sind weitere Themen. Handwerk und Handel sowie die Stadtentwicklung von Haithabu und Schleswig bilden Schwerpunkte der Präsentation. In der Schiffshalle wird das Langschiff vor den Augen der Besucher wieder aufgebaut. Eng mit Haithabu verbunden sind die Wallanlagen des Danewerks, deren wechselvolle Geschichte von der Eisenzeit über die Wikingerzeit und das Mittelalter bis zur Gegenwart

Abb. 224 NABU-Wasservogelreservat Wallnau auf der Insel Fehmarn.

im Museum am Danewerk in Dannewerk (Kreis Schleswig-Flensburg) nachgezeichnet werden.

In Oldenburg in Holstein befindet sich auf dem Gelände der einstigen Slawensiedlung Starigard das größte archäologische Bodendenkmal Schleswig-Holsteins: Der Oldenburger Wall, eine Anlage aus dem frühen Mittelalter war Ort zahlreicher Grabungen. Im nur wenige Gehminuten von der Wallanlage entfernten Oldenburger Wallmuseum kann man die Lebenswelt der Slawen im frühen Mittelalter kennenlernen: Zwei große Ausstellungsscheunen sind den Themen Völkerwanderung und Christianisierung gewidmet und im rekonstruierten slawischen Hafendorf am Wallsee wird während der Hauptsaison das Mittelalter lebendig. Zahlreiche Aktionstage laden zu einem Besuch ein.

Das Archäologische Landesmuseum Schleswig im Schloss Gottorf präsentiert die archäologisch dokumentierte Landesgeschichte von den steinzeitlichen Jägern bis zu den Bürgern der mittelalterlichen Stadt. Das „NordseeMuseum Nissenhaus" in Husum ist das zentrale Museum für den Kreis Nordfriesland und die Stadt Husum. Es stellt die natürlichen Besonderheiten der Küste und die Kultur ihrer Bewohner zusammenhängend dar.

Bauernhäuser, Katen, Scheunen, Windräder, eine Apotheke und Werkstätten des dörflichen Handwerks aus allen Landschaften Schleswig-Holsteins stehen auf dem 60 ha großen Gelände des **Freilichtmuseums** „Molfsee – Landesmuseum für Volkskunde" unmittelbar südlich der Landeshauptstadt Kiel. Tiere, wie sie früher auf den Höfen gehalten wurden, sowie den Häusern zugeordnete Bauerngärten ergänzen die Anlage, um einen möglichst vollständigen und lebendigen Eindruck vom Wohnen und Wirtschaften vergangener Jahrhunderte zu vermitteln.

Saarland

Abkürzung:	SL
Hauptstadt:	Saarbrücken
Fläche:	2570 km²
Einwohner:	1,0 Mio. (388 Einwohner/km²)
Waldfläche:	34 %
Höchste Erhebung:	Dollberg (Dollberge, 695 m)
Anrainerländer:	Rheinland-Pfalz
Anrainerstaaten:	Frankreich, Luxemburg

Bedeutendster Fluss ist die **Saar**, die wie die **Mosel**, in die sie in Rheinland-Pfalz mündet, in den französischen Vogesen entspringt. Die **Nahe** entspringt im Norden des Saarlands im Hunsrück. Der kleinste deutsche Flächenstaat ist im Wesentlichen von Berg- und Hügelland geprägt, im Nordosten ragt der **Hunsrück**, im Südosten der **Pfälzerwald** in das Saarland. Südöstlich von Saarbrücken liegt der **Bliesgau**, eine fruchtbare Hügellandschaft. Der südöstliche Teil des Saarlands ist Teil des Lothringischen

Abb. 225 Ringwall von Otzenhausen.

Schichtstufenlands, wobei Muschelkalk oder Buntsandstein die Oberfläche bilden. Der Norden des Saarlands mit dem Hunsrück gehört zum Rheinischen Schiefergebirge. Bis heute von großer wirtschaftlicher Bedeutung sind die Steinkohleablagerungen aus dem Oberkarbon nördlich von Saarbrücken mit insgesamt mehr als 4000 m Mächtigkeit.

Natur und Kultur erleben

Das Saarland hat einen Anteil von knapp 10 km² am 2015 eröffneten, knapp über 100 km² großen **Nationalpark** Hunsrück-Hochwald (S. 211). Informationen zum jüngsten Nationalpark Deutschlands bekommt man am Ringwall von Otzenhausen (volkstümlich auch „Hunnenring" genannt) (Abb. 225), einer mächtigen keltischen Befestigungsanlage (Oppidum) am Hang des Dollbergs. Der Nationalpark Hunsrück-Hochwald ist eingebettet in den über 2000 km² großen **Naturpark** Saar-Hunsrück.

Das **Biosphärenreservat** Bliesgau (Abb. 226) liegt in der südöstlichen Ecke des Saarlandes und umfasst eine Fläche von rund 36 000 ha, was ca. 14 % der Fläche des Saarlandes entspricht. Die sanfthügelige Landschaft ist geprägt durch ausgedehnte Streuobstwiesen, naturnahe Buchenwälder, artenreiche Trockenrasen und eine eindrucksvolle Auenlandschaft an der Blies, dem namengebenden Fluss. Der Norden ist städtisch geprägt, die Bevölkerungsdichte im Biosphärenreservat liegt mit 311 Einwohnern pro km² über dem Bundesdurchschnitt – das macht den Bliesgau als Biosphärenreservat weltweit einmalig. Die Stadt-Land-Beziehung mit all ihren Facetten, Einflüssen und Veränderungen ist deshalb einer der Schwerpunkte in der wissenschaftlichen Forschung im Biosphärenreservat. Die Erhaltung der traditionellen Kulturlandschaft und der damit verbundenen Artenvielfalt ist das erklärte Ziel des Biosphärenreservats. Mit Projekten wie dem „Bliesgau-Regal" und dem „Bliesgau-Apfelsaft" wirbt die Region deshalb mit regionalen Produkten. Die Bliesgau-Produkte sind bereits in zahlreichen Geschäften im Saarland zu finden und werden auch in der Gastronomie zunehmend eingesetzt. Als altes Siedlungsgebiet hält der Bliesgau darüber hinaus viele Möglichkeiten zur Spurensuche der römischen und keltischen Besiedlung bereit, unter anderem im Europäischen Kulturpark Bliesbruck-Reinheim oder im Römermuseum in Schwarzenacker.

In Saarbrücken befassen sich das **Geologische Museum** Saarberg, das Museum für Vor- und Frühgeschichte sowie das Historische Museum Saar mit Themen der Natur- und Kulturgeschichte.

Der Europäische Kulturpark Bliesbruck-Reinheim ist ein **Archäologiepark**, der sich beidseits der deutsch-französischen Grenze zwischen den Orten Reinheim (Saarland) und Bliesbruck (Département Moselle) erstreckt. In dem 700 000 m² großen Parkgelände werden Befunde aus verschiedenen Epochen ausgegraben und museal präsentiert. Die bedeutendsten sind ein keltisches

Fürstinnengrab sowie eine kleinstädtische Siedlung (Vicus) und eine Palastvilla, beide aus römischer Zeit.

Das Römermuseum Schwarzenacker ist ein archäologisches **Freilichtmuseum** in einem Stadtteil von Homburg im Saarland. Es zeigt die überregional bedeutsamen Reste eines römischen Vicus, der von der Zeit um Christi Geburt bis zur Zerstörung durch die Alamannen im Jahr 275 bestand.

Der Emilianusstollen ist Teil eines römischen Kupferbergwerks im Ortsteil St. Barbara der Gemeinde Wallerfangen. Der antike Stollen ist mit seiner in Stein gehauenen Inschrift das einzige direkte Zeugnis untertägigen Bergbaus in Mitteleuropa aus der Römerzeit. Das Saarländische Bergbaumuseum in Bexbach beschäftigt sich mit dem Steinkohlenbergbau von den frühen Anfängen im 15. Jahrhundert bis in die Mitte der 1980er Jahre. Das **Erlebnisbergwerk** Velsen im Saarbrücker Stadtteil Klarenthal beinhaltet mehr als 700 m Strecke auf drei verschiedenen Sohlen mit funktionstüchtigen Maschinen. Der Rischbachstollen ist Teil der ehemaligen Steinkohlengrube St. Ingbert, die 1959 ihre Tore schloss. Während der Besichtigung des Stollens erhält der Besucher Einblicke in die Arbeit und das Leben der Bergleute von vor über 100 Jahren, als noch Handarbeit vorherrschte und Grubenpferde die Kohlenwagen zogen.

Die Völklinger Hütte ist ein 1873 gegründetes und 1986 stillgelegtes ehemaliges Eisenwerk und wurde 1994 von der UNESCO als **Industriedenkmal** in den Rang eines Weltkulturerbes der Menschheit erhoben.

Abb. 226 Heckenlandschaft im Biosphärenreservat Bliesgau.

Berlin

Abkürzung:	BE
Fläche:	892 km²
Einwohner:	3,5 Mio. (3948 Einwohner/km²)
Waldfläche:	18 %
Höchste Erhebung:	Großer Müggelberg (Bezirk Treptow-Köpenick, 115 m)
Anrainerland:	Brandenburg

Das Berliner Zentrum wird von der **Spree** durchflossen, die im westlichen Bezirk Spandau in die **Havel** mündet. Die Landschaft um das heutige Berlin wurde von der jüngsten Vereisungsphase, der Weichsel-Kaltzeit, geprägt. Vor etwa 20 000 Jahren war das Gebiet Berlins noch vom mehrere Hundert Meter mächtigen skandinavischen Inlandeis bedeckt. Beim Rückschmelzen des Gletschers entstand vor etwa 18 000 Jahren das Berliner Urstromtal, in dem sich heute das Zentrum Berlins befindet. Weitere Bereiche des heutigen Berlins liegen auf den beiden Hochflächen Barnim und Teltow, die nördlich und südlich an das Urstromtal angrenzen. Sie werden überwiegend von Grundmoränen eingenommen.

Natur und Kultur erleben

In Berlin gibt es mehr Natur, als man annimmt. Mit 18 % Waldfläche weist die Bundeshauptstadt prozentual mehr Wald auf als das Flächenland Schleswig-Holstein (11 %). Der **Naturpark** Barnim (S. 198) ist das einzige gemeinsame Großschutzgebiet von Berlin und Brandenburg. Etwa fünf Prozent der Fläche befinden sich in den nördlichen Berliner Stadtbezirken Pankow und Reinickendorf. Der Naturpark ist reich an Seen und Kleingewässern, in denen seltene Pflanzen und Tiere leben wie die Rotbauchunke. Die zu den Berliner Forsten gehörenden Flächen im Naturpark werden nach den Richtlinien des naturnahen Waldbaus bewirtschaftet, sie dienen hauptsächlich der Erholung. Im Berliner Urstromtal findet man außerdem Moore wie das Teufelsbruch im Westen und

Abb. 227 Der Seddinsee ist ein langgestreckter See an der südöstlichen Stadtgrenze Berlins.

Abb. 228 Pfaueninsel, alte Eiche mit Eichelskulpturen.

die Krumme Laake/Pelzlaake im Osten von Berlin, die in den letzten Jahren renaturiert bzw. wieder vernässt wurden. Das mit über 400 ha größte Berliner **Naturschutzgebiet** „Gosener Wiesen und Seddinsee" an der östlichen Stadtgrenze ist wegen seiner Unzugänglichkeit nur Wenigen bekannt (Abb. 227). Es ist einer der letzten Gebiete mit größeren Feuchtwiesen und Bruchwäldern im Land Berlin.

Im Bereich der Teltow-Hochfläche im Süden von Berlin liegt in der Havel die Parklandschaft der Pfaueninsel (Abb. 228), die zu den touristischen Attraktionen von Berlin gehört. Zwischen 1816 und 1834 wurde die Insel von Peter Joseph Lenné zum Landschaftspark gestaltet (Wimmer 2016). Beeindruckend sind die vielerorts auf der Pfaueninsel anzutreffenden alten Eichen, die Überbleibsel der Jahrhunderte alten natürlichen Vegetation sind. Zwei europaweit geschützte Käferarten – Heldbock und Eremit – sind auf deren Alt- und Totholz angewiesen.

In Berlin gibt es unzählige **Museen**, die bekanntesten liegen auf der Museumsinsel, die 1999 in die UNESCO-Liste des Weltkulturerbes aufgenommen wurde. Von Weltrang hinsichtlich Bedeutung und Sammlungsumfang ist auch das Museum für Naturkunde, das 1945 aus drei ursprünglich eigenständigen Museen hervorgegangen ist, dem Zoologischen, dem Paläontologischen und dem Mineralogischen Museum. In den Sammlungen werden etwa 30 Mio. Objekte verwahrt, unter anderem der „Berliner Archaeopteryx" (Abb. 56).

Der Botanische Garten in Berlin-Lichterfelde ist mit einer Fläche von über 43 ha und etwa 22 000 verschiedenen Pflanzenarten der größte Botanische Garten Deutschlands, angeschlossen ist auch ein Botanisches Museum. Das Deutsche Historische Museum im ehemaligen Zeughaus vermittelt einen umfassenden Überblick über die deutsche Geschichte. Auf ca. 15 ha bietet die „Domäne Dahlem" – neben der musealen Aufarbeitung und Darstellung der Agrar- und Ernährungsgeschichte Berlins und Brandenburgs – Einblicke in die ökologische Landwirtschaft, einen direkten Kontakt mit Tieren und die Möglichkeit eines erholsamen Aufenthaltes auf dem landschaftsplanerisch gestalteten Domänenacker.

Hamburg

Abkürzung:	HH
Fläche:	755 km²
Einwohner:	1,8 Mio. (2366 Einwohner/km²)
Waldfläche:	7 %
Höchste Erhebung:	Hasselbrack (Harburger Berge, 116 m)
Anrainerländer:	Schleswig-Holstein, Niedersachsen

Hamburg liegt an der Mündung der **Alster** in die **Elbe**, die 110 km weiter nordwestlich in die Nordsee fließt. Zu Hamburg gehören die Nordseeinseln Neuwerk, Scharhörn und Nigehörn sowie der Nationalpark Hamburgisches Wattenmeer. Der Alster-Strom wird im Stadtzentrum zu einem künstlichen See aufgestaut der sich in die größere **Außenalster** und die kleinere, vom historischen Kern der Stadt umschlossene **Binnenalster** aufteilt. Südlich und nördlich der Elbe befinden sich **Geestrücken**, die durch die Sand- und Geröllablagerungen der Gletscher während der Eiszeiten entstanden sind. Die unmittelbar am Fluss liegenden **Marschen** wurden auf beiden Seiten der Elbe über Jahrhunderte vom Flutwasser der Nordsee überschwemmt, wobei sich Sand und Schlick abgelagert haben.

Natur und Kultur erleben

Ein Teil des Wattenmeeres im Bereich der Elbemündung gehört zu Hamburg und ist als Nationalpark und Biosphärenreservat **Hamburgisches Wattenmeer** ausgewiesen. Er grenzt im Südwesten und im Osten an das Gebiet des Nationalparks Niedersächsisches Wattenmeer (S. 185) und umfasst neben den eigentlichen Wattgebieten auch die Insel Neuwerk und die Düneninseln Scharhörn und Nigehörn. Aufgrund des natürlichen Sedimenteintrags gibt es im Mündungsbereich der Elbe ein hohes Nahrungsangebot für Jungfische und Seevögel. Der Nationalpark ist daher ein bedeutendes Rast- und Mausergebiet für Seevögel.

Fast 9 % der Fläche Hamburgs sind **Naturschutzgebiete**, das ist der höchste Wert aller Bundesländer. Das mit 857 ha größte hamburgische Naturschutzgebiet Kirchwerder Wiesen im Südosten Hamburgs stellt eine weiträumige, weitestgehend offene Kulturlandschaft dar mit Feuchtgrünland und Gräben und ist Lebensraum für seltene Wiesen-, Sumpf- und Wasserpflanzen sowie für zahlreiche seltene oder gefährdete Tierarten wie Wiesenvögel, Amphibien, Libellen und Fische.

Das Naturschutzgebiet Höltigbaum im Nordosten Hamburgs an der Grenze zu Schleswig-Holstein war bis 1992 ein Truppenübungsplatz, was die Vegetation entscheidend geprägt hat. Die Flächen wurden kaum gedüngt, die Vegetationsdecke wurde immer wieder zerstört, wodurch sich hier vor allem kurzlebige Pionierpflanzen etablieren konnten. Auf sandigen Hügelkuppen und sonnigen Hängen wachsen bis heute trockene Magerrasen. Zum Erhalt der Lebensraumvielfalt wird der größte Teil des Gebiets – zusammen mit den Naturschutzgebieten Stellmoorer- und Ahrensburger Tunneltal – seit 2000 nach der Methode der „Halboffenen Weidelandschaft", einer extensiven Ganzjahresbeweidung mit verschiedenen Weidetieren (vor allem Galloway- und Highland-Rinder und Heidschnucken), bewirtschaftet (Abb. 229). Im „Haus der Wilden Weiden" kann man sich über das Gebiet und das Weideprojekt informieren.

Die **Fischbeker Heide** ist ein 773 ha großes Naturschutz- und FFH-Gebiet im Südwesten Hamburgs. Die Heide- und Waldlandschaft ist nach der Lüneburger Heide die zweitgrößte Kulturlandschaft dieser Art in Deutschland. Im Süden befindet sich am Rande eines Höhenzugs die mit 116 m höchste Erhebung Hamburgs. Im Gebiet führt ein **Archäologischer Wanderpfad** entlang

Abb. 229 „Wilde Weiden" im Naturschutzgebiet Höltigbaum.

der größten geschlossenen Gruppe oberirdisch sichtbarer Bodendenkmäler auf Hamburger Gebiet wie Großsteingräber aus der Jungsteinzeit oder Hügelgräber der Stein- und Bronzezeit. Der Pfad gilt als Außenstelle des Archäologischen Museums Hamburg.

Naturkundlich orientierte **Museen** sind das Geologisch-Paläontologische Museum, das Mineralogische Museum und das Zoologische Museum. Das „Loki Schmidt Haus" ist ein Museum für Nutzpflanzen der Universität Hamburg und liegt mitten im Botanischen Garten, dem Loki-Schmidt-Garten. Die „Stiftung Wasserkunst Elbinsel Kaltehofe" widmet sich der Erhaltung eines ehemaligen Wasserwerks, zu ihrem Programm zählt sie zudem die Förderung des Naturschutzes, der Landschaftspflege und des Umweltschutzes. Mit der Einrichtung des Museums wurde ein Viertel des vorher unzugänglichen 44 ha großen Geländes öffentlich zugänglich gemacht, drei Viertel sind abgezäunt und sollen als ausschließlicher Lebensraum für Tiere und Pflanzen erhalten bleiben. Erschlossen ist der zugängliche Außenbereich über einen Naturlehrpfad, der über die Pflanzen- und Tierwelt und über Umwelteinflüsse informiert. Das Museumsdorf Volksdorf besteht aus sieben Wohn- und Wirtschaftsgebäude aus dem 17. bis 19. Jahrhundert und einer Ausstellung mit Haus- und Arbeitsgeräten.

Bremen

Abkürzung:	HB
Fläche:	419 km²
Einwohner:	0,7 Mio. (1599 Einwohner/km²)
Waldfläche:	2 %
Höchste (natürliche) Erhebung:	Stadtteil Burglesum (32 m)
Anrainerland:	Niedersachsen

Abb. 230 Säbelschnäbler und Brachvogel in der Wesermarsch (Naturschutzgebiet Luneplate).

Bremen liegt zu beiden Seiten der **Weser**, etwa 60 km vor deren Mündung in die Nordsee. Die Landschaft links der Weser wird als Wesermarsch bezeichnet, die Landschaft rechts der Weser gehört zum Elbe-Weser-Dreieck. Südlich und nördlich der Elbe befinden sich Geestrücken, die durch die Sand- und Geröllablagerungen der Gletscher während der Eiszeiten entstanden sind. Die unmittelbar am Fluss liegenden **Marschen** wurden auf beiden Seiten der Elbe über Jahrhunderte vom Flutwasser der Nordsee überschwemmt, wobei sich Sand und Schlick abgelagert haben. Zum Stadtstaat Bremen gehört neben der Stadtgemeinde Bremen noch die 60 km nördlich gelegene Stadtgemeinde **Bremerhaven** (ca. 110 000 Einwohner).

Natur und Kultur erleben

In Bremen gibt es keine Großschutzgebiete, aber immerhin 20 **Naturschutzgebiete**, die zusammen über 8 % der Landesfläche bedecken. Das größte davon, das Naturschutzgebiet Luneplate, liegt an der Weser bei Bremerhaven und umfasst über 1400 ha. Das dortige Weserwatt hat herausragende Bedeutung als Rastgebiet für nordische Gänse, Schwäne und Limikolen (Watvögel), im Gebiet brüten aber auch Röhricht bewohnende Vogelarten und Wasservögel. Für den Säbelschnäbler (Abb. 230) besitzt das Weserwatt sogar internationale Bedeutung.

Das größte Naturschutzgebiet der Stadt Bremen, die Borgfelder Wümmewiesen, ist knapp 700 ha groß und stellt eine großräumige Feuchtwiesenlandschaft als Kulturlandschaft unter Schutz, die in den Wintermonaten häufig überschwemmt wird. Die Wiesen und Weiden, die teilweise extensiv bewirtschaftet werden, teilweise brachliegen, stellen ein wichtiges Brutgebiet für Wiesenvögel dar. Ferner ist das Gebiet wichtiges Rastgebiet für Zugvögel und Überwinterungsgebiet. Direkt an die Borgfelder Wümmewiesen grenzt in Niedersachsen das Naturschutzgebiet Fischerhuder Wümmeniederung. Das Naturschutzgebiet Werderland (Werder ist ein altes Wort für „Flussinsel") liegt in der gleichnamigen Flussniederung im Stadtteil Burglesum. Das Schutzgebiet stellt einen weiträumigen, von zahlreichen Gräben durchzogenen Grünlandkomplex dar und ist wichtiger Lebensraum für zahlreiche an feuchte Standorte angepasste Pflanzen und Tiere.

Das Übersee-**Museum** direkt am Hauptbahnhof von Bremen ist über 100 Jahre alt, seine naturkundlichen Sammlungen enthalten neben Exponaten aus Übersee auch viele Fundstücke aus Bremen. Das Universum Bremen ist eine interaktive Wissenschaftsausstellung. Die Besucher werden animiert, die meisten der etwa 250 Exponate selbst auszuprobieren. Die Dauerausstellung befasst sich auf 4000 m² mit drei Themengebieten: Expedition Mensch, Expedition Natur und Expedition Technik. An über 60 Mitmachstationen und in fantasievoll inszenierten Räumen gehen die Gäste der Farb- und Formenpracht unserer Erde auf den Grund und hinterfragen das Alltägliche.

Das Focke-Museum ist als Bremer Landesmuseum für Kunst und Kulturgeschichte das historische Museum der Stadt Bremen. Das moderne Hauptgebäude liegt, ergänzt durch Gebäude aus dem 16. bis 19. Jahrhundert, in einem 4,5 ha großen Park im Bremer Ortsteil Riensberg. In der reetgedeckten ehemaligen Scheune des Gutes Riensberg ist die Abteilung für Ur- und Frühgeschichte untergebracht, die einen Gang durch die kulturelle Entwicklung der Region von 350 000 v. Chr. bis zum 8. Jahrhundert bietet. In weiteren historischen Häusern widmen sich Ausstellungen unter anderem der Landwirtschaft, Flachsverarbeitung, Seefahrt, Flussfischerei, Bienenzucht und Torfgewinnung.

Das Volkskundliche **Freilichtmuseum** im Speckenbütteler „Gesundheitspark" in Bremerhaven-Lehe repräsentiert die bäuerlichen Haustypen von Geest und Marsch beginnend mit dem frühen 17. Jahrhundert, außerdem ist der Nachbau einer Bockwindmühle zu sehen.

Ein maritim geprägtes Stadtviertel mit zahlreichen unterschiedlichen Einrichtungen wurde in Bremerhaven mit den „Havenwelten" geschaffen. Integriert und umgestaltet wurden das Deutsche Schifffahrtsmuseum und der „Zoo am Meer" mit seinem neuen Nordseeaquarium. 2005 neu eröffnet wurde das Deutsche Auswandererhaus, das sich dem Thema Migration widmet und 2007 als „Europäisches Museum des Jahres" ausgezeichnet wurde. Zu den „Havenwelten" gehört auch das „Klimahaus Bremerhaven 8° Ost" (Abb. 231). Es greift in vier

Abb. 231 Klimahaus Bremerhaven.

Ausstellungsbereichen den Themenkomplex Klima und Klimawandel auf. Es wurde 2009 durch den irischen Musiker und Menschenrechtsaktivisten Bob Geldof eröffnet und wird jährlich von etwa 600 000 Menschen besucht. Die über 1 ha große Ausstellungsfläche ist in die drei Ausstellungsbereiche gegliedert, die unabhängig voneinander konzipiert wurden. Im Bereich „Reise" geht es entlang des 8. Längengrads, auf dem auch Bremerhaven liegt, einmal um die Erde, dabei kann man die verschiedenen Klimazonen im wahrsten Sinne des Wortes hautnah erleben. Der Bereich „Perspektiven" präsentiert Erkenntnisse der Klimaforschung, und im Bereich „Chancen" werden dem Besucher Handlungsmöglichkeiten aufgezeigt, den CO_2-Ausstoß im Alltag zu reduzieren.

„Wie stark das Fieber beim Patienten Erde weiter ansteigen wird, hängt [...] in erster Linie von uns Menschen ab. Wir sind es, die täglich mit politischen, wirtschaftlichen und persönlichen Entscheidungen die Weichen für die Zukunft stellen und mit der Höhe der Treibhausgasemissionen auch die Stärke des Klimawandels bestimmen", so ein Zitat aus den „Perspektiven" des Klimahauses. Betrachten wir die Geschichte unserer Erde, war nichts beständiger als der Klimawandel. Aber es gab noch nie einen, der von uns Menschen verursacht wurde. Und er wird auch nicht die Erde aus dem Gleichgewicht bringen, sondern vor allem uns Menschen. Willkommen im Anthropozän!

Dank

Ich möchte mich bei allen bedanken, die mich bei der Entstehung und Ausstattung des Buches unterstützt haben. Mein besonderer Dank gilt Dr. Jens Seeling, Lektor für Natur- und Geowissenschaften bei der Wissenschaftlichen Buchgesellschaft Darmstadt, der meine Buchidee ohne Zögern aufgegriffen und weiterverfolgt hat. Bedanken möchte ich mich auch bei „Wortfuchs" Christiane Martin für das angenehme und reibungslose Lektorat.

Bei meiner Buchrecherche „vor Ort" haben mich engagierte Menschen aus Naturparks, Biosphärenreservaten und Nationalparks über ihre „Nationale Naturlandschaft" informiert und teilweise auch durch das Gebiet geführt. Mein herzlicher Dank gebührt den Protagonisten der von mir beschriebenen „Zukunftsprojekte" wie Jürgen Krenzer und Josef Kolb aus der Rhön und den Projektpartnerinnen und -partnern der „Schatzküste" an der Ostsee.

Der Deutschen Gesellschaft für Luft- und Raumfahrt (DGLR) danke ich dafür, dass sie mir das Satellitenbild von Deutschland kostenlos zur Verfügung gestellt hat. Dies gilt auch für weitere Bilder, wofür ich Katja Bauer (BR Thüringer Wald), Reinhold Gehringer, Thomas Kaiser, Gunter Karste und dem Nationalpark Harz, Jürgen Krenzer, Holger Menzer, Gerrit Müller, Dr. Günter Nowald (Kranichzentrum Groß Mohrdorf), Rainer Oppermann, Simone Schneider (BR Schaalsee-Elbe), Lars Sewing, Ernst Stegmaier und der Wisent-Welt Wittgenstein herzlich danke. Für die aktuelle Karte der Nationalen Naturlandschaften und das Geleitwort danke ich EUROPARC Deutschland e.V. ganz herzlich, insbesondere der Geschäftsführerin Frau Dr. Elke Baranek.

Viele Anregungen für das Buch vermittelte mir Prof. Dr. Werner Konold (vormals Lehrstuhl für Landespflege Freiburg) mit seinem unnachahmlich lebendigen und unverkrampften Zugang zum Thema Kulturlandschaften. Bedanken möchte ich mich an dieser Stelle auch bei meiner „Doktormutter" Prof. Dr. Otti Wilmanns, durch die ich ein begeisterter Geobotaniker geworden bin, und posthum bei Prof. Dr. Günther Osche (1926–2009), der mir mit seinen legendären Vorlesungen die Tierökologie und Evolutionsbiologie nahebrachte.

Zitierte und weiterführende Literatur

ABU (Arbeitsgemeinschaft Biologischer Umweltschutz im Kreis Soest e. V., Hg., 2008): „Wilde Weiden": Praxisleitfaden für Ganzjahresbeweidung in Naturschutz und Landschaftsentwicklung. Bad Sassendorf-Lohne.

AGW (Arbeitsgemeinschaft Wanderfalkenschutz Baden-Württemberg) & OGBW (Ornithologische Gesellschaft Baden-Württemberg e. V., Hg., 2015): 50 Jahre Schutz von Feld und Falken: Arbeitsgemeinschaft Wanderfalkenschutz 1965–2015. Ornith. Jahresh. Bad.-Württ., Sonderband.

Archäologisches Landesmuseum Baden-Württemberg (Hg., 2009): Eiszeit: Kunst und Kultur. Begleitband zur Großen Landesausstellung Baden-Württemberg 2009. Thorbecke, Ostfildern.

Archäologisches Landesmuseum Baden-Württemberg (Hg., 2012): Die Welt der Kelten: Zentren der Macht – Kostbarkeiten der Kunst. Begleitband zur Großen Landesausstellung Baden-Württemberg 2012. Thorbecke, Ostfildern.

Archäologisches Landesmuseum Baden-Württemberg (Hg., 2016): 4000 Jahre Pfahlbauten. Begleitband zur Großen Landesausstellung Baden-Württemberg 2016. Thorbecke, Ostfildern.

Behringer, W. (2007): Kulturgeschichte des Klimas: Von der Eiszeit bis zur globalen Erwärmung. Beck, München.

Blackbourn, D. (2007): Die Eroberung der Natur: Eine Geschichte der deutschen Landschaft. DVA, München.

BMUB (Bundesministerium für Umwelt, Naturschutz, Bau und Reaktorsicherheit) & BfN (Bundesamt für Naturschutz, Hg., 2016): Naturbewusstsein 2015: Bevölkerungsumfrage zu Natur und biologischer Vielfalt.

Bollen, L. (2008): Der Flug des Archaeopteryx: Auf der Suche nach dem Ursprung der Vögel. Quelle & Meyer, Wiebelsheim.

Bundesamt für Naturschutz (BfN, Hg., 2015): Artenschutz-Report 2015: Tiere und Pflanzen in Deutschland. 2. überar. Aufl., Bonn-Bad Godesberg.

Bundesamt für Naturschutz (BfN, Hg., 2016): Daten zur Natur 2016.

Bundesanstalt für Geowissenschaften und Rohstoffe (BGR, Hg., 2016): Bodenatlas Deutschland: Böden in thematischen Karten. Schweizerbart, Stuttgart.

Bundesministerium für Ernährung und Landwirtschaft (BMEL, 2016): Der Wald in Deutschland: Ausgewählte Ergebnisse der dritten Bundeswaldinventur. 2. korr. Aufl., Berlin.

D'Arcy Wood, G. (2015): Vulkanwinter 1816: Die Welt im Schatten des Tambora. Theiss, Stuttgart.

Deutsche Gesellschaft für Gartenkunst und Landschaftskultur (DGGL, 2016): Landschaftskultur: Zwischen Bewahrung und Entwicklung. DGGL-Themenbuch 11. Callwey, München.

Deutscher Naturschutztag (2016): „Magdeburger Erklärung" des 33. Deutschen Naturschutztages 2016 in Magdeburg. www.deutscher-naturschutztag.de

Deutsches Historisches Museum (2015): Deutsche Geschichte in Bildern und Zeugnissen. Stiftung Deutsches Historisches Museum. Theiss, Stuttgart.

Dullau, S., Hoch, A., Kison, H.-U. & Bachmann, U. (2015): Kleinhaldenareal bei Welfesholz und Südharzer Gipskarstlandschaft. Tuexenia. Beih. 8: 57–74.

Eissmann, L. (2000): Die Erde hat Gedächtnis: 50 Millionen Jahre im Spiegel mitteldeutscher Tagebaue. Sax, Beucha.

Endriss, G. (1952): Die künstliche Bewässerung des Schwarzwaldes und der angrenzenden Gebiete. Ber. Naturforsch. Ges. Freiburg 42 (1): 77–112.

Ernst-Moritz-Arndt-Universität Greifswald (2015): Paludikultur: Perspektiven für Mensch und Moor. Greifswald.

Fleckinger, A. (2011): ÖTZI 2.0: Eine Mumie zwischen Wissenschaft, Kult und Mythos. Theiss, Stuttgart.

Fouquet, G. & Zeilinger, G. (2011): Katastrophen im Spätmittelalter. Philipp von Zabern, Darmstadt/Mainz.

Frank, D. & Schnitter, P. (Hg., 2016): Pflanzen und Tiere in Sachsen-Anhalt. Ein Kompendium der Biodiversität. Natur+Text, Rangsdorf, 1132 S.

Friedell, E. (1927–31): Kulturgeschichte der Neuzeit. Beck, München.

Frisch, W. & Meschede, M. (2013): Plattentektonik: Kontinentverschiebung und Gebirgsbildung. WBG, Darmstadt.

Frohn, H. & Rosebrock, J. (2012): Museum zur Geschichte des Naturschutzes in Deutschland in Königswinter. Herausgegeben von der Stiftung Naturschutzgeschichte, Königswinter. Deutscher Kunstverlag, Berlin/München.

Glaser, R. (2008): Klimageschichte Mitteleuropas: 1200 Jahre Wetter, Klima, Katastrophen. WBG, Darmstadt.

Gleba, G. (2004): Klosterleben im Mittelalter. WBG, Darmstadt.

Gradmann, R. (1933): Die Steppenheidetheorie. In: Geographische Zeitschrift. Bd. 39, H. 5: 265–278.

Grober, U. (2010): Die Entdeckung der Nachhaltigkeit: Kulturgeschichte eines Begriffs. Kunstmann, München.

Grober, U. (2016): Der leise Atem der Zukunft: Vom Aufstieg nachhaltiger Werte in Zeiten der Krise. Oekom, München.

Haber, W. (2014): Landwirtschaft und Naturschutz. Wiley-VCH, Weinheim.

Harrison, R.P. (1992): Wälder: Ursprung und Spiegel der Kultur. Hanser, München, Wien.

Harari, Y. N. (2013): Eine kurze Geschichte der Menschheit. DVA, München.

Harari, Y. N. (2017): Homo Deus: Eine Geschichte von Morgen. Beck, München.

Hastings, A. K. & Hellmund, M. (2015): Aus der Morgendämmerung: Pferdejagende Krokodile und Riesenvögel. Neueste Forschungsergebnisse zur eozänen Welt Deutschlands von ca. 45 Millionen Jahren. Begleitband zur gleichnamigen Ausstellung in der Nationalen Akademie der Wissenschaften Leopoldina vom 6. März bis 29. Mai 2015 in Halle (Saale), Deutschland.

Haumann, H. (2014): Hauberg im Siegerland – Rüttibrennen im Schwarzwald: Ein Vergleich von Gleichgewichtswirtschaften. Siegener Beiträge 19: 92–111.

Heinz Sielmann Stiftung (Hg., 2015): Naturnahe Beweidung und NATURA 2000: Ganzjahresbeweidung im Management von Lebensraumtypen und Arten im europäischen Schutzgebietssystem NATURA 2000. Duderstadt.

Hofbauer, G. (2016): Vulkane in Deutschland. WBG, Darmstadt.

Humboldt, A. von (1974): Ideen zu einer Geographie der Pflanzen. Mit zwei Tafeln. WBG, Darmstadt.

Jedicke, E. (2015): „Lebender Biotopverbund" in Weidelandschaften: Weidetiere als Auslöser von dynamischen Prozessen und als Vektoren – ein Überblick. Naturschutz und Landschaftsplanung 47: 257–262.

Kempf, B. & Krenzer, J. (1993): Dem Rhönschaf auf der Spur: Küche, Menschen und Landschaft der Rhön. Parzeller, Fulda.

Klüter, H. & Bastian, U. (2012): Gegenwärtige Strukturen und Entwicklungstendenzen in der Brandenburger Landwirtschaft im Ländervergleich. Endbericht. Institut für Geographie und Geologie, Universität Greifswald.

Konold, W. (Hg., 1996): Naturlandschaft – Kulturlandschaft: Die Veränderung der Landschaften nach der Nutzbarmachung durch den Menschen. ecomed, Landsberg.

Kratochwil, A. & Schwabe, A. (2001): Ökologie der Lebensgemeinschaften: Biozönologie. UTB, Stuttgart.

Krause, A. (2005): Die Geschichte der Germanen. Campus, Frankfurt/Main.

Kull, Ulrich (2011): Massenaussterben und ihre Bedeutung für die Evolution. Jh. Ges. Naturkde. Württemberg 167: 5-27. Stuttgart.

Kunz, W. (2017): Artenschutz durch Habitatmanagement: Der Mythos von der unberührten Natur. Wiley-VCH, Weinheim.

Küster, H. (1995): Geschichte der Landschaft in Mitteleuropa: Von der Eiszeit bis zur Gegenwart. Beck, München.

Küster, H. (1998): Geschichte des Waldes: Von der Urzeit bis zur Gegenwart. Beck, München.

Küster, H. (2002): Die Ostsee: Eine Natur- und Kulturgeschichte. Beck, München.

Landkreis Cuxhaven (Hg., 2008): Feddersen Wierde, Fallward, Flögeln: Archäologie im Museum Burg Bederkesa, Landkreis Cuxhaven.

Leibundgut, Ch. & Vonderstrass, I. (2016): Traditionelle Bewässerung: ein Kulturerbe Europas. 2 Bände. Merkur Druck AG, Langenthal, Schweiz.

Macfarlane, R. (2016): Alte Wege. Naturkunden 25. Matthes & Seitz, Berlin.

MacLeod, N. (2016): Arten sterben: Wendepunkte der Evolution. WBG, Darmstadt.

Mangel, G. (2011): Faszination Welterbe Grube Messel: Zu Besuch in einer Welt vor 47 Millionen Jahren. Kleine Senckenberg-Reihe 52. Schweizerbart, Stuttgart.

Mauersberger, A. (2006): Tacitus Germania: Zweisprachige Ausgabe Lateinisch – Deutsch. Anaconda, Köln.

Meller, H. (Hg., 2004): Der geschmiedete Himmel: Die weite Welt im Herzen Europas vor 3600 Jahren. Begleitband zur Ausstellung im Landesmuseum Halle (Saale). Theiss, Stuttgart.

Miotk, P. (1979): Das Lößwand-Ökosystem im Kaiserstuhl. Veröff. Naturschutz Landschaftspflege Bad.-Württ. 49/50: 159–198.

Möllers, N., Schwägerl, Ch. & Trischler, H. (Hg., 2015): Willkommen im Anthropozän: Unsere Verantwortung für die Zukunft der Erde. Deutsches Museum, München.

Otten, T., Kunow, J., Rind, M. & Trier, M. (2015): Revolution Jungsteinzeit: Archäologische Landesausstellung Nordrhein-Westfalen. Schriften zur Bodendenkmalpflege in Nordrhein-Westfalen 11,1. Theiss, Stuttgart.

Parzinger, H. (2014): Die Kinder des Prometheus: Eine Geschichte der Menschheit vor der Erfindung der Schrift. Beck, München.

Poschlod, P. (2015): Geschichte der Kulturlandschaft. Ulmer, Stuttgart.

Probst, E. (1986): Deutschland in der Urzeit: Von der Entstehung des Lebens bis zum Ende der Eiszeit. Bertelsmann, München.

Regierungspräsidium Freiburg (Hg., 2011): Der Kaiserstuhl: Einzigartige Löss- und Vulkanlandschaft am Oberrhein. 2. Aufl., Thorbecke, Ostfildern.

Regierungspräsidium Freiburg (Hg., 2012): Der Feldberg: Subalpine Insel im Schwarzwald. Thorbecke, Ostfildern.

Regierungspräsidium Freiburg & Schwarzwaldverein (Hg., 2014): Die Wutach: Wilde Wasser – Steile Schluchten. Thorbecke, Ostfildern.

Reinicke, R. & Reinicke, M. (2016): Unsere Ostseeküste: Mecklenburg-Vorpommern. Hinstorff, Rostock.

Riedel, W. (2013): Extremer Landschaftswandel durch agrarische Fehlentwicklungen: Das Beispiel des nördlichen Schleswig-Holstein. Naturschutz und Landschaftsplanung 45 (1), 29–32.

Ritter, J. (1963/1974): Landschaft. Zur Funktion des Ästhetischen in der modernen Gesellschaft. In: Ders.: Subjektivität: 141–163, 172–190. Suhrkamp, Frankfurt/Main.

Rothe, P. (2009): Die Geologie Deutschlands: 48 Landschaften im Portrait. 3. Aufl., WBG, Darmstadt.

Rothe, P., Storch, V. & von See, C. (Hg., 2014): Lebensspuren im Stein: Ausflüge in die Erdgeschichte Mitteleuropas. Wiley-VCH, Weinheim.

Schenk, G.J., Juneja, M., Wieczorek, A. & Lind, Ch. (Hg., 2014): Mensch.Natur.Katastrophe: Von Atlantis bis heute. Begleitband zur Sonderausstellung. Publikationen der Reiss-Engelhorn-Museen 62. Mannheim.

Schindler, R., Stadelbauer, J. & Konold, W. (Hg., 2008): Points of View: Landschaft verstehen – Geographie und Ästhetik, Energie und Technik. modo, Freiburg i. Br.

Schubert, E. (2012): Alltag im Mittelalter: Natürliches Lebensumfeld und menschliches Miteinander. WBG, Darmstadt.

Seitz, B. (1989): Beziehungen zwischen Vogelwelt und Vegetation im Kulturland. Beih. Veröff. Natursch. Landsch.pfl. Bad.-Württ. 54. Karlsruhe.

Seitz, B. (2014): Der Kaiserstuhl: Wein- und Wiesenland. In: Landespflege Freiburg & Landesanstalt für Umwelt, Messungen und Naturschutz Baden-Württemberg (Hg.): Kulturlandschaften in Baden-Württemberg. G. Braun, Karlsruhe.

Statistisches Bundesamt (2016): Land- und Forstwirtschaft, Fischerei: Bodenfläche nach Art der tatsächlichen Nutzung. Fachserie 3 Reihe 5.1, Wiesbaden.

Succow, M., Jeschke, L. & Knapp, H. D. (2001): Die Krise als Chance – Naturschutz in neuer Dimension. Findling, Neuenhagen.

Thiel, A. (2008): Die Römer in Deutschland. Theiss, Stuttgart.

Walter, R. (2003): Erdgeschichte: Die Entstehung der Kontinente, Ozeane und des Lebens. 7. Aufl., Schweizerbart, Stuttgart.

Wegener, A. (1915): Die Entstehung der Kontinente und Ozeane. Vieweg, Braunschweig.

Werner, H. & Wallner, M. (2006): Architektur und Geschichte in Deutschland. Heike Werner Verlag, München.

Westermann, K. (2010): Das Natur- und Landschaftsschutzgebiet „Elzwiesen": Herausragendes Naturpotential einer alten Kulturlandschaft. Naturschutz am südlichen Oberrhein 5. Rheinhausen.

Wikipedia[1]: https://de.wikipedia.org/wiki/Alexander_von_Humboldt (letzter Zugriff am 1. März 2017).

Wikipedia[2]: https://de.wikipedia.org/wiki/Kartoffelk%C3%A4fer (letzter Zugriff am 1. März 2017).

Wikipedia[3]: https://de.wikipedia.org/wiki/Seeadler_(Art)#Bestandsentwicklung_und_Gef.C3.A4hrdung (letzter Zugriff am 1. März 2017).

Wilhelmsen, U. & Stock, M. (2015): Wattenmeer entdecken und verstehen. Wachholtz, Kiel/Hamburg.

Wilmanns, O. (2002): Ökologische Pflanzensoziologie: Eine Einführung in die Vegetation Mitteleuropas. UTB, Stuttgart.

Wimmer, C. A. (2016): Der Gartenkünstler Peter Josef Lenné: Eine Karriere am preußischen Hof. WBG, Darmstadt.

Winiwarter, V. & Bork, H.-R. (2014): Geschichte unserer Umwelt: Sechzig Reisen durch die Zeit. WBG, Darmstadt.

Wisskirchen, R. & Haeupler, H. (1998): Standardliste der Farn- und Blütenpflanzen Deutschlands. Ulmer, Stuttgart.

Wulf, A. (2016): Alexander von Humboldt und die Erfindung der Natur. Bertelsmann, München.

www.bo.de: http://www.bo.de/lokales/ortenau/kampf-gegen-den-japan-knoeterich (letzter Zugriff am 1. März 2017).

www.ioer-monitor.de: http://www.ioer-monitor.de/index.php?id=8&SetReset=1&Raumgliederung=krs&Kategorie=U&Indikator=U18RG&RaumebeneGewaehlt=Deutschland&Jahr=2010 (letzter Zugriff am 1. März 2017).

www.lfu.brandenburg.de: http://www.lfu.brandenburg.de/cms/detail.php/bb1.c.322285.de?highlight=Pollenanalyse (letzter Zugriff am 1. März 2017).

www.nationale-naturlandschaften.de: http://www.nationale-naturlandschaften.de/nnl/ (letzter Zugriff am 1. März 2017).

www.wertvolle-erde.de: http://www.wertvolle-erde.de/suchen-finden-foerdern-und-aufbereiten-von-rohstoffen/deutsche-bergbaugeschichte (letzter Zugriff am 1. März 2017).

Yarham, R. (2012): Landschaften lesen: Die Formen der Erdoberfläche erkennen und verstehen. Haupt, Bern.

Zechner, J. (2016): Der deutsche Wald: Eine Ideengeschichte. WBG, Darmstadt.

Für die Abgrenzung der Landschaften verwendete Karte:
Bundesamt für Kartographie und Geodäsie (2014): Deutschland Landschaften – Namen und Abgrenzungen.

Bildnachweis

2/3 Kartengrundlage DLR; 8/9 Tobias Helbig - Istockphoto; 10 Clemens Emmler; 15, 16, 18, 154 Kartengrundlage DLR; 17 RedBaron - Fotolia; 20 Autor; 22/23 JSPhotog - Istockphoto; 24 akg-images; 26 o. Octagon - wikimedia commons; 26/27 Ernst Stegmaier; 29 Manfred Grohe; 30 Autor; 31 o.l. Autor; 31 o.r. Rainer Oppermann; 31 u. Autor; 32 o. Autor; 32 u. Aleksandr Volkov - Istockphoto; 33 Autor; 34 akg-images; 36/37 Meinzahn - Istockphoto; 38/39 amarok17wolf - Fotolia; 40/41 Tom Knox - wikimedia commons; 43 Corradox - wikimedia commons; 44 Kenneth Schulze - Istockphoto; 46 Autor; 48 o. Autor; 48 u. Autor; 49 o. Rainer Stuckenschmidt - wikimedia commons; 49 u.l. Autor; 49 u.r. anyaivanova - Istockphoto; 51 Robert Hamilton / Alamy Stock Photo; 52 Reemt Peters-Hein - Fotolia; 54 Autor; 55 Museum am Löwentor, Stuttgart; Autor; 56/57 o. Meinzahn - Istockphoto; 56 u. Autor; 57 u. Autor; 58 Autor; 59 o. ca2hill - Istockphoto; 59 u. DrabaAizoides - wickimedia commons; 60 akg-images / euroluftbild.de / Gerhard Launer; 62 Autor; 63 o. Geopark Vulkanregion Vogelsberg; 63 u. Autor; 64/65 Autor; 65 u. DLR; 66 Autor; 67 o. akg / Science Photo Library; 67 u. Konrad Andrä - wikimedia commons; 68 aleks1949 - Istockphoto; 70/71 Autor; 71 u. Gerrit Müller; 72 o. Autor; 72 u. Autor; 73 o. Autor; 73 u. Autor; 74 Autor; 75 Unukorno - wickimedia commons; 76 Roland Brack HeckePics - Istockphoto; 77 Dr. Günter Bechly - wikimedia commons; 78 Dagmar Hollmann - wikimedia commons; 79 Autor; 80 o. Bullenwächter - wikimedia commons; 80 m. Ubachmann - wikimedia commons; 80/81 u. André Karwath - wikimedia commons; 81 o. Autor; 82 akg-images / De Agostini / V. Giannella; 83 WBG; 84 Autor; 85 Agnieszka Szeląg - wikimedia commons; 86 akg-images / euroluftbild.de / Gerhard Launer; 88 akg / Bildarchiv Steffens; 89 Autor; 90/91 o. Autor; 90 u. Autor; 91 u. Autor; 92 l. Autor; 92 o.r. Autor; 92 m. r. KlausKreckler - Istockphoto; 92 u.r. hsvrs - Istockphoto; 93 o. Autor; 93 u. Autor; 94 o. Autor; 94 u. Angelika Kobel-Lamparski; 95 mauribo - Istockphoto; 96 Autor; 98 Autor; 99 o. Reinhold Gehringer; 99 u. Autor; 100 Autor; 101 u. Nightflyer - wikimedia commons; 101 u. Neil Burton - Istockphoto; 102 Maik Richter - Fotolia; 103 Oliver Abels - wikimedia commons; 104/105 Bernd Boelsdorf - Fotolia; 105 u. Xofc - wikimedia commons; 107 Maren Winter - Istockphoto; 108 Yvan Travert / akg-images; 110 pure-life-pictures - stock.adobe.com; 111 o. W. Stuhler - wikimedia commons; 111 u. Meinzahn - Istockphoto; 112 DLR; 113 o. Lars Sewing; 113 u. Autor; 114 cdling - wiki-media commons; 116 Christian Pedant - Fotolia; 117 akg / Bildarchiv Steffens; 118 o. kalimf - Istockphoto; 118 u. HeckePics - Istockphoto; 119 akg-images; 120 Autor; 121 o. Autor; 121 u. Autor; 122 Nick Vorobey - Fotolia; 123 Thomas Kaiser; 124 mates - Fotolia; 125 Autor; 126 wikimedia commons; 127 o. Robert Warthmüller / akag-images; 127 u. MARIMA - Fotolia; 128/129 o. Richard Bartz - wikimedia commons; 128 u. Hajotthu - wikimedia commons; 129 u. Autor; 130 м. L. B. Tettenborn - wikimedia commóns; 130 u. NLP Nordschwarzwald; 131 Elisauer - wikimedia commons; 132 akg-images / André Held; 134 akg-images; 135 akg-images; 136 E. Meyer; 137 o. Autor; 137 u. Simone Schneider, Biosphärenreservatsamt Schaalsee-Elbe; 138 Autor; 139 Autor; 140 Teka77 - Istockphoto; 141 Kreisarchiv Breisgau-Hochschwarzwald; 142 Riko Best - Shutterstock; 143 Autor; 144 Autor; 145 Mark Wolters - Shutterstock; 146 Yulia-B - Istockphoto; 148 Simplicius - wikimedia commons; 149 Gav - wikimedia commons; 150 Autor; 151 rmarnold - Istockphoto; 152/153 DieterMeyrl - Istockphoto; 156 nach BfN; 157 auerimages - Istockphoto; 158 Franziska Nebel - wikimedia commons; 159 Autor; 160 o. fotojog - Istockphoto; 160/161 u. Bramsiepe - Fotolia; 161 o. jamesdowner - Istockphoto; 162 Claudia Dewald - Istockphoto; 164 Andrew Howe - Istockphoto; 166 Autor; 167 Josef Skacel - Shutterstock; 168 MikeLane45 - Istockphoto; 170 Eva Pum - Istockphoto; 171 picture-alliance/dpa; 173 Jürgen Wackenhut - Istockphoto; 174 l. A. Wilhelm - Fotolia; 174 r. krenzers rhön; 175 Autor; 176 Autor; 177 l. Autor; 177 u. Dr. Gunter Nowald, www.nabu-wwf-kranichzentrum.de; 178/179 Dave Long - Istockphoto; 181 Autor; 182 Hermann - Fotolia; 183 Reinhold Gehringer; 185 Nationalpark Harz; 186 wikimedia commons; 187 Tullio Schröder - wikimedia commons; 190 Karlo - wikimedia commons; 191 Autor; 192/193 Autor; 194 Gabriele Delhey - wikimedia commons; 195 Wisent-Welt-Wittgenstein; 197 Autor; 198 Autor; 199 mpf - wikimedia commons; 200 Autor; 201 Autor; 202 Autor; 203 Autor; 204 Autor; 205 GuidoStu - wikimedia commons; 206/207 morgem - Istockphoto; 208 Gunter Karste, Nationalpark Harz; 209 Autor; 210 Autor; 211 Reemt Peters-Hein - Istockphoto; 212 Autor; 213 hsvrs - Istockphoto; 215 subtik - Istockphoto; 216 Holger Menzer; 218 Katja Bauer, BR Thüringer Wald; 219 Autor; 221 o. Ulf Jungjohann - wikimedia commons; 221 u. Martin Stock; 223 dpa; 224 Hartmut Inerle - wikimedia commons; 225 Autor; 226 o. Wusel007 - wikimedia commons; 226 u. Ulf Heinsohn - wikimedia commons; 227 Dirtsc - wikimedia commons; 228 Autor; 229 Autor.

Register

Aalen 193
Abraumhalde 106, 156
Absolutismus 117, 125, 164, 98 f.
Ackerbau 78, 82 ff., 99, 120, 163
Ackerbegleitflora 32, 85
Ackerbürger 109
Ackerrandstreifenprogramme 85
Ackerwildkräuter 85
Adam, Dirk 145
Adelegg 19
Affen 61
Agenda 21, 171
Agora Natura 173
Agrarumweltprogramme 123, 173
Ahr 90 f.
Aischgrund 99
Akelei 31
Alamannen 193, 225
Albersdorf (Holstein) 222
Albstadt-Ebingen 193
Albtrauf 190
Algen 33, 57 f., 177
Aller 184, 186, 208
Allgäu 122, 126, 180 ff.
Allmende 120, 134
Allmendweiden 122, 191
Alpen 15, 17 ff., 26 f., 31, 41, 55, 59, 61 ff., 70, 80, 89, 103, 139, 143, 155 ff., 178, 180 ff., 191, 193
Alpenvorland 17 ff., 70
Alster 227
Altbayern 180
Altdorfer, Albrecht 34
Altenburg 217, 220
Altmark 208
Altmoränenland 185
Altmoränenlandschaft 72, 220
Altmühl 180
Altmühltal 56, 182 f.
Altsteinzeit 78
Altwasser 138
Alvarez, Luis Walter 66
Ammersee 70, 74, 128
Ammoniten 54, 66
Amphibien 50, 53, 130, 138, 150, 227
Amrum 112, 114
Amt Neuhaus 186
Angermünde 197
Anhalt-Wittenberg 208
Annaberg 216
Anthroposphäre 163
Anthropozän 155, 166, 184, 229
Apollofalter 93
Arbeitsgemeinschaft Natur- und Umweltbildung Deutschland e. V. (ANU) 145
Arbeitsgemeinschaft Wanderfalkenschutz (AGW) 170
Archaeopteryx 58, 226
Archäophyten 149
Arnika 182, 191

Arten, invasive 149, 166
Artenrückgang 165, 169
Artenschwund 85
Asiatischer Laubholzbockkäfer 151
Assmannshausen 49
Asteroid 55, 64 ff.
Ästuar 17
Atlantikum 70
Atomkraftwerk 142
Atomzeitalter 166
Aue 136 ff.
Auenböden 28
Auerhuhn 190
Auerochse 70, 79
Aufforstung 141, 190
Aufklärung 84, 125, 128, 134, 164
Augsburg 180, 183
Ausgleichsküste 201
Außenalster 227
Austernfischer 114
Australopithecus 31
Australopithecus 77
Automobil 141, 165
Auwald 136
Auwälder 31

Backsteingotik 49, 199
Bad Bederkesa 189
Bad Buchau 193
Bad Düben 215
Bad Dürkheim 213
Bad Ems 143
Bad Frankenhausen 220
Bad Freienwalde 199
Bad Harzburg 186
Bad Homburg v. d. Höhe 88, 207
Bad Langensalza 217
Bad Marienberg (Westerwald) 213
Bad Muskau 216
Bad Neuenahr-Ahrweiler 89, 214
Bad Schandau 214
Bad Schussenried 193
Bad Windsheim 184
Baden-Baden 26
Badenweiler 26
Baden-Württemberg 12, 15, 78, 81, 172, 175, 189 ff.
Baden-Württemberg. 3
Baedeker 143
Bamberg 182, 184
Bandkeramiker 79
Bannwald 156, 191
BANU 145
Bärenhunde 62
Bärlappe 22
Barnim 198
Barock 126
Barockgarten 126
Basalt 25, 63, 143, 204
Basel 15, 136
Bauernaufstände 117
Bauernlegen 117
Baumkronenpfad 217
Baumpieper 93
Baumwipfelpfad 201, 212
Bautzen 16, 100, 217

Bayerischer Wald 104, 155, 180 f., 183
Bayern 11, 12, 13, 15, 19, 81, 88, 99, 180 ff.
Bayreuth 184
Beifuß-Ambrosie 150
Bekassine 120, 182
Belchen (Schwarzwald) 175, 191
Belemniten 54
Belgien 13, 19, 194
Berchtesgaden 106, 181
Bergbäche 156, 218
Bergbau 104 ff., 184, 195, 198, 207, 216, 225
Bergbaufolgelandschaft 130, 138, 140
Bergisches Land 194, 195
Bergwiesen 215, 218
Berlin 12, 15, 21, 91, 125, 155, 225 ff.
Bernburg (Saale) 106
Bernhard von Clairvaux 103
Bernstein 204
Besiedlungsdichte 11
Besucherlenkung 145
Beton 166
Beuren 193
Beuron 192
Beuteltiere 62
Beweidung 119 ff.
Biber 77, 131, 138
Bienenfresser 94
Bienensterben 169
Bier 109, 183
Bildung für nachhaltige Entwicklung (BNE) 171
Bilzingsleben 77, 219
Bingen 15, 136, 143
Binnenalster 227
Binnendelta 16, 197
Binz (Rügen) 201
Biodiversität 169, 172, 207
Biogas 123, 160, 169
Biologische Vielfalt 149 f., 163
Biomasse 160, 166, 169
Biosphäre 163
Biosphärengebiet Schwäbische Alb 190
Biosphärengebiet Schwarzwald 190
Biosphärenregion Berchtesgadener Land 182
Biosphärenreservat Bliesgau 224
Biosphärenreservat Flusslandschaft Elbe 137, 186, 198
Biosphärenreservat Hamburgisches Wattenmeer 227
Biosphärenreservat Karstlandschaft Südharz 209
Biosphärenreservat Mittelelbe 208
Biosphärenreservat Oberlausitzer Heide- und Teichlandschaft 100, 214
Biosphärenreservat Pfälzerwald-Nordvogesen 211

Biosphärenreservat Rhön 175, 182, 205, 218
Biosphärenreservat Schaalsee 20, 221
Biosphärenreservat Schleswig-Holsteinisches Wattenmeer und Halligen 220
Biosphärenreservat Schorfheide-Chorin 173, 197, 199
Biosphärenreservat Spreewald 197
Biosphärenreservat Südost-Rügen 202
Biosphärenreservat Thüringer Wald 218
Biostratigraphie 166
Biotop 33
Biotopverbund 122, 139, 170, 172
Biozönose 33
Birken-Eichenwälder 31
Birkhuhn 182
Birmann, Peter 135
Bisamratte 150
Blackbourn, David 135
Blankenheim 196
Blaubeuren 193
Blaues Band 172
Blaufelchen 74
Bliesgau 224
Blockhalde 73, 150, 186
Blumberger Mühle 144, 197
Bluthänfling 93
Bochum 196
Bodden 115, 176, 201
Böden, semiterrestrische 28
Böden, subhydrische 29
Böden, terrestrische 28
Bodenhorizont 27
Bodenschätze 133, 165
Bodensee 15, 70, 74, 106, 143, 189, 190, 193
Bodentypen 28
Böhmische Schweiz 214
Boizenburg 137, 203
Bonn 195, 196
Bopfingen (Baden-Württemberg) 81
Börden 185
Borken 207
Borna 106
Borstgras 122
Botanische Gärten 83
Brachiopoden 46
Brachvogel 120, 123, 228
Brackwassermeer 114
Bramsche 189
Brandenburg 12, 15, 21, 73, 91, 106, 196 ff.
Brandenburg/Havel 199
Brand-Wald-Feldbau 84
Braunbär 170
Braunerde 27
Braunkehlchen 123
Braunkohle 50, 61, 106, 141, 160, 195, 207
Braunkohlerevier, Lausitzer 106
Braunkohlerevier, Mitteldeutsches 106

Braunkohlerevier, Rheinisches 195
Bredstedt 222
Breg 15, 189
Breisach 136
Bremen 12, 17, 157, 187, 228 f.
Bremerhaven 17, 228 f.
Brigach 15, 189
Brocken (Harz) 208
Brocken-Anemone 208
Brodowin 173
Bronzezeit 80, 82, 89, 105
Bruchwald 73
Bruchwälder 31, 130, 198, 202, 226
Buchdruck 111
Buche 23, 31, 70, 79, 97, 150, 156, 217
Buchenwälder 31, 156, 185, 194, 197, 201 f., 204, 224
Buchsbaumzünsler 151
Buchweizen 84, 104, 129
Bühlertal 191
Buhnen 137
Bund für Umwelt- und Naturschutz Deutschland (BUND) 142
Bund für Vogelschutz 145
Bundenbach (Hunsrück) 47, 213
Bundesamt für Naturschutz (BfN) 150
Bundesministerium für Umwelt, Naturschutz und Reaktorsicherheit (BMU) 142
Bundesnaturschutzgesetz 141, 172
Bundesverband Beruflicher Naturschutz (BBN) 145
Bundesverband Bürgerinitiativen Umweltschutz (BBU) 142
Bundesverband Naturwacht e. V. 145
Bundesweiter Arbeitskreis der staatlich getragenen Bildungsstätten im Natur- und Umweltschutz" (BANU) 145
Bündnis 90/Die Grünen 142
Bunte Brekzie 66
Buntsandstein 48, 53, 56, 181, 191, 211
Burg (Spreewald) 198
Butjadingen 112, 185

Caesar 81
Campus Galli 193
Cannstatter Wasen 133
Capitulare de villis 98 f.
Carlowitz, Hans Carl von 126, 134
Carson, Rachel 142
Cephalopoden 54
Chao, Edward C. T. 64
Charlottenhofer Weihergebiet 99, 100 f.
Chemiedreieck 208
Chemnitz 50, 214
Chiemsee 183
Cismar 222
Clausthal-Zellerfeld 188
Cloppenburg 189

Clothianidin 169
Conwentz, Hugo 144, 145
Coregonus 74
Cottbus 16
Criewen 197
Cro-Magnon-Mensch 78
Cromer-Warmzeit 70
Crutzen, Paul 155, 166
Cuvier, Georges 42, 62
Cuxhaven 16, 185, 189

Dachschiefer 48
Dahner Felsenland 211
Dampfmaschine 84, 133
Dänemark 13, 113, 170
Danewerk 98, 223
Darmstadt 61, 106, 206
Darmstadt-Kranichstein 206
Darß 115, 201
Darßer Ort 200 f.
Darwin, Charles 42, 65
Daun 212
DDR 101, 115, 141 f., 144, 147, 157, 165, 186, 202
DDT 170
Deiche 104, 112, 136 f., 163
Deichrückverlegung 139
Denkmalschutz 35
Descartes, René 164
Dessau 210
Dessau-Roßlau 208
Dessau-Wörlitzer Gartenreich 209
Detmold 196
Deutsche Bundesstiftung Umwelt (DBU) 172
Deutsche Mittelgebirgsschwelle 17
Deutscher Naturerlebnistag 145
Devon 47, 188, 194, 213
Diepholzer Moorniederung 187
Dinkel 82
Dinosaurier 50, 53, 55, 61, 66 f., 206
Dinotheriensande 62
Dogger 54, 55
Dohle 191
Dollart 112
Dömitz 200, 203
Donau 15, 16, 19, 63, 87, 99, 139
Donaudurchbruch 182, 190
Donauversinkung 15
Donnerechse 55
Donnerkeile 55
Donnersberg 50
Dortmund 196
Douglasie 150, 169
Drachenfels 143 f., 195
Dreifelderwirtschaft 83 f., 98, 104, 127, 133, 163
Dreißigjähriger Krieg 100, 125, 170
Dresden 16, 46, 214
Dualismus 164
Dübener Heide 215
Dünen 53, 74, 112 ff.
Düngemittel 85
Düngung 122
Dünsberg 81
Dürer, Albrecht 119
Düsseldorf 196
Düsseldorf-Mettmann 77

Eberbach 191
Eckernförde 222
Edertal 205
Ediacara-Fauna 45
Egartwirtschaft 120
Eggesin 203
Eiche 23, 31, 70, 97, 138, 219
Eichsfeld 217
Eichstätt 182, 184
Eidechsen 51
Eider 220
Eidersperrwerk 220
Eiderstedt 220
Eifel 19, 48, 133, 194, 210 ff.
Einbeck 109
Einfelderwirtschaft 82
Einjährige 32
Einkorn 82
Einödhöfe 126
Eisenbahn 120, 135, 141, 143, 165
Eisenzeit 81, 83, 87, 184, 222
Eisvogel 138
Eiszeitrelikte 208
Elbe 16, 17, 90, 103, 136, 137, 139, 158, 184 ff., 196, 202, 214, 227
Elbebiber 138, 209
Elbe-Havel-Kanal 72
Elbe-Weser-Dreieck 228
Elbsandsteingebirge 19, 155, 169, 214
Elde 200
Elisabethfehn 189
Ellwangen 193
Elsass 109
Elster-Kaltzeit 69
Emden 17, 112, 128
Emmer 82
Ems 16, 184 f., 194
Ems-Jade-Kanal 128
Emsland 17, 187
Endmoräne 71, 73, 216
Energiegewinnung 220
Ensisheim 67
Entwässerung 120, 122, 128, 165, 210
Entwicklungszone 158, 202
Eozän 61, 206
Eppelsheim (Rheinhessen) 62
Erasmus von Rotterdam 164
Erbeskopf 211
Erbteilung 104
Erdaltertum 45 ff.
Erdbeben 194
Erdfrühzeit 45 ff.
Erdgeschichte 25, 29
Erdmittelalter 53 ff.
Erdneuzeit 61 ff.
Erdzeit-Uhr 42
Eremit 226
Erfurt 69, 109 f., 219 f.
Erfurter Blau 110
Ergussgesteine 25
Erholungsnutzung 106
Erlebnispfade 180, 183
Erneuerbare-Energien-Gesetz (EEG) 160 f.
Erosion 25 f., 50, 92, 150, 161, 190
Erster Weltkrieg 84, 136, 141, 165

Erzgebirge 18, 28, 104 f., 133, 141, 155, 163, 165, 214 ff.
Esche 70
Essen 196
Esskastanie 89, 163
EUROPARC 7, 145
Evolution 42, 77
Evolutionstheorie 65, 135
Exmoor-Pony 187
Exposition 30

Fachwerkhaus 207
Färberwaid 110
Fasan 89, 150
Fauna 33
Feddersen Wierde 112, 189
Fehmarn 17, 220, 222
Fehnkolonie 128
Feldberg (Schwarzwald) 19, 29, 72, 141, 158, 175, 191
Feldberg, Großer 19
Feld-Gras-Wechselwirtschaft 83 f., 120
Feldhamster 85
Feldlerche 85, 170
Feldlerchenfenster 85
Feldsalat 149
Feld-Wald-Wechselwirtschaft 83 f.
Felsen 31, 56 ff., 73 f., 93, 159, 171
Felsenblümchen 59
Fettkraut 130
Fettwiese 122
Feuchtwiesen 120, 123, 138 f., 191, 198, 202, 226
Feuersteine 83
FFH-Richtlinie 123, 147
Fichte 23, 134, 141, 156, 158, 169, 190
Fichtelberg 215
Fichtelgebirge 16, 19, 155, 180 f., 183
Findling 74
Finsterau 184
Fischadler 101
Fischbach bei Dahn 212
Fischland-Darß-Zingst 115, 201
Fischotter 101, 131, 138, 187, 197
Fischsaurier 54
Fläche 11 ff., 35
Flächennutzung 21
Flächenstilllegung 85
Fladungen 184
Fläming 17 f., 72, 196, 209
Flechten 58, 122
Fledermäuse 59, 186
Flensburg 220, 222
Flößerei 125, 217
Flügelginster 121
Flugsaurier 54
Flurbereinigung 85, 91, 93, 142, 165
Flussneunauge 203
Flusspferde 64, 70
Flussregulierung 137
Flutkatastrophen 111, 137
Föhr 112
Förde 115, 220
Forst 104
Forsthochschule 134

235

Forstliche Lehranstalten 134, 165
Forstwirtschaft 126, 134
Fossilien 42, 45, 47, 50, 53 ff., 58, 61 f., 64 f., 106, 166, 206
Franken 180 ff.
Frankenwald 46, 155
Frankfurt (Oder) 17
Frankfurt am Main 15, 26
Fränkische Alb 19, 155, 180 f.
Fränkische Schweiz 183
Frankreich 13, 15, 87, 125 ff., 136, 211
Franzosenhiebe 141
Französische Revolution 126, 134
Freiberg (Sachsen) 216
Freiburg im Breisgau 29, 49, 62, 93, 105, 145, 189, 193
Freilichtmuseen 180, 184, 186, 188, 193, 196, 199, 203 f., 207, 210, 217, 220, 223, 225, 229
Freising 183
Freudenstadt 125
Freyburg (Unstrut) 210
Friedberg 207
Friedell, Egon 111
Friedrich II. (der Große) 125 ff.
Friedrich Wilhelm II. 125, 143
Friedrich, Caspar David 132, 134, 204
Friedrichskoog 222
Friedrichstadt 125
Frostsprengung 73 f.
Fruchtwechselwirtschaft 84, 133
Frühmittelalter 97 f.
Fulda 16, 187, 204
Fürst von Pückler-Muskau, Hermann 199
Fürst-Pückler-Park 216
Fußgönheim 214
Futterpflanzen 84, 133, 161
Futterwiese 120, 122

Gallien 87
Galmeipflanzen 105
Gartenbau 103, 126, 220
Garzweiler 106
Gastornis geiselensis 61 f.
Gebirgsbildung, Alpidische 61
Gebirgsbildung, Kaledonische 47
Gebirgsbildung, Variszische 47
Geest 112, 128, 187 f., 210, 220 f., 227 ff.
Geiseltal 61 f., 69,3 106
Gelifluktion 74
Geologische Karte 28
Geo-Naturpark Bergstraße-Odenwald 192, 206
Geopark Bayern-Böhmen 183
Geopark Eiszeitland 73, 199
Geopark GrenzWelten 195
Geopark Harz-Braunschweiger Land-Ostfalen 219
Geopark Mecklenburgische Eiszeitlandschaft 202

Geopark Muskauer Faltenbogen 199, 216
Geopark Porphyrland 215
Geopark Ruhrgebiet 195
Geopark Schieferland 183, 219
Geopark Schwäbische Alb 192
Geopark Vulkanland Eifel 212
Geopark Vulkanregion Vogelsberg 206
Geopark Westerwald-Lahn-Taunus 206, 212
Germanen 87 ff., 199
Germanien 21, 87 f., 163
Gerste 82, 88, 149
Getreide 97, 120, 126, 133, 149
Gipskarstlandschaft 209, 217
Glatthaferwiese 31, 122 f.
Glaziale Serie 72 f.
Glazialrelikt 58
Gletscher 17, 26, 64, 69 ff., 80, 83, 112, 115, 163
Gneis 25, 181, 180
Goethe, Johann Wolfgang von 7, 135, 179, 183
Goldene Aue 217
Goldrute 150 f.
Gondwana 46 f., 50, 55
Görlitz 17, 46, 100, 216 f.
Götterbaum 150
Göttingen 63, 188
Gradmann, Robert 79
Granit 25, 45, 79, 181
Graureiher 170
Greening 147
Großsteingräber 187 f., 202, 222, 228
Großtrappe 198 f.
Grube Messel 60 f., 106, 206
Grundmoräne 72 f., 225
Grüne Band 172
Grüne Revolution 141
Grünland 21, 31, 83, 118 f., 122 f., 126, 155 f., 164, 229
Günz-Kaltzeit 69

Haber, Wolfgang 173
Hachenburg 213
Haeckel, Ernst 135, 219
Hagen 195
Hähnle, Lina 145
Hainbuche 97
Haithabu 98, 222
Halbaffen 62
Halboffene Landschaften 123, 147, 159, 227
Halle (Saale) 61 f., 106, 208, 210, 219
Hallertau 183
Halligen 112 f., 220 f.
Hamburg 12 f., 16 f., 113, 227 ff.
Hangmoor 130
Hannover 17, 126, 184, 187
Hanse 109 f.
Harari, Yuval Noah 83
Hartholzaue 138 f., 209
Harz 17, 19, 26, 47, 50, 98, 104 f., 155, 163, 169, 184 ff.
Havel 16, 72,3 196, 198 ff., 208, 225 f.

Heckrind 187
Hegau 26 f., 62, 189 f.
Heidelberg-Mensch 70, 77
Heidschnucke 187, 227
Heimatbewegung 165
Heimbach 194
Heldbock 226
Helgoland 56, 114, 220
Helmstedt 61
Heraklit 169
Herbizide 85, 148
Herrenhäuser Gärten 126
Hersbruck 184
Herzogenhorn (Schwarzwald) 191
Hessen 12, 15, 106, 157, 174, 204 ff.
Heuneburg 81, 193
Hiddensee 115, 176, 201
Hildesheimer Börde 185
Hilgendorf, Franz 65
Himmelsscheibe von Nebra 80, 210
Hinterwälder Rind 121, 175, 191
Hirse 83
Hochmittelalter 103 f., 120, 128, 163
Hochmoor 32, 129 f., 182, 187, 189 f., 218
Hochrhein 15
Hochwald 109
Hochwasser 135 ff.
Höfesterben 147
Hohe Schrecke 219
Hohenasperg 81
Hohenfelden 220
Hohenlohe 189, 193
Höhlen 58 f., 77 f., 183, 187, 191 f., 209
Holozän 70, 78, 166
Holsteinische Schweiz 221
Holstentor 108
Holzmangel 106, 141
Holzverbrauch 109, 164
Homo erectus 77, 219
Homo ergaster 77
Homo habilis 77
Homo heidelbergensis 77, 192
Homo sapiens 78, 83, 163, 166
Homo steinheimensis 77
Hopfengärten 104, 163
Hügelgräber 80, 202, 228
Hugenotten 125
Humanismus 164
Humboldt, Alexander von 24 f., 35, 135, 216
Hungersnot 67, 111, 127, 133
Hunsrück 19, 47 f., 210 ff., 223 ff.
Husum 223
Hutewald 97, 118, 187
Hutung 133

Idar-Oberstein 213
Iffezheim 139
Immergrün 69, 146, 149
Impaktkrater 64
Indigo 110
Industrialisierung 106, 133 f., 141, 165, 199
Infrastruktur 143, 163, 169, 172

Inn 16
Ipf 81
Iridium 66
Istein 135 f.
Ivenacker Eichen 203

Jadebusen 112, 185
Jagst 189
Japanknöterich 148 f., 151
Jena 219
Jeschke, Lebrecht 147
Joachimsthal 199
Jungmoränenlandschaft 72 ff.
Jungsteinzeit 78 ff.
Jura 54 ff., 64
Jütland 220

Kaiser Wilhelm II. 207
Kaiserstuhl 26, 29, 62 f., 74, 93 f., 189 f.
Kalibergbau 106
Kalkmagerrasen 122, 182, 218
Kaltzeit 26, 58 f., 69 f., 72 ff., 78, 112, 115, 118, 163, 185
Kambrium 46, 222
Kamenz 217
Kammmolch 131
Känozoikum 61 ff.
Kant, Immanuel 125
Karbon 47 f., 50, 211
Karbonatgestein 25, 57
Karlsruhe 15, 189, 191 ff.
Karpfen 99 ff.
Karsee 71 f., 190
Karsthöhlen 59
Kartoffel 126 f., 129, 149
Katastrophentheorie 42
Kegelrobbe 114, 168, 170
Kelten 81, 87, 207
Kernzone 158
Kesselmoore 130
Keuper 53 f., 181, 191, 217
Kiebitz 120, 130
Kiefer 20 f., 23, 47, 70, 74, 97, 134, 155
Kiel 220 ff.
Kies 74, 112, 135
Klassizismus 126, 134, 202
Klatschmohn 32, 82, 149
Kleinklima 30
Kleve 194
Klimaschutz 131
Klimawandel 29 f., 45, 47, 51, 131, 150, 169, 229
Klimazonen 29, 229
Klingenberg 92
Klingenthal 216
Kloster Eberbach 103
Kloster Hirsau 103
Kloster Maulbronn 103
Kloster Weltenburg 182
Knapp, Hans Dieter 79, 147
Knochenfische 47
Knüll 204
Kocher 189
Kogge 109
Kohlendioxid 45, 131, 166
Kolb, Josef 174
Kolibri 62
Kolkrabe 191
Köln 62, 89, 109, 194 ff.
Kölner Bucht 106, 155, 194
Königslutter 188

Königssee 157, 181 f.
Königsstuhl 201
Königswinter 143, 195
Konold, Werner 9, 36
Konstanz 15, 193
Kontinentalklima 29
Kontinentalverschiebung 41
Kormoran 101
Kornblume 32, 82
Kraichgau 62, 189
Kranich 115, 139, 171, 177, 187, 197
Kranorama 177
Krebspest 151
Krefeld 125, 194
Kreide 55 f., 61, 66 f., 181, 185, 214
Kreidefelsen 57, 132, 134, 201
Krenzer, Jürgen 174
Kretschmann, Erna und Kurt 144
Kreuzkröte 138
Kreuzotter 130, 190
Krokodile 53 ff., 61 f., 64
Kuckuck 93
Kühkopf-Knoblochsaue 139, 206
Kulmbach 105, 184
Kulturlandschaft 30, 35 f., 83 f., 89, 97, 111, 158 f., 163
Kulturwehre 136
Kummerower See 200, 203
Kupferberg 105, 184
Kupferschiefer 51, 104 f.
Kupfersteinzeit/Kupferzeit 80
Kusel 213
Kyffhäuser 117, 217 f., 220

Laacher See 213
Laber, Achim 145
Lahn 204, 210
Lahnmarmor 47, 49
Lamarck, Jean-Baptiste de 42
Landschaftsbild 35, 90, 115, 160, 198
Landschaftsgarten 126
Landschaftsökologie 35
Landschaftspark 199
Landschaftspflege 35
Landschaftsplanung 35
Landschaftsschutzgebiet 157
Landschaftsverband 35
Landschaftsverbrauch 135, 141, 165
Landwirtschaft, biologische 147
Landwirtschaft, multifunktionale 173
Landwirtschaftlichen Produktionsgenossenschaften (LPG) 142, 147
Langeoog 112
Latènezeit 81
Laubwälder 30 f., 79
Laurasia 55
Lausitz 16 f., 45, 99 f., 170, 196, 198, 214
Lausitzer Granit 45
Lebach (Saarland) 50
Lech 180
Lehde 199

Lehenswesen 97, 104
Leine 184
Leinebergland 184
Leipziger Bucht 208, 214 f.
Lenné, Peter Josef 126, 226
Lias 54
Libellen 50, 101, 130, 227
Lichtenfels 55
Limburg/Lahn 49
Limes 86, 88, 191, 193, 207
Lindau am Bodensee 111, 180
Lippe 194
Lithographie 49
Lonetal (Baden-Württemberg) 78, 193
Loreley 15, 212
Lorenz, Konrad 194
Lörrach 92, 189
Löss 25 ff., 30, 74, 82, 92 ff., 122, 185
Löwenmensch 78
Lübbenau 198 f.
Lübeck 108 f., 221 f.
Luchs 169 f., 186, 205
Ludwigsburg 191
Luisenburg 183
Lüneburger Heide 17, 74, 158, 184 ff., 227
Luther, Martin 117
Lutherstadt Wittenberg 208
Lütjenburg 222
Luxemburg 13, 15
Lyell, Charles 42

Maar 212
MAB-Programm 158, 171
Magdalenenberg 81
Magdalenenhochwasser 111
Magdeburger Börde 28, 208
Magdeburger Erklärung 173
Magerrasen 66, 122 f., 150, 156, 190, 215, 218, 227
Magmatische Gesteine/Magmatite 25
Main 15 f., 18, 90, 180, 204, 206
Mainfranken 183 f.
Mainz 15, 47, 210 f., 213
Mais 15, 117, 151, 160 f.
Maiswurzelbohrer 151
Malchin 131
Malm 54 f.
Mammut 69
Mammutsteppe 69
Manching 81
Manderscheid 212
Mannheim 189, 193
Manufaktur 125, 133, 164
Maräne 74
Marcellusflut 112
Mardenhund 150
Mardorf (Neustadt am Rübenberge) 187
Maria Laach 213
Markkleeberg 106
Markt Uehlfeld 99
Marmor 25
Marsch 112, 128, 188, 220, 227 ff.
Martin, Philipp Leopold 135
Massenaussterben 42, 51, 66, 166
Mastodonsaurier 53 f.

Mauereidechse 92 f.
Maulbeere 124
Mayen 48 f., 213
Mecklenburgische Seenplatte 17, 72 f., 202
Mecklenburg-Vorpommern 12 f., 15 f., 73, 80, 115, 147, 170, 176 f., 200 ff., 221
Meerstrandvegetation 32
Megablock-Zone 65
Megaherbivorenhypothese 79
Megalithgräber 80
Meißen 125
Menschenaffen 63, 77
Menzenschwand 71
Merkantilismus 125, 164
Mesolithikum 78
Mesozoikum 53
Messkirch 193
Meßner, Ulrich 147
Metallophyten 105
Metamorphite 25
Meteorit 64 ff.
Michael-Succow-Stiftung 173, 176 f.
Miesmuschel 113 f.
Milanković-Zyklen 69
Mildenberg 199
Mindel-Kaltzeit 69
Mineraldünger 85, 133
Mineralogie 25, 188
Miozän 61 f., 63 ff., 77, 190
Mischwald 155, 182, 191, 209
Missernten 117, 127, 133
Mitteldeutsche Schwelle 47
Mittelgebirge 17, 19, 21, 26, 29, 81, 83 f., 89, 103 f., 126, 130, 141, 155 f.
Mittelrhein 15, 90, 93, 139, 143, 212
Mittelsteinzeit 78, 222
Mittelwald 109
Modellregion Biotopverbund MarkgäflerLand" (MOBIL) 172
Moldavit 64
Monokultur 91, 134, 141, 147, 155 f., 159, 165
Monotonisierung 85, 159, 169
Monte Kali 106
Moorbrandkolonie 129
Moorbrandkultur 129
Moore 29, 32, 62, 73 f., 84, 104, 120, 128 ff., 156, 185, 187, 190 f., 197
Moorfrosch 130
Moorleichen 88
Moose 32 f., 47, 58, 129 f.
Moosjungfer, Kleine 130
Moränen 70
Mosbacher Löwe 70
Mosbacher Sande 70, 206
Mosel 15, 19, 36, 48, 90 ff., 210, 223
Moselapollo 92 f.
Mühlen 100 f., 109, 125, 164, 191
Mülheim an der Ruhr 196
München 126, 166, 170, 180 f.
Münchner Schotterebene 74, 180

Münsterland 17, 189, 194 f.
Müritz 16 f., 73, 129, 201 f.
Müritzhof 144
Müritz-Nationalpark 201
Murnauer Moos 128, 183
Murrhardt 191
Muschelkalk 53, 91, 181, 217 f., 224

NABU-Wasservogelreservat Wallnau 222 f.
Nacheiszeit 78, 82
Nachhaltigkeit 126, 134, 169, 174, 212
Nachkriegszeit 141, 165
Nackenheim 50
Nadelwälder 30, 155
Nahe 90, 93, 210 ff., 223
Nandu 150
Nashörner 64, 70
Nationale Naturlandschaften 158
Nationale Strategie zur biologischen Vielfalt 172
Nationales Naturerbe 172
Nationales Naturmonument 203 f.
Nationalpark Bayerischer Wald 181
Nationalpark Berchtesgaden 157, 181
Nationalpark Eifel 194
Nationalpark Hamburgisches Wattenmeer 227
Nationalpark Harz 169, 185, 208
Nationalpark Hunsrück-Hochwald 211, 224
Nationalpark Jasmund 74, 76, 201
Nationalpark Kellerwald-Edersee 204
Nationalpark Niedersächsisches Wattenmeer 113, 227
Nationalpark Sächsische Schweiz 214
Nationalpark Schleswig-Holsteinisches Wattenmeer 113, 220
Nationalpark Schwarzwald 173, 190
Nationalpark Unteres Odertal 197
Nationalpark Vorpommersche Boddenlandschaft 20, 115, 176, 201
Nationalparkprogramm 115, 144, 147
Natur- und Geopark TERRA.vita 195
Natura 2000 123, 147, 165
Naturbewusstsein 172
Naturerbe 36
Naturpark Altmühltal 182
Naturpark Am Stettiner Haff 203
Naturpark Arnsberger Wald 195
Naturpark Augsburg-Westliche Wälder 183
Naturpark Aukrug 221
Naturpark Barnim 198, 225

237

Naturpark Bayerischer Spessart 182
Naturpark Bayerischer Wald 183
Naturpark Bergisches Land 195
Naturpark Bourtanger Moor-Bargerveen 187
Naturpark Dahme-Heideseen 198
Naturpark Diemelsee 195
Naturpark Drömling 209
Naturpark Dübener Heide 106, 215
Naturpark Dümmer 187
Naturpark Eichsfeld-Hainich-Werratal 218
Naturpark Elbhöhen-Wendland 186
Naturpark Elm-Lappwald 187
Naturpark Erzgebirge/Vogtland 215
Naturpark Feldberger Seenlandschaft 202 f.
Naturpark Fichtelgebirge 183
Naturpark Flusslandschaft Peenetal 203
Naturpark Frankenhöhe 182
Naturpark Frankenwald 219
Naturpark Fränkische Schweiz-Veldensteiner Forst 183
Naturpark Habichtswald 205
Naturpark Harz 209
Naturpark Haßberge 182
Naturpark Hessische Rhön 205
Naturpark Hessischer Spessart 206
Naturpark Hirschwald 183
Naturpark Hochtaunus 206
Naturpark Hohe Mark-Westmünsterland 195
Naturpark Hoher Fläming 198
Naturpark Hoher Vogelsberg 206
Naturpark Hohes Venn-Eifel 195
Naturpark Holsteinische Schweiz 221
Naturpark Hümmling 187
Naturpark Hüttener Berge 221
Naturpark Kellerwald-Edersee 205
Naturpark Kyffhäuser 218
Naturpark Lahn-Dill-Bergland 205
Naturpark Lauenburgische Seen 221
Naturpark Lüneburger Heide 186
Naturpark Maas-Schwalm-Nette 195
Naturpark Märkische Schweiz 199
Naturpark Mecklenburgische Schweiz/Kummerower See 203
Naturpark Meißner-Kaufunger Wald 205
Naturpark Münden 187
Naturpark Nagelfluhkette 183
Naturpark Nassau 212
Naturpark Neckartal-Odenwald 191
Naturpark Niederlausitzer Heidelandschaft 198
Naturpark Niederlausitzer Landrücken 198
Naturpark Nördlicher Oberpfälzer Wald 183
Naturpark Nossentiner/Schwinzer Heide 203
Naturpark Nuthe-Nieplitz 198
Naturpark Obere Donau 191
Naturpark Oberer Bayerischer Wald 183
Naturpark Oberpfälzer Wald 183
Naturpark Rheinland 195
Naturpark Rhein-Taunus 206
Naturpark Rhein-Westerwald 212
Naturpark Saale-Unstrut-Triasland 209
Naturpark Saar-Hunsrück 212, 224
Naturpark Sauerland-Rothaargebirge 195
Naturpark Schlaubetal 198
Naturpark Schönbuch 191
Naturpark Schwäbisch-Fränkischer Wald 191
Naturpark Schwarzwald Mitte/Nord 176, 191
Naturpark Siebengebirge 195
Naturpark Solling-Vogler 187
Naturpark Soonwald-Nahe 212
Naturpark Stechlin-Ruppiner Land 198
Naturpark Steigerwald 182
Naturpark Steinhuder Meer 187
Naturpark Steinwald 183
Naturpark Sternberger Seenland 203
Naturpark Stromberg-Heuchelberg 191
Naturpark Südeifel 212
Naturpark Südheide 187
Naturpark Südschwarzwald 175, 191
Naturpark Teutoburger Wald/Eggegebirge 195
Naturpark Thüringer Schiefergebirge/Obere Saale 218
Naturpark Thüringer Wald 218
Naturpark Uckermärkische Seen 198
Naturpark Usedom 203
Naturpark Vulkaneifel 212
Naturpark Weserbergland 187
Naturpark Westensee 221
Naturpark Westhavelland 198
Naturpark Wildeshauser Geest 187
Naturpark Zittauer Gebirge 215
Naturschutzbund Deutschland (NABU) 145
Naturschutzgebiet 99, 139, 175, 182 f., 197 f., 203, 206, 215, 226 ff.
Naturschutzgesetz 144, 175
Naturschutzgroßprojekt 139, 175, 215
Naturschutz-Offensive 2020 173
Naturschutzverbände 145, 161, 221
Neandertaler 77 f.
Neckar 189, 204, 206
Nehrung 115
Neiße 17, 214
Neobiota 149, 151, 169
Neogen 62
Neolithikum 78, 83, 149, 163
Neonikotinoide 169
Neophyten 149
Neozoen 149 f., 151
Neuburg an der Donau 15
Neuhaus (Hochsolling) 187
Neuhausen ob Eck 193
Neumagen 91
Neusath-Perschen 184
Neuschönau (Bayerischer Wald) 181
Neustadt am Rennsteig 218
Neustadt/Holstein 222
Neu-Ulm 15
Neuwerk 227
Neuwied 78
Neuzeit 110, 117, 125, 127, 164
Niederlande 13, 17, 113, 125
Niederlausitz 214
Niedermoor 130 ff., 203
Niederrhein 15, 139, 194 f.
Niedersachsen 13, 17, 19, 109, 161, 184 ff.
Niedersächsisches Bergland 184
Niederwald 97
Nierstein 50, 213
Nigehörn 13
Norddeutsches Tiefland/Norddeutsche Tiefebene 17, 194
Norderney 184
Norderoog 145
Nordfriesland 17
Nördlinger Ries 19, 64 f., 81, 183, 189
Nord-Ostsee-Kanal 220
Nordrhein 194
Nordrhein-Westfalen 12 f., 15, 17 ff., 35, 35, 106, 138, 157
Nordsee 16 f., 62, 104, 113 ff., 137, 163, 220 ff., 227 f.
Nordwestdeutsches Tiefland 155
Nürnberg 99
Nutria 150 f.

Oberes Donautal 56
Oberlausitz 17, 45, 100 f., 214, 217
Oberpfälzer Wald 19, 155, 183
Oberrheingraben 26, 61 f., 169, 211
Oberschwaben 189 f., 193
Oder 17, 19, 50, 72, 87, 103, 139, 158, 196 f., 214
Obstbau 126
Odenwald 19, 183, 198, 191 f., 204, 206
Oderbruch 17, 196, 198
Oder-Havel-Kanal 72
Ökologie 25, 141
Ökosystem 50, 94, 150
Oldenburg 188, 223
Oligozän 61 f., 207
Ölschiefer 55, 60 f.
Oppidum 81, 224
Orchideen 121 ff.
Ordovizium 46 f., 51
Orogenese 47
Osmium 66
Osnabrück 187 f.
Österreich 13, 15 f., 26, 64, 81, 183
Ostsee 17 f., 62, 91, 98, 112, 114 ff., 128, 135, 143, 156, 158, 176, 200 f., 220, 222
Ostfriesland 129, 184
Ötzi 80, 83
Ozeanbodenspreizung 41

Paläolithikum 78
Paläontologie 42, 188, 192
Paläozän 61
Paläozoikum 45 f., 51, 53, 55
Paludikultur 131
Pandemie 111
Pangaea 42, 50 f., 219
Panzerfische 47, 213
Pararendzina 27
Peene 131, 200, 203
Perm 50 f., 104, 185, 217
Permafrost 69, 74
Pest 111
Pfahlbauten 80 f.
Pfälzerwald 19, 53, 56, 155, 210 ff., 223
Pfaueninsel 226
Pferd 83
Pflanzengesellschaft 30, 33, 85, 104, 119, 122
Pflanzensoziologie 30
Pflegezone 158
Plattentektonik 26, 41 f., 47
Plauen 217
Plauer See 200
Pleistozän 69 f., 77 f., 106
Pliozän 61, 63
Plutonite 25 f.
Polder 136, 139
Polen 13, 17, 64, 70, 197, 199, 203, 215 f.
Pollenanalyse 131
Popp, Dieter 175
Porphyr 217
Porphyrtuff 49
Posidonienschiefer 192
Potentielle natürliche Vegetation 158
Potsdam 91, 126, 198 f.
Pottwal 114
Präkambrium 45
Prä-Neandertaler 77

Quartär 61, 69
Quastenflosser 46 f.
Quedlinburg 29, 111
Quellmoor 130
Questenberg 209

Ranger 145, 177
Raps 21
Rationalismus 164
Ratzeburg 202
Raufußkauz 215
Realteilung 104, 117
Recklinghausen 69, 106
Reformation 99, 117
Regenmoor 130
Regensburg 15, 88 f., 180, 184
Rehburg-Loccum 55
Reichenau 71
Reichsjagdgesetz 141
Reichsnaturschutzgesetz 141, 144
Reichsstädte 109
Reinertragslehre 134, 155
Reinhardtsgrimma (Glashütte) 216
Reinheim (Saarland) 224
Renaissance 35, 49, 111
Rendzina 27
Rennsteig 218
Rentier 70, 78
Reptilien 50 f., 53 f., 61, 130
Restauration 134
Restrhein 136
Retentionsraum 139
Reutbergwirtschaft 84
Reutlingen 189, 193
Revolution 82
Rhein 15 f., 18 f., 70, 87, 91, 135 ff., 139, 143, 189, 194, 204, 206, 210, 212, 214
Rheinbrohl 214
Rheindelta 15
Rheinelefant 63
Rheingau 90, 103
Rheinhessen 50, 62, 210
Rheinisches Schiefergebirge 47
Rheinkorrektion 156
Rheinland-Pfalz 12, 15, 18 f., 22 f., 36, 50, 88, 91, 139, 157, 194 f., 204, 206, 210 f., 212 f., 223
Rhein-Main-Donau-Kanal 180
Rheinromantik 15, 143, 212, 214
Rheinseitenkanal 136
Rhön 17 ff., 28, 62, 111, 174 f., 180, 182, 204 f., 207, 217
Rhönschaf 178, 205, 218
Ribnitz Damgarten 204
Riesen-Bärenklau 150
Riesengebirge 16, 137
Riesenvogel 61
Rind 121 f., 175, 191
Ringelgans 114, 221
Ringelnatter 101
Ritter, Joachim 35
Robin, Jean 150
Robinie 150
Rodewisch 217
Rodinia 45
Roggen 84, 149

Röhricht 130, 228
Rohrsänger 101, 130
Rohstoffe 29, 83, 98, 125, 195, 206, 216
Romantik 134, 165
Römer 49, 83, 87 f., 82, 99, 163, 196, 207
Römerstraßen 89
Römische Kaiserzeit 88
Rostock 22, 69, 176, 200
Rostocker Heide 176
Rotbauchunke 131, 225
Rothaargebirge 19, 194, 204
Rothenburg ob der Tauber 182
Rothirsch 70, 191, 205
Rotmilan 161
Rotschenkel 113 f.
Regenerativer Energien 160
Rudolstadt 219
Rudorf, Ernst 135
Rügen 12, 17, 56, 115, 132, 134, 201 f., 204
Ruhr 194 ff.
Ruhrgebiet 12, 18, 69, 133, 194
Rundhöcker 73
Rundlingsdörfer 186
Runen 88
Rüttibrennen 84

Saalburg 86, 88, 207
Saale 16, 61 f., 69, 90, 106, 180, 208, 210, 217 f.
Saale-Kaltzeit 69
Saale-Unstrut 90
Saar 211, 223
Saarberg 224
Saarland 12 f., 18, 22, 50, 210, 212, 223
Saar-Nahe-Becken 50
Saar-Nahe-Bergland 18, 28
Säbelschnäbler 114, 228
Sachsen 12 f., 15 ff., 22, 47, 49, 90, 106, 147, 180, 196, 208, 214
Sachsen-Anhalt 12, 16, 18, 22, 29, 80, 106, 32, 184 f., 188, 196, 198, 208 ff., 215, 217 ff.
Sächsische Schweiz 19, 214
Säkularisation 100
Salz 83, 106, 188
Salzbergwerk 106, 184
Salzwiesen 113 f., 202
Sander 73 f.
Sandhaken 115
Sankt Andreasberg 186
Sassnitz (Rügen) 204
Saubohne 83
Sauerland 18, 28, 194
Säugetiere 51, 53 f., 59, 61 f., 113, 138
Schaalsee 74, 202, 221
Schaf 174
Schaffhausen 15, 55
Scharhörn 227
Schauinsland 105
Schermützelsee 199
Schiefer 25, 28, 48, 61, 104, 143, 194
Schierke 208
Schildkröten 53, 62
Schleiden-Gemünd 194
Schlepzig (Spreewald) 198

Schleswig 98, 220, 222 f.
Schleswig-Holstein 12, 17 f., 21 f., 33, 73, 112, 115, 137, 155, 161, 170, 184, 200, 202, 220, 222, 225, 227
Schlingnatter 93
Schmiedefeld am Rennsteig 218
Schmücke 218
Schoenichen, Walter 144
Schöningen 77, 106, 188
Schorfheide 155
Schotterfläche 74
Schreiadler 161, 197
Schutthalde 74
Schutzgebiete 113, 145, 150, 156, 159, 165, 173, 176
Schwaben (Bayern) 180
Schwabenstein 64
Schwäbisch Hall 189
Schwäbische Alb 18, 25, 28, 55, 190, 192
Schwammriff 55 f.
Schwarzenfelder Spiegelkarpfen 100
Schwarzerde 27
Schwarzes Moor 182
Schwarzkehlchen 93
Schwarzstorch 161, 171, 187
Schwarzwald 6, 10, 15, 18, 26, 28 f., 31, 47, 49 f., 63, 71 f., 84, 89, 94, 96, 103 f., 119 ff., 126, 141, 155, 158, 163, 169 f., 173, 175 f., 189, 190, 193
Schwedt 17
Schwein 82, 88
Schweinfurt 184
Schweinswal 114, 184
Schweiz 13, 15, 19, 26, 56, 87, 169
Schwenkel, Hans 144
Schwermetalle 104
Seddinsee 226
Sedimentation 26
Sedimentgesteine 25, 45
Sedimentite 25
Seeadler 101, 170, 197, 222
Seegfrörne 110
Seehund 114
Seeklima 29
Seerhein 15
Seerose 32
Seggenried 130
Seidenraupenzucht 124
Selb 183
Selfkant 196
Senefelder, Alois 49
Serrahn 129, 202
Shoemaker, Eugene 64
Siebengebirge 143 f., 195
Siegelbäume 50
Siegener Wiesenbauschule 120
Siegerland 28, 84, 194
Sigmaringen 190, 193
Silberbergbau 105, 216
Silberweide 138
Silikatgesteine 25
Silikatmagerrasen 122
Silur 42, 45 f., 51
Simmerath-Rurberg 194
Simmern/Hunsrück 214

Singschwan 139
Sintflut 82
Slawen 87, 97, 104, 199, 223
Smaragdeidechse 93
Soest 69
Solifluktion 74
Sölle 71
Solnhofen 49, 57 f., 182
Solnhofener Plattenkalk 49
Sonnentau 128, 130
Spätmittelalter 109, 111, 127, 164
Spessart 19, 28, 180, 182, 204, 206
Spinnen 94, 189
Spree 16, 196, 198, 214, 225,
Spreewald 16, 196, 198,
Springkraut 148, 150
Spülsaum 177
Schwarzwald 158, 163, 169 f., 173, 175, 189 f.
Stadt-Land-Beziehung 224
Staffelberg 81
Starnberger See 70, 183
Staßfurt 106
Staudernheim (Nahe) 213
Staufer 109
Steckby-Lödderitzer Forst 209
Steigerwald 18, 180, 182
Steillagenweinbau 94
Steinach (Thüringen) 48
Steinbeißer 203
Steinbruch 49, 56, 58, 64, 143
Steinheim am Albuch 192
Steinheim an der Murr 192
Steinheimer Becken 64, 66, 192
Steinheimer Mensch 77, 192
Steinkohle 50, 141, 165
Steinsalz 51, 106
Steinschuttfluren 31
Steppenheidetheorie 79
Sternberg 203 f.
Stollen 59, 105, 209, 225
Stralsund 49, 177, 203
Strandflieder 33
Strandkrabbe 114
Straubing 15
Streuobstwiese 122, 126, 174, 186, 190, 209
Stromatolithen 45
Stromatoporen 47
Stuttgart 133, 169, 189, 191 f.
Succow, Michael 144, 147, 176
Suevit 64, 66
Suhl 218
Sukzession 35
Sylt 112, 114, 220, 222

Tacitus 21, 87 f., 163
Tagebau 106, 210
Talsperre 140
Tambora 67, 133
Tauber 182, 189
Taubergießen 123
Taunus 18, 28, 204, 206, 211
TEEB = The Economics of Ecosystems and Biodiversity 172
Tegernsee 183

Teichbodenvegetation 100
Teichrose 33
Teichwirtschaft 99f., 184
Teltow 225
Tertiär 61, 63, 66, 194, 217, 222
Tertiärhügelland 181
Teterow 204
Tethys 46, 50, 53, 55, 61
Tethys-Meer 61
Teufelstisch 52
Teutoburger Wald 19, 28, 194,
Tharandt 134
Thünen, Johann Heinrich von 204
Thüringen 12, 16, 18, 22, 47, 53, 77, 106, 109f., 117, 147, 174, 180, 182, 184, 188, 204, 208, 210, 214, 217f.
Thüringer Becken 28, 208, 217, 219
Thüringer Wald 17f., 50, 155, 180, 217f.
Tigermücke, Asiatische 151, 169
Tintenfische 54
Tirschenreuth 184
Tittling 184
Todtnau 73
Toepfer, Alfred 144
Tönning 220
Tonschiefer 48,
Torf 27, 29, 50, 62, 128, 130
Torfmoose 32, 129f.
Torfschifffahrt 128
Toteis 71
Totholz 226
Tourismus 143, 145, 157, 159, 161, 214, 222
Transhumanz 120
Traubenkirsche, Späte 150
Traunsee 183
Trespe, Aufrechte 122
Trias 53f., 181, 185, 190, 204, 208, 210
Trichterbecherkultur 79
Trier 48, 89, 210
Trilobiten 46, 51
Trippstadt 212
Trockenaue 136
Trockenmauern 93
Trockenrasen 93, 122, 197, 202, 209, 224
Trogtal 70
Trollblume 123, 182
Truppenübungsplatz 190, 194, 227
Tschechien 13, 16, 19, 64, 169, 180, 183, 214
Tschernobyl 142
Tübingen 24, 142, 192
Tübke, Werner 117, 220
Tulla, Johann Gottfried 136
Tüllinger Berg 92
Tuttlingen 15, 190, 193

Überflutungsmoor 130
Übergangsmoor 130
Uckermark 17f., 72, 196, 198
Uhu 58, 171, 191, 215
Ulm 15, 62, 189, 193
Ulme 70

Umweltbewegung 142, 165
Umweltbildung 145, 157, 171, 177, 191
Umweltschutz 142, 145, 171, 228
Umweltverbände 7, 165
Umweltverschmutzung 142
Umweltzerstörung 135, 165
UNESCO-Welterbeliste 36
Unstrut 208, 217
Unterelbe 16, 50
Uran 214, 217
Urnenfelderzeit 80
Urstromtal 71f., 102, 197f., 200, 225
Usedom 115, 201, 203,

Varus, Publius Quinctilius 87
Varusschlacht 87, 189
Vegetationsgeschichte 131
Vegetationstypen 30, 33
Verband Deutscher Naturparke (VDN) 145, 157
Verein Jordsand 145
Versumpfungsmoor 130
Verwitterung 25, 27,
Vessertal 218
Viehbesatz 122
Viehhöfe 126
Viehzucht 78, 82, 98, 163, 175, 222
Villingen-Schwenningen 81
Vögel 6, 54, 61f., 85, 93, 113, 120, 122, 139, 145, 150, 161, 170, 177
Vogelfreistätte 145
Vogelsberg 18, 26, 28, 62, 204, 206
Vogelzug 114, 222
Vogesen 15, 26, 29, 212, 223
Vogtland 18, 45, 47, 155, 214, 216
Vöhl-Herzhausen 204
Völkerwanderung 67, 83, 97, 223
Völklinger Hütte 225
Vorpommern 12, 17, 73, 102, 131, 177, 184, 201, 201
Vulkanismus 26, 45, 61f., 64, 212
Vulkanite 25, 28, 58

Wacholder 97f.
Wacholderheide 66, 116, 120, 126, 182, 190
Wachtelkönig 69
Walbeck 123
Wald 31, 35, 49, 79, 83, 97, 101, 104, 118, 122f., 133, 147, 155, 158, 164, 181, 183, 187, 191, 198, 201, 205, 208, 210ff., 225
Waldanteil 21f., 111, 155, 180
Waldbau, naturnaher 155
Waldelefant 70, 106
Waldentwicklung, natürliche 172
Waldfläche 21, 23, 97, 118, 141, 150
Waldgesetz 165
Waldgrenze 208

Waldmantel 30
Waldsassen 99
Waldsterben 141, 165
Waldweide 133f.
Walldürn 193
Wallerfangen 225
Walnuss 89, 163
Walser, Bernhard 148
Wanderdüne 74, 104, 126
Wanderfalke 58, 170, 191, 215
Wandlitz 198
Wangeroge 112
Waren (Müritz) 202
Warft 112, 221
Warmzeit 69f., 74
Warnow 200
Warzenbeißer 123, 191
Waschbär 150
Wasserbüffel 70, 123, 130, 176
Wasserkraft 133, 136, 220
Wasserkuppe 204f.
Wassermühle 101
Wasserpflanzen 32, 227
Wässerwiese 120
Watt 29, 114, 221
Wattenmeer 113f., 156ff., 185, 188, 220, 222, 227
Wattschnecke 113f.
Wattwurm 113f.
Watvögel 113, 228
Watzmann 157, 181f.
Wegegebot 145
Wegener, Alfred 41
Weichholzaue 138f.
Weichselkaltzeit 185, 201, 220, 225
Weidbuche 96
Weiden 21, 31, 82, 119f., 122f., 147, 156, 159, 182, 190, 227f.
Weiher 99
Weihnachtsflut 112
Weinbau 89ff., 98, 103, 151, 182
Weiße Elster 208
Weißstorch 120, 171
Weißtanne 190
Weizen 82f.
Welterbe 78, 113, 126, 196, 209f., 216
Welver 196
Welzheim 193
Wende 98, 144, 147, 157
Wendehals 122
Wenden 12, 87, 159
Werbellinsee 197
Werder 229
Wernigerode 210
Werra 16, 18, 106, 187, 204, 217f.
Weser 16, 87, 184, 186, 194, 204, 228
Weserbergland 18, 185, 187
Westerwald 18, 28, 204, 206, 210, 212
Westfalen 12, 194
Wetekamp, Wilhelm 83
Wetterau 138
Wieck a. Darß 133
Wiedehopf 50
Wiederaufbau 81, 97
Wiedervernässung 131
Wiener Kongress 133, 165

Wiesbaden 70, 143, 204, 206
Wiesen 21, 31, 82, 101, 119ff., 130, 138, 147, 156, 159, 182, 190, 198, 221, 226, 228
Wiesenbauschulen 120
Wiesenweihe 85
Wikinger 98, 222
Wildbienen 94, 169
Wilde Tulpe 92
Wilde Weiden 123, 227
Wilderei 104
Wildflecken-Oberbach 182
Wildkatze 169f., 172, 191, 194, 205, 217f.
Wildnis 7, 21, 87, 181, 202
Wildpferd 77, 79, 205
Wilhelmshaven 112, 128, 185, 188
Willershausen 63
Wilsede 186, 189
Wilseder Berg 17, 186
Wimbachtal 31, 181
Windleite 218
Windwatt 115
Wirtschaftsgrünland 122
Wisent 79, 205
Witten 195
Wittgensteiner Land 195
Wolf 6, 118, 170, 205
Wolfegg 193
Wollhaarmammut 68
Wolnzach 184
Wörlitz 209
Wörlitzer Park 126
Wümme 228
Wunsiedel 183
Würm-Kaltzeit 69, 72, 78
Würzburg 49, 180, 184
Wutachschlucht 191
Wyhl 142

Xanten 196

Zechstein 51, 104, 217f.
Zell am Harmersbach 109
Ziege 82, 88, 119
Zingst 115, 201
Zippammer 93
Zisterzienser 103, 120, 128, 164
Zittau 17, 100
Zittauer Gebirge 155, 214
Zuckerrüben 84, 133
Zugspitze 19, 26, 180
Zugvögel 139, 185, 228
Zungenbeckensee 70, 128
Zweifelderwirtschaft 83
Zwickau 214, 216f.
Zwiesel 184